Insight
犀烛书局

與 萬 物 有 緣

Transition

1

BOTANICAL JOURNEYS IN HAWAII

Liu Huajie

檀岛花事　夏威夷植物日记

刘华杰 著

上

犀烛书局 出品

前 言

本书属个人游记，写自己所见的夏威夷植物。

徐霞客峰峰手摩足抉，山水人文，妙笔摹画；奥斯贝克异域探察，植物风物，不嫌琐碎，一一收录。就游记而言，他们的著作体裁一致，性质相似，都属广义的博物。我写夏威夷植物，相对收敛，也是在博物的层面耗时费墨。

徐弘祖、怀特、梭罗、比安基、普里什文、利奥波德、狄勒德等对大自然的娓娓叙述从来就是我记录植物的动力，但他们的文字功夫恐怕是我一辈子也修炼不得的。我的书可能更像英国植物学家哈金森（John Hutchinson，1884—1972）的《一名博物学家在南非》，但人家是植物学大佬，我只是植物爱好者。本书更恰当的名字似乎是《一名植物民科在夏威夷》！

在中文世界或许还没有人像我这样看和这样写夏威夷的植物，在中国还没有人像我一样在"生物多样性的刑场"（威尔逊语）刻骨铭心地体会夏威夷外来物种和本地物种的矛盾。作为边界清晰、范围有限的海岛，夏威夷仍然是我们这个星球上有关地壳变迁（如活火山）、生物演化（如适应辐射、生态危机）、民族文化融合的理想研究之地。到夏威夷参观、访问、考察以及专程看花看鸟的中国人会越来越多，也许本书可以帮助人们更进一步了解夏威夷。

书名《檀岛花事》中"檀岛"一词狭义上指美国檀香山（即火奴鲁鲁，梁启超称之汉挪路卢）所在的瓦胡岛，广义上指夏威夷群岛。一百多年前梁启超（1873—1929）在《夏威夷游记》（原名《汗漫录》）中说："东坡在琼州有句云：四时皆是夏，一雨便成秋。此二语可以移咏檀岛。竹林果园，芳草甘木，杂花满夏威夷名对照：
Loulu = 棕榈科金棕属，
Huluhulu = 锦葵科毛棉（夏威夷棉），
Hapuu = 蚌壳蕨科灰绿金毛狗，
Lapalapa = 五加科宽叶柏叶枫，
Koa = 豆科金合欢属寇阿，
Kawau = 冬青科异型冬青，
Kanawao = 绣球花科浆果绣球，
Haha = 桔梗科半边莲亚科樱莲属，
Iliahi = 檀香科檀香属，
Wiliwili = 豆科夏威夷刺桐，
Ahinahina = 菊科剑叶菊属，
Ohai = 豆科美田菁，
Ohe = 五加科夏威夷羽叶五加，
Ohelo = 杜鹃花科齿叶越橘，
Ohia lehua = 桃金娘科铁心木属。

树，游女如云，欧美人谓檀岛为太平洋中心之天堂，非虚言也。"

中国越来越在乎周边及更远的海洋，多了解一点夏威夷是应该的。2011年11月10日，希拉里·克林顿在美国国会东西方中心（位于夏威夷大学东侧）发表演讲，其中说道："21世纪将是美国的太平洋世纪。"凭什么？美国的确是太平洋国家，中国也是。不过，美国的夏威夷位于太平洋的正中央（我想很多人不是很清楚这一点），而原来夏威夷是独立的共和国，直至1959年才正式成为美国的一个州。中国人"自古"就与夏威夷有往来，学者甚至考证夏威夷土著人本来就是从江浙一带辗转过去的。

浩瀚的太平洋正中间"漂浮"着夏威夷群岛。它们与地球上任何一块大陆都不近，距巴布亚新几内亚首都莫尔兹比港约6900千米，距东京6100千米，距斐济5000千米，距塔希提4400千米，距旧金山3800千米。

电影《夏威夷生死斗》(*The Big Bounce*)的故事是编造的，但其中的旖旎风光却是真实的。我到夏威夷，不回避美景，但说实话，并不是冲美景而来，我在乎的是植物。

> 球上有洋，洋中有岛，
> 岛上有山，山中有植物，
> 非常特别的本土植物。
> 循着希拉伯兰特、洛克、圣约翰的足迹，
> 穿灌丛，钻幽谷，攀尖岭；
> 餐风宿露，草木相伴。
> 不为一生一世的拥有，
> 只为今朝的短暂凝视：
> Loulu, Huluhulu, Hapuu, Lapalapa,
> Koa, Kawau, Kanawao, Haha,
> Iliahi, Wiliwili, Ahinahina,
> Ohai, Ohe, Ohelo, Ohia lehua!
> 认出了你，甭管我是谁。
> 我知道你的特别，
> 一花一叶，一萼一蕊。

这本关于夏威夷植物的书，首先是写给我自己的，想延长自己的体验，为自己的经历保存点资料。时间长了，它也能起辅助记

忆的作用。

  本书有很强的个人色彩，记述的多是非常具体的草木。我小时候写过一段日记，后来不写了。到了夏威夷，不知为什么突然又写了起来（也许与行前杨虚杰的约稿有关），从2011年8月8日抵达檀香山到2012年7月13日返回北京，我留下了较完整的日记。可能是因为时间充裕、比较悠闲，更可能是因为这里的植物。此书是在当时的电子日记基础上整理出来的。整理过程最耗时、最费精力的是鉴定、确认植物名称。原始日记中记录的植物名称有的是未落实的（当时只用代号标明），有些是错误的，有些是不准确的，现在要逐一落实。为了某一种植物，我可能要用三秒钟、一分钟、两小时、三天甚至几星期查资料。可能许多人（特别是业余博物学爱好者）都有这样的感受：野外考察总是快乐的事情，室内整理图片、标本、学名则经常令人头痛。实际上，也未必全如此，也可以享受混乱——焦虑——挫折——克服——愉悦的过程。整理到第4个月，有些烦躁，"何时才能整理完？"可是，接近尾声时，又希望延续这种过程。看着那些照片，仿佛在故地重游。

  刚到夏威夷时，我这样一位北方佬完全不熟悉那里的植物，无论是本土的还是外来的。本土的，第一次到夏威夷，自然陌生；外来的，来自世界各地，姹紫嫣红、眼花缭乱，相当部分也是第一次碰见。夏威夷最有特色的植物是桔梗科半边莲亚科的一系列木本植物，此前从未见过。不过，当在野外看到它们的果实，一下子就想到了广西大明山上地表生长的铜锤玉带草（*Pratia nummularia*），它们的茎、叶差别如此之大，但果实非常相近。在别处，不大容易见到木本的菊科、桔梗科、苋科和蕨类植物，在夏威夷却很容易，这里甚至有木本的堇菜科植物！

  对于夏威夷群岛，区分本土种（包括特有种）和外来种是极为重要的事情。起初我也被耀眼的引进种吸引，热心于欣赏塔希提栀子、印度紫檀、火轮木、大叶宝冠木、歌德木、小猴钵树、蓝雪花、绿檀、花棋木、书带木、紫柿子、柚木、阿开木、香肉果、米奇木、草莓番石榴、蜜瓶花、莲叶桐等。但很快便开始欣赏独特的本土植物了，如摇叶铁心木、紫花草海桐、弗氏檀香、普基阿伟、二羽里白、红猪蕨、瓦胡薹草、瓜莲、樱莲、宽叶柜叶枫、齿叶越橘、火山越橘、瓦胡莞花、夏威夷蒲桃、玛莉九节、香鱼骨木、鱼线麻、浆果绣球、东君殿剑叶菊、韦尔克斯菊等。而随着我对夏威夷民族植物学了解得越来越多，对波利尼西亚人引入的面包树、石栗、椰子、橙花破布木、芋、葫芦、马六甲蒲桃、姜黄、构树、参薯、番薯、黄独、甘蔗、黄槿、朱蕉等,有了新的理解。

由洋底岩浆不断生成的夏威夷山地上,生存着大量珍贵的特有种。夏威夷植物特有种比例为89%,这个数值相当高。夏威夷有32个特有属,另有5个接近于特有属(属内只有一两个种分布于太平洋其他岛屿上),特有属的比例接近15%。如果仅考虑双子叶植物,特有属、特有种的比例更高,分别达到19%和92%。但近代以来,特别是在那位库克率领的人马到访之后,夏威夷发生了巨大变化。外来"文明"令夏威夷土著人在不到一百年内就死掉了80%以上,本地植物种类也开始骤减。

夏威夷的故事实际上在世界多处上演过。华莱士当年就写道:"我在西里伯斯岛、摩鹿加和新几内亚居住和旅行的五年间找到的鸟皮,竟然不到雷森四十年前在同样国家几周时间内找到的鸟皮的一半,这一点肯定会被认为有点奇怪。"(《马来群岛自然科学考察记》,中国人民大学出版社2004年,第500页)"文明"传播的速度与破坏大自然的速度是成正比的。感谢太平洋上各岛屿天生有着复杂的地貌,设想一下,华莱士当年考察的地方或者库克到访的夏威夷,岛上如果一马平川,或者山岭、沟谷不那么险峻,这些岛上的动植物会成百倍地被破坏,相当多会灭绝,就轮不到我们今日观赏了。

E.O.威尔逊也讲过:"如果夏威夷是一片平地,例如像巴巴多斯岛或是太平洋环状珊瑚岛一样,那么现在一定什么也留不下来。"(《生命的未来》,上海世纪出版集团2005年,第62页)

夏威夷(特别是瓦胡岛)虽然已经很现代化,但现代人的影响依然主要局限于各岛低海拔的沿海一环,中间的高山地区十分险峻,普通人无法抵达。不借助于直升飞机,距离檀香山不远的库劳岭仍然很难"访问"。这种独特的自然条件暂时救了本地植物的命。现在要看特别的夏威夷植物,体力一定要好,也要能吃苦。保护生物学家、鸟类学家皮姆(S.L. Pimm)曾说:"你一定要经受了寒冷、潮湿和疲累的考验后,才能见到夏威夷的本土鸟。"(ibid,第61页)除了植物园特意栽种的少量种类,这话也大致适合于欣赏夏威夷本土植物。

人们(通常是外来人)认为美的、好的、有用的植物从世界各地纷纷进驻夏威夷,外来种疯狂挤占本土种的生存空间,加上现代化进程的其他因素,大量本土种濒临灭绝。在夏威夷的一年中,通过读书、在野外看植物,我渐渐明确一个道理:本土的是最好的、最美的,这是信念也是事实真理;任何一部好的植物志都应当明确标出某种植物是特有种、本土种还是归化种；任何一个负责任的植物园首先要尽可能保存和展示本土植物而不是相反。到了后来，自己对本土植物有了近乎神秘的感觉，走在山道上，通常一眼就能看出某种植物是不是外来的。

书中的记述有一定的私密性，出版社约稿时我的确设想过以更正规的形式探讨夏威夷植物，但后来放弃了。考虑再三，觉得日记体最合适，操作起来也最简便，我愿意与植物爱好者分享自己的经历（当然，日记中删除了涉及隐私的内容）。我不是植物学家也不是民族学家，专业人士比我有能力以更科学更完整的方式把夏威夷的物种、生态、民族植物学、自然保护理念介绍给国人。不过，目前讨论夏威夷的文字并不很多，公众能接触到的更少。这与中国人到夏威夷的旅游热潮完全不匹配。旅游不仅仅是购物，还要关注旅游目的地的历史、自然、社会。旅游是一种自愿的欣赏、学习过程，到夏威夷看植物、观鸟、登山绝对是非常棒的生态游选项。对于将要到夏威夷的自然爱好者，此书或许会有点帮助。我也希望有机会重走夏威夷的一些山道（trails，也译步道、小道），再次欣赏那些美丽的植物。同时，另一个想法浮现：到太平洋的其他地方看植物，比如琉球、马来群岛和中国的南海诸岛。

许多夏威夷特有属、特有种没有现成的中文名字。依据植物拉丁学名的词源及我个人在野外观察这些植物的感受，我斗胆拟定了一些名字。考虑的原则是：（1）反映植物的特点、生长环境；（2）易区分性；（3）简明性。具体讲，有时考虑属名和种加词的含义直接对译，有时根据相关人物和产出地拟定中文名。有时则特意考虑到将夏威夷名按读音转为中文名。对菊科、五加科、桔梗科半边莲亚科的一些特有属或接近特有属专门拟定了中文名。这些名字未必恰当，只供参考。本书中使用的一些植物名列举如下：

红猪蕨属（*Sadleria*），本来属名来自人名，夏威夷人称它红猪。

那夷菊属（*Dubautia*），根据夏威夷名读音，考虑到夏威夷用"夷"字。

剑叶菊属（*Argyroxiphium*），根据叶形。以前译银剑草属，不妥。此属植物的叶并非都是银白色的；它为木本，不是通常的草。

瓜莲属（*Clermontia*），原名来自人名，中文名依据果形。

樱莲属（*Cyanea*），根据果形。

合樱莲属（*Rollandia*），根据花的结构。

紫果莲属（*Delissea*），根据果形和果的颜色。

木油菜属（*Brighamia*），根据叶形。

孔果莲属（*Trematolobelia*），根据词义和果形。

浆果绣球属（*Broussaisia*），单种属，根据花形和果形。

柏叶枫属（*Cheirodendron*），根据叶的形状。

多心枫属（*Reynoldsia*），根据心皮数目。

岩苋属（*Nototrichium*），苋科木本，生于夏威夷火山岩上。

黄舷木属（*Bobea*），木材多用于造船。

鱼线麻属（*Touchardia*），根据纤维的用途。

榄果链珠藤（*Alyxia oliviformis*），夹竹桃科藤本，果实橄榄形。

异型冬青（*Ilex anomala*），直接翻译。

寇阿（*Acacia koa*），豆科金合欢属植物，根据夏威夷名读音。

矮寇阿（*Acacia koaia*），根据夏威夷名读音和植株大小。

穗序枫（*Munroidendron racemosum*），根据果序形状。

瓦胡羽叶五加（*Tetraplasandra oahuensis*），根据地名，属名已有中译。

狭叶剑叶莎（*Machaerina angustifolia*），根据词义和叶形。

夏威夷杜英（*Elaeocarpus bifidus*），根据产地，夏威夷杜英科本土植物只此一种，而且是特有种，此名易记且不会混淆。

普基阿伟（*Styphelia tameiameiae*），根据夏威夷名读音，澳石南科（尖苞树科）植物。

火山越橘（*Vaccinium reticulatum*），根据生态特点。

紫花草海桐（*Scaevola mollis*），根据花的颜色。

夏威夷山菅兰（*Dianella sandwicensis*），根据地名。

毛棉（*Gossypium tomentosum*），根据夏威夷名读音，以前称夏威夷棉。

夏威夷木果棉（*Kokia drynarioides*），根据产地、果实木质的特点。

莱氏铁仔（*Myrsine lessertiana*），根据人名。

夏威夷拟檀香（*Myoporum sandwicense*），根据地名、用途。

摇叶铁心木（*Metrosideros tremuloides*），根据词义和枝叶特点。

长柄铁心木（*Metrosideros macropus*），根据词义和叶柄形状。

大叶九节（*Psychotria kaduana*），根据叶形。

书带木叶蜜茱萸（*Melicope clusiifolia*），根据叶形。

椭圆叶檀香（*Santalum ellipticum*），根据词义、叶形。

海岸厚叶檀香（*Santalum ellipticum* var. *littorale*），根据词义、生境、叶的质地。

卷叶弗氏檀香（*Santalum freycinetianum* var. *freycinetianum*），根据人名和叶形。

东君殿檀香（*Santalum haleakalae*），夏威夷地名意译。

瓦胡无患子（*Sapindus oahuensis*），根据地名转译。

布氏木槿（*Hibiscus brackenridgei*），根据人名。

夏威夷桃榄（*Pouteria sandwicensis*），根据地名。

熊果荛花（*Wikstroemia uva-ursi*），根据种加词词义。

我不是植物学家，甚至从来没有"科班"学过植物学，我只不过想尝试 living as a naturalist，即"博物学生存"。本书和我的其他书一样，会用到植物学知识，有用对的，也有用错的，知错就改。

游记应当是通俗的，或者给人的印象如此，但并不意味着读者一下子就能全部明白其中的内容。徐弘祖的书如此，哈金森的书如此，我的书也如此。

希望此书不会令读者太失望。

书稿完成后刘冰博士和刘夙博士就植物中文名提出了细致修订意见。我大部分听取了他们的建议，个别没有改。刘夙、王钊还帮我排除了一些错误。

王钊为本书目录页绘制了反映夏威夷特色的铁心木与镰嘴管舌鸟。苏靓前期试排了部分章节。刘影子完成全书排版并制作了地图。余天一精心绘制了三种特有植物图（已制成书签）。杨虚杰从邀稿到印制全程"监控"，做了大量工作，令我十分感动。

在夏威夷期间，檀香山毕晓普博物馆的植物标本室和档案室、夏威夷大学中国研究中心和洛克植物标本馆、美国国会东西方中心（EWC）、洛克遗嘱执行人 Paul Weissich 先生、夏威夷大学植物学系 A. K. Chock 教授和 Michael B. Thomas 博士、北京大学-夏威夷大学合作项目协调人寇树文（Daniel Tschudi）和尹海芸等，对我帮助很大。

在此对各位朋友的帮助表示感谢！

刘华杰
北京大学哲学系
2013年7月13日

目　录

2011 / 8

夏威夷比我想象的要大，檀香山也如此。刚到校园，天气无比闷热，以为这一年可惨了，其实这一天是例外。很快熟悉了洛克参与创建的夏威夷大学校园植物园，并徒步几千米找到了洛克墓。不久又开荒种菜、炖薜荔汤。

走后门入住分形楼·020 / 初识夏威夷·028 / 校园就是热带植物园·030 / 真假面包果·032 / 大叶宝冠木和炮弹树·035 / 居家花园·039 / 篱笆上的风景·042 / 草海桐·047 / 品尝多香果叶·052 / 山谷中的华人墓园·054 / 关注洛克，只因田松一句话·056 / 国立太平洋纪念墓园·061 / 准备必要的植物学工具书·066 / 在夏威夷种菜·068 / 不能食用的诱人果实·069 / 莲叶桐·073 / 夏大的莱昂树木园·076 / 夏威夷植物来源的标注·079 / 品尝夹竹桃科植物果实·080 / 烤发财树的种子·082 / 炖薜荔汤·084 / 金叶·088 / 逸生的木质藤本萝藦科植物·091 / 外来种占满了山坡·095 / 见花不见果的甜百香果·098

2011 / 9

绕瓦胡岛一周，到处是优美的免费海滩。把岛上的植物园逐个瞧一遍，还数宁静之园呼马路西亚最有味道。着手有规律地上山看植物。易抵达的地方几乎都被外来种霸占了。邝有良参议员留下数百箱档案和美丽的邝氏庄园。

走马观花瓦胡岛·102 / 琉球文化节·108 / 在竹林和蕨海中攀爬·110 / 二访莱昂树木园·117 / 夏威夷桃榄·121 / 比醋还酸的大叶藤黄果·126 / 瓜瓦与蔓露兜·129 / 假檀香木与美洲红树·136 / 福斯特植物园·142 / 呼马路西

亚植物园·146／海蚀地貌与海岸植物·150／女王植物园·158／寇寇火山坑植物园·162／波利尼西亚文化中心·167／瓦希阿瓦植物园·169／洛克获得荣誉学位的地方·172／马卡普乌海滩·173／邝氏庄园·182／卡哈纳山谷·188／再访宁静之园·192

2011 / 10

亲自烤制并品尝面包果，才明白班克斯当年为何极力推荐它；我家若在热带，门前一定植一株面包树。桔梗科植物长成木本，在夏威夷根本就不算个事。在这里，半边莲亚科最为优雅，是洛克的最爱，如今也最令人担心。做生态志愿者，干起砍树的体力活儿！开发美味野菜：过沟菜蕨。拜会民族植物学家，确证洛克的自学才能。万圣节很欢乐。

面包树与猴面包树·198／蕨类与摇叶铁心木·204／树蕨、瓜莲与樱莲·220／使君子科两种风车子·229／生态志愿者·233／洛克植物标本馆·243／拜会民族植物学家·246／菜园中的芜菁和香茅·248／大花倒地铃·249／帕利观景台·250／锯竹子和种树·252／采摘红果仔·256／采食过沟菜蕨·257／三明治岛·259／卡哈纳湾聚会·260／第三次志愿者劳动·263／大萼红豆木和火轮木·269／传奇人物洛克（骆约瑟）·271／张秉懿的植物画·273／万圣夜·275

2011 / 11

波利尼西亚人初来时，到处是本土植物、特有植物。西方人到来后植物与本地人有同样的命运：数量锐减。檀香木贸易使上层社会一部分人暴富，但好景不长。椰子砸头要赔钱。想吃面食得自己做擀面杖。洛克遗嘱执行人拿出洛克的手提箱，上面还挂着洛克手书的行李签。

特有种比例非常高·282／拉尼坡山道·283／珍珠港·300／再访卡哈纳山谷·302／小试马纳纳山道·305／贝聿铭的作品·308／避免椰子砸头·309／建筑学院的中国书画展·314／洛克纪念树·316／融入世界·318／仿佛见到洛克·319／削擀面杖·324／因为他是博物学家·326／刺果苏木·327／头伞飘拂草·332／本土植物最要紧·334／贯通多条山道·336／努阿奴山谷采竹笋·338

2011 / 12

金合欢和采木熬过盛夏，披上了新绿。留学生的生活一言难尽。马克·吐温笔下的夏威夷。品尝小猴钵树和肉豆蔻的果仁。印度紫檀、绿檀、柚木这些好木头校园中就有。孙中山从这里带回了酸豆吗？

冬季似春季·342／避免恶性循环·343／谁的乐园·344／稳定地指称的能力·346／医院里的理性·347／毛主席语录·347／小猴钵树和滨玉蕊·348／来点香料·351／伪量化考核·356／敏感的洛克·357／数不清的公园·361／文明的二律背反·364／风铃木与酸豆·365／木榄榄·368／红木家具用材·371／红花铁刀木与花棋木·378／蒲葵、澳柳与围裙花树·379

2012 / 1

中国近代史与太平洋中区区夏威夷群岛竟然有着多种联系。芋是先民的重要主食，几乎每一个部位都有专名。见标本如见人。严格讲州花只有一种。州鱼不算长，但它的本地名可真叫长，有21个字母。山谷中已经找不到当年记录的檀香木。

夏威夷与出版·390／观鲸·390／名字就是名字·395／想起普桑的画·396／采木开花了·397／芋各部位的名称·400／以洛克命名的

植物·408／州花州树州鸟州鱼·410／植花木的理由·412／继续看标本·413／帕洛洛山谷·415／克娄瓦鲁山道·421／老帕利路3860号·426

2012 / 2

终于有机会走进洛克晚年居住过的大院，中国元素非常多。乘飞机到有活火山的大岛旅行。花五天时间骑自行车绕岛一周。大岛人口稀少，也可说"地大物博"。业余爱好者攀登专业级刀刃般的马纳马纳岭时，考验的是体力，更是心理。陡峭的山岭险境保存了丰富的本土植物。

洛克先生，早上好！·432／校园内的本土植物园·438／飞赴大岛·442／骑车上火山·447／活火山口漫步·455／卢奥烤全猪·470／骑行大岛西北海岸·473／彩虹瀑布·478／橄木·482／威基基水族馆·483／偶中亦非难·485／沿瓦黑拉脊登顶·486／善恶分形，教化引导·489／哈氏稀毛蕨·492／刀刃般的马纳马纳岭·494

2012 / 3

见识檀香属多个特有种。宽叶柏叶枫的夏威夷名按风吹叶片的声响命名。一次次行走在马纳纳山道上，终于可以登顶。扎营的感觉真好。地图永远与实地不同。小的错误会一再放大。在野外活动，保证可逆性永远都是重要的。植物园不能总盯着异域的植物，各自保存好、展示好自己的宝贝才是根本。

分形交织·514／钻头山的檀香属植物·514／殷鉴不远，即在夏威·518／赋比兴之分形结构·520／再上马纳纳山道·526／树蜗牛栖息地·535／寻找宽叶柏叶枫·539／半山腰搭帐篷·557／错误、历险与天意·558／本土的是美的、重要的·570／人的自然状态·571／蓝雪花和乌面马·574／再看香苹婆和花棋木·576

2012 / 4

夏威夷果原产于澳大利亚，经几代人的艰苦努力，大家才能方便地吃上一粒香脆的果仁。耳朵可以过滤掉涛声？又有好心人开车送我。到孙氏兄弟活动的毛依岛欣赏花草。赶上国家公园免票。剑叶菊（银剑草）这种高大菊科木本植物绝对是夏威夷的象征。东君殿檀香，这名字如何？在峭壁上的小道驾车行进。

自杀及其他·582／夏威夷果的历史·584／当柴烧的檀香木·593／海边扎营听浪·596／果实汇总图·602／吉本论大教堂与昆虫·605／卡伊纳角看植物看海豹·606／到毛依岛看植物·619／东君殿剑叶菊和东君殿檀香·624／毛依岛东北线·648／库拉风光与库拉植物园·657／湿地与蔗糖博物馆·666

2012 / 5

得到罗锦堂签名的两部小书。游子洛克总是按自己的心愿做自己的事，做一件成一件。档案馆中福布斯留下的一张小纸条，预示着檀香属的最新分类方案。能远远地闻出附近有檀香属植物吗？每次都很灵。波利尼西亚人引入的每一样植物为何都很安全？

在夏威夷教书的罗锦堂·670／热带植物的换叶·673／洛克的视野·673／王犀角与银合欢·674／物的还原和质的量化·676／马阿库阿山道·680／博物馆查档案·688／住处植物列表·689／郝乌拉环形山道·692／博物致知与科学认知·696／三籽桐与乔木胡桃桐·697／雨树与西印度椿·698／波利尼西亚人引入的植物·702

2012 / 6

租车还怕跑了？对于张学良将军，"中土终究是故乡"。约会美丽的韦尔克斯菊，一种只生于考爱岛红河谷的特有种。碑文说库克首次发现夏威夷群岛，无数波利尼西亚人往哪放？"高山沼泽地"，没错，夏威夷的沼泽通常在最高的山顶平地上。特有种随处见。夏威夷雁可以飞。

檀香属分类学史·706／瓦胡岛租车遇到问题·710／张学良墓·711／鸣而施命谓之名·715／夏威夷大学中的纪念树·716／纪念树与"特树"·718／球花豆·721／考爱岛约会韦尔克斯菊·726／考爱岛高山沼泽地·736／梨果檀香·757／蔗蟾与库克纪念碑·767／考爱岛国立热带植物园·777／谁说夏威夷雁不会飞·788／纳帕里海岸·793／木麻黄的花纹·797

2012 / 7

长着长胡须的蒟蒻薯也是波利尼西亚人引入的。在野外险些错过特有种夏威夷无冠木。返回中国前，从零海拔试登瓦胡岛最高峰，失败。吃瓜瓦果并采收澳洲坚果。再登卡阿拉峰，则双喜临门。感谢夏威夷！黄槿餐厅话别。

角被麻和蒟蒻薯·806／卡马奈基脊山道·813／雨中告别马纳纳·817／登卡阿拉失败·818／成功登上瓦胡岛最高峰·821／夏威夷，Mahalo!·832

植物名索引·836

夏威夷在哪？

在太平洋的中央。从夏威夷看全球，相当于从"中太平洋"的观点看世界！夏威夷群岛在1959年才真正成为美国的一个州。夏威夷群岛均由火山喷发形成，从老到新、从西向东4个比较大的岛分别是考爱岛、瓦胡岛、毛依岛和大岛。檀香山和珍珠港都位于瓦胡岛上。北京与檀香山相差18个时区，比如北京晚上22点时，檀香山是同一天的早上4点。

距东京
6100 千米

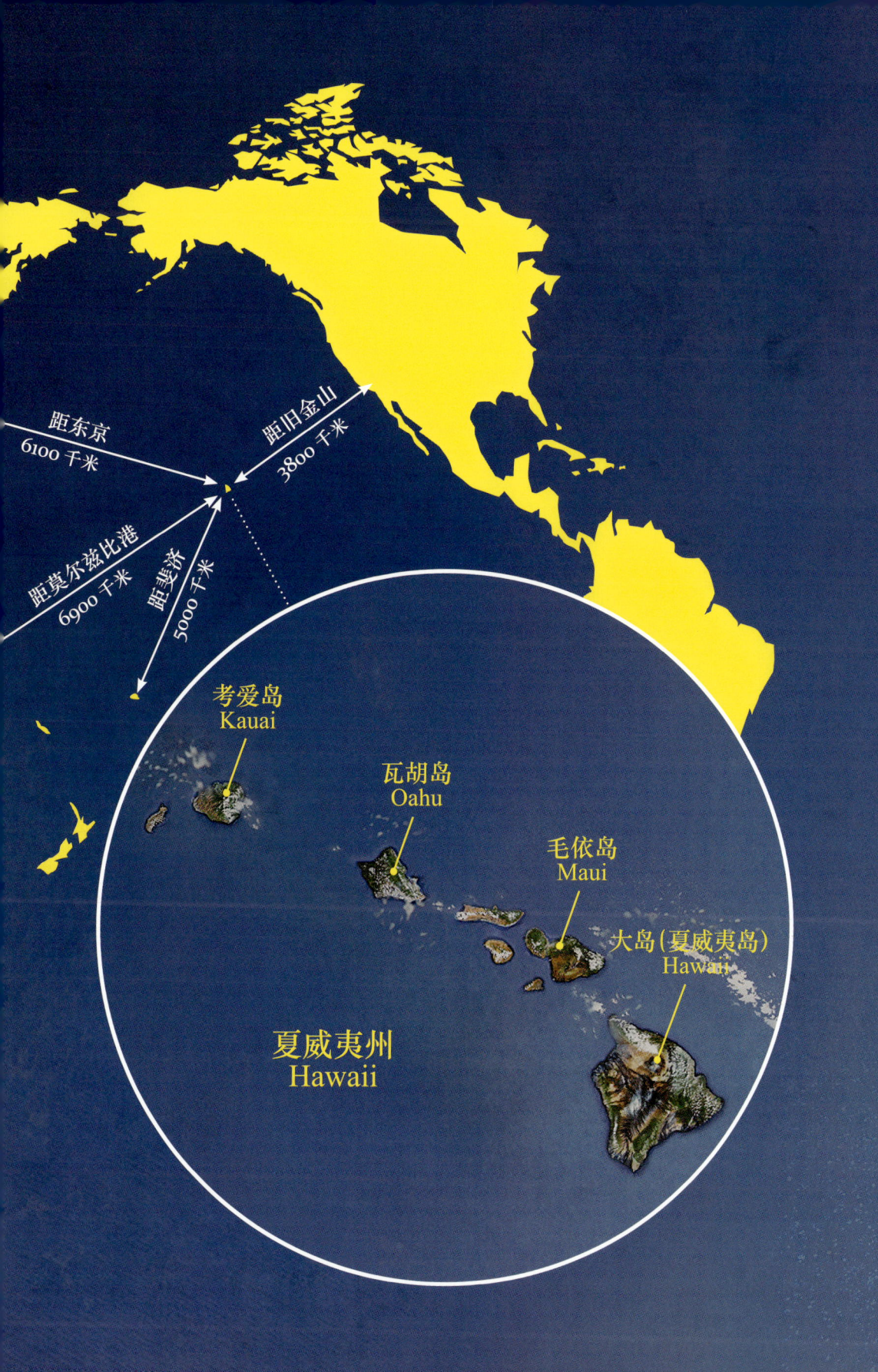

距旧金山
3800 千米

距莫尔兹比港
6900 千米

距斐济
5000 千米

考爱岛
Kauai

瓦胡岛
Oahu

毛伊岛
Maui

大岛（夏威夷岛）
Hawaii

夏威夷州
Hawaii

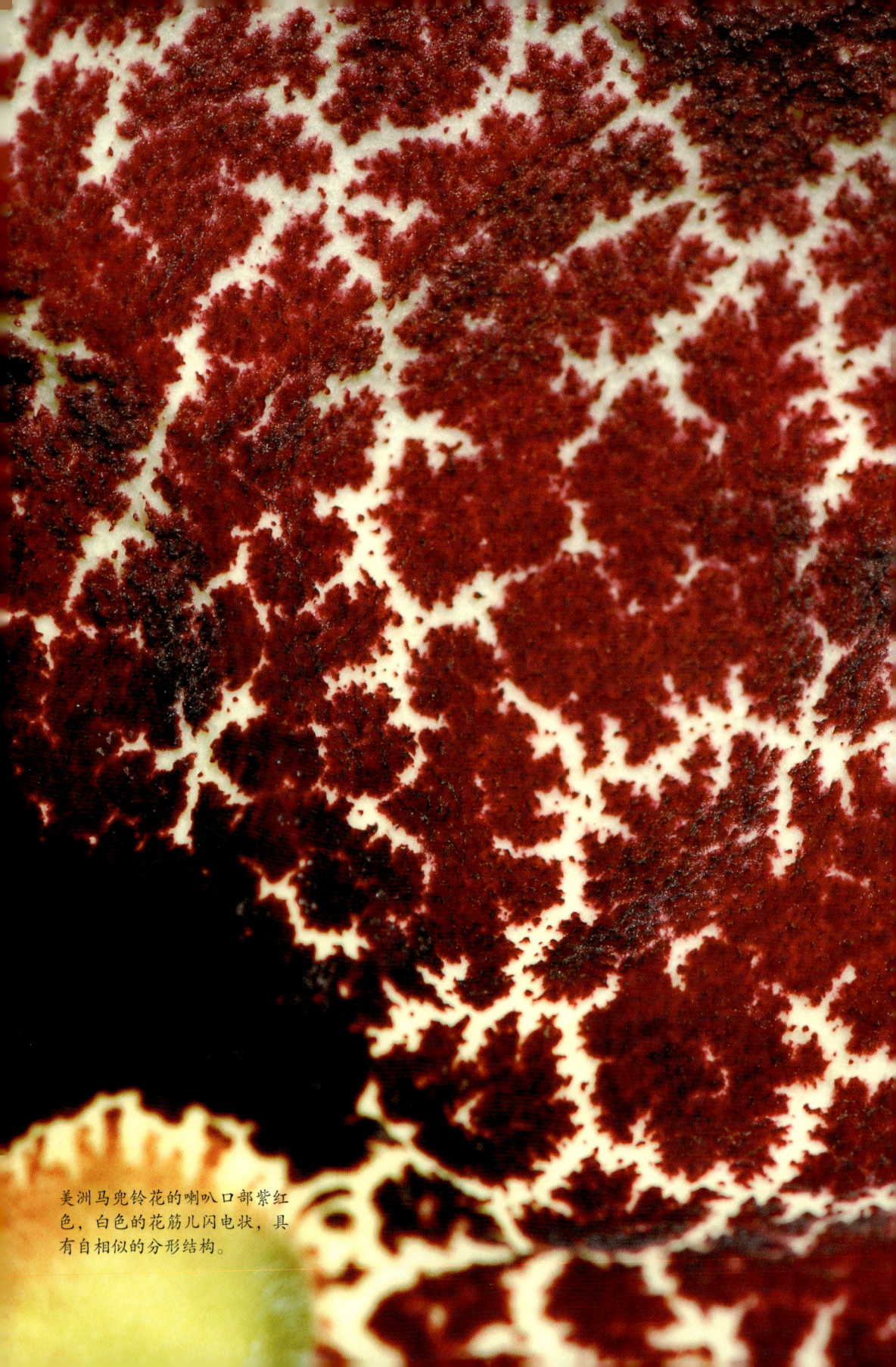

美洲马兜铃花的喇叭口部紫红色，白色的花筋儿闪电状，具有自相似的分形结构。

八月
AUGUST
2011

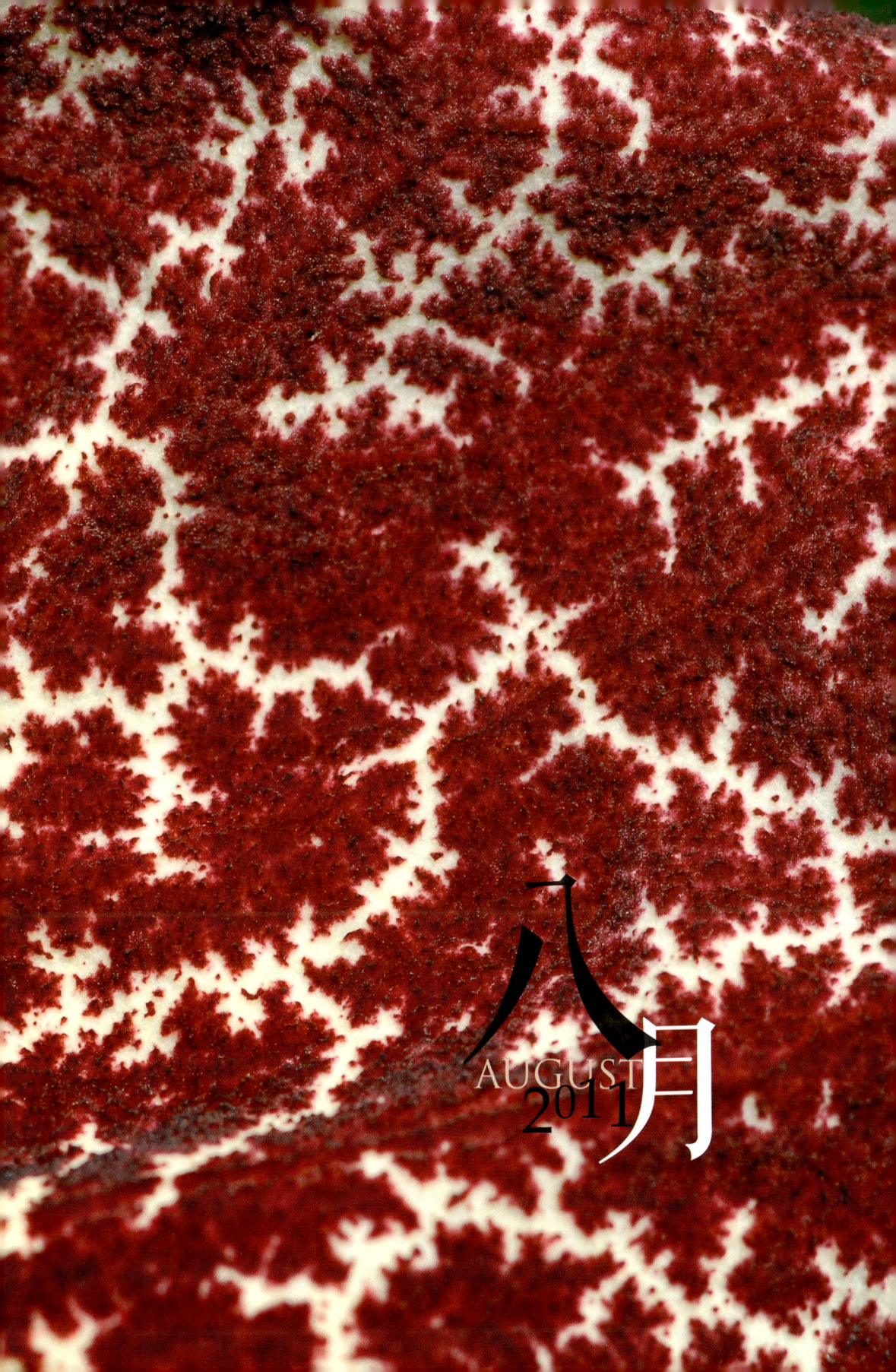

走后门入住分形楼

2011.08.08 / 星期一

飞机由北京13:50准时起飞,我一直担心中途遭遇台风"梅花"。几天来不断看卫星云图估计"梅花"的轨迹,看来最终还是没法躲过!

还算幸运,擦着台风的边,大韩航空的飞机17:00正点经停首尔,两小时后直飞夏威夷。我的机票是两个月前预订的,当时只能经日本或韩国飞往夏威夷,而此时"东航"已开通从上海直飞檀香山的航班。

飞机向东穿越国际日期变更线,第二天上午9时到达目的地夏威夷瓦胡岛(Oahu)的檀香山(Honolulu),日期仍然是8月8日。

夏威夷,Aloha(你好)!夏威夷州也称阿娄哈州(Aloha State)。

站在钻头山(Diamond Head)上向西北方向看夏威夷的檀香山市。图片中部是著名的威基基(Waikiki)海滩,瓦胡岛的绝大部分酒店都位于这个区。

机场在海岛南缘，跑道似乎建在海上，候机楼设施显得老旧。办完各种手续来到室外，见到的第一种植物便是椰子。

在热带见到椰子极正常，见不到反而不正常。其实夏威夷

檀香山威基基海滩。

到达檀香山在机场拍摄的第一张照片，位置在候机厅中部的国际航班出口。左侧为机场海关，右侧是高架桥。坐公共汽车进城要到二楼平台等候19路或20路车。当时感觉看到的只是椰子，可能把几种棕榈科的植物都当成椰子了，后来查看这张照片时发现还有4种植物：朱蕉（夏威夷先民带来的一个物种）、圣诞椰（也叫口红椰子）、某树蕨（是本地蕨类，从照片上无法判断是何种）和某种金棕（叶子像一把大扇子，只能鉴定到属，从照片上无法知道是什么种）。金棕属在夏威夷有许多种类，洛克对此有专业研究，而我此时视而不见。其实他关于金棕属的专著我是知道的，只是未能与实物对应起来。当时为何把它们都忽略掉了呢？人的眼睛看东西，是高度选择性的，这与相机照相差别较大。当然，相机透过镜头成像也要"歪曲"实在。当时拉着行李，四处寻找接我们的人，匆匆按了快门，没能仔细观察。

夏威夷植物日记 / 021

【左】入住东西方中心的宿舍楼Hale Kuahine。从顶部看楼的外形像一个四叶风车，内部天井呈十字形。设计师竟然是现代主义建筑大师贝聿铭。当然，先生不只设计了这栋小小的宿舍楼，附近的东西方中心建筑群皆出自他的设计团队，体量最大的要数杰弗逊会堂和肯尼迪剧场。北京的香山饭店为贝先生所设计，大厅的地毯和房间内的"冰裂纹"灯台也均有分形味道。我在香山饭店多次入住开会，如此计算，到现在为止已经住过贝先生设计的两种房子了！

【右】从天井内部向上观察Hale Kuahine。

本没有椰子，正如后来一点一点了解到的，许多我们以为肯定有的东西，在这原本不存在！

从机场到夏威夷大学（UHM，下文简称夏大），向东走高速，用不了半小时就到了。路上见到一条横在高速路上方的标识 Likelike Highway，我顺口念了一下。接我们的M先生提醒我读错了，"应当读利克利克，而不是赖克赖克"！夏威夷的地名、人名有自己的一套读法。

天气闷热，车一停下来，汗就往外冒。我在想，若是一年到头都这个样子就惨了，我要待一年啊！

我被安排在校园东侧东西方中心（EWC）的宿舍Hale Kuahine的215B。Hale在夏威夷语中是"房子"的意思，Kuahine似乎是"姐妹"的意思，如此说来这栋方形（中间有一个十字形的大天井）四层楼是女生宿舍啦？或许原来是吧，反正目前3层和4层为女宿舍，2层为男宿舍，一层是活动室、公共厨房之类。虽然我们早就递交了申请，但理论上这房子是租不到的，因为它临近校园，有各个国家的学生、访问学者在排队等候。在最后一刻，经东西方中心毕业的一位北大校友的"疏通"，走了个后门儿，才得以入住。不但如此，在夏威夷我们除了作为夏威夷大学的访问学者外，还因此有了另一个身份：成为EWC无薪的项目研究人员，一本正经地补签了合同。

215B房间在北侧二层，有两个朝北的窗户，窗下是草地，草地上有几株开着花的小树。较特别的是一株开着白花、叶子似槭树叶，细看还有鸡蛋大的果实，没认出来。不过，几分钟后就查到它是大戟科石栗（*Aleurites moluccana*），一种对于夏威夷人来说极为重要的植物。后来才发觉几乎每一个夏威夷人都知道它的名字Kukui。对了，它不读作"库亏"而读"枯库依"，也就是说要把每个元音字母都单个清晰地读出来。来夏威夷之前，我做过一点功课，从网上提前将夏威夷大学校园常见植物列表过了一遍，还打印了一份。

室内倒凉爽，完全不用空调。事实上房间里根本没装空调，角落里有一台电扇。事后证明，电扇也用不到，白天屋子里并不热，晚上甚至还有点冷！而这是在北纬21度的热带！夏威夷就有这样的气候。而室外，除了中午4个小时外，其他时

棕榈科的希拉伯兰特金棕，特有种。

夏威夷校园道路两侧和中间多植有多个品种的彩虹花洒树（Rainbow Shower），都是决明属的杂交种。外来种。花期甚长，达4个月之久，但不结实。开红黄花者为红花彩虹花洒树（Cassia×nealiae 'Wihelmina Tennery'），开淡黄花的为黄花彩虹花洒树（Cassia×nealiae 'Lunalilo Yellow'），开白花的叫白花彩虹花洒树（Cassia × nealiae 'Queen's Hospital White'）。它们几乎成了檀香山的标志树种。其中Cassia×nealiae是由Cassia javanica和Cassia fistula杂交而成。

间温度不高，水汽也不大，适合户外活动。今天有点闷，完全是例外，通常这里空气比较干燥。至少在沿海的居民区，气候与"湿热"无关。

到了晚上，来到Hale Kuahine的天井中闲逛，我突然发现这个宿舍楼设计非同一般，它竟然有分形（fractal）的味道，虽然它只有四层，但看起来像十几层甚至几十层的大楼！原因是四层楼房的走廊都设在天井内侧，外面砌一道有孔大砖墙，从底到顶，晚上灯光透过砖孔让人误以为每个砖孔是一扇窗子！分形置景的确产生特别的视觉效应，中国园林通常具有分形结构，林奈的弟子奥斯贝克（Pehr Osbeck，1723–1805）曾写道："尽管他们的园子已经非常大了，但那些一会儿向前

一会儿向后的回廊使它看起来更大了。"（《中国和东印度群岛旅行记》，广西师范大学出版社2006年，第282页）

所谓"分形"，是指自然存在的或人造的具有自相似结构的几何体，用稍技术性的语言讲它们在一定范围内是"无标度"的对象，如果没有参照物，无法判断它的大小，如水系、闪电、大脑皮层、康托集合、芒氏集合的边缘。这栋"女生宿舍"建筑用材十分简朴，基本上是用半米见方的大砖块砌起来的，但其设计越琢磨越特别。那砖孔除了我个人体会的分形效应外，更重要的作用是通风、透光，在以后的一年生活中一点一点感受到了。

【上】东西方中心的杰弗逊会堂东侧有一条马诺阿小溪。小溪与会堂之间是日本花园。此图中，左前方为杰弗逊会堂。右前方树林后面为我们的宿舍楼Hale Kuahine，中间低处均属于日本花园。

【下】夕阳照耀下的东西方中心宿舍Hale Kuahine，左前方大树为小叶榕，右侧大叶的树为琴叶榕。中间是泰国国王赠送的凉亭。它是由特殊木材柚木做成的，夏威夷校园中就有这种树。三者均为外来种。

【上】通向宿舍楼Hale Kuahine南门的小道。左侧为琴叶榕，能结出鸡蛋大小的无花果，熟透的果实自然掉落，砸在小道上声音很大。砸到头上呢？有这个可能，估计也不会有大事，因为果子是软的。右侧是豆科雨树。

初识夏威夷

2011.08.08 / 星期一

在来之前，我对夏威夷的了解极为有限。如今，快速获得的若干事实令人印象深刻：

（1）夏威夷群岛差不多位于太平洋的正中间，著名的珍珠港和檀香山市都位于其中的瓦胡岛（Oahu）上。

（2）夏威夷有很高的山，甚至可以说有世界上"最高的山"（细节以后再谈）。

（3）夏威夷是东西方交汇之地，白人在这个州属少数派。

在家时通过谷歌地图，大致浏览了夏威夷各个群岛，并寻找机场，琢磨着有机会到每个岛上瞧一瞧。后来才发现，在夏威夷旅行并不算很方便，因为岛与岛之间虽然不太远，但只能乘飞机！

夏威夷群岛是一串火山岛链，由132个或大或小的岛组成，较大的岛有4个，从西向东、从老到新分别是考爱岛（Kauai）、瓦胡岛（Oahu）、毛依岛（Maui）、大岛（Hawaii）。这些岛的中文名并不统一，对于旅行者来说一定要清晰地记住其英文名，并知道它们的相对位置。本书将毫不忌讳地使用英文词或者拉丁词，并非因为作者喜欢洋文，而是考虑到目前关于夏威夷的中文资料有限，直接使用洋文可避免指称混乱。本书会提到许多地名和动植物名，有兴趣的读者可能想深入了解相关信息，把名字作为关键词在网上或者图书馆数据库中查询起来就方便多了。

值得注意的是，Hawaii有时指整个夏威夷州，有时只指其中最大、最新、最靠东的一个岛。

在毛依岛（Maui）附近，还有三个稍小的岛：Molokai, Lanai, Kaho Olawe，天气好的时候，在毛依岛的海岸容易看到这几个岛。上述七个相对大的岛之间每天都有飞机往返。在考爱岛（Kauai）附近还有一个更小的尼好岛（Niihau）。也称"禁岛"，不对游人开放。

把这些都算上，夏威夷州有8个相对说来较大的岛。简便的记法是：四大四小。目前到夏威夷的多数中国游客在极有限的时间里只光顾四大中的两个：瓦胡岛和大岛。据我事后的经验，四个大的岛还是值得一一观赏的，虽然都是海岛风光，但确实各有特点，植物种类也不同。

到夏威夷来玩，最好一下飞机就租车（需要同名的驾照和信用卡）。瓦胡岛虽然公交系统发达，但乘巴士出行对于新来乍到的游客来说并不方便，打出租车呢？不但贵，而且很难碰上，一般要提前预订或者临时打电话叫车。

夏威夷群岛中的几个主要岛屿。四个较大的岛从左向右依次为：考爱岛（Kauai）、瓦胡岛（Oahu）、毛依岛（Maui）和大岛（Hawaii）。

夏威夷植物日记/029

校园就是热带植物园

2011.08.09 / 星期二

7:00背上相机向东北方向行进,想熟悉一下附近的植物。石栗、印度紫檀(*Pterocarpus indicus*,英文名为Narra)、海滨木巴戟、辐叶鹅掌柴及一种满树是花的豆科植物进入视野。石栗昨天就认识了,豆科印度紫檀是第一次见,住处北部的朝鲜研究中心周围有许多大树。茜草科海滨木巴戟最早是在海南省的分界洲岛见到的,认识它已有8年了。现在才知道,它对于夏威夷人极为重要,当地人称它Noni,也是先民引入的。辐叶鹅掌柴则是五加科的一种看起来很美但侵略性很强的外来植物,它的叶柄像雨伞的伞骨。

大戟科石栗,波利尼西亚人引入的植物。

030 / 檀岛花事

豆科印度紫檀的树干和枝叶，背景为夏大校园中的朝鲜研究中心。外来种。

9:30到Moore Hall找项目协调人寇树文（Daniel Tschudi）先生办理各种手续，然后去银行开户。寇先生在台湾工作过，能说一口流利的中文，为人和善，办事条理清晰。很少有人知道他的中名文，通常大家仍然叫他丹尼尔。

令人惊奇的是，学校显得冷清，除了学生活动中心（Campus Center）里面有几个小店铺外，附近找不到任何商店，校园里竟然没有邮局。

不过，校园的植物种类异常丰富，校园本身是座热带植物园，它的创始人正是我此行关注的核心人物洛克！洛克曾担任过夏大校园美化委员会的主席。

返回宿舍时拍摄到面包树、炮弹树和绿檀（愈疮木）。面包树在海南和斯里兰卡见过，但没见过它的果实，这还是第一次见：个头与铅球相仿，表皮蜂窝状。玉蕊科炮弹树和蒺藜科绿檀，这两种美丽的植物以前在柬埔寨、斯里兰卡等地见过，在《天涯芳草》中也写过。

直到晚上我才了解到，我们住的宿舍建筑果然出自高手。在这里，东西方中心的一套建筑，包括办公楼、会议厅、剧院、宿舍楼等，都出自著名华人建筑设计大师贝聿铭（Ieoh Ming Pei，简写为 I. M. Pei，1917 – ）先生之手，当时他还年轻，据说还不那么有名气！这个东西方中心，其实并不属于夏威夷大学，隶属于美国国会。1962年成立，冷战的产物，如今正好迎来其50岁生日。但它与夏大挨着，关系友好，长期以来共享许多资源。

印度紫檀果实特写图。

夏威夷植物日记 / 031

真假面包果

2011.08.09 / 星期二

宿舍楼里住着多国留学生和访问学者。晚上，夏大在读的一位中国研究生听说我对植物略知一二，急着带我到校园里确认传说极好吃的"面包果"。

也许是读书太辛苦的缘故，一听到有这等闲事，许多学生顿时来了精神，非要立即前往。我倒犯了愁，坦率说我是北方佬，对热带植物并不熟。我虽然在海南和斯里兰卡见过面包树，但对它并无研究。鬼知道她们将带我瞧的是什么树，也许我根本认不出来。那样的话，岂不令大家扫兴。事已至此，只好硬着头皮前往了。

终于来到树下，树上确实挂了无数"面包"，而且还是"法棍"！法棍是我最爱吃的食物，觉得很有面包味。可惜这些长条形的"面包"，并不是面包果！它根本不是桑科植物，而是紫葳科植物。老天给面子，我一下子就认出它是吊灯树（*Kigelia africana*），也叫腊肠树、吊瓜树。

这种树结的果子根本不能吃，里面全是纤维。我敢肯定它们不是传说中的、她们盼望已久的"面包果"。这一结果多少令在场的所有人失望。不

紫葳科吊灯树，外来种。果实虽然像法棍面包，但不能食用。

过，后来，我真的搞到真正的面包果并亲自烤熟给大家吃了，算是还了"欠债"。

　　吊灯树的花和果，的确很特别，即使在南方，也不是人人都容易见到。夏威夷大学校园的这株树显然是引进的。夏大毕业的学生对这株树往往有美好的记忆。后来，在山路上遇到的好心人 Thorne E. Abbott 听说我关注洛克，就传我一份夏威夷航空公司杂志《欢迎再来》(*Hana Hou! The Magazine of Hawaiian Airlines*) 上刊出的小文章（根据复印件转成的PDF版，复印件漏掉期刊卷期号）Trees of Knowledge: A Celebration of the University of Hawaii's Leafy Sages，其中就提到这株树，还附了照片。闲着无聊，我就想查清楚是在哪期杂志上刊出的，自然首先想到找到其电子版。可惜，航空公司的网站和夏大图书馆的期刊都没有那一期，只好找作者 Julia Steele 询问了。Julia 于9月12日回信，告知那期杂志是第10卷第6期，2007年12月与2008年1月合刊号。这是一篇纪念洛克的文章，她热情洋溢地列举了夏大校园的一系列从世界各地引入的名字奇妙、特征突出的树种，提醒人们夏大之

吊灯树的花。

夏威夷航空公司杂志《欢迎再来》上刊出的一篇纪念洛克的小文章，中间的图片是校园里的一株吊灯树。

夏威夷植物日记 / **033**

桑科面包树，波利尼西亚人引入。果实可食。

所以有如此多的优美物种，与洛克这个人有关。"1911年，一名叫约瑟夫·洛克的奥地利年轻人，被刚成立不久的夏威夷学院聘为植物学家。作为探险家和树木学家的洛克，从此启动了在校园植树的工程。在短短的几年时间内，他就从亚洲、非洲、美洲和太平洋诸岛收集数百种野性而美丽的树木，栽种在校园里，如猴面包树、吊灯树、沙盒树等从未在夏威夷这片土地上生长过的植物。"文章还以伤感的语气提到，数百种可爱的植物曾陪伴自己的四年大学生活，但年复一年，校园内不断增加的建筑不可避免地挤占原来的植物空间，许多树木被迁出或被毁。

夏大校园里确实有面包树，并且结有面包果。一株位于学生活动中心的工地内，只能远远望见。这个工地一直磨着洋工，直到我离开那一天，还是不紧不慢地施工。另一株位于校园北部一家银行 Federal Credit Union 的门口，树上挂着牌子，特意警告路人不许摘果子！

大叶宝冠木和炮弹树

2011.08.10 / 星期三

  10:00有人带我们进城做皮试。要证明自己不是结核病患者，方可在东西方中心的宿舍长久居住。当年夏威夷结核病高发，后来政府对此病的防控一直做得很好。检测是免费的，几天后出结果。

  顺便到州政府办夏威夷州ID，有了这个ID在夏威夷办事很方便，比如出门就不用带护照了，凭此证有时可享受本土居民的优惠待遇。一进大楼，吓了一跳，原来在美国办事也要排长队啊！

  有趣或者搞笑的是，排队期间，经常见到男男女女提着一个有几升容量的塑料空桶。把它放到前台的桌上，然后又有人取走。原来这栋政府建筑物为了防止恐怖分子捣乱，厕所平时是锁着的，这只大大的塑料桶上拴着一把钥匙，想方便的人，必须亲自到前台桌上拎起"尿壶钥匙"，以便让监控设备先对用户正面"取证"。

  足足等了5个小时，终于办上证件。不可思议的是，一瞧，证件上的地址竟然是错的，我已经无法确认是自己填错了，还是办事人员录错了。重新填表，再等5个小时？今天已经没有5个小时了，那只能等明天。干脆，就它了。事实证明，只要不犯事，ID上的地址错了无所谓，持它在夏威夷各岛间乘飞机一点问题没有。

  乘A路巴士返回，成人车票2.5美元，两小时内可换乘一次。也就是说在两小时内，不管乘多远，用一张票一共可以乘两次巴士。

  A路的终点站就在夏大校园西边的大学大道（University Avenue）东侧，这个站叫辛克勒环岛（Sinclair Circle），编号983，汽车在此等候一段时间将调头原路返回。随后的一年中，我无数次在此等车、下车。

由车站向东走过一个小停车场再向北沿小路行进，快到校园里的校园路（Campus Road）时见到豆科大叶宝冠木（*Brownea macrophylla*），英文名 Panama Flame Tree 或 Rose of Venezuela。树上标牌写着*Brownia coccinia*，有两处错误。树上有两簇花挂在半空中，非常漂亮，但当时手边没带相机。已是16:00，还没吃午饭呢。考虑到明天花可能落了，急忙回宿舍取相机。其实我失算了，完全不必着急，"花谢花会再开，只要你愿意"！一个月后观察，树上依然有几簇花，原来的落了，结出了豆荚，这是新开的。三个月后观察，依然如此。过了一年，我快离开夏威夷时观察，它还是如此！

此树在校园西部，而我住校园东部，路还真不近。拍摄过程中，一只鸟飞来在花簇上悠闲地啄食，也不怕人。这种鸟也是外来客，名字叫黑喉红臀鹎（*Pycnonotus cafer*），英文名Red-vented Bulbul。它本来分布于印度、缅甸至中国西南。20世纪50年代首次见于夏威夷，属于非授权释放（unauthorized cage release），如今随处可见。外来的和尚会念经，入侵的物种繁殖快。此鸟食性较杂，几乎什么都吃，对夏威夷的农业有一定危害，另外它也挤占本土鸟的生存空间。校园里有许多鸟，除一种

【左】豆科大叶宝冠木，外来种。几乎在任何时候观察，树上总有两三簇这样的大花。

【右】黑喉红臀鹎在啄食大叶宝冠木的花蜜，同时为其传粉。

海鸟外，全是外来种。在夏威夷，凡是容易抵达的地区，植物、鸟和人一样，外来的多本地的少。

拍完大叶宝冠木，想起来下车时还路过一株炮弹树（*Couroupita guianensis*）。虽然昨天拍过一株，但还是忍不住凑近瞧了瞧。地面落了许多大花。绕树转了几圈，此树大有名堂。

这一株高大的炮弹树为美国作家、三次（1928，1939，1943）普利策奖得主怀尔德（Thornton Wilder，1897-1975）1933年所植，称怀尔德树。怀尔德童年曾在香港和上海度过，他父亲是美国驻中国领事。

奇怪的是，这株树只开花不结果。校园东西方路（E. West Road）的北端还有一株炮弹树，既开花也结果。是不是由于季节的因素，我看到的差别只是表面现象？非也。随后，我持续观察了近一年，依然是怀尔德栽的那株只开花不结果。檀香山其他几个植物园、公园中也有炮弹树，花果俱全。

大叶宝冠木和炮弹树的花十分喜庆，是我喜欢的那种红。每次路过，都忍不住按下快门。

【左】大叶宝冠木的新生叶颜色较浅，并且一律下垂。

【右】大叶宝冠木的荚果。

【上左】玉蕊科炮弹树整个花序。每个花序上通常最多有一只花最终能结果。

【上右】玉蕊科炮弹树花柱片状，长在一侧，弯曲呈帽状罩在雌蕊上部，整个结构像倒置的字母e。

【下左】玉蕊科炮弹树雄蕊细部图，很像海中的珊瑚。

【下右】玉蕊科炮弹树累累果实。正是这大号铅球大小的炮弹果令它有了Cannonball Tree的英文名。

居家花园

2011.08.11 / 星期四

上午从夏大向东南方向步行，目标是"钻头山"。钻头山是瓦胡岛的标志性火山锥，处在岛的最南部靠西一点，紧贴着太平洋，远远就能望见。据说，看到它，就能辨别方向，通常它在东方！

这一带几乎找不到超过两层的楼房，住户基本上是独栋木屋，每家有个花园。花园中有石榴、柚、柑橘等，最常见的是杧果。也有些"无用"、仅供观赏的植物，比如藤黄科书带木（*Clusia rosea*），也叫签名树，英文 Autograph Tree 或 Pitch Apple。它的果实外形像热带水果山竹。它们之间真的有联系，同在一个科。签名树这名字透露出的信息是，可在它巴掌大厚厚的叶子上刻写，字体可以长时期保存。它的花和果很有看头，成熟后落地的果皮造型特别，像模子卡出来的，是天然的工艺品。

阳光烤人，应了东北人的一句话：日（读意）头晒人（读银）肉（读又）疼！今天最大的失误是，未带水。以为不登山，在城区逛，找水应当不成问题。实际上，找不到任何商店，这一带全是民居，美国人习惯开车外出购物，附近无需开设小卖铺。

离目的地还远着呢，口渴得要命，仍要硬着头皮前行。幸好遇到一菲律宾裔人

藤黄科书带木的果实很像超市出售的山竹！它们确有关系，同在一个科。果实成熟后会自动规则地裂开，如刀切一般。此图中的果实还未成熟。

家，男主人叫John Enos，此时正在园中浇水。我也顾不上别的了，打了个招呼，嘴对着水龙头就喝了起来。John年纪与我相仿，曾到过北京，十分友好。临别时，其夫人专门找了一个大可乐瓶子，给我装了一瓶矿泉水，还从自家杧果树上摘了一只金黄的杧果送我。杧果非常甜，不夸张地说，是我吃过最甜的一个。

绕行钻头山西侧山脚，经过一片巨大的草地，最后来到钻头山西侧的威基基海滩。当然要下水。第一感觉是，好凉快，第二感觉，这里的海水好咸，比中国各地的海水都咸。水咸，理论上浮力就大，仰泳试了一下，果然。第三感觉，上岸在沙滩上觉得很晒。白人喜欢"晒白条"，那是涂了防晒霜的。若是躺着裸晒，谁也受不了。

在檀香山动物园前转角处见到圣雄甘地的塑像，等哪天专门来拍摄。甘地是我最佩服的思想家之一。

书带木果实成熟后在树上就开裂。

【上】书带木果实开裂后落地，下面是它的一片厚厚的干叶。

【下】漆树科杧果。夏威夷很适合杧果生长，许多人家也栽种这种树。但在夏威夷这种水果并不便宜。

夏威夷植物日记 / 041

篱笆上的风景

2011.08.12 / 星期五

7:00出门向北看植物。先碰到外来种萝藦科牛角瓜（*Calotropis gigantea*），其实它的另一个俗名"五狗卧花心"更形象。

东西方路尽头是生物医学科学大楼，算得上整个校园最气派的建筑了。此楼西侧是一个小型停车场，边上有一个铁篱笆与校外的一个操场相隔。

篱笆上引种了多种热带藤本植物，无一种为本土种。此时马兜铃科两种植物正开着奇特而漂亮的花：（1）美洲马兜铃（*Aristolochia durior*），英文名Dutchman's Pipe，花具有十分典型的吸引昆虫为其传粉的喇叭形结构。（2）马兜铃（*Aristolochia ringens*），英文名为Gaping Dutchman's Pipe。这两种植物我也是第一次见，但一眼就能分辨出它是哪一科的，因为北京野外甚至北大校园常见北马兜铃，虽然花小许多，但花的结构以及整个植株的气味都是相似的。植物志的检索表通常不会把气味作为一个指标列出，但闻味确实有助于辨识植物。对比中英文俗名，能够看出明显的地方性。科名Aristolochiaceae的拉丁文由三部分构成：aristo（best，最适合的），lochia（delivery，分娩）和ceae（表示某某科），前两部分的意思"能助产的植物"。古希腊人是否真的用它们助产我不清楚，但我个人的感觉是，它们有极强的药味，闻久了头会晕。

美洲马兜铃花的"喇叭"，很像圆号（法国号），口部更平展一些，颜色不是金黄色而是紫红色，白色的花筋儿闪电状，展现了独特的分形结构。喜欢什么就能看到什么；我关注分形，因而总能看到分形。而马兜铃这个种喇叭口处伸出一个长长的槽。两者的"目的"都是让昆虫老远就注意到花的存

美洲马兜铃尚未开放的喇叭。外来种。

美洲马兜铃花的"圆号"（法国号）开口正面图。

美洲马兜铃花的喇叭口中央入口处微距图，可见密密麻麻的倒刺儿，客人到此，"请君入瓮"，倒刺儿会推着昆虫向前走，一直走到雌蕊着生的花筒底部。花在演化过程中展现出的所有"设计"，都为了一个"目的"：传粉从而传宗接代。

在，并令媒婆导向狭窄的、最终指向雌蕊的通道。通道口以及通道中都密布着倒刺儿，只允许昆虫单向通过，能进不能出。花开后，受形象和气味的双重诱导，昆虫会自然地被引诱到花筒的基部，昆虫一时半会儿不能逃脱，它们身体光顾同种其他花朵时沾到的花粉，此时就传给了雌蕊。待到完成授精，花筒变蔫，细管内壁的倒刺儿变软，昆虫就能原路顺利爬出了。

返回住处时，在Sherman实验室与东西方路相交处见到马钱科柏氏灰莉（*Fagraea berteroana*），有花有果，大部分为绿果，少量已经成熟变黄、变红。此果实不能食用，但夏威夷的居民经常栽种它。

不能吃，栽它干啥？许多人会小声地这样发问。回答是，世上的草木除了吃，还可以看！这种植物的叶、花、果都值得观赏。实际上夏威夷居民栽种果树通常也不是为了食用。经常可以见到大量的柑橘、柚、杧果、番木瓜、椰子、面包果熟透后掉到草地上，任它们滚动、腐烂！

马兜铃科马兜铃的花。外来种。花的开口处有一个奇特的长槽，里面有密密的丁字形钩毛。

此处还有木棉科木棉（*Bombax ceiba*），以前叫红丝棉木，待到明年开花时，它才真正好看，此时它的掌状叶还算有特点。宿舍楼 Hale Kuahine 南侧拐角处另有一株木棉科植物猢狲树，也叫猴面包树。

在宿舍北部的教堂附近见到两种普通的热带植物蓼科珊瑚藤和红木科红木（*Bixa orellana*）。此红木与做家具的红木没有任何关系。红木的果实红色有毛，可作染料。外表像无患子科红毛丹，有毒。

【上左】马兜铃的蒴果，它通常倒挂在藤子上，很像降落伞。

【上右】马兜铃的种子。

【下】马钱科柏氏灰莉，外来种。

【上】木棉科木棉，外来种。

【下左】红木科红木的花。外来种。

【下右】红木的果。这种红木科植物的果实极像无患子科的水果红毛丹，但它不是，它有毒！

草海桐

2011.08.13 / 星期六

昨天下午北大毕业的博士生M先生开车带我们到医院取回TB结果,自然是没事。相约明天一早一同上山拍摄。他是个摄影迷,告诉我夏威夷的绿很特别,不容易准确反映出来。

早晨等他的电话,过了半个小时仍然没动静,一问老兄还没起床呢。我提议中午去,他坚决反对,理由是太晒,光线也不好。他讲得十分有道理,几天后我脸上、鼻子上晒掉了一层皮才感受到,而当时我还以为只是随便编出的理由呢。我们重新约定下午3点再上山。

车子用不到十几分钟就上了校园西侧的盘山公路环顶道（Round Top Drive,意思是顶部环形的公路,以后我将一经"环顶道"上山,在观景台向南望瓦胡岛。下面近处为马诺阿（Manoa）山谷的谷口,夏威夷大学马诺阿主校区（University of Hawaii at Manoa）就在这里。远处的火山为檀香山的地标性"建筑"钻头山。此建筑是大自然的杰作,是瓦胡岛火山最后一次喷发形成的。钻头山右侧是威基基城区。此图近景中的植物为豆科台湾相思和银合欢,都是外来种。

次又一次沿此路步行上山），山谷中突然吹过来一阵细雨，西有阳光东有彩虹，山下远处瓦胡岛南侧海岸边的威基基城区和钻头山时隐时现，风景颇美。没过5分钟，雨停了。又过十多分钟，再次下起。

夏威夷的天气最好预测，也最难预测。好预测的是，一整天的平均天气很容易猜中：阴、晴、小雨、阵雨等差不多每天会轮流几个回合。难预测的是，一天当中何时阴何时晴何时雨！于是这里的人分为两大类，一类出门从来都带雨具；一类出门从来不带，下雨时任凭雨水浇着，通常几分钟就过去了。

山路边两种正在开花的植物引人注目：仙人掌科量天尺（*Hylocereus undatus*）和草海桐科草海桐（*Scaevola sericea*），前者是逸生的外来

【上】仙人掌科量天尺（霸王花），外来种。夏威夷满山遍野的霸王花好看也好吃，鲜花可青炒，干花可煲汤。

【下】量天尺（霸王花）结出火龙果。

种，后者是特意栽种的本土种。量天尺即霸王花、三棱剑、火龙果，也就是说霸王花开过就能结出火龙果。理论上如此，但这里的霸王花虽然铺天盖地到处生长，却极少结果。一年当中我见过数万只花，拍摄的花不下一百朵，吃掉的花也不低于20只，却只找到过5个果。校园里农业科学楼东侧、怀尔德街中段北侧，都能见到栽培的霸王花。它晚上开花，早晨太阳升起时，花就蔫了，其英文名 Night blooming cereus 反映了这一特征。

灌木状的草海桐是我来到夏威夷后见识的第一种本土植物，就凭这一点，就值得给它一张特写。前面提到过，刚下飞机就见到了（事后整理照片时才意识到）地道的本土金棕属植

物，但因为当时我没意识到它很特别，更谈不上认出来，那是不算数的。就像某夜晚突然出现了一颗新星，而同一夜晚我恰好也朝那片天区望了望，但我无论如何是不能主张那新星的发现权的，因为我并不知道看到了什么新东西！看到并理解了，才叫真的看到。

草海桐的花呈放射状，初看起来好像缺了点什么，5个花瓣基本上长在一侧，花柱的前端弯曲着。花左右对称，但不具有旋转对称。这是草海桐科植物的一大特点，夏威夷与之相近的桔梗科半边莲亚科植物也有此特征。草海桐的学名曾被定为 *Lobelia taccada*，如今*Lobelia*指桔梗科半边莲属，这也可佐证草海桐科与桔梗科之相近。

草海桐浓密的绿叶下结了许多白色的果实，我品尝了一

草海桐科草海桐，本土种。草海桐的花瓣都长在下侧。

草海桐的果实。

下，微甜，但不大适合食用。夏威夷同属植物另有许多种，可能都是由它演化出来的。它长不高，最高不过1.5米，但有极强的耐受性，不怕旱更不怕盐，因而成为海岸极为优秀的护沙植物。

公路穿过一片高大的库克杉（小叶南洋杉）树林，终点是一个观景台。已有三辆车停于上头的小型停车场，周围有大量马鞭草科尾叶琴木、豆科银合欢和豆科台湾相思，三者均为外来种。几个随家长来玩的混血小孩朝我们走来，急切地向我们显摆他们手中的两样宝贝：一只巨大但仍然未成熟的鳄梨和一只多少令人震惊的变色龙。两者都是在附近的树上发现的。鳄梨也称牛油果，在这里不稀罕，餐厅里、超市中、民居院落里、马路边、山坡上到处都有它的身影。

小朋友手中的美丽动物名叫杰克逊变色龙（*Chamaeloeo jacksonii*），看起来十分乖，在孩子掰下的小树枝上一动不动，它的尾巴相当于第5条腿，起重要的固定与平衡作用，此时牢牢地卷在树枝上。它只是看起来乖，然舌头出击的速度相当惊人。舌头伸出时长度是体长的1.5倍！平时它不大运动，静观周围的变化，当猎物靠近时才会突然发起攻击。它自然也是外来物种，原产于非洲，1972年才引入夏威夷，如今在夏威夷多个岛屿上已经出现数量不小的野生种群。约两个月后的2011年10月9日我独自上山时，再次遇到杰克逊变色龙，这次是两只雌性的。拍照时她们正爬在尾叶琴木树枝上。

回想一下，第一次上山最主要的收获是见到大量的草海桐，跟其他引进的若干美丽植物相比，它似乎没什么可夸耀的，但它才真正代表着夏威夷，其夏威夷名为Naupaka kahakai。草海桐在中国南方以及其他热带地区也能见到，这说明它不是夏威夷的特有植物。

【上】檀香山野生的一只杰克逊变色龙。雄性杰克逊变色龙，头上有三只角，摄于2011.08.13。

【左】雌性杰克逊变色龙，摄于2011.10.09。

品尝多香果叶

2011.08.14 / 星期日

昨天花50美元购买一辆二手自行车。今早晨骑车打算向瓦胡岛东部瞧瞧。出宿舍楼沿东西方路南行至东西方中心的办公楼伯恩斯厅（Burns Hall），左转，先走都乐街（Dole Street），维阿拉伊大道（Waialae Avenue），并入H1高速辅路，后沿72号海岸公路行进。路面起伏，上坡时蹬车很累，下坡也不好办。这辆车的刹车不灵，放坡时非常危险。难怪如此便宜！这是第一次骑它也是最后一次。再次出售等于害人，只好扔掉。

一路观察了三处海滩，风景尚可，海滩沙石大小不一，时有尖锐的大石块，根本无法游泳。经 Kawaikui 海滩公园又向东，一直到了 Bay Street 海滩，此处有极大的浅水沙滩，约一千米宽，两千米长。拍摄蓼科海葡萄（*Coccoloba uvifera*）和一种果皮黄色并裂开、种子黑色的植物。后者当时没认出来，甚至判断不了是哪个科的，骑车返回时一路想着，终于猜到是无患子科的，回来后迅速查得为垂枝假山罗（*Harpullia pendula*）。两天后在校园也见到了同种植物。再后来，还发现它被少量用作行道树。

下午在校园中闲逛，在 Henke Hall 南侧路边见到一株桃金娘科多香果（*Pimenta dioica*，原来写作 *Pimenta officinalis*），英文名为 Allspice 或 Clove pepper。查文献，它的果可加工成一种香料，同时具有丁

桃金娘科多香果，外来种。资料上说其果实可加工成香料，但据我尝试它的叶子也不错。它的树干也很漂亮。

子香（以前称丁香）、肉豆蔻和桂皮的味道，这大概是多香果之"多香"的含义吧。既然如此，何不品尝一下？不过，此时它的果实离成熟还远着（用来加工为香料的果实要在半熟的时候采摘，令它阴干），灵机一动想试试它的叶子。晚上炒鸡翅时，我加入了两片叶，果然十分芳香。还引来周围的学生打听是什么东西如此香。

无患子科垂枝假山罗，外来种。

这便是我来夏威夷后开发的第一种可食植物！我并不敢贸然让他人品尝，自己又试过几次证明没问题，才敢推荐。

在校园北边生物医学科学大楼东门口、农业科学楼对面有4株小的多香果树，在伯恩斯厅后院和檀香山的唐人街也见到几株。至此，我仍然以为它是一种多少有点珍贵的植物。后来上山时才发现，银合欢林中经常会见到野生的此种植物，因为叶常绿，容易发现。用手揉搓，叶子香味十足，因而也容易与类似植物区分。上山时，差不多每次遇上，都要摘上一袋子多香果叶，回来后分发给大家用于烹调。时间久了，竟有人主动打听又发现了什么免费的好东西！理论上任何地方都应该有一些可食的植物，这是我的信念，这里好吃的东西还多着呢。

试验中还发现，一定要用新鲜的叶。叶子干燥后，香味会散掉，再用它再来煮汤、炖肉、炒菜都没什么作用了。

2011.08.15/ 星期一

上午见 Kathy Todoki，然后到学生活动中心办校园ID，再到图书馆激活此卡。上周申请的借记卡密码邮到。在东西方中心宿舍楼申请的个人"物理"信箱也办下来了，竟然是911号。以后寄给我的非挂号、非大件东西将直接放到这个箱子中。不过密码锁用起来不方便，需要凝神定气、从容转动旋纽才能打开。大件和挂号信先发通知条，统一到南边的宿舍大楼Hale Manoa去取。

山谷中的华人墓园

2011.08.16 / 星期二

8月16日早晨6：30出发，向北行走，目标是参观马诺阿山谷的华人墓园。一路欣赏着街两侧住户院子中的植物，有柚、山苹果（桃金娘科）、广玉兰、龙船花、阳桃、鳄梨、杜鹃花（很难鉴定到种）、番石榴、凤梨、桔梗、柿、榄仁树、非洲菊等。一种在别处没见到的行道树结着奇怪的果实，外形像不带褶儿的饺子，我死活没认出来。毕竟我是北方人，对热带植物不熟悉，我又不是专门学植物的，一时猜不到它是哪个科的。几个月后，这个小问题突然解决了，确认它是梧桐科银叶树（*Heritiera littoralis*）。

华人墓地处在一个巨大的山坡上，风水不错。远远望去，墓园绿中带红：绿色的是草地，红则是龙舌兰科植物朱蕉（*Cordyline fruticosa*）呈现出的颜色。墓园并不阴森可怖，倒

马诺阿山谷华人墓园中的朱蕉，波利尼西亚人引入。夏威夷人称朱蕉为Ti或Ki。

像适合休闲的公园。朱蕉未必是红色的，通常是绿色的。或许只因许多人喜欢红色的，人们便把一类栽培品种所具有的颜色写在名字里。

夏威夷原来也没有朱蕉，早期到来的波利尼西亚人，即夏威夷的第一批居民，带来的二十几种植物中（后面会详细介绍，见702页）就包括它。如今夏威夷群岛山上山下到处可以见到朱蕉，叶子大小差别甚大。夏威夷极为珍视朱蕉，几乎任何一部讲述夏威夷历史、文化、民族植物学的图书中都会提到它。在夏威夷朱蕉的英文名字是Ti，由夏威夷名字Ki转化而来。朱蕉叶的用途类似竹叶、椴树叶，可用来包裹粮食和肉类，进而蒸煮或烘烤出美味食品。

此处华人墓园埋葬的多是广东中山县人。绝大多数墓碑上刻写着汉字。最早这墓地是由成立于1854年的华人团体购置的，1889年6月7日得到夏威夷王国内务部的正式批准。根据材料我计算了一下，面积不足26亩。而现在这墓地可比这大多了，估计有上百亩。目前此墓园由"万那山联义会"管理，万那山为山谷名 Manoa 的老式译法，联义会英文写作 Lin Yee Chung Association，为"联义塚"之音译。讲述这段历史的石碑上写着"兴中会一百周年纪念/中华民国八十三年吉日/檀香山国民党总支部/檀香山国民党国术团/敬立"，对应的英文标出了公历时间：Hsing Chung Hui 100th Anniversary / 1894 – 1994。

返回时，我在琢磨：我的研究对象洛克是在夏威夷去世的，他的墓可能就在檀香山，能找到吗？

我随手给寇树文（丹尼尔）先生发了一封邮件，问他是否知道洛克的墓地。实话说，并没抱什么希望，只因丹尼尔得知我来夏威夷研究洛克时，表现出一丝好奇和友好。他大致知道洛克在中国探险的故事，而我此次关注的是洛克在夏威夷做了什么。

龙舌兰科植物朱蕉的花。2011.11.28摄于檀香山的老帕利路。

关注洛克，只因田松一句话

2011.08.17 / 星期三

早上6点半打开邮箱，没想到丹尼尔查到了洛克葬在檀香山努阿奴大道（Nuuanu Avenue）2162号的瓦胡墓园（Oahu Cemetery）！

没说的，今天就过去瞻仰。在谷歌地图上查了一下，立即前往。我刚来檀香山，乘车路线还不熟悉，看样子路不算太远，干脆步行去！这样也能更好地熟悉檀香山。从此，步行成了我在夏威夷出行的首选。

顾不上做饭吃了（早上，在附近也买不到吃的），7时出发，从都乐街向西到怀尔德大道，走到头，向南绕过一个小山，再转向努阿奴大道，一个半小时后到达。

一瞧，傻眼了，瓦胡墓园（1844年建立）有数千块墓碑，上哪找啊？问正在墓园割草的工人，他们没听说过洛克。也是，他们怎么可能知道洛克呢！不过，他们提醒我，可以向墓园办公室询问。还有这样的机构？确实有。

在办公室里一位女士热情接待了我，她像查房产一样，迅速找到洛克墓的编号和位置，一直把我领到洛克的墓碑旁。洛克在夏威夷孤身一人，没有亲戚，他于1962年12月5日去世，10日下葬于 J.McCandless 家族墓块（plot）中的东南角。至于他为何葬在别人家的墓块中，后文将讨论。

我拾了几朵鸡蛋花，从背包中取出一只苹果，轻轻放在洛克的墓碑上。我心里想：几年前我参观了你在中国云南居住过的房子；几天前我在夏威夷大学看过你一手创建的热带植物园，现在还没有完全看完；今天我在这里找到了你最后安眠的地方。今后的一年里，我将登山核对你研究过的各种夏威夷本土植物！如果有机会，我还将查阅你采集的植物标本。它们还在吗？

2008年8月田松邀我"避运"于云南丽江，我们从北京飞昆明，再转丽江，入住丽江北部不远处的白沙玉湖雪嵩村（舞鲁肯）。洛克当年作为美国国家地理杂志探险队成员、标本收集员，在雪嵩村生活了许多年。在这里他潜心研究纳西东巴经，成为西方纳西学之父，1949年7月24日洛克也是从村庄下面的草地上乘飞机离开丽江的（戈阿干：《雪山第一村》，云南民族出版社2004年，第97页）。那块草地作为天然机场曾是抗日战争期间"驼峰航线"的中转站，而洛克本人因熟悉这一带的地貌而担任过美国军用地图服务部门的顾问，参与过此航线的规划。

　　洛克在此断断续续生活、研究了27年。洛克居住的老房子如今还在，已经辟为洛克纪念馆。田松、和力民和我一同拜访了洛克当年的一位助手的后人。言谈中，雪嵩村的老人对洛克评价甚高。见我听得入迷，看得仔细，田松说了一句："华杰，你研究一下洛克的植物学吧！"随后，我们又到香格里拉和泸沽湖游览，在宽阔美丽的泸沽湖还乘船登临了湖中的洛克岛（也称喜娃俄岛）。

　　田松是云南迷，为做科技人类学的博士论文曾在云南丽江住过数月，以后也多次造访云南。他对洛克在人文方面的成就比较熟悉，希望我关注一下洛克在科学方面所做的工作。洛克是位传奇人物，以前我倒听说过一些故事，顾彼得的书《被遗

【左】洛克的墓位于瓦胡墓园中McCandless家族墓块的东南角。

【右】洛克的墓碑极为朴素，静静地平放在草地上。我拾了几朵鸡蛋花放在石碑上，又从背包中拿出一只苹果放上。

忘的王国》中提到过洛克。但是，那时只知道他在中国采集了许多标本，根本不知道他在植物学上写过什么。由我来研究洛克的地理学或植物学？呵呵，恐怕很难，没有特别的理由啊！

时间到了2010年底，北京大学人事部和国际合作部公布明年校际交流中有北大与夏威夷大学的交流名额。夏威夷，好听的名字。除了2010年初到英国访问一个月，最近几年没有长时期出访，现在确实有心到国外的大学"休息"一年！这时候，便想起了"松哥"的话，我要设计一个与洛克、夏威夷有关的研究项目，申请到夏威夷大学！

此前我知道洛克来中国之前在夏威夷待过，离开中国后又回到了夏威夷，直至去世，洛克的墓也在夏威夷。我快速做调研，准备撰写中英文申请报告。很容易找到并下载了洛克的几部植物学专著和他的作品列表，在不到一周的时间内惊奇地了解到洛克在夏威夷做了卓有成效的植物学研究。于是我的交流项目就定为"洛克对夏威夷本土植物的研究历史"。申请报告

【上】2008年8月10日我参观云南丽江白沙玉湖雪嵩村（舞鲁肯）洛克旧居时的门票。门票背面有洛克旧居简介，其中将洛克去世的时间写错了。

【下左】洛克在云南丽江白沙玉湖雪嵩村（舞鲁肯）的住所，这里也是美国国家地理杂志探险队的总部，如今已辟为洛克纪念馆。丽江古城海拔2400米，此处海拔2750米。2008.08.10摄。

【下右】美国国家地理杂志探险队总部二楼是洛克的起居室。屋内的摆设参照了当年的照片，据说床、桌、椅、书架、地毯、火盆、闹钟、马灯等都是当年洛克的遗物。前前后后，洛克在此居住长达27年之久！

迅速写成，计划十分具体，专家组在第一轮讨论时就一致通过了我的申请，令我喜出望外。感谢田松博士2008年在丽江的一句话！

如果成行，我将有一年自由时间，不用上课了。更为重要的是，这一年里我可以做自己最喜欢的事情：到一个陌生的地方观察那里特有的植物！就这样，我于2011年8月8日来到了夏威夷。

【上】云南东北部泸沽湖中有一个喜娃俄岛，洛克曾在此住过，此岛已更名洛克岛。图中水面上漂浮的是波叶海菜花（*Ottelia acuminata* var. *crispa*），水中颜色较暗的小岛即为洛克岛。2008.08.18摄。

【下】从另外一个角度远观泸沽湖中的洛克岛。

泸沽湖中洛克岛上重建后的洛克故居。2008.08.18摄。

洛克当年在云南泸沽湖一带采集过植物标本。图中的植物为泸沽湖边生长的虎耳草科鸡肫草（*Parnassia wightiana*）。2008.08.17摄。

国立太平洋纪念墓园

2011.08.17 / 星期三

　　看完洛克墓，顺便瞧了瞧同一墓园中的瑟斯顿（Lorrin Andrews Thurston，1858–1931）墓。洛克的墓简朴得没法再简朴了，而瑟斯顿的墓就气派一些，除了占地面积大之外，多出一棵百年古柏和一块大石头，但也仅此而已。瑟斯顿是美国传教士的后代，生于夏威夷，曾任律师、商人和政治家，在推翻夏威夷王国、建立夏威夷共和国的复杂争斗中他有突出表现。

　　顶着烈日返回校园。我不喜欢走老路，于是选择从偏北的一条上坡小路往回走，路过两个小型的华人墓地，其一为"馀庆堂华人义地"。

　　道路持续上坡，鞍形坡顶的右侧（南侧）有一条公路转向一座小山头。查地图，此路通向国立太平洋纪念墓园（National Memorial Cemetery of the Pacific），整个山头上的道路分布在谷歌地图上看，很像一只显微镜下的"精子"。

檀香山国立太平洋纪念墓园，位于夏威夷州政府的正北部的一个山上。山顶十分平坦，阵亡军人纪念碑整齐安放在草坪上。图中左前方为小叶榕，草地前方的树为豆科雨树。

　　这几天与墓地"相"上了。既然遇上了，不妨多走几步，上去看看。转弯处的土丘上用火山石砌着一个梯形台，其中一个面上贴着瓷砖，上书"E Komo Mai/Papakolea"，我猜测上一行大概是夏威夷语，下一行为地名。回家后查得，牌子的意思是"欢迎来到帕帕寇雷阿"的意思。女儿来信还提到，E Komo Mai（欢迎）这个夏威夷短语曾出现在一首流行的英

【左上】国立太平洋纪念墓园通向自由女神祭坛的台阶两侧植有桃金娘科多香果，树枝上部被修剪成圆环。

【左下】无患子科蕨木患，叶子很像蕨类植物。外来种。

文歌曲中。

这座山的顶部有一个巨大的平台，大部分是割得很整齐的草地，草地上有数不清的阵亡军人墓碑，一律整齐地水平放置。每个墓碑的尺寸与洛克的相仿。草地中间有双排粗壮的小叶榕，其中一株的枝桠处附生了五加科辐叶鹅掌柴（*Schefflera actinophylla*）小苗。辐叶鹅掌柴得名于其叶的形状，其英文为伞树（Umbrella tree），这株小小的辐叶鹅掌柴靠树桠处积攒的一点点营养生存。但在不久的将来它可能将自己的根顺着小叶榕的树干下扎到土里，那时它就有机会茁壮成长。这个外来物种有这个本事，正是靠这一点，夏威夷到处有它的身影。

墓地上还随机分布着一些豆科雨树，偶尔有几株杂交的决

明属植物。

两条平行的西北–东南走向的大道和一条环形路直通自由女神祭坛和太平洋战争展厅。台阶两侧栽种的是桃金娘科多香果，树枝上部被修剪成环形，每株树相当于托起一个大圆圈。自由女神像前的平台处有几株蕨树，也被修剪成环形，但不是一株形成一个环而是多株联合起来共同形成一个大环，大环一共有两个。

蕨树（Fern tree）的叶子看起来像蕨。蕨树不同于树蕨，前者是一种无患子科的被子植物，后者包括多种蕨类植物。准确点说，这里的蕨树指的是蕨木患（*Filicium decipiens*）。

从墓园出来，向西北方向眺望，能看到珍珠港。很难想象

自由女神像前多株无患子科蕨木患（也叫蕨树、齿朵树）构成两个大的圆环，这是东侧的一个。

夏威夷植物日记/063

国立太平洋纪念墓园山顶平台草地上一块普普通通的阵亡军人墓碑，这里有数千块同样的墓碑。

国立太平洋纪念墓园最高处的回廊。

书中以及刚才墓园的壁画所描述的事件就发生在那里。

　　沿弧形的盘山路下山。小山东部山脚下Auwaiolimu街旁便是林肯小学，我经过时是中午12:30，正赶上家长开车来接孩子。学生带着书包席地而坐，家长的车子排队逆时针进入校园，在学生面前停下，教师依次把每一位学生送上各家的车子。整个过程进行得十分有序，缓慢但效率颇高。

　　如果一场战争能够换来下一代、下几代人和平生活下去，那场战争也许是值得的。但是不要迷信战争，如今世界上的许多战争通常并不解决问题，战争中受苦的首先是平民。

　　多数人渴望"太平洋"名副其实，真正太太平平，让太平洋战争成为历史吧！

国立太平洋纪念墓园中高大的小叶榕枝桠处附生有五加科辐叶鹅掌柴。此时辐叶鹅掌柴还是小苗，靠树桠处积攒的一点点营养生存。但在不久的将来它可能将自己的根顺着小叶榕的树干下扎到土里，那里它就有机会茁壮成长。

准备必要的植物学工具书

2011.08.18 / 星期四

要着手辨识夏威夷生长的植物，必须先收集基本的工具书。弄清楚植物的名实对应关系，最终得靠自己，光靠打听是不行的。

18日早上到离我住处不足300米远的夏大主图书馆哈密顿图书馆（Hamilton Library）借来洛克的两部书：《夏威夷群岛本土树木》（*The Indigenous Trees of the Hawaiian Islands*，1974年日本重印版）和《夏威夷观赏树木》（*The Ornamental Trees of Hawaii*，1917年版）。两者均为库本，收在图书馆的五楼，只借14天。回宿舍后开始翻拍，制作PDF版。

前一部书的1913年版，我在来夏威夷之前就得到了电子版。新版中间内容没变，页码照旧，因而只需要拍摄增加的部分，多出70页。从后者看洛克还是位优秀的园艺学家。这两部书相互补充，均为夏威夷植物学史的经典之作。

洛克的书毕竟太老了，洛克去世后，夏威夷植物名称变化相当大，必须找到当代版的夏威夷植物志！19世纪时国王的御医希拉伯兰特（William F. Hillebrand，1821–1886）确实写过一本《夏威夷群岛植物志》（*Flora of the Hawaiian Islands*），1888年出版，但无一张植物图。此书在洛克时代就已略显过时。希拉伯兰特的身份十分像由德国到日本的博物学家西博尔德（Philipp F. B. von Siebold，1796–1866）。

当今在广泛使用的是两卷本获奖著作《夏威夷开花植物手册》（*Manual of the Flowering Plants of Hawaii*），1990年初版，1999年出修订版，主编有三位：魏格纳［（Warren L.Wagner，其导师是在中国上海出生的美国植物学大佬雷文（Peter H. Raven）院士)］、赫伯斯特（Derral R. Herbst）和索末（S.H. Sohmer）。以后会经常提到此书，以下把它简称为《手册》。但是《手册》只收开花植物，不考虑蕨类，而夏威夷有大量有特色的蕨类植物，所以还得找一部好的蕨类专著。经过一番调研，发现帕尔默（Daniel D. Palmer）写的《夏威夷蕨类和拟蕨类》（*Hawaii's Ferns and Fern Allies*）不错。

图书馆中只有1990年版的《手册》，复本也有几套，新版一本没有，估计早被人借走了。想购买一套新版，上亚马逊网一查，打了折还要99美元。这书就是夏大出版社出的，以为这里能便宜，打过电话，没货，即使有也是99美元。算了，还是借一套旧版用着吧。而帕尔默的蕨类书，我毫不犹豫上网订购了一本。索末和古斯塔夫森（R. Gustafson）合编的图谱性著作《夏威夷的植物与花卉》（*Plants and Flowers of Hawaii*）才十多美元一本，也顺便订购了。

至此，上山看植物，回家核对名称所需要的最基本工具书就齐了。

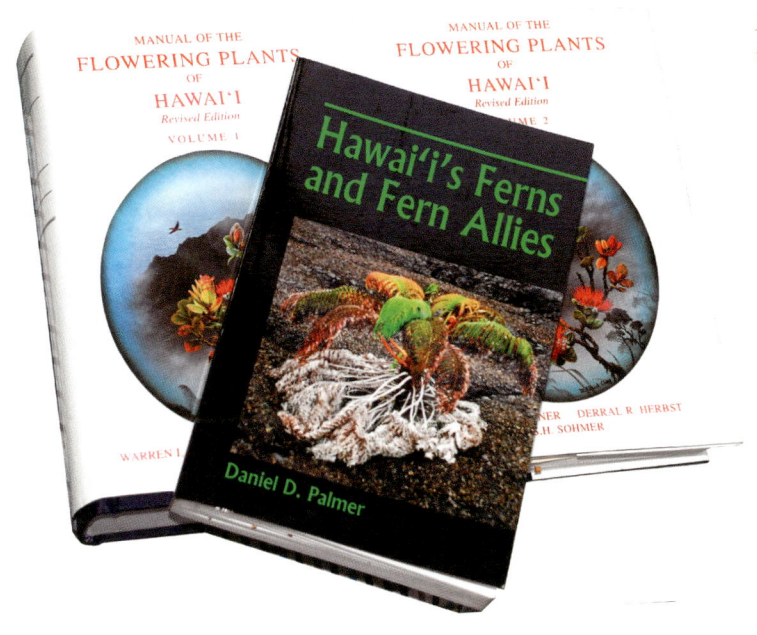

夏威夷植物学工具书：著名的两卷本《手册》和蕨类专著。

在夏威夷种菜

2011.08.19 / 星期五

有位中国留学生借给我一块地，约6平方米，就在宿舍楼Hale Kuahine的东侧。这里大约有十几块地，均由此宿舍楼里的学生或访问学者耕种。楼根有一个小房子，里面装有公用的工具，镐头、铁锹、铁耙子、锤子、小木板、钉子、尼龙绳、水管等一应俱全。

今早用密码开门取出工具，开始灌水，准备种地。这地很久没人种了，硬得很，用铁锹无法直接翻土，得用镐头刨。

种什么好呢？地方不大，栽红薯肯定不划算，虽然这里的确有人把自己的地块栽了红薯。檀香山蔬菜很贵，不如种点菜！禾本科香茅（英文称Lemongrass）也不错，可以把四周栽上香茅！

以前没栽过香茅，但一观赏它的长相，就猜用分株法繁殖错不了。于是从别人家借了一簇，先把上面的长叶拧掉，把基部掰开分成十多株，分别栽下。浇足了水。中央用别人剩下的种子种下了白菜、芜菁。

傍晚时观察，香茅已经缓过苗来，看样子挺精神，估计成活不成问题。

十多年前的1999年，在美国中部的伊利诺大学（UIUC），也见到各国的学生们周末时在大片的菜园中忙活。那时候，我对自己种菜还没有很大兴趣。

我照顾得勤，差不多天天晚上给菜地浇水，过了不久，香茅就可以收获了。原来的每一株都已长成一大簇。

用小刀切割时，发现基部草丛中有大个头的蛞蝓（slug），不知道是哪个种。香茅草有特殊芳香味道，能驱除许多虫子，但蛞蝓与人相类同，专门喜欢吃香茅草！从网上查得，蛞蝓入侵夏威夷已久，住户的花园经常受此虫子的侵犯。对付它有什么办法？有人提出用啤酒诱捕：把装有啤酒的酒瓶埋在地下，瓶口略高于地面，盖打开，蛞蝓爬上去准备喝啤酒，就会掉进去！

我对蛞蝓没好感，也没兴趣买啤酒给它们喝！为了避免过分繁殖，只得用手把它们一个一个拣起来扔掉。

喜欢待在香茅草丛基部的蛞蝓。

不能食用的诱人果实

2011.08.20 / 星期六

　　20日早晨去图书馆还书，关门。才想起今日是周末。与国内图书馆不同的是，周末这里干脆不开门，防止人们学习？

　　于是到校园看植物。根据洛克的《夏威夷观赏树木》和相关材料认出三种茜草科植物：王龙船花（*Ixora macrothyrsa*）；塔希提栀子（*Gardenia taitensis*），也叫夏威夷栀子；海滨木巴戟（*Morinda citrifolia*），这种早就认识。

　　在校园中拍摄到阴香（*Cinnamomum burmanii*）；花棋木（*Cassia bakeriana*），也称绒果决明，此时并不好看，等到开花时才壮观；斐济金棕（*Pritchardia pacifica*），英文Fiji fan tree；狐尾椰（*Wodyetia bifurcata*），英文为Foxtail palm；红花铁刀木（*Cassia grandis*）；小叶南洋杉（*Araucaria columnaris*），英文Cook island pine。这些植物中，此时狐尾椰的果实最上相，火红色，十分诱人。每个果实有大个鸡蛋大小，外形与椰子相仿，但也只是外形略像。熟透的果实，外皮很快就会烂掉，露出好像是手艺人编织出的一只网套。"狐尾"的得名，与其叶上的小裂片在叶轴上360度螺旋生长有关，从整体上看狐尾椰的叶子就像一条巨大的狐狸尾巴。

狐尾椰的果实。外来种。

【上左】用瑞士军刀上的钢锯小心锯开狐尾椰果实呈现出的结构。

【上右】去掉薄薄一层表皮的狐尾椰露出可爱的网套。

【下】狐尾椰的叶子很像狐狸的尾巴。

在哈密顿图书馆东北处见到一种白花结黄色双果的植物，那天去洛克墓地回来时在怀尔德大道曾见到一株小的。像夹竹桃科的，但不知是什么种。今天坐下来查找，学名叫海滨腺冠木（*Stemmadenia litoralis*），夹竹桃科腺冠木属，英文名Milky way tree或lecheso，也写作lechoso。来自西班牙语，意思是牛奶。花乳白色，果实黄色，俩俩长在一起，由单花双心皮雌蕊分裂而成。每只果有一条缝合线，这样的干果叫蓇葖果（follicle）。能不能把海滨腺冠木的果实叫双悬果（cremocarp）或分果（schizocarp）？恐怕不能。"双悬果"通常是用来描述伞形科植物果实的。实际上夹竹桃科与萝藦科有大量植物的果实具有两心皮、离生（或称双生、叉生）的结构。双悬果也是两心皮，但合生，直到成熟时才由合生面分离，变成两个分果，也有不开裂的。

中午在校园都乐街北侧中段见到柚木（*Tectona grandis*）和海杧果（*Cerbera manghas*）。前者在斯里兰卡和广西见过，此时花还没开，只能看叶。后者果实已经熟了，草坪上落下上百个美丽的"杧果"。不过，这海杧果是夹竹桃科的，不是漆树科的。果实美丽动人，却不能食用。

傍晚出门，又见到几种棕榈科植物：黄椰子（*Dypsis lutescens*），霸王棕（*Bismarckia nobilis*），蓝脉葵（*Latania loddigesii*）。它们的果实均不如狐尾椰的漂亮。

晚上多人一起到檀香山较大的日本超市Don Quijote买

夹竹桃科海杧果，外来种。

【上】夹竹桃科海滨腺冠木，外来种。花白色。果实黄色，形状奇特。长在一起的两个果实是由单花双心皮雌蕊发育而成的。

【下】海滨腺冠木果实特写图。

菜，不知道它为何取唐吉诃德这一名字。日本东京有唐吉诃德株式会社，也许它们是连锁店。这里的蔬菜质量好，也相对便宜，中国留学生常到这里和唐人街买菜。由于后者停车不便，有车族主要来这里。旁边有一家韩国店，蔬菜更便宜。

其实，檀香山出售的所有蔬菜、水果价格都较高，工资水平不低的本地人对此也在抱怨。价格高原因为何？有人说，因为绝大部分商品是进口的，甚至连许多鱼肉制品也是进口的，我就见过从中国进口的鱼肉罐头！夏威夷四周都是海，照理说这里海鲜多得很，价格会便宜。错了！这里的人通常不捕捞，海产相对较少，海鲜价格居高不下。夏威夷产杧果，按正常推理，杧果应该便宜吧？又错了！本地水果和蔬菜常打出有机食品的招牌，价格比外来的还要高。

在停车场见到狐尾椰，未开花。

莲叶桐

2011.08.21 / 星期日

1959年的今天，夏威夷成为了美国的第50个州。

早晨仔细浏览夏威夷大学多才多艺的植物学教授卡尔（Gerry Carr）的网站。想了解夏威夷的植物，看他的网站绝对值得。卡尔已离开夏大，现在美国本土的奥尔良州立大学任职。

上午到校园西部靠近大学大道的地方拍摄香肉果（*Casimiroa edulis*）。香肉果是芸香科乔木，据说果实香甜可口，但食后人容易嗜睡，不可多吃。我在树下拾了几只品尝，真的是美味，甜中带香。香肉果的叶为掌状，通常有5个小叶，样子与木棉科、紫葳科的一些植物相似。

在附近还见到大戟科响盒子（*Hura crepitans*）以及南洋杉科昆士兰贝壳杉（*Agathis robusta*）。前者只见到花，无果。后者的叶和树干有点像中国南方常见的竹柏。

走到以Philip Edmunds Spalding（1889–1968）名字命名的Spalding Hall东侧，见到了有趣的植物莲叶桐科莲叶桐（*Hernandia nymphaeifolia*），它的英文名相当奇怪：Jack-in-a-box Tree。英文名反映了其果实的构造：黑杰克被包裹在一个盒子中，莲叶桐的核果隐藏在碗状的肉质总苞中。总苞顶部有一个半径约为果实半径四分之一的圆形开口，透过这个小孔，里面的黑色核果隐约可见。此植物原产于东非和马达加斯加。在夏威夷的街上很容易见到同名的连锁快餐店！

P. E. Spalding曾任夏威夷电力公司董事会主席，他是夏威夷大学基金会的创始人和基金会第一任主席。

成熟后掉在地上的香肉果，食用后嗜睡。

【上】芸香科香肉果。外来种。叶掌状，通常有5个小叶。

【下】裸子植物南洋杉科昆士兰贝壳杉，外来种。叶有点像竹柏。

莲叶桐科莲叶桐，外来种。

【下左】莲叶桐奇特的果实，如其英文名Jack-in-a-box所描述的，黑色的核果被包裹在肉质的总苞内。总苞顶部有个小圆孔。

【下右】与莲叶桐名字只差一个冠词的一家连锁快餐店。

夏威夷植物日记/075

夏大的莱昂树木园

2011.08.22 / 星期一

6:30出发，步行到马诺阿山谷里边的莱昂树木园（Lyon Arboretum）。如今它已归属于夏威夷大学，这令我想起牛津大学、剑桥大学和哈佛大学各自有特色的植物园。北大、清华似乎可以合作维护一个像样的校园植物园，而圆明园是个理想的地方。

莱昂树木园的门牌号为马诺阿路（Manoa Road）3860号，洛克晚年住处的门牌号为老帕利路（Old Pali Road）3860号，前者在东侧一个山谷（马诺阿山谷）中，后者在西侧一个山谷（努阿奴山谷）中，中间隔着一座大山。

早晨在树木园的雨林中穿行，豆科大乔木球花豆（*Parkia timoriana*）盖住了山坡相当多的面积，一种白鹦鹉发出怪异的、听起来十分凄惨的叫声。四处望了一下，林中只有我一个人。沿西侧的一条小路走向"蕨谷"。蚊子围着脑袋转，虽然穿了长衫长裤，还是差点喂了蚊子。

一个半小时过后，在树木园东北侧小溪边见到长有巨大板根的杜英科圆果杜英（*Elaeocarpus angustifolius*）。这种植物容易识别，远远望见大量绿叶中的若干红叶（老叶），就能猜出它是杜英科的。圆果杜英果皮的蓝色太奇妙了，招人喜欢。大树下，满地都是圆圆的蓝果，像散落的珠宝。BBC影片《植物的私生活》中讲过，这类果实的颜色与森林中一种鸟双垂鹤驼（*Casuarius casuarius*）脖子下的肉锤颜色相仿，鸟以树的果实为食。树与鸟在演化过程中形成了有趣的共生关系。果肉腐烂后，露出类似胡桃一样的美丽果核（摄影师赛格勒拍摄的澳洲北部密林中双垂鹤驼进食落地果实的照片，获得2013年"荷赛"一等奖。从照片上看那种果实就是圆果杜英）。据说，品相极好的圆果杜英果核价格不菲，几只就能换一幢房子。我虽然喜欢其蓝色的果实及有特点的果核，但不会真信这类说法。随便拣了十几只带肉和不带肉的果实，准备送人。

后来，在夏大校园中也找到两株圆果杜英，散步时经常观察它们。我发现，同一株树上，同时有花苞、正在开放的花簇、刚结出的小果、长到一半的果实以及成熟的果实。许多热带植物有这个特点，比如椰子。

莱昂树木园中有一块宣传板挺有意思。上面介绍说夏威夷本土植物的祖先通过三个W来到夏威夷，其中通过风（Wind）传播而来的占2%，通过水（Water）传播（飘浮）

【上】杜英科圆果杜英的枝叶。绿树上通常有一些红叶。外来种。

【下左】圆果杜英树下掉落的蓝色果实。

【下右】圆果杜英的老叶（呈红色）、果实（蓝色）、果核（外表像大脑）。

圆果杜英的花。

而来的占23%，通过鸟的翅膀（Wing）传播（鸟吃下或者翅膀沾上的种子）而来的占75%。如今夏威夷大量的特有种都是由这些祖先在相对短的时间内演化出来的。

在其中的一个本土植物区中见到海桐花科海桐花属若干特有种。

傍晚到威基基拍摄圣雄甘地铜像，在海滩散步。

晚上读《手册》，在宿舍中一有空就要翻这类书，争取尽快熟悉本土植物。到现在为止，见到的本地物种太有限了。多读书，有了一定的基础，就可以上山与本土植物相认。

2011.08.23 / 星期二

还两本书，借英国博物学之父约翰·雷（John Ray，1627—1705）的第二本通信集。我的学生小熊写《约翰·雷的博物学》博士论文可能用到这部书，而国内无法获取。借回后急忙拍摄，转成PDF格式，压缩，传回国内。

复印洛克于20世纪60年代写的4篇植物学论文，这是洛克在人生最后时刻发表的论文。

洛克的大部分文献都单独收藏在哈密顿图书馆第5层的太平洋阅览室中，这个阅览室专门收藏与夏威夷相关的资料。这里的文献仅有少量外借，一般只借一周，最多两周。其他的只能在里面阅读。可以自助复印，价格自然不便宜。我试过几次自助复印，效率很低。于是征得图书馆同意后，每次都自带相机拍摄。馆员很友好，特意问我用不用专用的翻拍架。试了一下，并不方便，加上我的相机变焦镜头在重力作用下有自动下滑的毛病，用翻拍架拍摄并不是好办法。效率最高的办法是左手持书、翻书，右手持相机按快门，很快就能拍完一本书。图像虽然有些变形，但字迹清晰可辨。

夏威夷植物来源的标注

2011.08.24 / 星期三

在《手册》中，特有种（endemic species）、本土种（indigenous species）、波利尼西亚人引入种（Polynesian-introduced species）和归化种（naturalized species）分别用如下符号表示：（end），（ind），（pol）和（nat）。人为规定逻辑上四者互斥。与之相关还有一些通俗分法，如本地植物（native plant）和引入植物（introduced plant）。

本地植物包括了上述的特有种和本土种；引入植物包括波利尼西亚人引入种、一般外来种，而一般外来种中又包括归化种和未归化外来种（指只能在温室、花园或者其他人工环境下生长、繁殖的植物种类）。在归化种中又可分入侵种和非入侵归化种。在洛克的用语中，indigenous相当于现在的native，因为它同时包括了本土种和特有种。

一般说来（不是绝对的），价值排序是这样的：（end）>［（ind），（pol）］>（nat）。要深刻地体会这个关系，需要相当长的时间，要做尽可能多的田野调查，也要阅读历史、文化文献。夏威夷诸岛皆是火山成因，形成之初为不毛之地，当然没有任何植物。在时间维上一直追溯，上述四类当然都是"外来物种"，但是"它比你先到"这一点非常关键。在（pol）和（nat）之间做出严格区分的重要性在于，它提醒人们库克造访之前与之后夏威夷的自然史和社会史发生了根本性的变化，在后者中才出现"入侵"的问题。

在图书馆复印一篇德文的洛克文献汇编；查阅太平洋中夏威夷周围地区若干植物志，抄录若干常见植物名，准备进一步核实。

品尝夹竹桃科植物果实

2011.08.25 / 星期四

上午整理植物图片，分科排列，标出种名。夏大植物学系编制的校园植物折页上列出80多种观赏植物，到现在为止，绝大部分我已经实地拍摄了照片。

栽种的香茅已成活，但杂草也长了出来。

拍摄作为树篱的白花丹科（蓝雪科）蓝雪花（*Plumbago auriculata*），校园内外时常见到这种植物。它显然是外来种。

在东西方中心伯恩斯厅对面马路边识别出夹竹桃科大果假虎刺（*Carissa macrocarpa*），《中国植物志》称大花假虎刺。枝具尖刺，花白色5瓣，果实成熟时红色，与圣女果西红柿大小和形状都差不多。无论青果还是熟果，果皮稍一碰就会冒出白浆。书上说，此植物原产于非洲，果实可食。夹竹桃科冒白浆的东西，听起来就可怕，能吃吗？我决定少量试一试。尝了一小口，浆果，味道还可以，甜中带酸，果肉中的种子细小，如西红柿的种子，不用吐可直接咽下。10分钟后，没什么不良反应，接着吃掉两只。两小时后，感觉仍然正常，又吃了4只。晚上，无任何不适。上网查了些资料，确认此果实完全无危险。世界上许多地方已经把它当水果食用，只是它在保存、运输上不大方便才没有走进超市。于是有限度地向周围的人推荐，一个月后已经有十几人大胆品尝了大果假虎刺的果实。

白花丹科（蓝雪科）蓝雪花，外来种。在夏威夷多用于树篱。随处可见，常年开花。照片背景为夏威夷大学校园停车场内一辆红色汽车。

由图书馆借出的洛克时代的校园地图显示，伯恩斯厅门口靠北一侧汽车出口处曾栽有一株白檀香（即檀香），但后来校园重新规划，那株檀香不知被规划到何处。现在那个点是水泥地。

【上】夹竹桃科大果假虎刺的枝和花。外来种。

【下左】大果假虎刺枝上成熟的果实。

【下右】放在瓷盘中的大果假虎刺果实，你敢吃吗？

烤发财树的种子

2011.08.26 / 星期五

到图书馆看书,经过几株木棉科植物,正好赶上成熟的种子落下,每粒有大个花生那么大,圆形,顺手拾了十几粒。当时并不知道哪个种。拍摄照片若干,中午回宿舍查到竟然是我们熟知的发财树(*Pachira aquatica*)!

发财树原产于中南美洲,在北京的花市和普通人家的屋子里经常见到,却从来没有看到它们开花结果。资料中说发财树的种子可食,也称马拉巴尔栗或圭亚那栗。咬开一层薄壳,果仁中子叶是卷曲的,这一点与栾树的种子类似。我试着吃了一粒,口感、味道如生花生。用微波炉烤,不一会就爆裂起来,响声很大,看来火大了。调试几下,终于掌握技巧,烤出的种子香喷喷的。周围的人知道树下可拾"花生",便嚷着让我带路立即去找!我说,不用特别指路,在图书馆前面转角处便可找到。不多时,就有人拾回一盘子发财树的种子。

发财树不但果仁好吃,花也好看。以蓝天为背景,雪白的花丝成束状伸向天空,卷起的萼片聚成一团包围着花丝,一切好像是人工特意做成的。而人哪有大自然精巧,人工如何比得了天工?

木棉科发财树的果实,成熟后将开裂、种子落地。外来种。

【上】发财树的花和种子。种子可食，味道如花生。背景为一本介绍博物学家缪尔之植物学遗产的英文书。

【下左】发财树枝头的花：灿烂的"笤帚"或"毛刷"！

【下右】发财树的花丝成束状，像笤帚一般。从草坪上拾起9只，拍摄时故意摆成了一个圆圈。

炖薜荔汤

2011.08.26 / 星期五

下午出门后向东，深入河沟，越过马诺阿小溪，看对岸的植物。遇到小叶榕、银合欢、血桐、肯氏蒲桃、垂花琴木、金英树（Galphimia gracilis，金虎尾科）等。

在对岸沿山坡上爬二十多米，便是两车道小路Kalawao街。往南是终点，只好向北行进。街两侧依山修建了漂亮民居。边走边瞧两侧的风景，顺手拍摄一些好看的植物。大约在1.5千米处突然见东侧（右侧）石壁上挂着一些果实，形状似旧时农村用的秤砣。细瞧，它们长在一种藤本植物的茎上。地上已经落了许多熟透变紫、变灰的果实，藤上还有青果。用手捏，果实中空，嫩果表皮还会渗出乳白色发黏的汁液。用小刀切开果实，立即断定它是桑科榕属植物，因为它是由无花果一类的隐头花序发育的。果实的前端有一个小孔连通果实内外，榕小蜂就是通过这个孔进出果实为其传粉的。摘了5只半熟的果实带回。

傍晚在家查得它就是桑科榕属的薜荔（Ficus pumila），也叫文头郎，还有一些别名，如木莲、凉粉果、王不留行、木馒头等。据《植物名实图考》："木莲即薜荔。《本草拾遗》始著录。自江而南，皆曰木馒头，俗以其实中子浸汁为凉粉，以解暑。"（《植物名实图考校释》，中医古籍出版社2008年，第354页）至于其功能，《本草纲目》提到，就藤枝而言，"白癜风，疬疡风，恶疮疥癣，涂之"；就果实而言，"壮阳道，尤胜。固精消肿，散毒止血，下乳"（《本草纲目》，人民卫生出版社2012年第2版，第1331页）。

具体讲，薜荔的有性繁殖依赖于薜荔榕小蜂（Wiebesia pumilae）的传粉。在长达亿年的演化过程中，两者原来是寄生与反寄生的对抗关系，后来变为互惠互利的共生关系。这类转变，在地球生命演化史中并不罕见，寄居在细胞中的叶绿体、线粒体与细胞生命的关系就是一个典型。马古利斯的连续内共生（SET）理论讲述了更一般的图景，此图景对我们有许多启示意义。比如人与人、国与国如何相处。夏威夷引进了大量榕属植物，但并没有同时引进各自的、对传粉至关重要的榕小蜂，这使得长出的大量榕果里面通常不结种子。

薜荔果最常见的吃法是用它炖猪脚汤，也有用它炖猪肝的。在夏威夷，去唐人街倒也能找到猪脚，不过我对宣传的神奇功能并不全信，所以也不必全照着做。我用它炖过鸡汤、猪排骨汤，每次放两三只薜荔果。吃起来还可以。

后来，在檀香山经常见到薜荔的身影，野生的碰到6处，住房篱笆上见到5处。

金虎尾科金英树，外来种。

薛荔藤上枝条结出的薛荔果,
也称木馒头、文头郎。

【右上】火山石壁上生长的桑科榕属藤本植物薜荔，果实已经成熟。外来种。

【右下】切开的薜荔果，展现出类似无花果的隐头花序构造：花序生长在果实的内壁，果的前端有一个小孔通向外部，传粉的昆虫将通过这个孔进出果实。

金叶

2011.08.27 / 星期六

上午在校园西北拍摄美洲马兜铃、发财树的花。确认路边的一株山榄科人心果（*Manilkara zapota*）和大量作绿化使用的海岸星蕨（*Phymatosorus grossus*）。

在植物学系圣约翰楼前见到大量蒺藜科绿檀幼苗，系树上掉下的种子萌发而成。没想到这种外来植物在这可以自己繁殖了。植入住处后院多株。多日后观察，全部成活，但生长极缓慢。

中午，夏大历史系教授 Jerry H. Bentley 带高老师和我到校园北部马诺阿山谷的连锁超市 Safeway。Jerry 是《世界史杂志》的主编，著名世界史专家，对欧洲近代早期文化史有专门研究。先生待人十分亲切，和他握手时能感觉到手劲很大。烈日下教授带我们亲自走一趟，目的只是为了让我们知道如何抄近路快速抵达这个商品质量还不错的商店，他让我们记住转来转去的小路。女售货员跟他很熟，半开玩笑地告诉我们：Jerry 可是模范丈夫，每日来店采购两次！

在Safeway用18美元买了一束鲜花，晚上要用。

沿途遇到山榄科类似星苹果的植物橄榄形金叶树（*Chrysophyllum oliviforme*），其英文名为Satin leaf，缎子叶的意思。此植物叶子正面通常亮绿色（幼叶不同），很一般，而背面有棕色绒毛，在光线照耀下呈现赤金般的颜色，相当别致。用手抚摸一下，软而滑，真有缎子般的感觉。新鲜叶的颜色，更像金子；晒干，就不那么美观了。经常见它开黄绿色的小花，却不见结果。这种植物令我想起几年前与中国科学院植物学家罗毅波教授在湖南新宁崀山度过的美好时光。新宁也是罗老师的老家，罗家两代三人都为植物学做出了突出贡献。2009年8月23日在罗老师的指引下我独自到了崀山珍稀植物研究所，见过与橄榄形金叶树有类似赤金光泽的玉兰科金叶含笑（*Michelia foveolata*）。在那还见到了云南拟单性木兰、乐东拟单性木兰、武当木兰、飞蛾槭、银杉、黔贵润楠、宜昌润楠、闽楠、刨花润楠、沉水樟、蓝果树、杨梅叶蚊母树等。

17:00夏大民族音乐学家、中国研究中心主任刘长江（Frederick Lau）教授接我们到哲学系中国哲学专家安乐哲

【上】山榄科橄榄形金叶树，外来种。幼叶双面、成年叶的背面为赤金色，摸起来如缎子一般。

【下】橄榄形金叶树的花很小，黄绿色，掩在叶下，通常不易发现。

夏威夷植物日记/089

【左】木兰科金叶含笑的叶背面也呈赤金色。2009.08.23摄于湖南新宁崀山珍稀植物研究所。

【右】2011年8月27日晚我们在安乐哲教授家做客。照片中左侧为安乐哲教授，中间为刘长江教授。

（Roger T. Ames）教授家吃饭。安教授家距夏大很远，车朝东开，前半段景致我熟悉，因为骑车走过一次。车一直开到夏威夷凯（Hawaii Kai）东部的一个高地上，这儿算是瓦胡岛的最东侧了。安教授的家坐落在山坡西缘，房子三层，依山而建正好卡在侧缘上，这里风很大。在晚风中，从安教授家的阳台上观赏瓦胡岛风光，十分惬意。晚宴上见到许多热心中国文化的学者，如孔子学院美方院长任友梅（Cynthia Y. Ning）女士。

安乐哲教授也经常到北京大学哲学系讲学，先生为促进中西文化交流做出了特殊贡献。先生对中国古代先哲的思想颇为赞赏，尽自己的全力重新翻译中国经典并开课向西方国家介绍中国文化。先生坚定地认为在未来世界东西方必定相互借鉴。先生年事已高，但身体和精神状态均很好。对于这样一位为文化交流扎实做事、有大儒风范的学者，怎能不表示敬佩呢！

2011.08.28/ 星期日

在家里读书，整理植物图片。闲时看一点夏威夷历史。

在《夏威夷观赏树木》中，洛克列出的第一个赞助人是女王莉琉欧卡兰妮（Lydia Liliuokalani, 1838 – 1917），她是夏威夷王国最后的君主，也是其历史上唯一的女王。

她与多米尼斯（John Owen Dominis, 1832 – 1891）于1862年结婚。1891年她从哥哥Kalakaua那里继承王位，1893年退位。后入狱，1896被恢复公民权。她曾求助于美国总统克利夫兰恢复其王位，但没成功。女王有音乐天赋，也喜欢植物。

逸生的木质藤本萝藦科植物

2011.08.29 / 星期一

上午到校园东南方靠近海边的钻头山，逆时针转一圈。在山南侧的海岸公路上和海滩上欣赏冲浪。这里风较大，是冲浪者的好去处。

往近处一瞧，见到一种木质藤本萝藦科植物，茎右手性，枝上有果壳，壳内的种子大部分已经飘走，叶也不多。不知道是哪个种，查书也没有结果。

将照片发给27日刚认识的热带植物与土壤科学系主任鲍尔（Robert Paull）教授，请教名字。鲍尔又将它转发给园艺学家克瑞利（Richard A. Criley）。不久克瑞利告诉我是马达加斯加桉叶藤（*Cryptostegia madagascariensis*），两卷本的《手册》没有收录此种。此植物生长的地方并没有人家，也不像是人工栽种的，估计是由某家的花园逸生的。在随后的日子里，这样的例子又见到不少，有的种已经产生生态危害。有心栽花花不开，无心插柳柳成荫。在热带，喜欢园艺的人，应当格外小心，第一，绝对不能随便引进新植物，第二，不能将家养的植物随便扔掉，如果要扔掉需要先用火或热水对植株进行处理。

转到山的东侧时，见到小个头的苦瓜（*Momordica charantia*）和唇形科荆芥叶狮耳花（*Leonotis nepetifolia*）。干枯的荆芥叶狮耳花密密麻麻地伫立于银合欢和苍白牧豆树（*Prosopis pallida*）的树丛下；现在是旱季，它们的新苗还没有长出来。偶尔也能找到下部还没有完全干死的植株，茎上有若干对不很新鲜的绿叶。此植物是外来种，1929年时就采到了标本。

返回时，在都乐街Kanewai公园铁篱笆边见到一株榆科异色山黄麻（*Trema orientalis*），当时没想起是哪个科的，一边走一边想，快到家时猜测它是榆科的。它也是个归化种，《手册》中此科只收了这一个种。

【上】萝藦科马达加斯加桉叶藤，外来种。2011.08.29摄于钻头山南侧公路边。《手册》未收此植物。多方打听，才知道名字。

【下】马达加斯加桉叶藤的花，2012.05.08摄于上图同一地点同一植株。

【上】马达加斯加桉叶藤果内壳及其内的种子。种子扁平，顶端有白长毛。风吹白毛可将种子送到远方。

【下】旱季唇形科荆芥叶狮耳花植株已干枯。外来种。

【上】荆芥叶狮耳花"糖葫芦"串上一个"葫芦"的近摄图。此植物的英文名为lion's ear（狮耳花），像吗？

【下】都乐街街旁的一株榆科异色山黄麻，外来种。

外来种占满了山坡

2011.08.30 / 星期二

中午顶着烈日登校园东侧的瓦黑拉脊（Waahila Ridge）山道，有若干条小道通向坡顶的粗枝木麻黄林和小叶南洋杉林。

干热的山坡上偶尔露出黑色的火山石，用手一摸，烫人。如下几种外来植物似乎一点不在乎烈日的烧烤：

萝藦科王犀角（*Stapelia gigantea*），也叫大花犀牛角、大花魔星花。此植物非常茂盛，看来火山石缝中有它喜欢的丰富养料。找到少量花，尚未进入盛花期。

景天科落地生根（*Kalanchoë pinnata*），热带极普通的植物，此时无花。

景天科锦蝶（*K. tubiflora*），叶肉质棒状，棒顶端还有小叶。此时无花。

唇形科平卧马刺花（*Plectranthus prostratus*），也叫卧地延命草，叶厚肉质，像专门加工的纽扣或宝石，叶里含大量水分。花非常小，需仔细观察才能看出是唇形科的。我用105mm近摄镜头拍下来，在计算机屏幕上观察才容易看清结构。它的茎串着一排排"宝石"叶，或横躺或悬挂，长在这干旱的山坡上，倒也不难看。问题是，它太多了！

所有这四种植物，都是外来入侵种。前三者《手册》有描写，第四种平卧马刺花《手册》没有收录。

下山后在都乐街边的民族植物园附近拍摄大戟科血桐（*Macaranga tanarius*）。

晚上读纳博科夫论实在（reality）、时间（time）的材料。其独特性在于强调了其建构性、主观性，这对于科学哲学、科学编史学有明显的启示。主观实在及主观时间展示了更大范围的动态过程，并没有特意否定传统上外在的客观实在、时间观念（也是一种抽象），只是忽略那个不稳定点、更为虚构的状态。这样一来,虚实程度颠倒了,价值颠倒了,历史场景、人物特征反而更加丰富、真实。

萝藦科王犀角,外来种。丛生,茎肉质四棱,棱上有刺,无叶。花五角星形。

【下右】王犀角的花,外形有点像海星。

【下左】王犀角的花冠裂片局部图。

【上】王犀角双生果内未成熟的种子。看到种子就能立即想到它是萝藦科植物。

【下左】黑色火山岩石缝中生长的唇形科平卧马刺花，外来种。

【下右】平卧马刺花的肉质厚叶和花。

见花不见果的甜百香果

2011.08.31 / 星期三

8:30在校园内的学生活动中心购买9月份的公共汽车月票（Bus Pass），以我的身份（J1签证）购买，60美元一张，一年下来就是720美元！

到图书馆借关于邱园的老书 *The Royal Botanic Gardens Kew*，作者 W.J. Bean，1908年版。2010年春到伦敦，曾购买过一本邱园史。

12:40出发步行到校园西侧山上的 Puu Ualakaa 公园。沿环顶道继续上行。下起小雨，十多分钟后雨停下来。

在一个小山脊处的公路边见西番莲科甜百香果（*Passiflora ligularis*）。雌蕊三个小裂片并不平分圆周，而是呈垂直状，丁字形。此科植物的花结构极相似，均很漂亮。以后在不同季节又无数次见到甜百香果，但从未见到果实，不知什么原因。

在山梁公路边西侧见到一种叶面发亮的厚叶乔木，两株，果实上有棕色绒毛，猜不出是什么植物。几个月后，此问题才得以解决（为紫柿子）。

【左】西番莲科甜百香果的花。外来种。

【右】从底部观察甜百香果的花。雌蕊三个小裂片并不平分圆周，而是近似呈丁字形。

下山时拍摄爵床科白苞爵床（*Justicia betonica*）和豆科大叶假含羞草（*Chamaecrista nictitans* subsp. *patellaria* var. *glabrata*）。两者也都是外来种，前者原产于热带亚洲，1943年首次在夏威夷的大岛上见到。后者1871年前就已有栽培，1895年在瓦胡岛首次采集到归化种标本。

【左】爵床科白苞爵床，外来种。

【右】豆科大叶假含羞草，外来种。

九月
SEPTEMBER
2011

在威基基，一大早人们就下海玩水了。玩水的技术高低差别可就大了，人们各玩各的，自得其乐。

走马观花瓦胡岛

2011.09.01 / 星期四

檀香山市所在的瓦胡岛人口接近100万，占夏威夷州总人口的四分之三。瓦胡岛总面积接近1600平方千米，约为北京（算上所有郊县）的十分之一，比北京市城区面积略大。

想走马观花对檀香市中心及瓦胡岛有个大致印象，决定用一天时间闲逛。

早晨乘4路，到檀香山市中心参观标志性建筑、花园，如柯玫哈玫哈大帝（KamehamahaⅠ）铜像、伊奥兰尼王宫（Iolani Palace）、夏威夷州政府大厦。

换1路往西到唐人街。见孔子像、孙中山像。市场出售的食材品种比其他超市要多得多，大部分是进口的。老人们在悠

由柯玫哈玫哈五世于1874年建造的Aliiolani Hale，现在已辟为司法历史博物馆，建筑前面有柯玫哈玫哈大帝的铜像。这里算是檀香山市中心，有多条公共汽车线路由西向东单向经过。

柯玫哈玫哈大帝铜像近照。

闲地喝茶，西侧小河边也有人在赌博。

12:30在Beretania街和Bishop街相交处东北角乘52路，顺时针沿柯玫哈玫哈路（83号公路）绕瓦胡岛一周（52路和55路的定义、行车方式后来有所变化）。在瓦胡岛，记住King街和柯玫哈玫哈路这两条路，再大致知道东西方向，定位就方便了。

下午到达瓦胡岛的西北部海岸，这里地广人稀。在一个海湾见到绿海龟（*Chelonia mydas*）。岸边有志愿者宣传保护绿海龟，立了许多小牌子介绍这种动物。本地人和游客都遵守规

【右上】檀香山市中心的伊奥兰尼王宫，北侧为夏威夷州政府大厦。

【右中】州政府大厦西北角草地与夏威夷金棕属植物。这个属有许多种，远距离很难分辨它们是哪个种。

【右下】檀香山市中心唐人街出售的水果、蔬菜，有火龙果、鲜姜、黄瓜、西红柿、苦瓜、香瓜、苹果、柑橘、西梅、葡萄等。

【左上】檀香山市中心夏威夷州政府大厦南侧高悬的州徽。

【左下】唐人街的一家中药铺。药柜上的标签有五加皮、北防风、骨碎补、白前根、牡丹皮、粉葛根、麻黄根、牛大力、甘菊花、天花粉、法半夏等。

104 / 檀岛花事

则，与海龟保持一定的距离，尽量不干扰动物的活动。

汽车顺时针向瓦胡岛最北端海龟湾度假区（Turtle Bay Resort）行进，离开主路左转，经库利玛道（Kulima Drive）到公共汽车中转站时已经下午四点多。稍作休息，同一辆公共汽车打出的号码由52路变成55路，回到主路柯玫哈玫哈路（83号）后，接着顺时针向东行驶。到卡哈纳湾（Kahana Bay）时天已经完全黑下来。借着车外的灯光，大致能够感受岛北的地貌。经过北部最大的一个镇子Kanehe不久，汽车驶入帕利路（61号公路），开始上山、由北向南穿越隧道，在岭南的努阿奴山谷下行，路过洛克晚年住过的大房子，进入檀香山市区，回到 Bishop 街。最后换A路回夏大。

今天环岛乘车全程91英里，约146千米。严格讲不是真正的环岛，而是从中部撒出一个"大网"，真正环岛要200千米以上。

环岛最深的感受是除了檀香山城区，岛上人、房子都很少，而海滩公园多得很。另外非常重要的一点是，夏威夷的海岸没有鱼腥味，海水清洁。盘算着有机会到几个优美的海滩游泳、看植物。

位于夏威夷州政府大厦北侧的圣安德鲁大教堂。这里已是市中心，但中午的时候非常宁静，街道上车也不多。照片中树冠较大的两株树为豆科雨树。

夏威夷植物日记 / 105

一只绿海龟在海岸啃食海苔。并非每处海滩都有海苔；绿海龟常在此出没，主要是海苔吸引了它们。

瓦胡岛西北部海岸见到的绿海龟，属保护物种。

2011.09.02 / 星期五

到Hale Kuahine南边更大的宿舍楼Hale Manoa交9月份的房租，上月入住时已经交过。其实在我们楼就可以办理。每月4日（包括4日）必须交房费，否则重罚，没商量余地。后来有一个

月我就被罚过一次。原因是有的,从个人的角度讲理由好极了。但这没用,任何事情的发生总有充足理由!"有法必依,执法必严"。只好加倍记住规则。其实这样非常好,中国缺的就是这个。

整天查植物名,关注入侵物种。

环岛时见到的较典型的夏威夷海滩。蓝色的海水、黄色的沙滩、黑色的火山石与绿色的椰子、黄槿(锦葵科)、草海桐、白水木(紫草科)等。

琉球文化节

2011.09.03 / 星期六

几天前就准备好了，今天一早乘4路到威基基东侧的Kapiolani公园瞧第29届琉球文化节（Okinawa Festival）。夏威夷有许多琉球移民，每年都举办极富民族特色的文化节。

我来早了，先在威基基看冲浪，专业的不专业的，各得其乐。

文化节吸引了万余人参加。表演、小展览与美食是文化节的重头戏。在檀香山领略琉球文化，想起《浮生六记》，生出若干感慨。当年的琉球王国是什么样呢？

中午就近下海游泳，下午返回。

檀香山琉球文化节琉球太鼓表演中的主角是少年。

第29届琉球文化节在威基基东边的Kapiolani公园如期举行，每年的活动要持续两天。

琉球文化节上的"琉球太鼓"表演，这种民间艺术起源于中国闽南的太平鼓和南音。

2011.09.04 / 星期日

查文献，找到洛克的遗嘱和他早年撰写的几份报告。

在竹林和蕨海中攀爬

2011.09.05 / 星期一

早晨去哈密顿图书馆，但门关着，才想起今天是法定假日。于是乘4路向西到老帕利路3860号去看洛克最后住过的房子和当年他栽下的半边莲亚科植物。大院门锁着，只有一位清洁工，他说无权让我进院参观。给房主留下纸条。清洁工说主人一个月后可能返回。

来之前已经查到，现在的房主生活在加州，是美国栀子学会的主席。他购买了这房子倒也恰当。

由老帕利路向南再向东北，顺便折到努阿奴道（Nuuanu Drive），过小溪，走朱迪山道（Judd Trail）和努阿奴山道

由东向西远远望着洛克住过的大院老帕利路3860号。

（Nuuanu Trail）。小溪对岸就是竹林和小叶南洋杉林，艰难地上山，穿越坡陡、泥泞的竹林。竹子是灰金竹。出竹林，半山坡有阴香林。阴香为樟科归化植物，在此山坡已形成优势种。透光的地方生长着另一种野牡丹科入侵植物硬毛绢木（*Clidemia hirta*）。

小路越来越陡，很滑，估计不是正道。在山坡上找到面向努阿奴山谷的一个小山脊。北风很大，突然见到美丽的夏威夷本土植物多形铁心木（*Metrosideros polymorphya*），与《手册》扉页上的一幅彩色手绘植物图一模一样。花不多，但很抢眼，非常漂亮。脚下有几种外来的兰科、菊科植物。

还是找不到主路，一个多小时后好不容易爬到山顶，顶部有个小平台，好像有路。尝试多个方向找路，似有非有，最后发现没有一个是真正的路。蕨类植物里白科铁芒萁（*Dicranopteris linearis*）铺天盖地像海一般，封住了所有可能的路，只好尽可能沿西侧最高山脊行进。尽管已经十分小心，还是摔了好几跤。摔倒后在"蕨海"中下滑的过程中见到外来兰科植物紫花苞舌兰（*Spathoglottis plicata*），采集一株准备

老帕利路3860号院内靠北一侧以棕榈科和桃金娘科植物为主的树木密集而高大。

栽在宿舍后的园子里。紫花苞舌兰基生叶宽大，蒴果鼓鼓的，花宿存，果实下垂，像一串串带棱的小黄瓜。此植物应当是逸生的，在野外已经完全适应，授粉状况也很好。掰开一蒴果，里面有灰色絮状物，细小的兰花种子就混杂于其中。回家后查《手册》，此植物在夏威夷的历史并不算长，1920年代莱昂（Harold Lloyd Lyon, 1879–1957）首次栽培，1929年时已发现它扩散到野地，成为归化种。此莱昂就是马诺阿山谷中"莱昂树木园"名字中的那位植物学家、园艺学家，他毕业于明尼苏达大学，曾以植物病理学家的身份为夏威夷糖业种植者协会（HSPA）工作。

在山岭南部一个局部高点上摸索着下行时，终于发现主路。此前差点绝望，几乎要返回了。铁芒萁是夏威夷本土植物，在湿润的山坡上几乎到处可见。这种蕨极容易辨认，它的叶多级二分岔。洛克在书中曾经提到，在山上穿越铁芒萁时要注意脚下不要踏空，一两米高的铁芒萁顶部"海面"通常平静，而底下可就不一定了。回想一下，我在山顶穿越铁芒萁时重重地摔倒，就是没有在意洛克的教导！正确的办法是，用手轻轻剥开铁芒萁，蹲下身体，从蕨叶底下观察地表情况，然后

努阿奴山谷小溪边的参天大树。榕树垂下许多细根。近处的小树苗为鳄梨。山谷小溪边的植物几乎全是外来种。

再迈步。

回归正路努阿奴山道，值得庆幸，但事情并没有完，相连的山道非常多。山顶平坦，中间一段山道名叫Pauoa Flats Trail。林下阴暗潮湿，路上为泥水和纵横交错的树根。在几个方向上试探了一阵后，终于在一个十字路口正确地选择了向南行进，穿越一个野外植物实验区，来到高处，转过一个山包朝南往山下走。

17:00从北部找到有名的环顶道，到这里就放心了，以前从东侧山坡走过这条路，虽然那只是下部一小段。至此，我已

【左】野牡丹科入侵植物硬毛绢木，在瓦胡岛的山上到处可见。

【下】夏威夷极具代表性的本土植物多形铁心木。在夏威夷铁心木属植物种类很多，夏威夷语将这个属的植物统称为Ohia lehua。洛克对此属有专门研究，给出过细致分类。

经从西边的努阿奴山谷转移到东边的马诺阿山谷。

我手拄一根棍子，裤子上全是泥，沿山路向东行走，时而停下来拍摄沿途的植物。一辆小汽车经过我，然后停下来，倒车，停车。名叫Thorne E. Abbott的热心先生招呼我上车，他说愿意送我到夏大的Hale Kuahine。上午在朱迪山道走错路爬山累惨了，到现在体力消耗很大，有人送我下山，实在太好了。"环顶道"路很好，但折来折去，回到宿舍路很远。我浑身带泥，不好意思进人家干干净净的汽车，先生示意没关系，恳切地让我坐上来。Thorne先生十分友好，得知我喜欢夏威夷本土植物，非常高兴。他是环境工程师，到过北京和香港，平时住在夏威夷的毛依岛，认识一些研究夏威夷植物的人。先生跟我谈起毛依岛："那里与这里完全不一样，那才代表真正的夏威夷。毛依岛是乡村，十分安宁，不像檀香山这样嘈杂！"他还讲到孙中山先生在那个岛搞革命，那里有他的纪念像等。

Thorne先生还帮我一件事，后面再谈。

站在山坡的一个高点向北望，通过努阿奴山谷能够看到瓦胡岛北部的风景，最远处是Mokapu半岛。照片中近景为夏威夷著名豆科植物寇阿（Koa）。

【上左】由下向上拍摄的蕨类本土非特有植物里白科铁芒萁。它在夏威夷湿润的山坡上分布极广，高度0.5–3米，通常1米左右。

【上右】铁芒萁未展开的叶。

【下左】紫花苞舌兰的蒴果，外形像带棱的小黄瓜，成熟后自动沿各条棱开裂，前端仍然连在一起。

【下右】兰科紫花苞舌兰，园艺学家栽培后逸生，野外常见。

山道Pauoa Flats Trail位于山顶的平地，处在密林中，地表布满了树根，与另外5条山道相通。走这样的山道要格外小心。此山道西北端通向一个观景台，处在努阿奴山谷东侧山梁，是观赏努阿奴山谷的最佳地点。观景台有一只能坐下两人的条凳！

·· 2011.09.06 / 星期二

图书馆通知我过去取德国汉学家魏汉茂（Hartmut Walravens，1944－）编辑出版的关于洛克的一本德文书（2002年版）。此书只能馆内阅读，近500页，全部拍摄下来。书中收录了洛克的遗嘱，还有A. Lester Marks（洛克晚年住所的房主、助手、粉丝）、Wolfgang Voigt（德国东方学会）、H.R. Fletcher（爱丁堡皇家植物园），Robert J. Koc（洛克的外甥）等人的通信。遗嘱执行人为Paul R. Weissich，第二执行人为 Allen M. Stack 。没想到的是，后来我竟然有机会见到第一执行人Paul先生！

此前魏汉茂于1995年发表过一份洛克研究文献汇编〔*Oriens Extremus*，38（12）：209–237），上月24日已复制。

又借了郭颖颐的《中国现代思想中的唯科学主义》英文版（1965年），此书中译本1989年出版。郭颖颐先生是夏大历史系的教授，现已退休。

二访莱昂树木园

2011.09.07 / 星期三

　　第二次去马诺阿山谷的莱昂树木园，上次步行，这次乘车。乘车也不方便，换两次，而且两头仍要走路，总体上跟一直走路过去效果差不多。

　　上次来这里（8月22日）拍摄到一种漂亮的红花植物，没有认出来，甚至没猜到它所在的科。此树木园大部分园区显得很野性，跟自然状况的热带雨林差不多，林下或林间除姜科等少数植物外大部分草本植物均无标牌。这种植物在山谷的林下多有生长，已成归化种。今天注意寻找，进一步了解这种植物的信息，争取查到它的名字。

　　找到几株，仔细观察叶子，突然明白过来，它可能是爵床科的。回家后迅速查得，是爵床科红单药花（*Aphelandra aurantiaca*），《手册》没有收录。

　　游客中心房子东侧，枝条下垂的爵床科黄花老鸦嘴（*Thunbergia mysorensis*）挺好看，以前在邱园见过。也叫跳舞女郎（或舞者之鞋）。另外，树木园中如下四科四种引种的植物很漂亮，均拍了照片：

　　茜草科杂交植物"唐娜"玉叶金花（*Mussaenda* × 'Doña Esperanza'）。

　　马鞭草科垂茉莉（*Clerodendrum wallichii*）。

　　蝎尾蕉科黄毛蝎尾蕉（*Heliconia xanthovillosa*）。

　　百合科嘉兰（*Gloriosa superba*）。

　　树木园中专门开辟了一个夏威夷民族植物园，有铁心木属、檀香属等。园中蚌壳蕨科灰绿金毛狗（*Cibotium glaucum*）长势很好，与野外的相似。这是本小节中给出图片的植物当中唯一的本土植物，也是特有种，夏威夷名为 Hapuu。

　　返回时步行，在街道旁边见到金莲木科（Ochnaceae）米奇木（*Ochna kirkii*），其英文名为 Mickey mouse plant。这个科的植物我是第一次见。果实下面火红的部分不是花瓣而是萼片，这一点与海州常山类似。米奇木的花是黄色的。《手册》中对此种只提了一句：栽培后逸生。在我快结束夏威夷的生活时，在山上真的遇到大量此种植物的小苗。

———————————————— 2011.09.08 / 星期四

来夏威夷已一个月！

认识了这里的一些植物，竟然感觉自己是夏威夷的一部分了。上午到校园东部瓦黑拉山坡上晒太阳，然后到图书馆看书。

———————————————— 2011.09.09 / 星期五

从图书馆借林毓生（Yu-sheng Lin）先生的英文博士论文。

【左】莱昂树木园中爵床科红单药花，外来种。

【右】爵床科黄花老鸦嘴，外来种。

【上左】蝎尾蕉科黄毛蝎尾蕉，外来种。

【上右】马鞭草科垂茉莉，外来种。

【下】茜草科杂交植物"唐娜"玉叶金花，外来种。

【上】蚌壳蕨科灰绿金毛狗，特有种。最高可达6米，通常1-2米。

【下左】百合科嘉兰，外来种。

【下右】马路边金莲木科米奇木的萼（红色）和果。外来种。

夏威夷桃榄

2011.09.10 / 星期六

早晨到唐人街看孙中山塑像底座上的文字。然后乘40路向西北长途行进，目的地是马卡哈海滩公园（Makaha Beach Park），两小时后到达。

海边有大量豆科苍白牧豆树，不足为奇。

令人高兴的是见到山榄科桃榄属夏威夷特有种夏威夷桃榄（*Pouteria sandwicensis*），也称阿拉阿果，夏威夷名Alaa。它们本来长在山上，这些属于栽种的。我尝过几次，果核坚硬且大，果肉不多，但很甜。

实际上夏威夷桃榄我当时没认出来。第二次见到它是在瓦胡岛东部的Hawaii Kai，第三次见是在靠近夏大的Waialae大道北侧，都没认出来，但每次都仔细拍摄了。未见资料说此果可食，而我每次见到都会品尝。不断吃它的果，却不知道它叫什么，成何体统！有一天仔细研究了它的果核，才解决分类问题。最早它由美国著名植物学家格雷命名，列在 *Sapota* 属内，他人多次修正，所在属就变过5次！此植物形态变化甚大，洛克

位于檀香山唐人街努阿奴小溪东岸和Beretania街交叉口的孙中山像。像背后的大树是豆科印度紫檀。

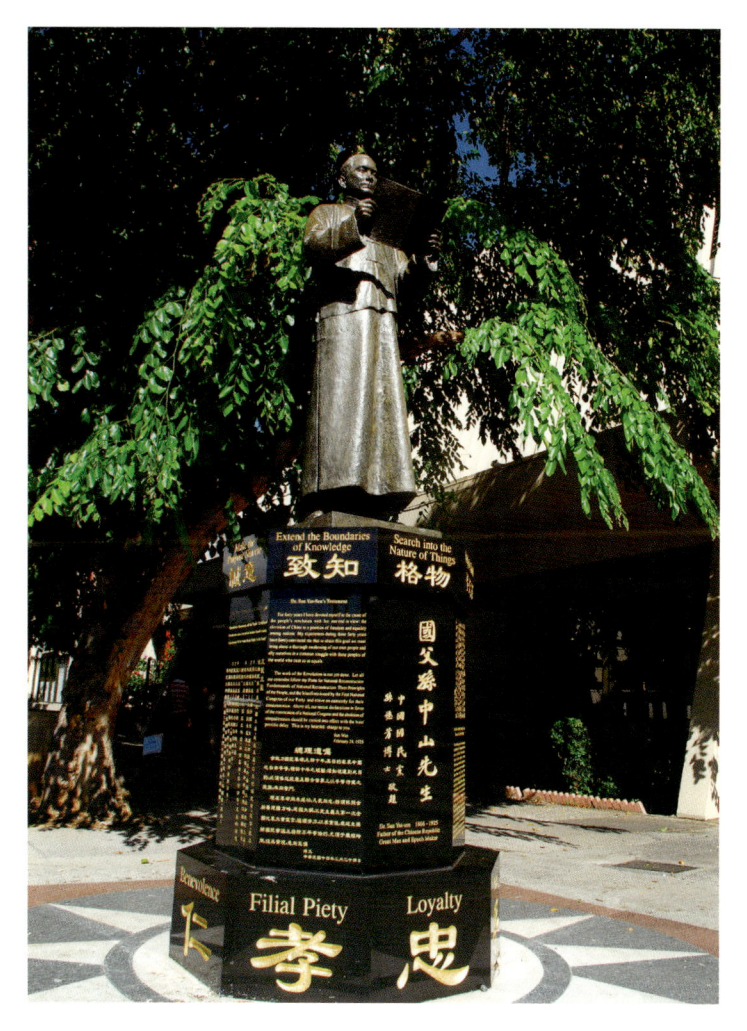

1913年时曾分出5个种，后来进一步研究发现它们是连续过渡的，现在当一个种处理。

返回时16:30在唐人街"夏威夷中华文化中心"广场观看"大学华人妇女会"等组织的迎中秋节目。有乐队演奏，也有武术和舞狮表演。

【上】成熟后掉落在沙滩上的夏威夷桃榄。此植物的叶很像藤黄科书带木的叶，但没那么厚实。

【下左】山榄科夏威夷桃榄，特有种。

【下右】豆科苍白牧豆树的花序。

夏威夷植物日记 / 123

檀香山唐人街的夏威夷中华文化中心广场,"天井"中植有木兰科白兰(*Michelia alba*)。

【右上】檀香山的唐人街。在这里从许多方面能够看到台湾的影子，国民党在此经营了几十年。如今来自世界各地的华人，都把它当作"中国人"的地方，政治色彩日益淡化。

【右下】夏威夷中华文化中心广场2011年迎中秋演出。中间吹黑管的女孩头上戴的是人造鸡蛋花。

比醋还酸的大叶藤黄果

2011.09.11 / 星期日

在夏大校园都乐街西段观赏植物。那株柚木还没有进入最佳拍摄期。

街北侧有多株树形优美的豆科水黄皮（*Millettia pinnata*）。荚果中只有一粒种子。种子形状很特别，含油较多，据说可制生物燃油。

与都乐街垂直的拜奇曼小道（Bachman Place）中段西侧有一株大叶藤黄（*Garcinia xanthochymus*），橙黄色的大果子已经熟透，树上地上满是果子。由辐射状的宿存柱头很容易判断它与山竹、书带木是一家，都属于藤黄科。此植物原产于印度、缅甸。英文为Gourka，中文也称人面果、岭南倒捻子、香港倒捻子、歪脖子果、郭满大、郭埋拉、勿茂（广西壮语）。其中"歪脖子果"很形象，因为此果宿存柱头与果柄之间的轴是歪的。见到如此怪异的果子，就有想尝尝的想法。此果不易保存，果皮极薄；果汁很足，但酸得要命，比醋还酸！据说做菜时有拿它调味的。

夏威夷大学校园中豆科水黄皮的种子。外来种。

拜奇曼小道南段东侧有两株果实奇异的树，负责校园绿化的Austin Stankus先生也认为它们是整个校园中最特别的树种。我在哈密顿图书馆301室听过他的讲座，正是请教他才得知此树为无患子科阿开木（*Blighia sapida*），也叫西非荔枝果，英文为Ackee。此树原产于西非，1793年William Bligh船长则是从牙买加将其引入英国邱园的。校园中绝大部分树木有标牌，但这两株没有。

【上】夏威夷大学校园中藤黄科大叶藤黄，外来种。

【下】中间黄色大者为大叶藤黄歪轴的果实，前面多粒黑色长卵形者为其种子。盘中后面两只皱皮果实为藤黄科红厚壳。两侧一黑一棕者为石栗的种子。

夏威夷植物日记/127

【上】无患子科阿开木果实。果实红色，倒垂于枝，成熟时3裂，露出3枚发亮的扁平种子。

【右】阿开木的果实侧视图。

瓜瓦与蔓露兜

2011.09.12 / 星期一

9:30在圣路易斯路（St. Louis Drive）东侧乘14路到山顶。然后进入处在一片小叶南洋杉森林中的瓦黑拉脊州立休闲区（Waahila Ridge State Recreation Area），沿山脊向北。

红色的瓜瓦（Guava）果随处可见，累累果实甚至贴地面生长，坐在地上就可以摘野果吃！在夏威夷，桃金娘科有三种外来植物的果子统称"瓜瓦"，它们分别是：

（1）草莓番石榴（*Psidium cattlenium*），红果圆形较小，但结果率极高。小树即结果，极易采食。果实酸甜。在野外分布最广，多为小树，树林稠密，很难穿越。繁殖较快，成为夏威夷最严重的入侵植物之一。在夏威夷，许多山道会碰巧穿越此种林地，枝上、地表都是果子，能闻到果子发酵的酸腐味。

（2）黄果草莓番石榴（*Psidium cattlenium* f. *lucidum*），黄果椭球形，通常在树梢结果，树较高，不易采摘。果实香甜，三者中最佳。也会成林，但植株间不那么紧密。常见大树。

桃金娘科草莓番石榴，外来种。在夏威夷野外最容易吃到的一种野果。这一串红果就能让人吃个半饱，而一株大拇指粗的小树就能长出好几串。它一边开花一边结果，什么时候上山差不多都能吃到果子。

（3）番石榴（*Psidium guajava*），果实较大，结果不多。果实汁少肉多，味道平平。一般不成林。超市出售的瓜瓦饮料通常是把它全果粉碎做成的。如果用前两种植物的果子做，味道可能更好一些。

今天吃了许多草莓番石榴，即上述第一种瓜瓦，还采回一饭盒。此野果不耐压，最好在野外直接食用，边采边吃。但不宜吃太多。我第一次见如此多野果，有点贪心，多吃了一些。

沿山脊北行的山道维护得很好，很适合观赏植物。时而会碰到几个游人。铁心木属Ohia lehua树常见，分枝多、很少有直的树干。漆树科巴西乳香（*Schinus terebinthifolius*）、五加科辐叶鹅掌柴、木麻黄科粗枝木麻黄（*Casuarina glauca*）极常见，号角树科聚蚁树（*Cecropia obtusifolia*）也见到两株。这四种树都是外来种，前两者入侵性很强。

叶、花和果都较小的三角叶西番莲（*Passiflora suberosa*）有的贴地表生长，有的缠绕在低矮的其他植物之上。藤蔓密集时遮住阳光，也影响被遮植物的生长，但比百香果要好些。

海拔越高，湿度越大。山脊的大树上开始能见到露兜树科蔓露兜（*Freycinetia arborea*），藤本，手性左右均有。它是一种优秀的本土植物，花也很别致。蔓露兜多的森林，通常本土植物也保存得多些。山梁上出现伞形科积雪草（*Centella asiatica*），也叫崩大碗，一种类似草莓的匍匐串根生长的小草，高度不足10厘米。它的叶像秋天长出

快速繁殖的草莓番石榴林地。密集的树林单人侧身想从树干间挤过都有困难。

来的诸葛菜的心形叶，只是更小一些，很难想象它是伞形科的植物。看其果实，确实像伞形科的。这种小草早在1871年前就已经归化，如今在夏威夷分布极广。

　　我并没有一直沿瓦黑拉脊山道走到头。那样的话，恐怕还需要一两个小时才能到达终点：瓦胡岛最大山岭的脊梁、丁字形山脊的交汇点。中途有个三岔口，前行的路已无人维护，野草几乎封死山道，此处政府部门还专门立个小牌子提醒人们不要轻易前行。向西拐的山道通向马诺阿山谷，名叫Kolowalu Trail。此时下起小雨，最佳选择不是原路退回和前行，而是向西沿此山道回家。从地图上看这条山道并不长，但走起来不轻松，原因是它转来转去，局部路段地表树根较多。陡坡处有巨大黄果草莓番石榴纯林。来到山下等6路公共汽车，左等右等都不来，干脆步行回家。

桃金娘科黄果草莓番石榴，外来种。黄色的果实常长在较高的树梢上，采摘较麻烦。但它的味道很特别，还是值得爬树品尝的。

黄果草莓番石榴树林。中间有
一条山道穿过。

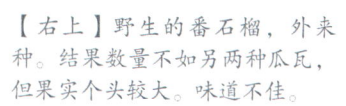

【右上】野生的番石榴，外来种。结果数量不如另两种瓜瓦，但果实个头较大。味道不佳。

【右下】号角树科聚蚁树，外来种。

【上左】西番莲科三角叶西番莲，外来种。花较小，直径2厘米左右。但花的结构与其他同属植物完全一样。

【上右】伞形科积雪草的果实。这种不起眼的小草早在1871年前就来到了夏威夷并且归化。

【右中】蔓露兜花序的外苞绿色、内苞橙黄色。在阴暗的树林中花序远观像一个三角形的火炉。

【右下】蔓露兜的肉穗花序，通常三个一组生长在一起。

露兜树科蔓露兜的藤左旋、右旋和中性的三者都有。本土种。

假檀香木与美洲红树

2011.09.13 / 星期二

东行至瓦胡岛最东侧看红树林。先乘车到Hawaii Kai，然后步行翻岭，绕过一个高尔夫球场，沿海岸向东北方向行进。沿途见到含羞草、大猪屎豆、人翼豆、苍白牧豆树、链荚豆（*Alysicarpus vaginalis*）、使君子科绢毛榄果木（*Conocarpus erectus* var. *sericeus*）、姬牵牛、南美蟛蜞菊、羽芒菊（*Tridax procumbens*）、白花鬼针、杂交阔苞菊（*Pluchea × fosbergii*）、水牛草（*Cenchrus ciliaris*）、宽叶十万错（*Asystasia gangetica*）等外来物种。将这些来自世界各地的植物一一分辨，要下点功夫。

红树林位于一个小河口处，附近有多个小海湾，湾内和湾外海浪差别甚大。沙滩上有多种重要的本土植物，如草海桐、苦槛蓝科（Myoporaceae）夏威夷拟檀香（*Myoporum sandwicense*）。当夏威夷的檀香属植物被砍伐殆尽，人们曾拿夏威夷拟檀香替代，但中国等买家并不认可。其夏威夷名为Naio或Naeo。此植物的花有4－9个小裂片，通常5个；果有4－12条肋；树枝燃烧时有檀香味道。

此红树林物种单一，只生长着美洲红树（*Rhizophora mangle*）一种红树类植物，它原产于佛罗里达、西印度和南美，1902年由美国蔗糖公司引入。它很像秋茄树。萼片黄色；果实棕色、外表粗糙；种子1枚，胎生，即在树上就已经萌发，种子掉到地上就直接扎入淤泥中。种子棍状，重心靠下部，掉落过程能够保持小棍竖直，苗朝上、根部朝下，根部像子弹头。种子入土后就像小苗人工埋入似的，它在短时间内迅速生根，固定自己并从外界吸取营养。红树林中，水质清新，水中几乎找不到贝类，这一点与深圳的红树林完全不同。

美洲红树结结实实地生长在潮间带。

【左上】红树科美洲红树的花。外来种。

【下】美洲红树。已萌发的种子悬挂在果实鞘中。

【右上】美洲红树胎生种子的根部，前端像子弹头或箭头。这种结构有利于种子成熟后在重力作用下掉落时，把种子牢固地钉在淤泥中。

【右中】美洲红树的果实。前端有个开口，种子萌发后由此口向外长出。胎生的种子芽部仍然包裹在果实里面，未来的根部则伸出果实、下垂。

美洲红树有强大的支持根网络，它们是最好的锚，将植株固定住。注意，这些根通常有一定的弧度，富有弹性。此体系既坚固又有柔韧性，能更好地抗击、缓冲风暴和海浪。这种植物抗盐、抗风，对于保护海岸极有好处。

【左上】豆科链荚豆，外来种。匍匐生长在草坪上。

【左下】苦槛蓝科夏威夷拟檀香，特有种。果实上有多条肋。

生长在海边的夏威夷拟檀香灌木。特有种。

福斯特植物园

2011.09.14 / 星期三

早晨到菜园看了看，黄瓜已经出苗。

今天上午要去参观檀香山市著名的福斯特植物园（Foster Botanical Garden）。

植物园必然要引种外来的和本地的植物。过去在相当长的时期内，植物学家、园艺学家想当然地以为，植物园应当更多地引种异域的植物，本地植物并不重要。但是现在的观念发生了巨大的变化。也可以说发生180度大转弯：任何一个地方的植物园，有责任优先展示本地特有的植物，其次才可以考虑外来的植物。这种新观念无疑是非常正确的，但时至今日还没有完全落实，在中国更是如此。即使这种新观念已经深入人心，要产生实际效果，也需要相当长的时间，比如10年、20年。

福斯特植物园在唐人街北部不远处，门票5美元，若拿夏威夷州的ID只需3美元。它是檀香山植物园（Honolulu Botanical Gardens）系统目前5个植物园中唯一收门票的子园。瓦胡岛的植物园不限于这5家，但这5家是政府的公园与休闲事务部（Department of Parks and Recreation）直接管理的植物园。登山时行走的各条山道（trails）则是由政府的土地与自然资源部（Department of Land and Natural Resources）维护的。值得一提的是，夏威夷的山道（夏威夷语为Na Ala Hele，意思是 trails for

福斯特植物园展出的植物果实。图中有豆科、无患子科、梧桐科、木棉科和棕榈科植物的果实。

walking）系统由政府出钱出力维护，包括收拾杂草杂木、直升机救护等，并不营利，而且严格禁止任何人借此进行商业活动。因而绝对看不到在山道旁边摆货摊的情况，当然也从不向游人收进山费、过路费。中国何时也能这样？

福斯特植物园不算大，但在城里，显得很特别。园内设有多处介绍园子历史的橱窗、小牌子。来之前我读过医生、植物学家希拉伯兰特的传记，知道一些情况。1855年时他家就住在这，在6英亩（约36亩）的地方他修建了自己的花园，栽了许多树。希拉伯兰特返回德国后，1880年地产出售给造船主Thomas R. Foster，妻子（有部分夏威夷血统）Mary E. Foster是位植物爱好者，将花园进一步扩展，引种了更多的植物。1930年玛莉在朋友的建议下，将房屋和花园捐献给檀香山市政府作为植物园。

售票口对面的窗口展出了各式各样漂亮的植物果实。入门不远处有一株来历不凡的菩提树。棕榈科植物非常多，主导了整园的格局。

最特别的是大风子（*Hydnocarpus anthelmintica*），树下掉落了许多炮弹状的果实。摔裂的果实中露出石榴子石模样灰黑色的种子，看起来很漂亮。树颇高，看不清叶或花，我当时并没有认出这种植物。咬开尝了几粒种子，油很多，非常香。半小时后，开始有反应，感觉头晕，非常困。但并不知道这是有毒果仁起的作用。回家后恍然大悟，确认它是大风子，英文为Chaulmoogra Tree。还从植物园的文献中查到此株植于

【上】大风子科大风子的果实。外形像炮弹或者铅球。外来种。

【下】大风子的种子，形状像石榴子石。

20世纪20年代。瓦胡岛种植了许多这种树,当年美国农业部派洛克到亚洲的目的之一就是寻找能够治疗麻风病的大风子。后来研究表明,大风子油治疗麻风病效果有限。

番荔枝科独庐香(*Monodora myristica*)也很特别,它的花三次旋转对称。此时它一边长新叶一边开花,整株大树给人一种春天的气象。花茎上有紫色叶状苞片;萼片3,紫色。花冠6片,3片一组。外层3片较大,背面黄色,正面有红斑点。花开放时像一个个坠着彩带的小灯笼吊在空中。这种双子叶植物的花竟然为3次旋转对称,打破了通常的规则,因为通常单子叶植物的花才有3次旋转对称的,但植物学这样的博物类科学总有例外。

在大风子树附近见到黑脉金斑蝶(*Danaus plexippus*)在洋金凤和五色梅上取食。黑脉金斑蝶英文为Monarch,也叫帝王斑蝶,在北美它以长途迁徙而出名:从加拿大向南一直

番荔枝科独庐香,也称卡拉巴什肉豆蔻。9月份开始长出新叶,同时开花。

飞到墨西哥，冬天在那里汇聚5–7个月。春天醒来，再向北飞。中途要经过3–4代才能到达加拿大。然后下一个循环又开始了。北美的这种蝴蝶为什么要像候鸟一样来回迁徙，以及飞行途中它们是如何导航的？许多问题人们还没有研究清楚。在夏威夷，这种蝴蝶并不迁徙。美国PBS有一部不错的电影讲述这种蝴蝶奇妙的迁徙。台湾有类似的斑蝶迁徙越冬现象，在台湾的"紫蝶幽谷"人们见到的不是单一的物种，而是圆翅紫斑蝶、斯氏紫斑蝶、小紫斑蝶、端紫斑蝶的组合（这4种均在*Euploea*这个属中），有时还有小纹青斑蝶（*Tirumala septentrionis*）。

独庐香虽然是双子叶植物，但它的花3次旋转对称。在植物学中，总有例外。

独庐香花的内部。花冠6片，分为两组，柱头已经接受了其他花的花粉，此朵花的雄蕊则刚开放。

呼马路西亚植物园

2011.09.15 / 星期四

乘A路换55路到瓦胡岛库劳岭北参观呼马路西亚植物园（Hoomaluhia Botanical Garden），Hoomaluhia意思是"使某地和平、安定"。

下55路，步行20分钟，来到植物园大门口，没人看门，当然也不需要门票。前面已经提过，政府管理的5个植物园只有福斯特植物园象征性地收费，其他均免费。小雨刚过，云雾沿陡峭的火山石壁上升，雾下的空间格外澄明。

两排熊掌棕榈（*Sabal texana*）守护着的柏油路，将我引入园中。外地人根本不会来这里（几位华人留学生在岛上生活

瓦胡岛北部的呼马路西亚植物园入口处。如果想找个安静的地方散散心，这个园子绝对是首选。

了3年仍然不知道这个园子），本地人通常周末开车过来，有的要在园中扎营过夜。今天是星期四，400英亩的大园子跟野外似的，起起伏伏但非常整洁的园内公路及修剪得很整齐的草坪提醒我，这是有人维护的人工环境。

入口不远，马路的右侧（北侧）低地有柳叶菜科毛草龙（*Ludwigia octovalvis*）、茜草科鸡屎藤、蹄盖蕨科过沟菜蕨（*Diplazium esculentum*，也称山凤尾、过猫）。紫葳科火焰木或红或黄的花在枝头炫耀着；看得多了，就不大喜欢这种植物。它是外来种，这并非主要原因，主要原因是它太过分，无孔不入，疯狂繁殖，而且太张扬。黄槿、辐叶鹅掌柴、木薯、大血桐、欠愉大青、东方狗牙花（*Tabernaemontana orientalis*）、球花豆、多种榄仁属植物、多种棕榈科和姜科植物分列道路两侧。路旁栽种的茶茱萸科（Icacinaceae）台湾琼榄（*Gonocaryum calleryanum*）果实很有特点，乌黑铮亮，质地坚硬，我是第一次见到此科的植物。大戟科夏西木（*Garcia nutans*）的小花也特别有趣。

从大门到游客中心广场，要走很长一段马路。本地人驾车将直接开到游客中心，然后从园子中心开始游览，省了体力，却无法细致欣赏沿途的植物。

植物园中最美的风景集中在一个巨大的人工湖周围，它是美国陆军工兵部队为保护下面的小镇Kaneohe设计的防洪工程的一部分。在湖面和湖岸，灰雁、白骨顶、夏威夷鸭等水鸟不紧不慢地游着、走着，水中鱼颇多。

下午，暴雨袭来，我打着一把从国内带的小伞躲在一棵面包树下，淋了个半湿。

这个园子中还有许多小园，植物足够丰富，今天算是踩点儿，以后将常来。

呼马路西亚植物园中夹竹桃科东方狗牙花的果实。花洁白，5次旋转对称。

【上左】台湾琼榄果实断面。

【上右】茶茱萸科台湾琼榄黑色的果实发着亮光。外来种。

【下左】【下右】大戟科夏西木的花和果。外来种。

2011.09.16 / 星期五

休息一天，在家整理植物图片、看书。

一个恰当的实例，胜过千百段看似严谨的论证。1999年当我亲自见识阿米什的生活方式时，就有这种感觉。优良的哲学是，有趣的想法加上适当的论证；糟糕的哲学是，拙劣的想法加上精巧的论证。

呼马路西亚植物园内的人工湖，是为防洪而专门修建的。

海蚀地貌与海岸植物

2011.09.17 / 星期六

向东到哈纳乌马湾（Hanauma Bay）海洋公园。前面已经提到，这个地名不能读作"哈瑙马"。此公园是外地游客必来之地，从威基基乘车可直达。人多，车上通常十分拥挤。这种现象在其他路线极少出现。

这个公园是赚外地人钱的好地方，门票7.5美元，本地人免费。我办了州ID，享受本地人待遇。其实就游泳、潜水、晒太

瓦胡岛东南部的哈纳乌马湾，原来是一个封闭的火山口，被海浪打通现在与大海相连。

阳等常规海滩休闲活动，没必要花钱、排队（人多而且要看一场科教片）、下山（公园门口在山上）、下海"享受"这个海湾，这个岛上另有许多不差且免费的去处。

但这个海湾确有特别之处，它是一处难得的地质景观。从整体上欣赏这种地质景观不必下山下水，不必靠近沙滩，站在高处、远处观看更好。

哈纳乌马湾原来是瓦胡岛边上一个封闭的火山口，靠近海洋的一侧受海浪的不断侵蚀，变得越来越薄，最后被打通，火山口成了海湾。湾内水浅，海面平静，珊瑚礁发达，而湾外海浪凶猛。

公园门口有苍白牧豆树的大树，树干如铁笼子一般，几乎没有成片光滑的地方，树下草地上则有许多家鸡。这种鸡跟许多植物一样，外来、逸出、无主、自由繁殖！人工栽种的本土植物锦葵科毛棉（*Gossypium tomentosum*，也称夏威夷棉）在骄阳下开着黄花。一队学生从大客车上下来，在老师的带领下从本土植物草海桐树篱上清理着外来植物。这种工作，常有人做，做好的前提是分辨清楚本土植物和外来植物。一位手持对讲机、极其肥胖的工作人员顶着烈日坐在山头，其唯一职责是看着游人，不让他们从南部前行下到海边，据说那里海浪太大，能把人吸到海里淹死。后来我又来过这里几次，每次都见到这位胖哥，不由得生出一丝敬意。

回到海岸公路，朝东北方向行进，转过山头（瓦胡岛的最南部），离开公路到达惊涛拍岸的海蚀崖边。在此观景、看植物务必小心。如果滑到海里，基本没有活的希望。人会

锦葵科毛棉（夏威夷棉），木本，特有种。

被海浪一次又一次摔到礁石或凹形的石崖上，人的力量根本抵不过海水。即使有人甩下绳索，也很难得救。据报道，每年都有一些人如此送命。

海浪剧烈地冲击着瓦胡岛东南部的海岸，可以推测，用不了许久，现在的海岸公路就会被淘空、被迫转移。这里的火山岩呈层状分布，为沙质，本身就胶结得不很结实，经不起海浪一个劲地冲刷。

海岸上矮小的植物，起着相反的作用，它们迎着海风，在极为干旱的严酷环境下，吸收着海浪激起的、带盐的水雾，顽强地生长着，时刻保护着每一粒沙土。这些植物通常是本土植物。要了解夏威夷，就得准确地认出这些功臣。

瓦胡岛最南端海浪时刻拍打着海岸。海岸被快速地侵蚀。

在高处离海岸较远处有蛇婆子（*Waltheria indica*），原分在锦葵科下，现分在梧桐科下，在新的系统下，又可归并到广义的锦葵科下了。山坡上也极常见。在海浪激起的水点、雾气能够触及的地带，紫茉莉科匍匐黄细心（*Boerhavia repens*）、紫草科银叶异型天芥菜（*Heliotropium anomalum* var. *argenteum*）、旋花科夏威夷卵叶小牵牛（*Jacquemontia ovalifolia* subsp. *sandwicensis*）、番杏科海马齿（*Sesuvium portulacastrum*）坚守着岗位。后者夏威夷名为 Akulikuli，观其叶，一开始我以为它是景天科的，但没查到，仔细检查花和叶，确认是番杏科植物。其他几种在我看到它们时便迅速猜中所在的科，没费力就查到了芳名。

海岸上另一种匍匐生长、叶肉质对生的菊科植物在分类上不好处理。以前它列在*Lipochaeta*属中，现在转到 *Wollastonia* 属中。经过比对，它是全缘李花菊（*Wollastonia integrifolia*），夏威夷名为Nehe。

傍晚乘22路在卡哈拉购物中心（Kahala Mall）转1路返回。

这里的海岸火山岩相对松软，呈层状，在海浪的冲击下，岩层崩塌，海岸一点一点地后退。

梧桐科蛇婆子，本土种，原来
算在锦葵科中。

紫茉莉科匍匐黄细心，本土种。

紫草科银叶异型天芥菜，特有变种。

瓦胡岛最南部海岸一处草地。照片中有三种本土植物：旋花科夏威夷卵叶小牵牛、番杏科海马齿和紫草科银叶异型天芥菜。上一图已经介绍了银叶异型天芥菜，剩下两者中大叶者为夏威夷卵叶小牵牛，特有亚种。剩下的一种外表像景天科的，实际上为番杏科海马齿，本土种。

【上】菊科全缘孪花菊，特有种。

【下】全缘孪花菊朝地表的一面。

女王植物园

2011.09.18 / 星期日

努阿奴小溪穿越女王植物园，河谷有些高大的雨树。

参观市政府管理的第三个植物园：以女王名字命名、以展示本土植物为主的莉琉欧卡兰妮植物园（Liliuokalani Garden）。

路过福斯特植物园时，看到东侧铁栅栏上挂出一个牌子：9月21日举办福斯特（Mary Foster）生日舞会，免费入场，欢迎公众参加。

女王植物园不大，努阿奴小溪由北向南穿园而过，园中有小瀑布，高大的雨树和露兜树零星伫立于小溪边。入口处有本土植物无患子科车桑子（*Dodonaea viscosa*）、瓦胡无患子（*Sapindus oahuensis*）、豆科夏威夷刺桐（*Erythrina sandwicensis*）。后者叶长得不好，在别处也观察过，一年中几乎从没见到好的。

过小桥，园西侧（河西岸）台地上有夏威夷拟檀香、多种金棕属植物、桐棉（*Thespesia populnea*）等，另有若干特有种值得注意，在夏威夷以外的植物园不容易见到：

克雷木槿（*Hibiscus clayi*），锦葵科，红花，叶通常发皱，原产于夏威夷考爱岛。

夏威夷多心枫（*Reynoldsia sandwicensis*），五加科，一回羽状复叶，心皮多数，果序较大。

矮寇阿（*Acacia koaia*），豆科，与寇阿很类似的一种本土特有种，叶更狭更弯曲，树相对矮。

密花海桐（*Pittosporum confertiflorum*），海桐花科，叶大，背面锈色。

美田菁（*Sesbania tomentosa*），豆科，红花，小灌木。后来在瓦胡岛的Kaena Point和毛伊岛见到长得更漂亮的野生植株。

西北角有一株外来植物盾柱木（*Peltophorum pterocarpum*）豆科（苏木科），夏大附近的大学大道上也有一些。在园中遇到一位自然摄影师Ray，聊了一阵。

返回时在福斯特植物园门口的小商店购买夏威夷蝴蝶和鸟两种折页，每本5.95美元，不便宜。希拉伯兰特的传记也是原价。在唐人街吃午饭，改善一顿。然后买菜，坐A路公交车返回夏大。

锦葵科克雷木槿，特有种，但其叶很少有长得舒展的。

五加科夏威夷多心枫,
特有种。

【上】海桐花科密花海桐，特有种。

【下左】豆科矮寇阿，特有种。它比老兄寇阿要矮、叶子更弯曲。

【下右】矮寇阿落地的"弯钩"叶子，摄于2012.05.17。

寇寇火山坑植物园

2011.09.19 / 星期一

乘1路转23路参观政府管理的第四个植物园：寇寇火山坑植物园（Koko Crater Botanical Garden），它位于瓦胡岛东南部一个干旱、贫瘠的火山坑内。火山坑东南侧开口，其形状像吧台上的座椅或男用小便池。

下23路，路边见桐棉，果实甚多。北转，沿高尔夫球场西侧道路上坡进入植物园。路边见到藤黄科红厚壳（*Calophyllum inophyllum*）、马鞭草科本土植物单叶蔓荆（*Vitex rotundifolia*），中间混有爵床科长红假杜鹃（*Barleria repens*）。快到门口的转弯处见几株辣木科辣木（*Moringa oleifera*）有花有果。但下次来

藤黄科红厚壳，波利尼西亚人引入的物种。

时，它们已经被移走。它们结出类似豇豆的长条形果实（但有三个棱），一种美味蔬菜，可以做汤。唐人街成捆出售这种菜。

仙人掌科植物很适应这块土地，原产于中美洲的团扇花麒麟（*Pereskia lychnidiflora*）长得甚好，它的果与火龙果有些相似，但花差别巨大。树干披满了一簇簇又长又尖的刺。用它作篱笆，没人敢违章穿越。魔境（*Stenocereus alamosensis*）可怕的茎干上伸出一朵玲珑剔透的红花，像妖精的铃铛。

干旱的沙地上栽种了许多苋科木本特有种夏威夷岩苋（*Nototrichium sandwicense*），夏威夷名 Kului，叶的两面均有一层极细的白绒毛。它还有一个兄弟青叶岩苋（*N. humile*），叶不白。这两种样子很平常的灌木都很珍贵，现已经广泛用于绿化。夏大校园植物学系后面就有它们的身影。

大风子科夏威夷柞木（*Xylosma hawaiiensis*）对我来说很新奇，起初以为是某种杨树呢。非洲抗疟刺桐（*Erythrina sacleuxii*）耀眼的火红花序顶在带刺的树枝上，整株大树不见一片叶。豆科扭瓣豆（*Chadsia grevei*）的花有一个花瓣折起90度，像是在为游人指路。今天园中只有我一个游人。在园中只遇见一位园丁，他正用三米多长的锯"野蛮"地锯断仙人掌科植物大碗口粗的"刺柱"，它们有些长得太疯了。锯下的刺柱装满了卡车。

马鞭草科单叶蔓荆，本土种。

【上】辣木科辣木,外来种。

【下左】仙人掌科团扇花麒麟,外来种。

【下右】团扇花麒麟的树干。

【左上】【左下】仙人掌科魔境，外来种。

【右】苋科夏威夷岩苋，特有种。

【上左】大风子科夏威夷柞木，特有种。

【上右】豆科非洲抗疟刺桐，外来种。

【下】豆科扭瓣豆，外来种。

波利尼西亚文化中心

2011.09.20 / 星期二

13:00乘L先生的旅游车到瓦胡岛东北部的波利尼西亚文化中心（Polynesian Cultural Center）参观。据说中国的"印象刘三姐"等旅游表演就参考过这里的套路，我不能确证，但"现代性"光照下的旅游业彼此彼此，只有度的差异没有质的区别。

L先生好客、健谈，对夏威夷近代史门儿清，并有自己不很专业但很自信的解读。得知我对植物有兴趣，特意介绍了"热带农庄"（Tropical Farms）新近建起的植物园（也是一个旅游售货点，可免费品尝咖啡和多种风味的澳洲坚果），还劝我与他合作买下一个不错的山谷做农业、旅游开发。我倒真想留在夏威夷搞种植，这地方土质好、阳光充足，种什么都会长，可惜我没钱！其实这里的房子比北京便宜，购买大块土地更划算。

波利尼西亚文化中心以展示太平洋岛屿文化为主，来自香港的杨伯翰大学夏威夷分校在读学生Sissy小姐给我们当导游。此大学与此中心毗邻，相当多学生在这里勤工俭学。

波利尼西亚文化中心的钻木取火表演。

【上】波利尼西亚文化中心。"∧"形木建筑下有一条仿制的古船。图中能看出的植物有椰子、辐叶鹅掌柴、雨树、粗枝木麻黄和榄仁树。

【右】来自杨伯翰大学分校华人在读学生Sissy在中心勤工俭学。她在向游客介绍太平洋中的萨摩亚文化。

2011.09.21 / 星期三

上午在图书馆看书，12:00在Moore Hall听关于中国"纸钱"的一个人类学讲座。夏大的轻松讲座通常安排在中午，限1个小时，细想一下很合理。听讲座不影响上下午的"正事"。

瓦希阿瓦植物园

2011.09.22 / 星期四

参观政府管理的5个植物园中最后一个：瓦希阿瓦植物园（Wahiawa Botanical Garden）。它位于瓦胡岛中西部的一个小河谷，20世纪20年代夏威夷糖业种植者协会租用此地，在植物学家莱昂的指导下做树木栽培实验。园中的大树就是那时候留下的。20世纪50年代此地收归檀香山政府，后来作为植物园对外开放。

乘车从夏大到植物园需要一个半小时，我到时还没有开门。下起小雨且无处躲避，挨到9时，准时开门。

见到翡翠葛、肉豆蔻、山茶花、香荚兰（*Vanilla planifolia*）、蔓露兜、红单药花、锡兰肉桂（*Cinnamomum verum*）、斑被兰（*Grammatophyllum speciosum*）、黄金间碧竹（*Bambusa vulgaris* 'Vittata'）、菲律宾五桠果（*Dillenia philippinensis*）、印度五桠果（*D. indica*）等。园中最漂亮的大树要属千果榄仁（*Terminalia myriocarpa*），同一株树上花序有红、黄、白等多种颜色。

河道边有野牡丹科锦鹿丹（*Arthrostemma ciliatum*），或者叫四棱四瓣草，大概不是引种的。这种植物已经严重入侵瓦胡岛潮湿的山坡、沟谷。它通常有4个花瓣，茎四棱。

等车返回时，遇到两位有趣的非专业传教士，一位日裔一位菲律宾裔，年纪都接近70岁。问我是否知道其手中

樟科锡兰肉桂，外来种。

《圣经》讲述的内容，我说知道一些，便随机提到上帝考验约伯的《约伯记》，老先生非常高兴。我说自己并不信上帝，只是把《圣经》所述的事情当一种有趣的文化现象看待。

2011.09.23 / 星期五

到希尔顿酒店参加中国驻洛杉矶总领事专程来檀香山举办的庆祝中华人民共和国成立62周年招待会。夏威夷州、檀香山市有头有脸的政商文化等各界人士均受到邀请。希尔顿酒店是檀香山最好的酒店之一，后来APEC会议期间中国国家领导人也住这。软硬件都没得说，但宴会上吃的东西实在不敢恭维。

【上左】五桠果科菲律宾五桠果的花落了满地。同属植物印度五桠果的花要比它大两倍。均为外来种。

【下左】野牡丹科锦鹿丹（四棱四瓣草），外来种。

170 / 檀岛花事

2011.09.24 / 星期六

整理植物图片。到唐吉诃德店购物。

使君子科千果榄仁，外来种。

洛克获得荣誉学位的地方

2011.09.25 / 星期日

拍摄邱园史图书。晚上到夏大的奥尔维斯音乐厅（Orvis Auditorium）参加夏威夷中国学生学者联谊会国庆晚会。据说每年都要办一次。厅显得小些，设施也旧了。这里平时由夏大音乐系管理、使用。音乐系的院落中有几株多香果和许多长得细高的竹茎椰。

有一次，我考一位音乐系教授：音乐厅何时建的？他回答不出。我因为关注洛克，查过当年的报纸，才知道具体情况。1962年4月12日洛克就在这个音乐厅接受了夏威夷大学的荣誉科学博士学位。那时这幢建筑刚落成。在庆祝建校55周年的这一天，夏大共为5人颁发了荣誉科学博士学位，他们都为夏威夷的工程或农业做出了杰出贡献。最小年纪者48岁，洛克当时78岁，还有一位资深昆虫学家已81岁了（据*Honolulu Advertiser*，1962.04.13）。

【左】博物学家、人类学家洛克（1884 - 1962），照片下部有洛克的签名。1960年摄于苏黎士。照片由洛克遗嘱执行人Paul R. Weissich先生2011年赠送给本书作者。

【右】夏威夷中国学生学者联谊会国庆晚会上表演的夏威夷舞蹈。

马卡普乌海滩

2011.09.26 / 星期一

乘1路转23路，到瓦胡岛最东部岭北的海洋公园。我对室内动物表演无兴趣，直接走到马卡普乌（Makapuu）海滩看植物。紫草科银叶异型天芥菜、白水木和草海桐科草海桐，成了这里的明星。从这向北能望见海中两个不大的海鸟岛。

偶见夏威夷卵叶小牵牛和檀香科海岸厚叶檀香（*Santalum ellipticum* var. *littorale*）。这是我在夏威夷第一次见到檀香属的植物！但是当时并不清楚，后来检查拍摄的照片时才辨认出来。这种檀香属植物长不高，一般不超过1米。如其名字所示，它分布在海边。叶近乎肉质，果实成熟时由紫变黑，圆球形。在瓦胡岛，可在威基基的夏大水族馆（4株）、帕利路边的驻檀香山台北经济文化办事处门口（2株）、马诺阿山谷华人墓地（2株）、夏大商学系楼前的迷你本土植物园（2株）见到人工栽培的檀香属植物，似乎都是椭圆叶檀香。

瓦胡岛自然旅游（Ohau Nature Tours）公司的一辆小客车上下来几位年纪很大的游客，他们戴着手套，在导游的带领下费力地从干旱坚硬的坡地上拔掉入侵的杂草。他们干这些活并不很在行，我过去帮他们拔了一会。清除的主要植物是西番莲科龙珠果（*Passiflora foetida*），此时藤上已经结出成串好看的红果。重要的是把果实拿走，不让下一代繁殖。

螃蟹和寄居蟹在礁石上爬行，海浪冲击的海苔与礁石交互处有一些长海胆科碎石海胆（*Colobocentrotus atratus*），中文称"翠菊海胆"可能更贴切，英文名为Shingle或Helmet Urchin，夏威夷名为Haukeuke kaupali。这种动物一个面像碎石，一个面像翠菊！

沿公路往回走一段，来到垭口处的马卡普乌观景台，冬季在这可观看座头鲸（*Megaptera novaeangliae*）。附近植有几株毛棉。向东南进入卡伊威（Kaiwi）风景区，沿半山腰的马卡普乌灯塔路可步行上山。"几"字形山路很晒人，尽头是马卡普乌角（Makapuu Point），局部高点，本岛东南部最佳观景点。接近山顶处有一片茁壮的光棍树。树虽然无阔叶，仍然可以遮阳、避暑。在山顶欣赏到海鸟与滑翔伞在山岭的"迎风面"（windward）上空荡来荡去。

　　天气晴朗，向东南远望，竟然能看到莫洛凯岛（Molokai）和毛依岛（Maui），甚至毛依岛上的东君殿峰（Haleakala）都能看到，有点不可思议。

　　下山西行至红树林，在附近游泳。乘23路返回。

马卡普乌海滩的紫草科白水木，外来种。它是保护海岸的功臣，据说是希拉伯兰特引进栽培的。它很本分，不到处扩张。

紫草科银叶异型天芥菜，特有变种。

夏威夷植物日记 / 175

白水木（高者）与草海桐（低者）。

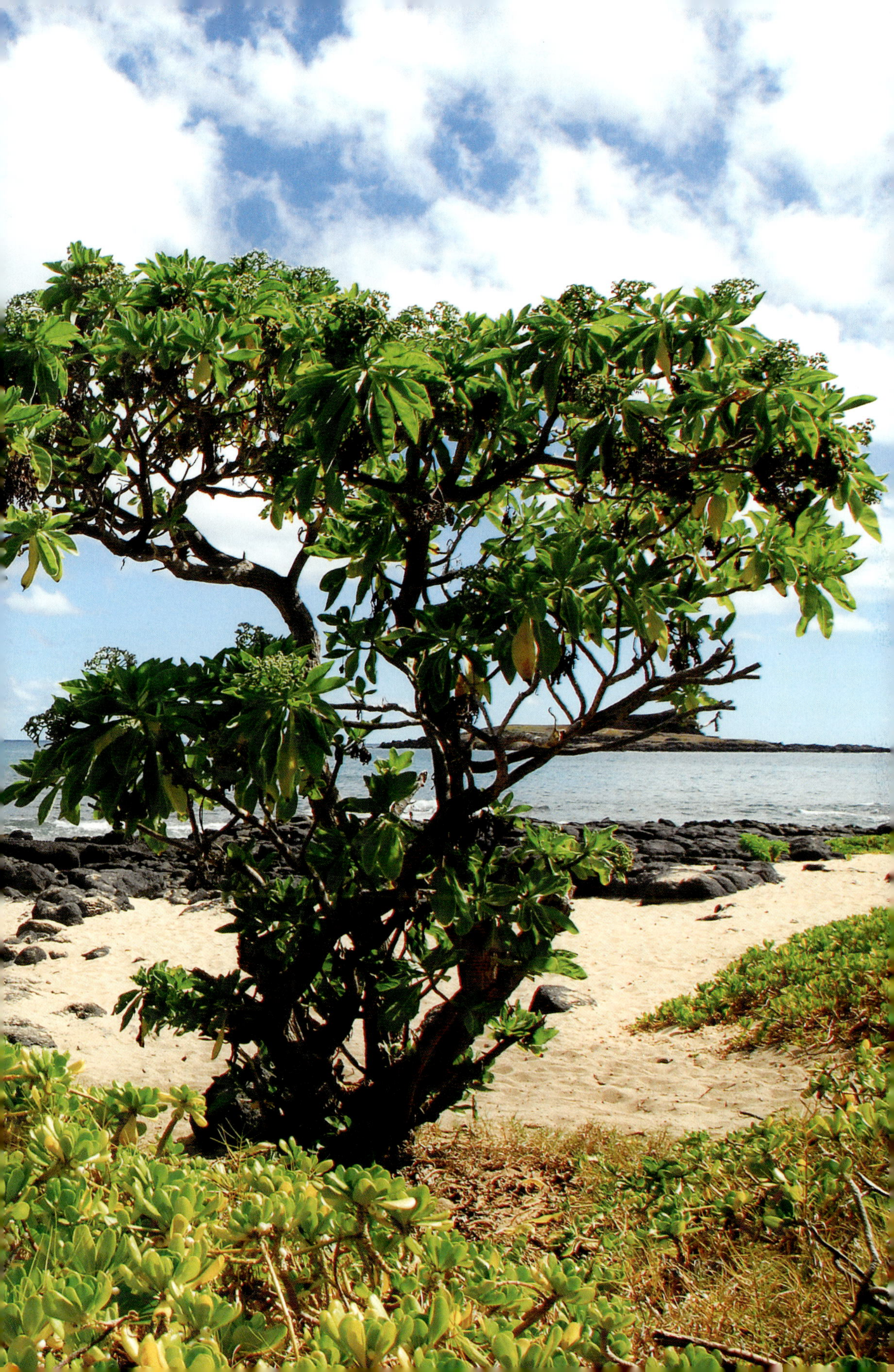

【上左】马卡普乌海滩的海岸厚叶檀香,特有种。檀香木的一种,不过它长不大,商人还没有盯上这种植物。

【上右】马卡普乌海滩火山岩礁石上的寄居蟹。

【下】瓦胡岛自然旅游公司组织的清除入侵杂草的活动。他们的主要任务是拔掉一些旋花科和西番莲科植物。

【上】马卡普乌海滩的西番莲科龙珠果,为维护生态需要清理这个外来种。

【下】龙珠果的花。此植物花很漂亮。

从马卡普乌角最高点观看瓦胡岛"迎风面"。在放大的照片上,能看到3只滑翔伞。

【上左】马卡普乌海滩长海胆科碎石海胆。

【上右】碎石海胆的另一面。这时它不像碎石,而像翠菊的花。

2011.09.27 / 星期二

看书。准备两份从国内带来的星叶草小标本。到伯恩斯厅我的办公室打印。东西方中心好大面子,给我们准备了办公室。但很少去那,室内空气不佳,空间也小。

带朋友参观楼内走廊中随处可见的艺术作品和门口南侧的展览厅,还是不错的。

【下】从马卡普乌角最高点观看北部海中的"兔子岛"(较大的那个)。夏威夷的天空与海水都是蓝色的。

夏威夷植物日记 / 181

邝氏庄园

2011.09.28 / 星期三

参观瓦胡岛"迎风面"山岭下的邝氏庄园,全名为Senator Fong's Plantation Gardens。或许广东人容易理解邝的英文为何是Fong!邝有良先生是夏威夷州(也是整个美国)亚裔第一位进驻华盛顿的参议员,连任3届达18年,与尼克松、肯尼迪均有私交。邝先生出生于贫苦家庭,父亲是来自广东的苦力。凭吃苦、善良、智慧和制度机会,邝有良在政界、商界获得了极大成功。他促成东西方中心的建立,说服联邦政府拨款建造夏威夷第一条高速公路,也促成美国移民法的修改。

他曾经是夏威夷首富。但晚年竟被自己的小儿子告上法庭!包括这个庄园在内的财产被法院拍卖。幸好善人有善报,主流舆论还是站在他这一边,这个庄园仍然保留着邝氏庄园的名字。如今东西方中心雄伟的杰弗逊会堂底层保留着邝先生的全部档案,约300箱。有位学者来夏威夷一时找不到合适的研究选题,我说何不利用这么好的条件研究一下邝有良,将来写本传记!

野牡丹科圆叶非洲槿,或者叫蔓性野牡丹,外来种。

乘55路下车,在一个不起眼的小标志牌下左转上山,行约1英里到达庄园门口。沿途遇到尾稃草(*Urochloa maxima*)、鸡屎藤、黄槿、刺果苏木(*Caesalpinia bonduc*)、圆叶非洲槿(*Dissotis rotundifolia*)、闭鞘姜(*Costus speciosus*)。爵床科山牵牛属植物见到两种:桂叶山牵牛(*Thunbergia*

laurifolia）和碗花草（*T. fragrans*）。后者白花，5次旋转对称（隐约能看出左右对称的痕迹），第一眼看上去似乎是旋花科的，再仔细看则为爵床科。这两种入侵藤本植物分布极广。豆科显盔刀豆（*Canavalia galeata*）的花和豆荚挂在树上，数量极多。未成熟的豆粒个头很大，成熟后会变小！这种豆子也是虫子的美味，大部分豆子在成熟的过程中被虫子咬得稀巴烂。剩下的豆子收集起来，可作装饰品。

门票14.50美元，今天园中只有我一个游客。拿了一张免费的庄园地图，就缓慢地在上山的小路上欣赏起来。我正在观察树上掉下来的五桠果科植物的花，地面被肯氏蒲桃（*Syzygium cumini*）的果实染得红一块紫一块。此时开上来一辆越野车，一位热情的女士让我上车，一定要载我赏园。她告诉我地上紫黑色果实可以食用，但不能多吃。我解释说在车上不方便看植物和拍摄。她说一定要陪我，这是她的任务，因为客人购买了门票就要享受服务。客随主便吧。我只好上车，她一边开车一边讲述周围的植物。与其如此，不如主动问她对邝有良先生的印象。她说邝先生是位非常聪明、善良、豁达的人物，先生的女儿目前在北京。不知不觉已到岭上，她顺手摘了一只青的柑橘给我闻，"邝先生当年喜欢把这种未成熟的柑橘放在室内，这会使得空气清新。"然后她又带我在园中的"尼克松谷"、"肯尼迪谷"分别转了转。依次参观了荔枝、龙眼、可可、澳洲坚果等果树。

豆科显盔刀豆，也叫小刀豆，外来种。豆荚内未成熟的豆粒非常饱满。

最后她向我推荐了叫ylang ylang的植物。原来是番荔枝科鹰爪花（*Artabotrys hexapetalus*）。其实夏大校园中安德鲁斯户外剧场（Andrews Outdoor Theater）的西北角就有。这种植物最特别之处是藤上长有类似火车挂钩的一种特别"机构"。它的作用是使细枝间能够柔性地牵连、防风。我怀疑登山装备的锁具、火车车厢间的挂钩在设计时从植物（包括鹰爪花和铁线莲属植物）得到过启示；如果不是这样，现在参考一下植物，没准能对现有设计作出好的改进。仿生学，依然是大有前途的学问。大自然的智慧积累了数百万年、数亿年，而近代科学的智慧只有三百多年。人们有理由在努力学习近代科技的同时，对大自然的方方面面保持尊重。

她完成了任务，我也解放了！我又重走了刚才乘越野车走过的路，仔细瞧了沿途的植物。

鸡屎藤在这里展现为标准的木质藤本植物，在北京它展现为半木质。左旋的茎大把地扭在一起，像巨长的麻花由地面伸向其他大树的树枝间。

潮湿的山坡上贴着地表大量生长着一种苦苣苔科植物，很难确认它是哪个种。在夏威夷这个科有一些特有的木本植物，但种与种之间也不容易区分。

———————————————————— 2011.09.29 / 星期四

听两个植物学讲座，见植物学系主任兰克尔（Tom A. Ranker）教授，赠送一份星叶草标本。请求访问系里的洛克植物标本馆，主任给我介绍了标本馆的一位采集经理。我迟迟没有访问洛克标本馆，是想先上山熟悉一下夏威夷的本土植物，有一定基础后再看标本。

显盔刀豆成熟的种子。

瓦胡岛北部邝氏庄园入口处。

【右上】番荔枝科鹰爪花的果实。外来种。

【右下】鹰爪花藤上带缓冲的挂钩装置。这令人想起火车车厢间的连接装置。

卡哈纳山谷

2011.09.30 / 星期五

60美元的公共汽车月票还能用最后一天。乘A路换55路到山岭后的卡哈纳湾（Kahana Bay）海滩公园，沿Trout Farm路进山谷。这是一个潮湿而开阔的山谷，有两条路可进谷，一小一大，一南一北，我这次走南侧小路。

过了谷口的几户人家，走不远就见到黄独、重瓣臭茉莉（*Clerodendrum chinense*）、白花百香果（*Passiflora subpeltata*）、榆科异色山黄麻。黄独是波利尼西亚人很早就引进的一种植物，在卡哈纳山谷它长得特别好，藤子爬得或高或低，都能结出巨大的珠芽，大到令人难以想象。在国内我见过较大的珠芽，那是在云南镇沅，也不过鸡蛋大小，而在这有男子铅球大小的！异色山黄麻在这也长成高大乔木，树干直径逾半米。

林中路面上有大量陈年的大戟科石栗种子，外表或黑或绿或黄，也有许多长出健壮的小苗。石栗在山谷中常成为优势种。

这条小路并不长，尽头是一块芋田，溪水从旁边缓缓流过，水清而深。周围有薏苡、慈姑、南美山蚂蝗（*Desmodium tortuosum*）、过沟菜蕨等。山谷中蚊子很厉害，不可久留。

返回时乘55路，经停"热带农庄"，看附近的植物。椰子、木薯、朱蕉、香蕉、金棕属植物（夏威夷名为Loulu）、紫蕉（*Musa velutina*）、萝藦科球兰、山龙眼科澳洲坚果等都有栽种。在一株可可树上见到正准备蜕皮的沙氏变色蜥（*Anolis sagrei*），英语为Brown anole。

卡哈纳山谷中大戟科石栗果实自然落地，果皮烂掉，坚果在小路上越积越多。石栗果仁很大，经过特殊加工后可食。现在夏威夷多用它的果仁制造护肤品。

【上】卡哈纳山谷中薯蓣科黄独藤子爬到鳄梨树上，珠芽挂在鳄梨的树枝间。黄独为波利尼西亚人引入的植物。

【下】蹄盖蕨科过沟菜蕨（过猫），嫩茎可食。后来我曾几次专程到卡哈纳山谷采这种蕨菜。

卡哈纳山谷中的榆科异色山黄麻，外来种。

从东南角看卡哈纳湾,这里是淡水与海水交汇处。照片中的大树和枯树均为木麻黄属植物,矮的植物有草海桐、白水木、黄槿、露兜树和南美蟛蜞菊。

再访宁静之园

2011.09.30 / 星期五

"热带农庄"植物园里面放置的一根夏威夷木雕提基柱（Tiki）。风吹、雨淋、日晒使它显现得十分古老。它的嘴很大，用来吓唬不祥的精灵。一般把它们立在门口，据说有驱鬼、保佑之功效，类似于中国的石狮子。

从"热带农庄"对面的木雕作坊再乘55路南行。路过去呼马路西亚植物园的路口，天色还早，灵机一动决定下车，步行一段路，再次到植物园。

时间是14:38，我快速地向园中走去。路边住户栽种的柳叶菜科山桃草、桔梗科桔梗、蔷薇科厚叶石斑木（*Raphiolepis umbellata*）等正在开花。刚进植物园外门，一辆小汽车在我身边停下来，女司机说她是植物园的园工，可以直接带我到园中的游客中心。这简直太好了，从大门走到园里需要很长时间，而今天我也不想再瞧沿途的植物（上次看过），目标是里边的植物。

她得知我想看桔梗科半边莲亚科，到了游客中心后便热情地向她的同事介绍："他来自中国，对半边莲类植物感兴趣。我们这个园子中没有这类植物，不过我这有一些资料。"说着，她翻开一本又一本彩印的植物厚书，向我介绍有关植物。又急忙拿出植物园的地图和介绍资料，特意提醒周末可在园中扎营。"这是预约表，填好后寄给我们，也可以打电话预约。"

她热情不减，而天色已不早了。我想在天黑前多看一些植物，急忙谢过。她的热情让我想起余秋雨先生《千年一叹》中描写的故事："在埃及不能问路。不是埃及人态度不好，而是太好。"

特别观赏了如下几种植物：可可李科（Chrysobalanaceae）来自汤加的一种有趣植物灯罩李（*Atuna racemosa*，原来写作 *Parinari glaberrima*）。玉蕊科葡萄玉蕊（*Barringtonia edulis*）。拉丁词 *edulis* 相当于edible（可食的），跟西番莲科鸡蛋果、芸香科香肉果的种加词一样，估计这种果子能吃。大风子科罗比梅（*Flacourtia inermis*，英文称Batoko plum）果实个头不大，看起来喜人。有了上次在福斯特植物园尝大风子果的教训，这回我没敢再品尝同科的植物，虽然它极可能是一种不错的水果。

从植物园往外走时已经快17:00了，园子中间的一道门正在关闭，只留一个小门。

在Kaneohe的一个车站等55路，干等不来，坐了足足1个半小时才来。回到家，已是晚上21:30。查了那种果子，确实能吃！

瓦胡岛北部"热带农庄"植物园中一棵可可树上正准备蜕皮的沙氏变色蜥。右侧为已经长大的可可果实。

芭蕉科紫蕉。它的花序垂直向上，果皮紫红色，很容易与香蕉区分开。

【上左】呼马路西亚植物园中玉蕊科葡萄玉蕊，外来种。

【上右】呼马路西亚植物园中大风子科罗比梅，也称紫梅，后来查得它确实是一种热带水果。外来种。

【下】呼马路西亚植物园中可可李科灯罩李，外来种。

十月

OCTOBER
2011

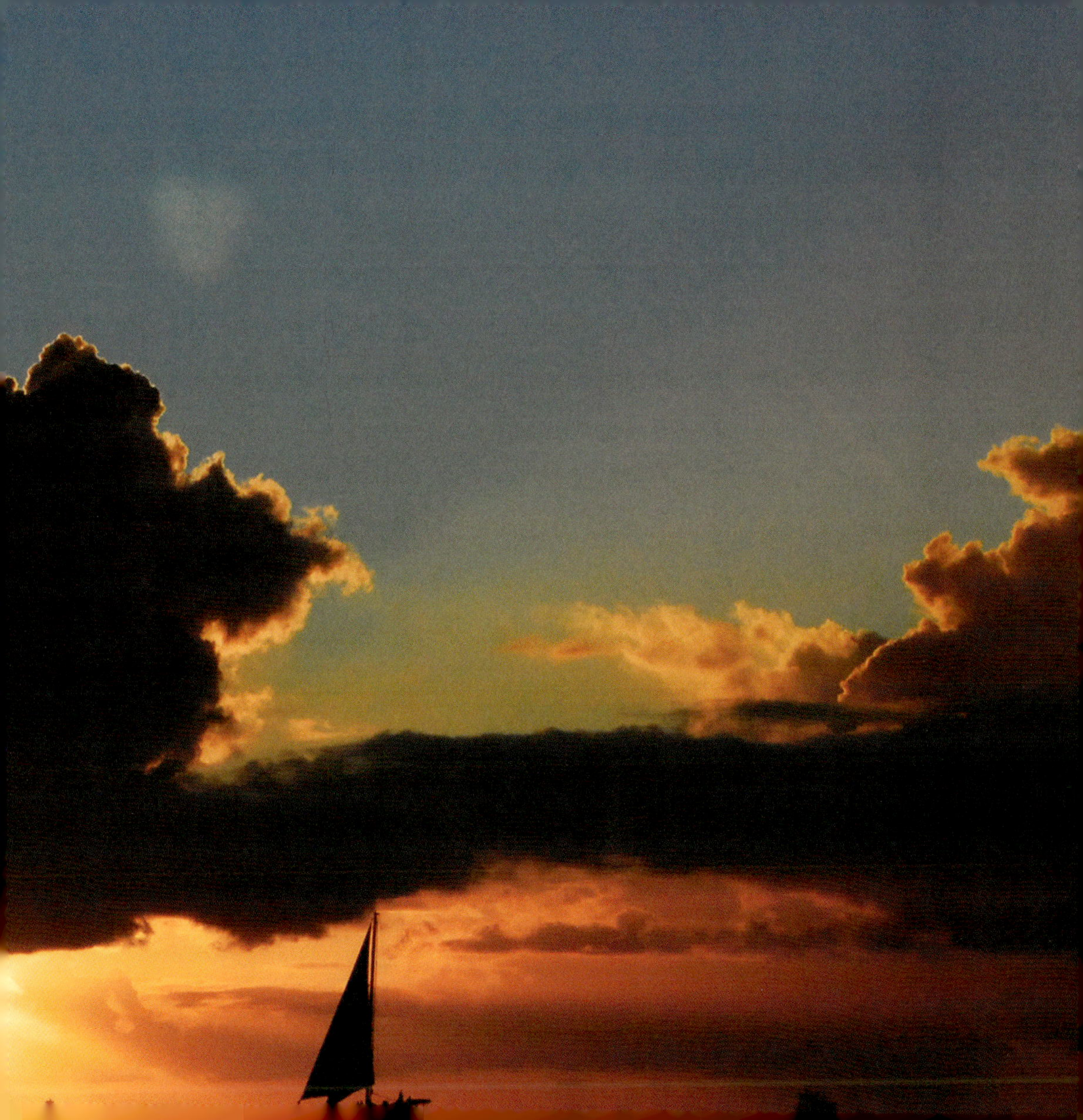

面包树与猴面包树

2011.10.01 / 星期六

上午在家烤面包树（*Artocarpus altilis*）的果实"面包果"。此植物英文名Breadfruit，桑科，原产于太平洋群岛。许多年前就想象着面包果的滋味，难道真的像面包？今天终于知道了。

把昨天采集的一只约3千克重的面包果整个放入烤箱，中火烤80分钟。外壳由绿变黄，切开见到一粒黑色的种子（通常没有种子）。分给许多人同食，均说好，所有人都是第一次吃！

面包树和猴面包树两种植物与《海底两万里》和《小王子》有关。文学作品中讲述的植物，能给人更深刻的印象。

当我告诉食客们，凡尔纳（Jules Verne, 1828 – 1905）的科幻小说《海底两万里》（*Twenty Thousand Leagues under the Sea*）中提到了面包树，有人尖叫起来："真的，他们吃了吗？"我说："当然吃了。现在看，凡尔纳的描写比较准确。他用过bread-fruit和artocarpus这样的词，他说此种树在Gilboa岛上很多。夏威夷的面包树是波利尼西亚人带来的，想当年它与芋、番薯、鱼等为先民们提供了主要的食物。"

面包果为何要烤了才能吃？我不知是否有人生吃过，据我的感觉，生的不能吃。果实从树上摘下时，果柄断口处迅速涌出浓浓的白汁，氧化后形成一种软膜。树上的果实自己也偶尔冒白浆，会顺着果皮流下。生时面包果是硬硬的，烘烤后变软，并散发出特殊的香味。用刀切开烤好的金黄色圆球，香味很浓。"面包"是淡黄色的，有许多蜂窝状孔洞。再将果肉切成片，运刀时能感觉到弹性。面包果口感和味道都像优质的黄油面包。这样的好东西，难怪植物学家班克斯（Joseph Banks）悬赏收集。据说先民在房前屋后都栽种几棵，随时都可以摘果烤食。

在树上，自然成熟的面包果最终会变得极软，掉在地上便摔

桑科面包树的树叶，本人没学过画画，因太喜欢面包树，尝试在电脑上绘了一张。

桑科面包树，波利尼西亚人引入的植物。此时果实还未成熟。

成糨糊。这里说的面包树与《小王子》（*Le Petit Prince*）中说的猴面包树，是完全不同的植物。猴面包树（*Adansonia digitata*）也叫猢狲树，是木棉科植物，原产于非洲，在寇寇火山坑植物园、夏大校园都能见到。其成熟后的果实外壳极为坚硬，我试着两两相撞，指望敲碎，未果，但树下确实有被砸碎的果实，看来有高手。猴面包树的英文名有许多，如Baobab, Monkey-bread tree（因为果实可食），Upside-down tree（因为树冠

【下左】面包树结的面包果，已经接近成熟，此时烤制恰到好处。采摘时果柄断口处会流出类似乳白胶一样的黏稠白汁。

【下右】面包果球形表面近摄图。五边形或六边形的蜂窝状结构显示它为复果。

看起来像树根，树好像长颠倒了），Bottle tree（因为树干像巨大的瓶子），以及 Dead-rat tree（因为花、果吊在树上像死老鼠）。在新的分类系统 APG II 中，原来的梧桐科、椴树科（其中的一部分）、锦葵科和木棉科合并为新的锦葵科，所以现在也可以说猴面包树是锦葵科植物。猴面包树属名来自法国植物学家 Michel Adanson（1727–1806）。

许多人从《小王子》第一次听说了猴面包树，在这部童话中此植物名出现19次。在小王子的星球上，泥土里有些可怕的种子，其中包括猴面包树的种子。"一棵猴面包树苗，假如你拔得太迟，就再也无法把它清除掉。它就会盘踞整个星球。它的树根能把星球钻透，如果星球很小，而猴面包树很多，它就把整个星球搞得支离破碎。"

成年猴面包树体积甚大，可以装得下一座房子。"猴面包树可不是小灌木，而是像教堂那么大的大树；即便是带回一群大象，也啃不了一棵猴面包树。"所以按《小王子》的说法，要"按时去拔掉猴面包树苗"！"猴面包树在长大之前，开始也是小小的。"

熟透的面包果大圆球从树上掉下摔成了泥。果实成熟后果肉变软，像奶油。如果某人恰好从树下走过，被它砸一下，那会是什么感觉？

用筷子扎进去可检验面包果是否已经烤透。这只果实已经完全烤好，揭下一小块表皮，里面淡黄色的"面包"露了出来。

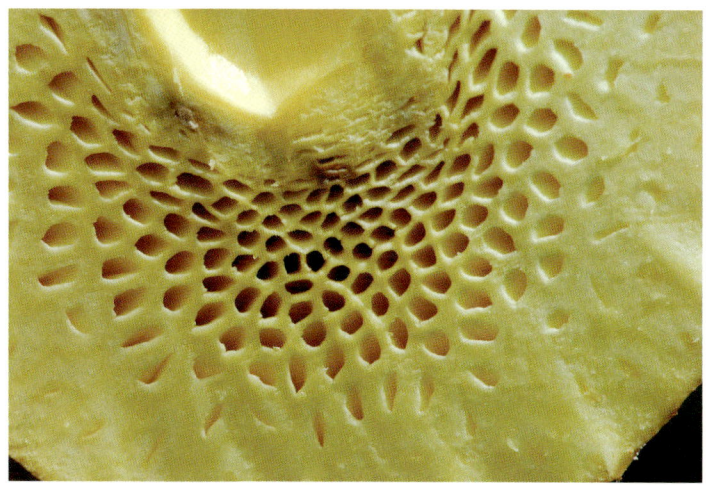

将烤熟的面包果切开，看到一些孔洞，切的时候能够感受到弹性，这就更像面包了！

面包果相当好吃！微甜、略起沙，有回味。不开发这种产品，实在不应该。

木棉科猴面包树的果实吊在树枝上，的确像死耗子，难怪它的一个英文名是Dead-rat tree。外来种。

【上右】成熟后落地的猴面包树果实,外壳坚硬,很难敲碎。

【下右】猴面包树果实断面。

蕨类与摇叶铁心木

2011.10.02 / 星期日

8:00出门走校园内的Maile Way，到校园西北角的大学大道，北上再转Kaala Street和Kaala Way，一直前行至山根，经Judd Hillside Road抄近道到环顶道。见白千层、假连翘、野木蓝（*Indigofera suffruticosa*）和薜荔。沿马路走反V形接反L形道路缓坡上山，见银合欢、大猪屎豆、量天尺、台湾相思、肾蕨、朱缨花、番石榴、澳洲坚果、夜香树（茄科）、黄槿等。过小山梁后，开始进入树林走Moleka Trail。行走在山道上，见到柿树科紫柿子、小叶榕、金水龙骨（*Phlebodium aureum*）、松叶蕨（*Psilotum nudum*）、澳大利亚红椿、鳄梨、咖啡（*Coffea arabica*）等。咖啡树？没错，非常多，成千上万株，小的有铅笔粗，大的有手腕粗。

经过潮湿的地段时，低的一侧主要有灰金竹和野牡丹科四棱四瓣草，高的一侧经常被一种铁线蕨盖住。我想弄清楚后者是不是本土种。夏威夷铁线蕨属中只有一个是本土种。要区分是哪个种，得看蕨叶的背面尖端处孢子囊群（sori）的形状。仔细观察，孢子囊群是U形的，再结合其他特征，确认它们是楔叶铁线蕨（*Adiantum raddianum*）。是归化种，原产于热带美洲。其种加词来自意大利植物学家Giuseppe Raddi（1770-1829）。

豆科野木蓝的荚果，外来种。

水龙骨科金水龙骨，外来种。

松叶蕨科松叶蕨，本土种。

一路上还见到华南毛蕨（*Cyclosoru parasiticus*）、毛叶肾蕨（*Nephrolepis multiflora*）、合囊蕨科观音座莲（*Angiopteris evecta*）等。

山道再次与环顶道相交。此时已经10:30，过去了两个半小时。跨过马路继续前行，进入一条新的山道马诺阿崖山道（Manoa Cliff Trail），它通向山后的一个本土森林恢复试验区。这也是此行目的地，我将在这里观察桔梗科半边莲亚科植物。

山道入口处上坡处是高大的大戟科秋枫（*Bischofia javanica*）林，有的直径达70厘米。上了小山包，周围全是草莓番石榴。接着，山道下行，转到马诺阿山谷一侧，沿半山坡向北。露光的小道边可见聚蚁树、肾蕨和乌蕨（*Stenoloma chusanum*）。乌蕨是夏威夷山道上极常见的一个本土种，夏威夷名Palaa或Palapalaa。人们经常把它与本土特有植物夹竹桃科榄果链珠藤（*Alyxia oliviformis*）搭配，用来做花环（lei），不过今天没有见到后者（在山脊型的山道上容易碰到）。树阴潮湿处，见到生长良好的鳞毛蕨科高氏三叉蕨（*Tectaria gaudichaudii*），特有种，夏威夷名Iwaiwa lau nui。

金星蕨科华南毛蕨，外来种。

铁线蕨科楔叶铁线蕨,外来种。孢子囊群U形,这是鉴定此种的一个关键特征。

【上】肾蕨科毛叶肾蕨,外来种。

【下】合囊蕨科观音座莲,外来种。

208 / 檀岛花事

【上】鳞始蕨科乌蕨，本土种。

【下】高氏三叉蕨的一回叶。

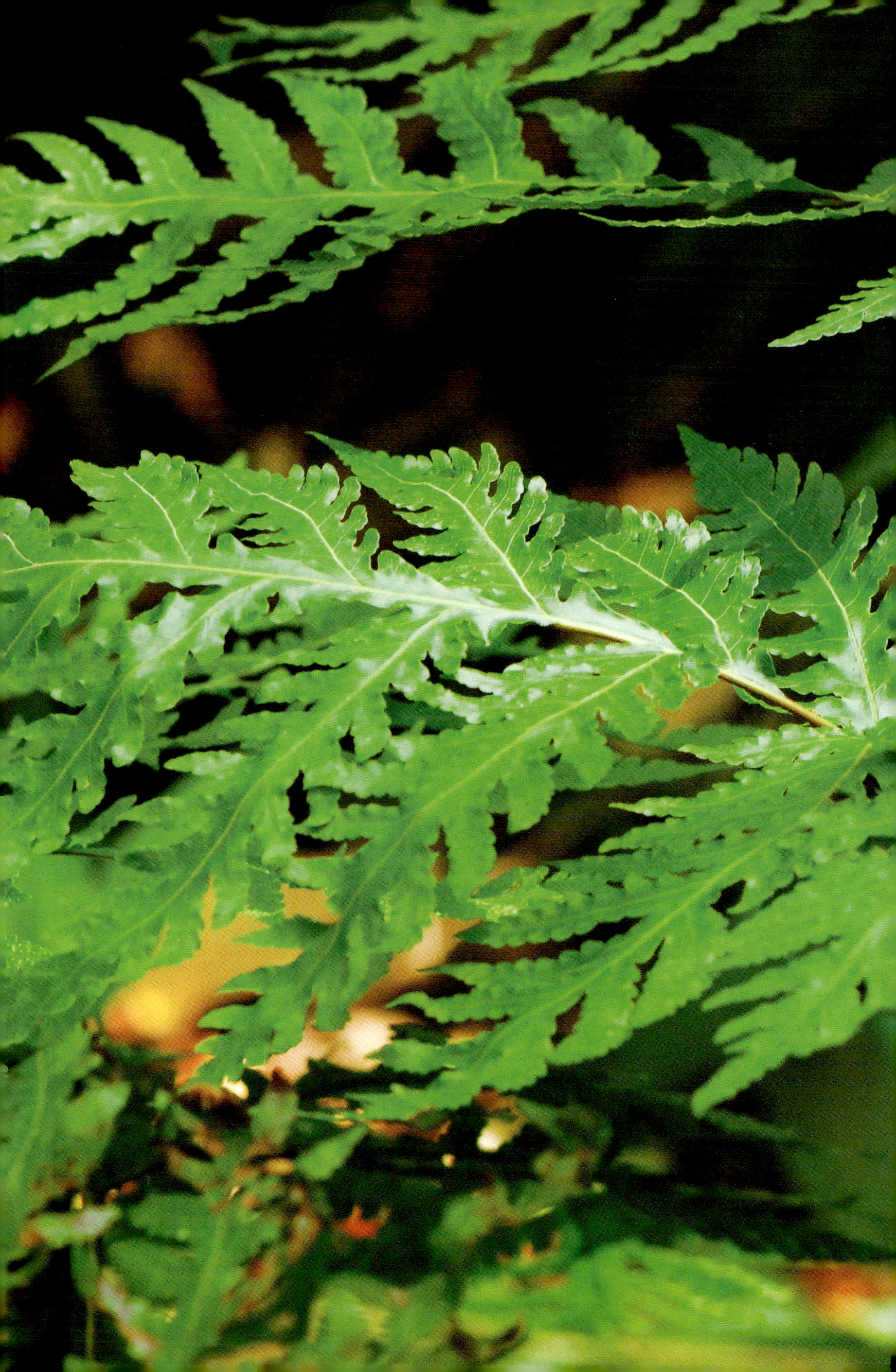

鳞毛蕨科高氏三叉蕨,特有种。

山道上最漂亮的是桃金娘科摇叶铁心木（*Metrosideros tremuloides*），细弱的枝头挂着灿烂的团团红花。种加词 *tremuloides* 相当于 aspen-like，即像欧洲山杨（*Populus tremula*）的。而 *tremulus* 是 trembling 的意思。这种树的叶在这个属中算是小而薄的，风一吹就会摇，在山岗上其枝叶随风抖动。后来，有机会到毕晓普博物馆比对了洛克1909年8月22日采自瓦胡岛椰谷的4827号和4829号标本，再结合几部书，这个种的鉴定就保险了。铁心木属1788年由英国植物学大佬班克斯建立，主要分布在新西兰和西南太平洋的诸岛，有些在南太平洋小岛上，南非也有一个种！此属起源中心在新西兰，这与檀香科檀香属（*Santalum*）起源于澳大利亚有某种相似性。据S.D.Wright与其合作者2001年发表在《生物地理学杂志》上的工作，铁心木属现有种的分布可用三次辐射事件来解释。夏威夷的扩散发生于最近200万年内，有的种可能于0.5 – 1.0百万年内由附近的岛屿迁入。据洛克研究，班克斯建立这个属时依据了12个种，但是这12个种中只有4个是真正意义上的铁心木

桃金娘科摇叶铁心木，特有种。枝细弱，叶小而薄，容易与同属其他种区分开。

属植物。这12个种的标本都是索兰德（Daniel Carlsson Solander，1733 – 1782）收集的。他是林奈的弟子，后来成为班克斯手下的干将，被称为大自然的亚尔古英雄（Nature's Argonaut）。洛克1917年在撰写铁心木属专著时做了大范围调研，检查了马尼拉、爪哇的标本，看过格雷的模式标本。他本人还拥有南海诸岛（如斐济、塔希提、克马德克）的标本，他对夏威夷群岛此属植物的分布，不用说，那就更熟悉了。洛克也做了文献考证，发现 Georg Eberhard Rumpf（1627 – 1702）在其著作 *Herbarium Amboinense* [去世后多年才出版，约1741年]中先于班克斯首次使用了 *Metrosideros* 这个词，但它当时指代5个不同科的植物！1763年前文提到的法国植物学家 Michel Adanson 用 *Nani* 取代 *Metrosideros* 一词。*Nani* 拉丁化后为 *Nania*。1885年有人描述了 *Nania* 这个属。洛克在爪哇看到了此属的标本并在植物园中见到了活树，但发现它们与现在的铁心木属完全不同。

摇叶铁心木的花苞即将打开。

蔓露兜这种本土植物常见，有的爬在铁心木属植物和豆科寇阿的树干上。

山道上紫金牛科朱砂根（*Ardisia crentata*）的花、果、叶都很好看，但它是入侵种。花市上一小株要3 – 5美元，在这满地都是，高度在1米以下。还好，这条山道上没看到同属的东方紫金牛，而靠北一点的另一条潮湿山道上它就太多了。找到一株锡兰肉桂（*Cinnamomum verum*），树皮有甜味。这是一年中我在野外见到唯一的一株。每次经过它时都会摘几片叶回去当香料。

快到本土植物恢复区时，见到杜英科特有种夏威夷杜英（*Elaeocarpus bifidus*），夏威夷名 Kalia，《手册》中此科也只列了这一种。此种的特点是叶阔，通常下垂，边缘有锯齿，未见大树。

摇叶铁心木的叶和花，背景是同属的另一特有种多形铁心木。

摇叶铁心木。

洛克1909年采集于瓦胡岛椰谷的摇叶铁心木标本（4827号），摄于毕晓普博物馆。

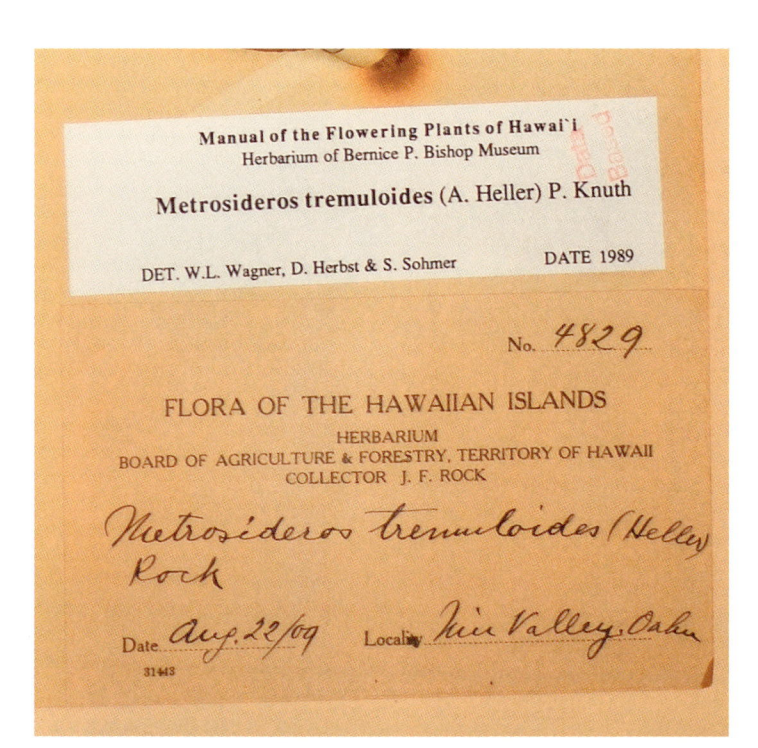

【上】洛克1909年采集于瓦胡岛椰谷的摇叶铁心木标本（4829号）右下角的标签。下部为洛克填写的表格，上部为编写《手册》对标本重新整理时W.L.Wagner等加贴的标记。此标本的学名没有变化。

【下】樟科锡兰肉桂，外来种。在野外只见到一株。树皮和叶可做香料。从叶脉上可区别于阴香。

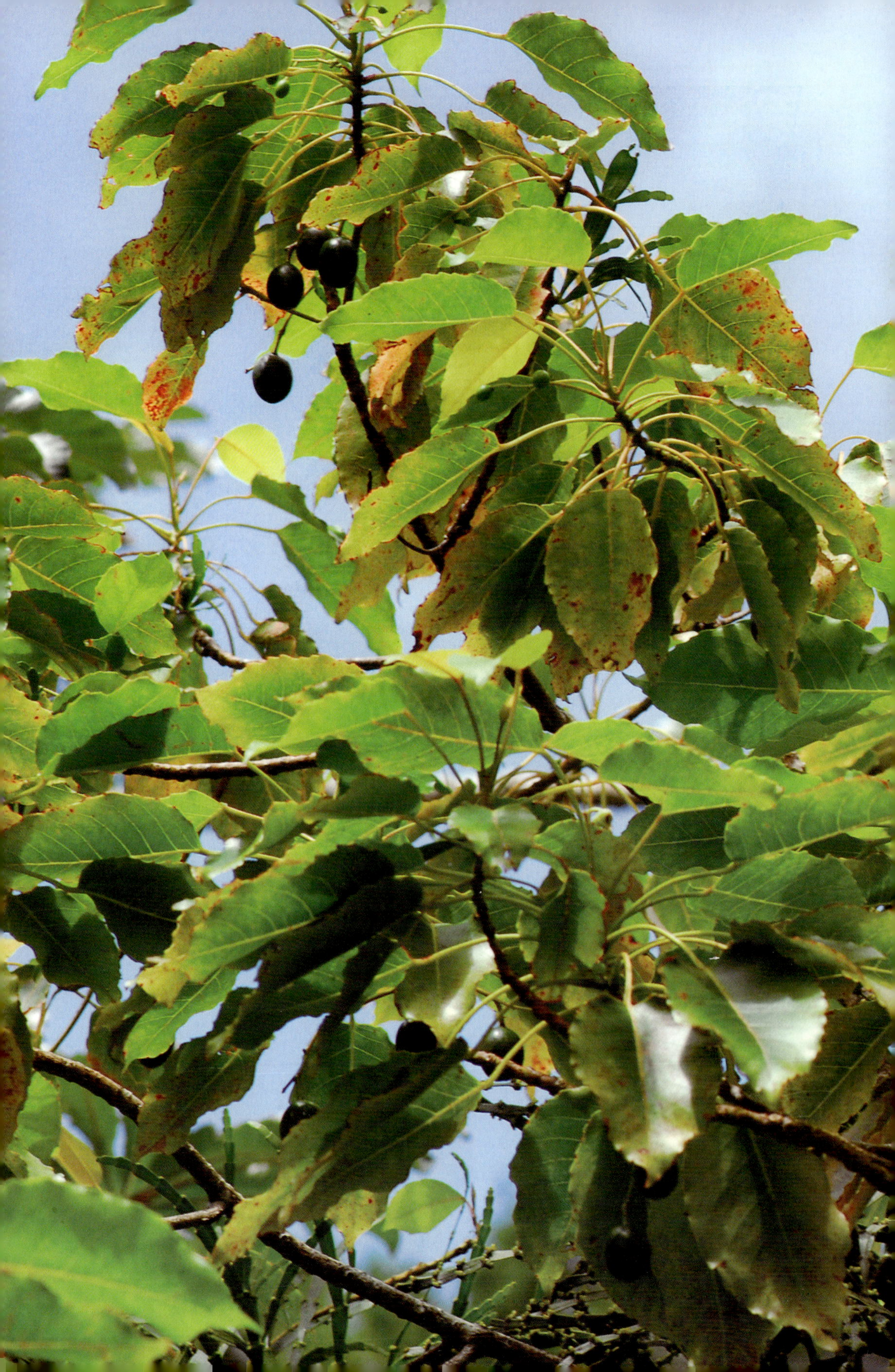

杜英科夏威夷杜英，特有种。

树蕨、瓜莲与樱莲

2011.10.02 / 星期日

马诺阿崖山道特别适合于观察本土植物。在半山腰近水平行走1.5英里，到了用铁丝网围成的马诺阿崖本土森林恢复区（Manoa Cliff Native Forest Restoration）。

铁丝网是用来防野猪进来啃食植物的，恢复区在不同方向共有三个小门与外界相通。

在恢复区遇到特有种卷柏科树形卷柏（*Selaginella arbuscula*），夏威夷名为Lepelepe a moa。这里气候湿润，本土植物非常丰富，实际上大量外来物种已经被清除了，比如姜科植物被拔起，阴香、灰金竹、尾叶琴木等被砍倒。小道边上菊科特有种非对称鬼针（*Bidens asymetrica*）正开着黄花。在夏威夷 *Bidens* 这个属有19个特有种，是适应性辐射（adaptive radiation）的一个典型。

恢复区中豆科寇阿很多，地表还长出一些小苗。叶两型，幼株叶为羽状复叶，成株叶为镰刀形。铁心木属有若干老树，其中一株倒在山道上，但树干上又顽强地长出了新枝，两者呈90度角。锦葵科、茜草科和荨麻科还有一些特有种，确切名字一时还搞不清楚。这地方反正会经常来，不急。

两个特有种树蕨在恢复区中很抢眼。其一是蚌壳蕨科恰氏金毛狗（*Cibotium chamissoi*），夏威夷名 Hapuu，能长到6米高，野猪喜欢啃食其蕨根。种加词用来纪念探险家 Ludolf Karl Adalbert von Chamisso（1781–1838）。在自然状况下，此树蕨常与门氏金毛狗（*C.menziesii*）杂交。门氏金毛狗更高大，其种加词用来纪念Archibald Menzies（1754–1842）。

另一个特有种为乌毛蕨科短叶红猪蕨（*Sadleria pallida*），属名来自医生 Joseph Sadler（1791–1849），种加词的意义是 pale。其一回小叶基部的两片二回小叶与主脉交叠、翘起，

【上左】卷柏科树形卷柏，特有种。

【上右】蚌壳蕨科恰氏金毛狗，特有种。

【下】恰氏金毛狗侧面图。

它有许多夏威夷名，如Amau或Amauii。与同属另一个特有种红猪蕨（*S. cyatheoides*）相比，除了一回小叶基部二回小叶形状与位置不同外，叶相对窄而短，长度一般在1米以内，而红猪蕨更大更舒展。

今天来恢复区最主要是想看桔梗科半边莲亚科植物，找到两属三种。先约定两个属的中文名：瓜莲属（*Clermontia*）和樱莲属（*Cyanea*）。前者有22个种，都是特有种。属名用以纪念法国海军大臣 Aimé de Clermont-Tonnerre（1779–1865），此属的夏威夷名为Oha wai。后者有52个种，均为特有种，此属是夏威夷桔梗科中最大的属，也是夏威夷所有植物中最大的属。属名来自希腊词cyaneos，blue的意思，用来形容模式种花的颜色，此属的夏威夷名为Haha。

卡科瓜莲（*Clermontia kakeana*），花被长45–55毫米，托杯（hypanthium）长8–14毫米。它很适合于这一恢复区，植株虽不高，但叶片舒展，花果齐全。果实像小南瓜，黄色。

长叶瓜莲（*Clermontia oblongifolia*），叶瘦长，枝近似轮生。

窄叶樱莲（*Cyanea angustifolia*），浆果紫色，5–10毫米长。

它们均为木本，桔梗科还有木本？没错。夏威夷群岛上的半边莲亚科十分出名，最能表征夏威夷特有种的特色。桔梗科分为两亚科：桔梗亚科和半边莲亚科。半边莲亚科在夏威夷有6个特有属，1个本土属，1个归化属，共110个木

乌毛蕨科短叶红猪蕨，特有种。

桔梗科半边莲亚科卡科瓜莲，特有种。木本。

本特有种和2个归化草本种。希拉伯兰特就曾说过，半边莲亚科植物是"我们夏威夷植物群独具的骄傲"（peculiar pride of our flora）。洛克为这个亚科撰写了空前绝后的专著，从那时到现在有的种已经灭绝或存量极少。

保护、恢复半边莲亚科植物不仅仅是夏威夷植物爱好者的事情，也是全世界植物学家的事情。现在还看不出这类植物有什么特别的经济价值，但它们非常美丽，这还不够吗？它们也是生态指示植物，凡是这类植物多的地方，一定是生态保护较好、本土植物丰富的地方。

【上】卡科瓜莲成熟的果，像小南瓜。

【下左】卡科瓜莲的花，正面。

【下右】卡科瓜莲果实里细小的黑色种子。

卡科瓜莲的花。

【上】桔梗科半边莲亚科窄叶樱莲的浆果。特有种。

【下】窄叶樱莲的花。

2011.10.03 / 星期一

还洛克的《夏威夷铁心木属树木》(*The Ohia Lehua Trees of Hawaii*)一书。白天和晚上一直在做植物分类。晚饭后到后院观察结黄色果实的数珠珊瑚科（蕗芬科）数珠珊瑚（*Rivina humilis*）。远观此植物有点像茄科龙葵。

2011.10.04 / 星期二

早晨下大雨，这是到目前为止在夏威夷遇到最大的一场雨。

桔梗科半边莲亚科长叶瓜莲，特有种。

·· 2011.10.05 / 星期三

植物分类。整理菜地,埋下三根树桩,准备为藤本植物攀爬。

数珠珊瑚科数珠珊瑚,从远处看有点像龙葵。外来种。

数珠珊瑚的果实。

·· 2011.10.06 / 星期四

做蕨类分类。下午听两个讲座。到 Gateway House 南部的操场取植物粉碎物用于菜地,增加腐殖质,防止水分过分蒸发。

使君子科两种风车子

2011.10.07 / 星期五

上午读书,分类。下午到校园北部和西部看植物。

使君子科在夏威夷无本土种,但引种的种类非常多,如绢毛榄果木、榄仁树等。此时校园中使君子科有三种植物在开花,《手册》均没有收录。

东西方路靠近植物学系的路边墙根有一株使君子(*Quisqualis indica*),周围有木棉(原来称红丝棉木)、人心果和小猴钵树。

植物学系自己的本土植物园中有一株开红花的外来植物泰国风车子(*Combretum constrictum*),灌木。远观其花,类似桃金娘科铁心木属植物。一个疑问是,此获奖的园子中为何不栽本土铁心木属植物?它们的花也很漂亮啊!

校园北部铁篱笆上有红花风车子(*Combretum coccineum*),藤本,花序很大。周围有多种金虎尾科和马兜铃科植物。

使君子科泰国风车子,摄于夏大植物学系的小植物园。外来种。

【左】泰国风车子的花近摄图。外来种。比较它与摇叶铁心木的花（见214－215页），差别其实非常大。

【右】使君子科红花风车子。

2011.10.08 / 星期六

来夏威夷整两个月了。

与Y先生一起上瓦黑拉脊。走约1.5英里，原路返回。穿过小叶南洋杉林，在山脊上见豆科寇阿、蔷薇科小石积（*Osteomeles anthyllidifolia*）、铁心木属等本土植物。小石积常匍匐生长，花白色，果实成熟时也为白色。

山梁上偶尔碰上茜草科小乔木香鱼骨木（*Psydrax odorata*），本土种，夏威夷名Alahee或Ohee。洛克时代其学名写作*Plectonia odorata*（Rock，1913:434；437），《手册》第1版中写作*Canthium odoratum*（Wagner *et al*, 1990: 1119），第2版在附录中才修订为现在的名字（1999: 1891）。一个世纪中它所在的属变了好几次。果实黑色，枝叶外表像小叶黄杨。茎上有薄栓皮。叶用作黑染料；木质硬，耐用，可制作耕犁。

外来物种主要有木麻黄属植物、马鞭草、小蓬草、草莓番石榴、尾叶琴木、巴西乳香、台湾相思、辐叶鹅掌柴、银桦、巴西茉莉（*Jasminum fluminense*）和少量兰科、紫葳科植物。山龙眼科银桦此时无花，由于干旱，叶也长得不好。等到开花时，它还是不错的。

空气透明度很高，向西能够望到檀香山国际机场的跑道。

【上左】蔷薇科小石积，本土种。

【上右】香鱼骨木的果实。

【下】木樨科（以前写作木犀科）巴西茉莉，外来种，茎右手性。《手册》提到但未单列出来描述。

【上】有人骑山地车从瓦黑拉山道上快速冲下。此运动有一定危险性。山路有陡坡和乱石,周围的树枝也容易伤人。画面中的主要植物为银合欢、尾稃草和采木。

【下】茜草科香鱼骨木,本土种。

232 / 檀岛花事

生态志愿者

2011.10.09 / 星期日

　　经 Thorne E. Abbott 先生推荐，今天参加马诺阿崖本土森林恢复项目的志愿者活动。前文提到我和先生路上偶遇，他曾送我回家。约定9时在马诺阿崖山道起始处的停车场集合，再一同赶往恢复区劳动。此停车场与我住所之间直线距离不大，但走起来很麻烦，需要近两个小时。我7点前出发，准时赶到。中途见杰克逊变色龙和柿树科紫柿子（*Diospyros blancoi*）。紫柿子已经成熟，咬了几口，味道一般。种子很饱满，看来它适合在新环境繁殖。它来自菲律宾，曾由州林业员引种，逸出，现在看还不算多，估计在不远的将来它会威胁本土森林。

　　志愿者的工作主要是在周末来到恢复区清理外来物种，或拔或砍或锯，总之是体力活。前提是分清本土植物和外来植物。要求自带工具和午饭。我从东西方中心社区花园（即我们的菜园）工具房中拿了一把巨大的树枝剪，另带一把瑞士军刀，相信够用。

　　此本土植物恢复项目有几位核心成员：

　　Brandon Stone，登山老手，本土植物爱好者，特别关注苔藓和蕨类。很幽默的一位白胡子老先生，曾问我洛克是否有儿子。他大概间接听说了中国媒体关于洛福寿（李继武）的有关报道（比如，洛克的儿子在丽江，《大观周刊》，2004.01.14，总第174期，B版）。

　　Mashuri Waite，约35–40岁，此恢复项目的创始人（始于2005年），本土植物专家，正在研究这一带的苔藓。面相上看，他是位文雅的书生；也是位赤脚大仙，他在山上行走总是光着脚！对我非常友好，主动向我介绍本土植物，带我采集茜草科及半边莲亚科本土植物的种子，回来后撒在森林恢复区，

【左】紫柿子近摄图。果实有鹅蛋大，表面有棕色绒毛。可食，但味道一般。

【右】柿树科紫柿子，来自菲律宾。叶厚而亮。如不及时控制，将来有可能威胁本土森林。

还带我看特别的附生和寄生植物。

Glenn Metzler，生物学家，环境顾问。白发学者，喜欢利奥波德、缪尔。我们在一起还谈到梭罗的《野果》。

Juliet Langley，一家公司的女电子工程师。很亲切，几次坐过她的车。她的工作与植物没有直接联系，只是个人喜欢本土植物。她告诉我，项目组的这些人都不错，大家很合得来。

为什么设立恢复本土森林这样的项目？因为外来物种的引进和快速扩散，令本土植物的生物多样性受到严重破坏，半边莲亚科等特有植物的数量在过去几十年中骤减。单纯的被动保护已经不足以遏制这种趋势，现在需要人为干预，有限度地清除外来种占据的空间，让本土种能够见到阳光。另外，需要在恢复区人工种植和栽种一些本土植物。这个项目故意设在山道上，是想吸引更多的民众参与。我以志愿者的身份参与此项目，是想了解他们的生态保护思想和实践。有些事实际去做才知道究竟是怎么回事。也许我国可以借鉴他们的办法。

今天拔了半小时姜科植物，把它们堆在一起。又拔了几十株阴香树苗。用军刀在稍大的阴香树干上剥皮，剥了4株，这种办法不会令阴香立即死掉，实际上根还会活着，但能给树荫下的本土植物开辟空间。

Mashuri Waite教我认识了冬青科异型冬青（*Ilex anomala*），茜草科玛莉九节（*Psychotria mariniana*）。前者在塔希提、马库赛斯（Marquesas）也有分布，夏威夷名为Kawau，但希拉伯兰特说土语拼作Kaawau。见到这种植物立即想起两年前的冬天在英格兰见到的叶上带刺的holly，即欧洲枸骨（*Ilex aquifolium*），通常叫枸骨叶冬青。夏威夷异型冬青的叶要温柔得多，没刺儿，但叶脉很特别，不用透光照射就格外清晰。玛莉九节的夏威夷名为Kopiko，实际上，这一地方名对应于*Psychotria*属的多种植物，这种现象很普遍。我自己认出了大叶九节（*Psychotria kaduana*），后来在帕洛洛山谷再次见到。

劳动完，包括我共7人顶着阵雨开始了植物旅行：在山顶向西挺进，穿越树林到达努阿奴观景台，然后沿山脊向南走一条少有人来的小道，兜一个大圈返回恢复区。山脊风很大，身着单衣，浇上雨水，感觉有些冷。在密林和草丛中穿行，任何雨具都没用。据我的经验，在野外感觉冷的时候，要振作起来，情况会稍好。入侵植物主要有硬毛绢木、尾叶琴木、辐叶鹅掌柴、草莓番石榴、阴香等。除杜英科夏威夷杜英、桔梗科长叶瓜莲、夹竹桃科榄果链珠藤、铁心木属植物外，此行中见识了如下植物：

杜鹃花科齿叶越橘（*Vaccinium dentatum*），匍匐生长于山梁通风处。果实红色，吃到3粒，酸甜但味淡。它与通常的蓝莓是一类植物，但果实颜色不同。后来在其他岛碰到同属另两个特有种。

莎草科毕氏黑莎草（*Gahnia beecheyi*），特有种。健壮，漂亮，适合于绿化。种加词用来纪念英国海军军官毕澈（Frederick William Beechey, 1796 – 1856）。

莎草科硬叶刺子莞（*Rhynchospora sclerioides*），本土种。叶长而宽，似乎可用于编织。成簇生长，每簇直径可达2米，抗风固土。

海桐花科光果海桐（*Pittosporum glabrum*），特有种。注意，它不同于中国的光叶海桐（*Pittosporum glabratum*）。

瑞香科瓦胡荛花（*Wikstroemia oahuensis*），特有种。荛花属在夏威夷特有种很多，在野外辨认出这个属非常容易，到种的层次就稍困难一些。

槲寄生科扁平栗寄生（*Korthalsella complanata*），本土种，今天见到它寄生在桃金娘科特有种夏威夷蒲桃（*Syzygium sandwicensis*）上。后来见到它也可以寄生在寇阿上。

Brandon Stone和Mashuri Waite讨论了若干苔藓植

物，特意介绍了铁心木属的种子是如何利用苔藓而发芽、生长成幼苗的。能与本土植物专家一同在山道上观察植物，是件颇幸福的事情。理由很简单，再高明的人到了陌生地，对当地的植物也要经历较长的时间才能熟悉。如果有本地人在一开始就稍加指点，提醒人们注意哪些，把他（她）多年观察的心得不经意地讲出来，这些通常都极有价值，千金难换。

最后从恢复区返回时路上确认如下4个特有种：

荨麻科白落尾木（*Pipturus albidus*），夏威夷名Mamaki或Waimea，小叶，灌木。

荨麻科鱼线麻（*Touchardia latifolia*），夏威夷名Olona。叶阔坚挺，叶脉褐色。单种属，特有种。夏威夷著名纤维植物，用于绳索、渔网、编织器具。到目前为止，这是我在荨麻科中见到最漂亮的植物。

山道边有一株山榄科夏威夷桃榄，叶形与海边（9月10日所见）和城里栽种的有差异。由此不难设想当年洛克为何把这类植物划分出多个种。

龙舌兰科哈拉派派剑叶龙血树（*Pleomele halapepe*），夏威夷名Hala pepe。在被子植物APG III分类系统中，已归入天门冬科。

锦葵科也遇到几种本土种，现在还顾不上细分。

晚上收到莱昂树木园Alvin Y. Yoshinaga先生的回信，他研究过洛克的植物学。先生有时住在泰国清迈。

【左】户外活动专家、本土植物爱好者Brandon Stone先生（中间戴帽子者）在山上介绍苔藓植物。从此照片中能够看到铁芒萁（下）、夏威夷蒲桃（左上）、玛莉九节（中后偏左）、铁心木属植物（中后，稍右），在人缝中可见硬毛绢木和尾叶琴木。

【右】茜草科玛莉九节树冠侧视图。

茜草科玛莉九节，树冠顶视图。特有种。

【中】杜鹃花科齿叶越橘。在山梁通风处匍匐生长。特有种。

【下】齿叶越橘的花（左）和果（右）。

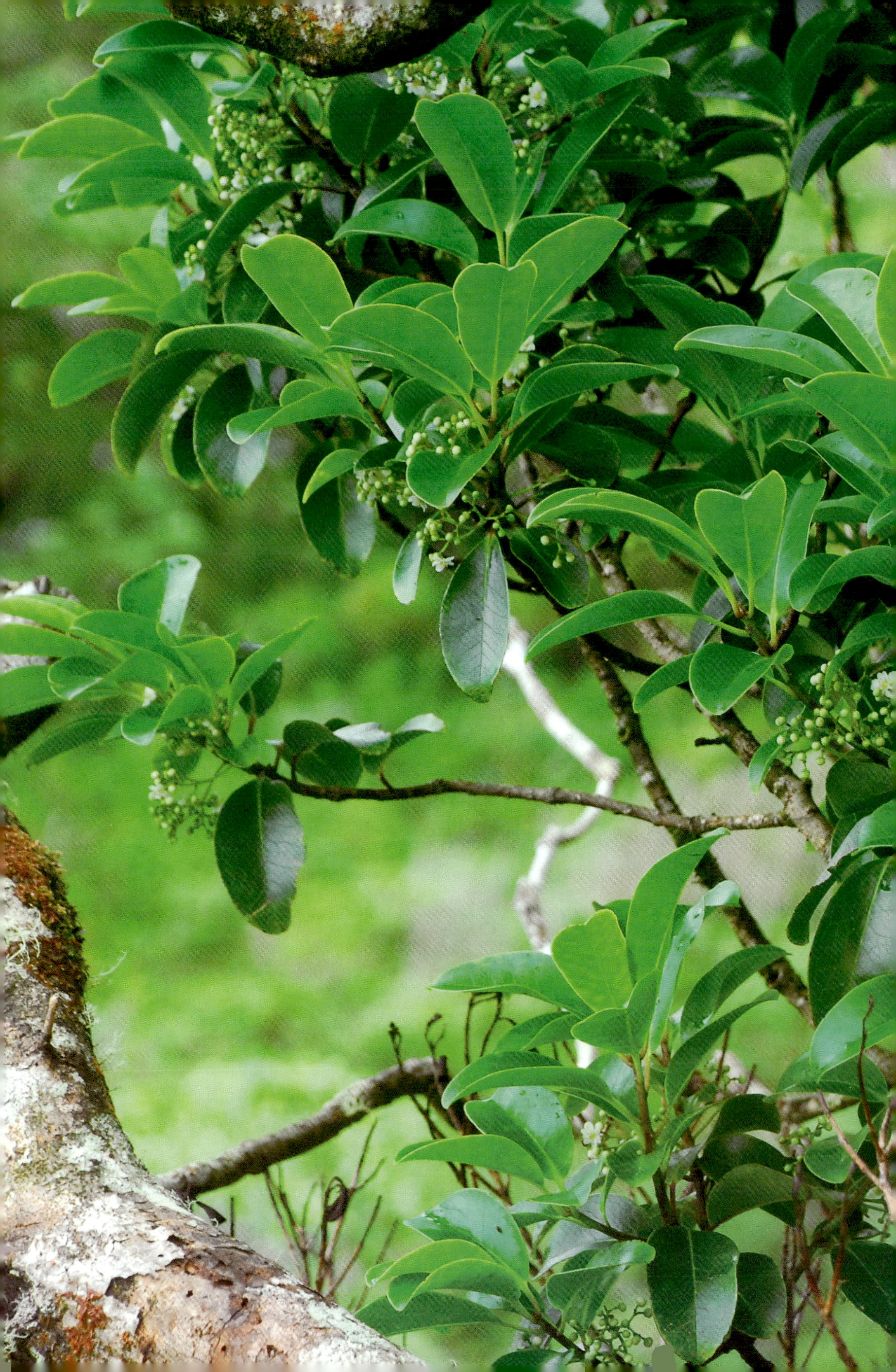

冬青科异型冬青，本土种。

荨麻科鱼线麻，特有种。

【上右】荨麻科鱼线麻的花序。

【下右】山榄科夏威夷桃榄，特有种。

龙舌兰科哈拉派派剑叶龙血树，特有种。

2011.10.10 / 星期一

分类，还书，散步。想起《草木子》："观物者，所以玩心于其物之意也。是故于草木观生意，于鱼观自得，于云观闲，于山观静，于水观无息。"这便是中国文人博物的套路、用意。作为结果，达到这番境界，也值得推崇。但一开始就瞄准这个，就图这个，大自然成了某种工具，观察就可能笼统、含糊。首要的，是仔细看，与同类比较，然后再仔细看。

过程可能比结果更重要，哲学的探索如此，博物更如此。至少要欣赏、玩味、享受过程，不要过分为结果所累。

洛克植物标本馆

2011.10.11 / 星期二

　　下午到植物学系圣约翰楼的洛克标本馆见Michael Thomas博士。他送我几份关于洛克的材料，还拿出一册纪念洛克在中国采集和探险的《美国国家地理》杂志。我也把在云南拍摄的与洛克有关的照片送给标本馆。我的照片拍摄时内置了GPS数据，博士当场点击一张照片，Google Earth直接定位到泸沽湖中的洛克岛。

　　楼下豆科总状垂花楹（*Colvillea racemosa*）开花达到最佳状态，成为此时校园中最吸引眼球的植物。洛克当年负责校园美化，引进世界各地植物数百种。如今夏大的师生以及檀香山的市民在校园里就能欣赏世界各地的珍奇花木，当然要感谢洛克。楼上的标本馆改名为洛克标本馆算是在提醒人们洛克做出

【左】夏威夷大学洛克植物标本馆门口的介绍牌。

【右】洛克（中文名骆约瑟）在夏威夷大学执教时的照片，Michael Thomas博士赠送。

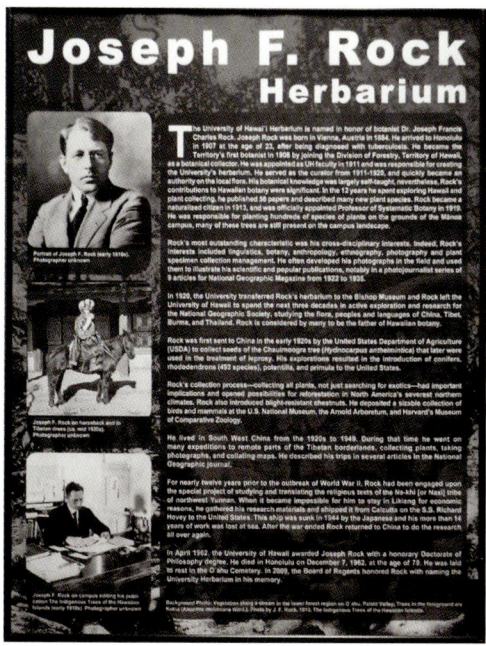

的贡献，唯一遗憾之处是这里并没有洛克采集的标本！要看洛克的标本，得去檀香山的毕晓普博物馆。

之后到丹尼尔那里取他借我的一堆关于夏威夷徒步旅行和山道方面的书，还有一本蕨类小书。

洛克标本馆楼下的豆科植物总状垂花槐。

洛克植物标本馆的一份大戟科石栗标本。石栗照片见8月9日。

夏威夷植物日记/245

拜会民族植物学家

2011.10.12 / 星期三

中午到朝鲜研究中心（Korean Studies Center）听关于中国法治（rule of law）的报告，中间停电。13:20到圣约翰楼见民族植物学家俦克（Al Kealii Chock）先生，他目前是夏威夷大学植物学库普纳学者（Kupuna Scholar）。我来夏威夷之前就仔细读过先生于1963年发表的纪念洛克的长文。先生年纪已经很大，走路略有不便，但精神极好。先生对我很热情，估计是我借了洛克的光。原计划谈一个小时，不知不觉就聊了两个多小时。

俦克先生不喜欢叫他的正式名Alvin，原因挺奇怪，只因一部声音刺耳的动画片中的一个令他十分讨厌的角色也叫Alvin！他希望别人叫他Al，名片上也改了名字。先生出生在檀香山距离威基基不远的地方，由名字和长相就可判断先生是真正的夏威夷人。先生现在被植物学系返聘，如此年纪仍然讲授民族植物学。

我问起他参军、给圣约翰教授当助手、在美国农业部服务以及和洛克交往的情形，先生都一一回答。当时Al是夏威夷植物学会的秘书，负责编辑学会的简报。而他撰写的长文首先就刊登在油印的简报上，后来正式发表在《分类学》（*Taxon*, 1963, 12（03）：89-102）上，又有杂志全文

民族植物学家俦克先生，2011.10.12于夏威夷大学植物学系圣约翰楼405D。

转载。"您为什么写这篇文章？写它您用了多长时间？是早就准备好了，还是洛克去世后才开始写的？"我有一连串的问题。Al告诉我，洛克去世后，A. Lester（Loy）Marks（洛克的那位超级女粉丝，地产商Marks的夫人）建议他为洛克写点东西，之前没有做任何准备。这篇纪念文章后面列出的洛克作品目录是比较齐全的，估计她协助Al做了一定量的工作，Al在脚注的致谢中说，感谢"her valuable informational and editorial assistance"。洛克晚年住在她家的豪宅中，她相当于洛克的秘书。洛克去世后，她帮助整理出版了第二卷《纳西语英语词典》。当然，我也问过洛克与她是否有那层关系，Al笑了。

Al对洛克评价极高，认为洛克能力超强，特别是自学能力非同一般。"他的一切，几乎都是自学的。多种语言，包括英语、汉语，植物分类学，以及摄影。"我向先生确认了洛克在夏威夷植物学史中的地位。先生同意我的4个分期，洛克在希拉伯兰特之后列第2期，他建议第3期代表人物除了德金纳（Otto Degener）外要加上圣约翰（Harold St. John）。

Al办公室的书架中放了若干部洛克的著作，先生顺手向我介绍了洛克的半边莲亚科专著。

我带了一本从图书馆借来的洛克1913年的专著。扉页上有一签名，我认不清楚。Al告诉我，签名是怀尔德（Lerrit P. Wilder）。这说明我借出的这部书原来是个人藏书，后来捐给了夏大（UHM）的哈密顿图书馆。最早很可能是洛克赠送给植物学家怀尔德的。书中有几处提到怀尔德，而怀尔德在提到自己的地方用笔做了标记。

我们聊起本土植物，Al感叹夏大校园中原来栽种了许多美丽的金棕属植物，但校园改建时，地方不够用，许多大树被砍掉了。现在仍存留一些。

我问Al他最喜欢的植物，请他列出几种，他想了一下，回答说：芋、椰子、半边莲亚科、铁心木属等。没想到芋排在第一位。我考虑了一下，很有道理。波利尼西亚人刚来到夏威夷时，带来了芋，没有其他植物比这一物种对于先民的生存更重要了。

下午到Safeway购物，办卡。

菜园中的芜菁和香茅

2011.10.13 / 星期四

上午做分类。继续看《英使谒见乾隆记实》（秦仲龢译，香港：大华出版社1972年）。

据古典学家雷立伯教授"拉丁语在中国"一文，留学意大利的甘肃武威人李自标（1760–1828）当年曾陪同马嘎尔尼（1737–1806）访华，担任翻译，在与乾隆的谈判中起了重要作用（《韦洛克拉丁语教程》，世界图书出版公司2009年，第7页）。

东西方中心（EWC）的工人上门换锁。

Michael Thomas来信，向我推荐了几位可拜访的植物学前辈，特别是Paul Weissich先生。

中午请4人吃饭。下午整理菜园，在校园闲转、拍摄。我种的芜菁、白菜已经可以吃了。香茅长得也不错。自己种出的菜，看着就喜欢。

【左】我栽的香茅。植物茎的基部芳香，鲜茎可作香料。

【右】我在宿舍楼Hale Kuahine东侧菜园种的芜菁，里面有几株白菜。

大花倒地铃

2011.10.14 / 星期五

【左】无患子科大花倒地铃的花序。外来种。

【右】大花倒地铃的果实。

　　有人提议开车去瓦胡岛西北部的卡伊纳角（Kaena Point）看僧海豹。从地图上能清晰地看出，这地方是一个向西伸出的"尖角"。出发较晚，这是个失误，天黑前已经来不及赶到僧海豹出没的海滩，只好返回。回到唐人街，顺路去帕利观景台（Pali Lookout），想看岛后的夜景。不巧赶上暴雨，什么也瞧不见，连观景台的停车场都没找到就被迫返回。

　　昨天吃饭途中看到一种半木质化藤本植物在开花，两个月来，我一直没认出它来。此时有了花，真是天助我也。今天再过去仔细观察并拍摄其花，也找到了果。一瞬间想到是无患子科的，且与倒地铃相似。迅速查到此乃大花倒地铃（*Cardiospermum grandiflorum*），书上说它沿马诺阿小溪逸生，非常准确。或许叫橄榄果倒地铃更合适。1951年首次记录。

　　又见马唐及另一种黄花匍匐豆科植物，与厦门大学校园草地上的类似，大约是落花生属（*Arachis*）的。

帕利观景台

2011.10.15 / 星期六

今天下午4个人再去帕利观景台，行前仔细查了Google地图。观景台位于瓦胡岛的分水岭鞍点处。南侧坡度较缓，努阿奴山谷直通这里，北部是悬崖，下部有公路隧道。这里是著名的古战场，此地的决胜战役后，夏威夷各岛统一了。观景台东侧是70度到90度的山崖，顶峰是西北–东南走向的库劳岭的主峰。

顺帕利路废弃的旧道向北坡下部行走，见荨麻科白落尾木、桑科薜荔、桃金娘科番石榴、西番莲科白花百香果、姜科金花姜（*Hedychium gardnerianum*）和橙黄姜花（*H. flavescens*）。我教随行者如何吸食姜花的花蜜，他们很惊奇。其实，我也是刚从Mashuri Waite那学来的。

末了，采集了一些橙黄姜花的鲜花。晚上清炒，闻着不错，吃起来略辣。

从帕利观景台向瓦胡岛的西北侧观望。

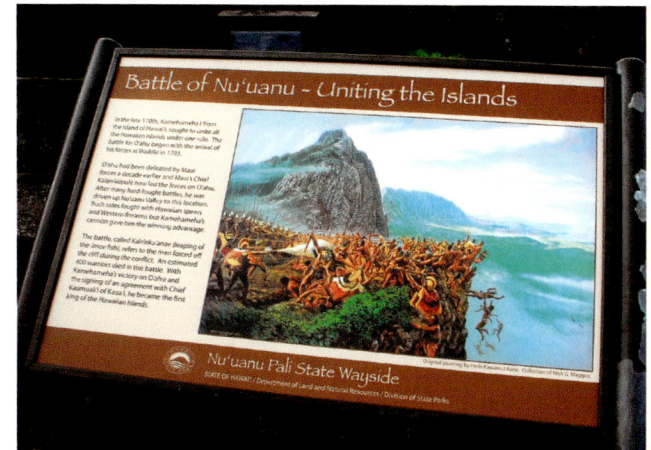

【上左】瓦胡岛帕利观景台的一个说明牌。

【上右】姜科金花姜，外来种。

【中】姜科橙黄姜花，外来种。

【下】帕利观景台附近的荨麻科白落尾木，特有种。

锯竹子和种树

2011.10.16 / 星期日

Brandon Stone在约定的路上接我,一起到本土森林恢复区劳动,这是我作为志愿者的第二次活动。抄近路提前20分钟到达指定地点。路上见到凤凰木、黄时钟花(*Turnera ulmifolia*)、蓝雪花、假连翘、银合欢等。

今天来的志愿者较多,有十几人,分乘4辆车到山道起点集合。在通往恢复区的山道上有人发现小道上空有一株桔梗科窄叶樱莲,果实甚多,远远望去像是鸟巢。

某本土植物苗圃的工作人员运来一批小苗,多为荨麻科白落尾木。我试着栽了两株。

今天的主要任务是锯竹子!我和生物学家Glenn Metzler一组,一人轻轻弯曲灰金竹,另一人用锯从凸侧迅速把它锯断,然后把锯下的竹杆小心地放倒。弯曲竹子是为了锯的时候避免夹锯。此过程需注意两点:一是小心竹子爆裂后弹到人,据说以前出过事;二是不要踩坏林下蔻阿等本土植物小苗,堆

【左】准备栽种在本土森林恢复区的荨麻科白落尾木小苗。

【右】志愿者在恢复区内林地里栽种白落尾木。

放竹杆时也不要压到本土植物。这活儿不算轻松也不算太累，两人轮留用锯，肢体能够缓冲。一个小时后，我们已经锯倒一片竹林，阳光可以从上部照射下来，估计这块地中本土植物会迅速恢复。

休息后，Mashuri Waite带我参观恢复区中引以为傲的几种本土植物，有荨麻科、桔梗科、茜草科的，其中有几株形态较好的窄叶樱莲。植物园如果能引种这种植物该有多棒！后来在瓦胡岛西北部的一个植物园确实见到了，但长得不好，可能是环境不适应。

之后，我们俩走出恢复区，翻越一个小山头，到另一山坡摘取茜草科顶花耳草（*Hedyotis terminalis*）成熟的黑果和桔梗科卡科瓜莲成熟的"小南瓜"，带到恢复区抛撒。《手册》中说："顶花耳草或许是夏威夷开花植物中除多形铁心木外形态变化最大的一个种。"（p.1153）顶花耳草不是草，而是灌木。

劳动结束返回时，拍摄秋枫、聚蚁树、伞形科积雪草、茄科夜香树等。

去本土森林恢复区山道上的一株桔梗科窄叶樱莲。

【上】把灰金竹林锯倒一部分，让阳光透射进来，使地表的本土植物能够生长。

【下】茜草科顶花耳草，特有种。

本土植物恢复区内几株桔梗科窄叶樱莲已经长到2.5米。

采摘红果仔

2011.10.17 / 星期一

在菜园采摘桃金娘科红果仔（*Eugenia uniflora*）足有一饭盒。这种植物多用作树篱，当园丁疏忽时，它就结出可爱的果子！它的味道很特别，咬开后一包水，酸甜中夹杂着某种香味、辣味。红果仔也叫棱果蒲桃、巴西红果，英文为Surinam cherry。这种植物我曾在北京南部的一个温室中见过，有花无果。据南方的朋友讲，在广州这种植物常见。

采收我种的白菜、芜菁，做了丸子汤，多人品尝，均说鲜美。

种下的黄瓜也开了一些花，不过雌花较少。栽上的西红柿已经缓过苗。

菜长得如此好，全赖勤浇水。蒸发量大，菜地一天不浇水就显旱。夏威夷诸岛降雨有个特点：越是高山，下雨越频越多，海岸低处雨水较少。

桃金娘科红果仔，也叫棱果蒲桃、巴西红果。外来种。

采食过沟菜蕨

2011.10.18 / 星期二

乘车到岛北的卡哈纳山谷采过沟菜蕨，也叫过猫、山凤尾、山猫、蕨猫、蕨萁。不到半小时采集约15千克。在瓦胡岛，我知道5处，总是可以采到这种蕨菜。唐人街偶尔有出售此野菜的，但质量远不如我采的。

回来后将过沟菜蕨分给多人。余者用开水煠一下，凉水洗净，切段。留下晚上够自己一顿吃的，剩下的装保鲜袋，送进冰箱贮存，够吃几天。煠音同"闸"，意思是把食物放到开水或热油中烫。《救荒本草》谈到刺蓟菜时讲，"采嫩苗叶煠熟，水浸淘净，油盐调食，甚美。"这是此书中加工野菜最常用的办法，也大致适用于过沟菜蕨。

刘克襄说："以前，有些讲究的日本料理店，开胃小菜总有过猫。主食未端出前，这道冰镇小菜便以小碟盛装，摆在食客前面，作为点燃味蕾的媒介。"（《岭南本草新录》，海豚出版社2011年，第91页）不过，我的做法通常是，用肉丝炒，百吃不厌！"肉炒something"，是外行厨子行得通的招数。

来夏威夷之前，我并没见过更不用说吃过沟菜蕨了。看了Daniel D. Palmer的书，比对市场出售的野菜及我在山上几次遇上的蕨类植物，上网调查，名实对应，试吃，才百分百确认。

蹄盖蕨科过沟菜蕨老叶的背面。棕黑色为孢子囊群。

蹄盖蕨科过沟菜蕨，外来种。
通常分布在小溪边或者潮湿的
地带。

2011.10.19 / 星期三

上午到图书馆查资料。下午到校园东部山坡闲逛。霍顿（William Houghton, 1828 – 1895）说："去哪并不重要。在乡村闲逛，总会有许多东西可以观察，总会有许多东西让人赞叹的。"

三明治岛

2011.10.20 / 星期四

中午在夏大听一个植物学讲座。下午参加校园艺术节活动。晚上看闲书。

许多夏威夷特有种的种加词中出现 *sandwicensis, sandvicensis, sandwicense, sandwichiana* 等，特别是在19世纪命名的植物中。如 *Jacquemontia sandwicensis, Reynolsia sandwicensis*（有效名，仍在使用），*Rubus sandwicensis, Sanicula sandwicensis, Solanum sandwicense*（有效名，仍在使用），*Suttonia sandwicensis, Trematolobelia sandwicensis, Urera sandwicensis, Viola sandwicensis*（已转到苦苣苔科 *Cyrtandra* 属中）。

难道是夏威夷盛产三明治？还是这些物种都是三明治命名的？真正原因是1770年代库克（James Cook）曾以自己远航的支持者John Montagu（1718–1792）的爵位名四世Earl of Sandwich命名夏威夷群岛为Sandwich Islands，因而上述命名相当于夏威夷某某植物。不过这类叫法只持续到19世纪90年代中期，后来直接用Hawaii来命名植物（词尾要拉丁化）。当然，"三明治"面包的名称也来自John Montagu，不是他发明的，却与他有关。

台湾在1624年被荷兰殖民者称为美丽岛（Formosa），后来植物命名中频繁出现 *formosensis*。夏威夷有个考爱岛（Kauai），若干植物种加词会出现 *kauaiensis*。但这并不一定表明其他地方没有所命名的植物！比如种加词为 *japonicus* 的一些植物原产于中国而不是日本。动物名也如此，如朱鹮的学名为 *Nipponia nippon*。

2011.10.21 / 星期五

向东南任意走，一个半小时后逛到海边，下海游泳，在沙滩和草地晒太阳。"出门无所待，徒步觉自由。"

想女儿晨晨。她正备战2012年的高考，现在高考不知让孩子遭了多少罪，如果受点罪能增强学生们的能力也还说得过去，事实却是，这种培养、选拔模式常起反作用。晨晨懂事，家里不想给她压力。她考到哪里都可以，自己高兴就好。

卡哈纳湾聚会

2011.10.22 / 星期六

早晨喝加了香草的有机豆奶（organic soymilk）。这种奶相对贵些，但味道确实好、安全，包装盒上写着"用非遗传工程大豆制造"（Made from soybeans that were not genetically engineered）。这里超市中许多食品注明"不含转基因成分"（GMO-free）。我不是坚定的"反转"人士，但坚持认为商品应当明确标记，把选择权留给用户。

有些个人、企业激烈反对GMO标识，这可能令怀疑者更觉得其中有诈。有两种可能：一、GMO食品是安全的并相对而言更加优秀；二、GMO食品的安全状况不明或者不够安全。如果基于前者，应当欢迎并积极推广GMO标识才是。现在一些GMO食品倡导者强烈反对标识，就不能不令人生疑。

10点半搭车去岛北。在伯恩斯厅门口等车时拍摄落到草地上的红鸡蛋花，摆成NH（博物学）两字母。今天，檀香山华人团体组织约150人到岛北的卡哈纳湾海滩公园（Kahana Bay Beach Park）烧烤，男女老幼，十分热闹。我认识的华人学生和访问学者差不多都参加了。这一带我熟悉，来过几次。这个海湾设有露营区，树林中还可以打排球。烧烤架支起了4只，腌制好的牛肉、鸡肉、蔬菜准备了许多，上灶的"师傅"可不咋样，开始的几盘差不多都烤煳了。不过，在户外没那么多讲究，大家吃得很香。在海外，同胞相聚，总得有吃的，或者倒过来说，有吃的，聚会无不成功。

海湾的东南角比较有味道，淡水与海水交汇，榄仁树和美洲红树护卫着海岸，这里鱼较多。其他植物有粗枝木麻黄、椰子、草海桐、滨豇豆（*Vigna marina*）、巨黧豆（*Mucuna gigantea*）等。

带人行走了干枯、倾斜的木麻黄树，上次自己来时曾在树上躺着欣赏风景。下海时右脚掌被礁石划伤，我们不应该光脚在湾区边缘乱石区下海。

【上】平静的卡哈纳湾。这里有沙滩、浅水、美洲红树、粗枝木麻黄、椰子、草海桐、榄仁树、滨豇豆、巨黧豆。

【下左】用落地的红鸡蛋花摆出英文"博物学"的首字母NH，于夏威夷大学伯恩斯厅门口。

【下右】使君子科榄仁树，其发达的根系持续保护着海岸。

【上】在卡哈纳湾一株干枯的木麻黄树斜搭在另一株树上。下面有露兜树小苗、草海桐和南美蟛蜞菊。

【右】卡哈纳湾的豆科滨豇豆。花黄色，豆荚远观如绿豆。

第三次志愿者劳动

2011.10.23 / 星期日

今天第三次参加本土森林恢复志愿者劳动。工作主要是锯灰金竹，新增一项为用竹杆搭架子存放清理出的姜科植物的根茎。对于姜科入侵植物，只砍掉地上茎叶完全没用，把地表和地下的根茎拔出来放在地上也不够，它们还活着，在潮湿的环境下，它们立即扎根，重新生长起来。"搭架子晒姜"的主意是Brandon Stone想出来的。反正这里竹杆多得很。Brandon Stone办任何事情都细致，显得老练，他行前专门带了细麻绳用来捆扎竹杆。

Mashuri Waite是位文静的绅士，休息时他照例赤着脚，带我到别处看本土植物，除掉以前认识的，今天见到如下4种新的植物：

水龙骨科瓦韦（*Lepisorus thunbergianus*），本土种，中国、菲律宾、朝鲜、日本等也有。

石松科线石杉（*Huperzia filiformis*），本土种，热带美洲也有分布。附生在铁心木属植物的树干上。铁心木属植物树干也长出一些比筷子略细的气生根，有的极发达，呈下吊的鸟巢状，长达1米。

胡椒科四叶草胡椒（*Peperomia tetraphylla*），本土种。国内也称豆瓣绿，此名容易与同科的其他栽培植物混淆。

卫矛科夏威夷核子木（*Perrottetia sandwicensis*），特有种，夏威夷名Olomea。核子木属的植物有时也单列于十齿花科，属名由德国植物学家孔特（Carl Sigismund Kunth，1788–1850）建立。孔特曾是公司职员，见过洪堡后人生道路发生改变。他开始到柏林大学听课，并对植物发生兴趣，后成为洪堡的植物学助手并随洪堡一起考察美洲。返回柏林后孔特成为伯林大学的植物学教授，以及柏林科学院的院士。

在野外能有本土植物专家相伴，是件十分幸运的事情。后来时常想起和 Mashuri Waite 在一起的美好时光。Mashuri Waite 曾答应有机会一起走 Konahuanui Trail，登瓦胡岛最长山脉库劳岭的主峰。远望这座高山，能猜测登山有多困难，但在他眼里，这根本不算什么："1.5小时就能到顶！"我半信半疑。

今天在山上吃到几粒空心藨（*Rubus rosifolius*）的红色果实，口感不如中国东北、华北的山楂叶悬钩子。空心藨以前写作"空心泡"。《手册》说，夏威夷的此种植物是19世纪80年代从牙买加引入的。中国大量分布空心藨，它如何跑到了牙买加，还是那里原来就有？

Glenn Metzler（左）和Mashuri Waite在本土森林恢复区观察桔梗科卡科瓜莲。左下角开黄者为非对称鬼针。这两种植物均为特有种。

【上】夏威夷豆科特有种寇阿的小苗。幼株与成株叶形完全不同。此时它是羽状复叶，成株则为镰刀形单叶。

【下左】Brandon Stone正在捆绑三脚竹架，准备用来晒清理出来的入侵姜科植物根茎。

【下右】刚搭好的竹子三脚架已经晒上姜科植物。在山上的环境中（潮湿，几乎每天都能下几阵子雨），想把它们真正晒干晒死几乎是不可能的，但这能有效阻止它们快速繁殖，而这就足够了。

【左上】石松科线石杉，本土种。附生在桃金娘科铁心木属植物的树干上。

【左下】胡椒科四叶草胡椒，也称豆瓣绿，本土种。它附生在铁心木属植物树干上。

卫矛科夏威夷核子木，特有种。叶柄和叶脉通常是红色的。

Mashuri Waite和我在山上找到一株高约4米的卡科瓜莲，树上有许多成熟的"小南瓜"，同时有绽放的绿花。我们将部分"小南瓜"摘下准备带到恢复区种植。

2011.10.24 / 星期一

在家分类莎草科、禾本科植物。脚仍然痛。准备远行，在亚马逊网站下单购买野外装备，包括链锯、单人帐篷、打火石、电筒等。

夜里睡不着，回味尤维纳利斯的名句"*Si natura negat, facit indignatio versum*"（大意是，假如我缺少天分，愤怒会令我写出诗歌。相当于"愤怒出诗人"）。这个句子只讲对了一面，也并不值得过分推崇。从容、优雅及大自然的恩典，也可以令素朴的人生充满诗意，也令文人的作品流露着崇高，如泰戈尔、惠特曼、陶渊明。

大萼红豆木和火轮木

2011.10.25 / 星期二

在夏大校园补拍一些植物。特别拍摄了大萼红豆木（*Ormosia macrocalyx*）的果实。此植物只有一株，位于火轮木旁边。树高大，很难接近叶和果。此时大部分豆荚中的豆子已经掉在地上，我在树叶中翻检，找到一把美丽的红豆。此红豆的特点是上面没有"黑眼"。

山龙眼科火轮木（*Stenocarpus sinuatus*），原产于昆士兰、新南威尔士、巴布亚新几内亚。来夏威夷之前就知道夏大有此植物，锁定了它，在网上看过照片。到夏大后，也经常拍它的花。夏大校园Webster Hall东侧有两株，树太高，无法接近像小火轮一样的花序，只得用150－500毫米的"大炮"。这个笨重的家伙，用的机会不多。倒是用它拍过几次"夏威夷的月亮"。夏威夷群岛的土地，很适合山龙眼科植物生长，从非洲和澳洲引进的此科多种植物在这都长得不错。

【上】 夏威夷大学校园中豆科大萼红豆木的种子。外来种。

【下左】 夏威夷大学校园中山龙眼科火轮木的花序。外来种。

【下右】 一只鸟正在啄食火轮木的花蜜。在夏大，观察了近一年，火轮木并没有结果。

山龙眼科火轮木的叶和花。

·· 2011.10.26 / 星期三

植物分类。还几本书。读Silvia Barry Sutton（1940-1997）于1974年出版的洛克传：*In China's Border Provinces: The Turbulent Career of Joseph Rock, Botanist-Explorer,* New York: Hastings House。作者生前一直请求中国政府给她发放签证。她不过想看看洛克当年探险、生活过的地方，但直到去世也未被允许。那时，中国不对外开放。这部书，有许多理由应当译成中文，向云南省社会科学院杨福泉先生打听，此书还没有中文版。

不过，后来有了好消息。有一天，老友潘涛告知，上海辞书出版社将在2013年推出中译本，已经翻译得差不多了。"我可以补充几张洛克的照片"，我随口说。

·· 2011.10.27 / 星期四

上午看书。收到从亚马逊网站购买的希拉伯兰特传记（Ursula H. Meier, *Hawaii's Pioneer Botanist Dr. William Hillebrand: His Life and Letters,* Honolulu, Bishop Museum Press, 2005）。此书有近一半篇幅是英国邱园植物学家William J. Hooker, Joseph D. Hooker与传主的通信。这本书本来是檀香山毕晓普博物馆出版社出版的，但从博物馆以及福斯特植物园的书店购买不打折，而从亚马逊买只需要五分之一的价钱！

传奇人物洛克（骆约瑟）

2011.10.28 / 星期五

查到洛克遗嘱执行人Paul Weissich的电话和电子邮件地址，先生今年86岁。

读Silvia B. Sutton写的洛克传。实际上Joseph F. Rock应当称骆约瑟，这是他用过的中文名。按理说不应当再称他洛克，但现在人们已经习惯了。同理，著名植物采集家Ernest H. Wilson应当称威理森，而不是威尔逊。

根据Sutton的书，洛克是这样离开欧洲的：有一天洛克在比利时安特卫普买了一张去德国亚琛的火车票，却误了点，随即登上了当日上午9点起航开往纽约的轮船。洛克回忆那一天是9月9日，天很冷，安特卫普码头上溅上的海水结成了冰。洛克还有些晕船，却在船上靠当服务生，支付了到新世界的旅费。到达曼哈顿时，身无分文。离开轮船，洛克竟直走到海滨的一个当铺，用身上的制服换了50美分，此时他身上只剩下一件衣服。洛克在纽约城找到一份洗碗的工作。为了急于学英语，他刻意避免与讲德语的人在一起，英语进步很快（Sutton，1974：32）。

后来洛克到了夏威夷。"离开家乡维也纳16000余千米，洛克，这位相貌端庄、身高1.73米、戴着眼镜的年轻人，游荡到了夏威夷檀香山。他没钱、没学位，且重病在身。"（Sutton，1974：33）。

"俗话说，旅行长见识。游子洛克四处漂泊，无疑也积累了不少经验和学识。比如，他不知不觉掌握了多种语言。初到夏威夷，他就能比较流利地讲匈牙利语、意大利语、法语、拉丁语、希腊语和汉语。在维也纳普拉特游乐场从杂耍艺人那接触到的阿拉

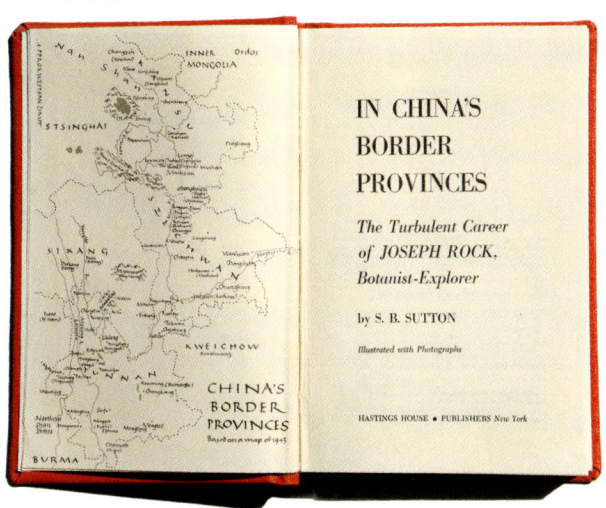

Silvia B. Sutton所著洛克（骆约瑟）传。

伯语，在造访突尼斯时已有所提高。他甚至能读梵文。他能讲不带口音的英语，完全没有德国腔。他一身的语言功夫，本来可以给常春藤联盟的学究们留下难忘印象，可惜在偏远的檀香山没人理会这些本事。不过，正是在檀香山，在美利坚西部最前沿的异域文化土地上，洛克开始了其人生的新篇章。"（Sutton, 1974: 34）

洛克在学校里并没有专门学习过植物学，到夏威夷后他一下子如何成了植物学家，而且名噪一时？这是个大问题。Sutton的书中是这样写的：

"关于洛克步入植物学的故事，现存至少两个版本。其一是说，洛克在威基基海滨浴场养身体，那时此地还不曾游人如织。他自娱自乐，不停地采集海藻。恰好被独立出版人兼作家福特（Alexander Hume Ford）瞧见。福特对自然事物有兴趣，时任短命的泛太平洋植物与驯化研究所的主任。他自愿出资建造了夏威夷第一艘底部透明的小船供洛克使用，于是开启了洛克的植物学生涯。故事还有第二个版本，它未必要取消第一个版本。此故事说，洛克冲进夏威夷林业与土地局的办公室游说道：'你们有植物标本馆吗？没有？是吧，你们需要一个，而我正好可以为你们采集标本。'霍斯莫（Ralph S. Hosmer），当时的林业官之一，接受了这个建议，于是雇佣了洛克。后来洛克成了名人，霍斯莫也算得上伯乐了。洛克很幸运，恰好林业局当时在岗的两位来自耶鲁的林业员一时还分不清夏威夷的树木哪个是哪个。洛克建议那个组织机构应当建个标本馆，这倒并不离谱，但是在缺乏资质和专业训练的情况下，洛克自告奋勇，声称他就是那份工作的不二人选，确实需要非凡的自信心。不管怎样，洛克此时找到了一份从事户外作业的工作，这正是他期盼已久的，这份工作也治好了他的肺病。洛克践行诺言，不久就建成了一座水平一流的植物标本馆。"（S.B. Sutton, 1974: 35–36）

洛克的经历对当代人有何启示呢？将兴趣与事业结合起来！兴趣哪来的？通常不是天生的，某种经历、机会可能造就一个人的兴趣。而将自己的兴趣发挥到极致，那就不是说说而已或者尝试几天的事情了，需要自愿坚持，不为外物诱惑。

洛克（骆约瑟）1911年7月采集的8801号标本，此植物为桔梗科夏威夷瓜莲，特有种。希拉伯兰特曾定名为*Clermontia macrocarpa* var. *hawaiiensis*，洛克后来重新处理为*C. hawaiiensis*，延用至今。摄于毕晓普博物馆的植物标本室。

张秉懿的植物画

2011.10.29 / 星期六

上午到菜地边的草地上测试单人帐篷（品牌为Eureka! Solitaire），宽敞、轻便。顺便看了禾本科的两种杂草：

红毛草（*Rhynchelytrum repens*），原产于非洲，1903年在夏威夷首次采集到标本。

蒺藜草（*Cenchrus echinatus*），一种恶性杂草。原产于北美，在夏威夷1867年首次记录到。果实外的刺苞非常厉害，用力拔野草不小心碰上它，能听到一声惨叫，手会被扎出血。北京延庆官厅水库现在已有同属植物光梗蒺藜草（*C. calyculatus*）入侵。

下午乘公交A路参加"中国风情节"。风情节在Neal S. Blaisdell Center举办，华人特色的小商品琳琅满目，也有多种华人文化展示，包括"水仙花小姐"预选走台表演，还有中国小吃和夏威夷食品。

展会上我最感兴趣的是张秉懿（Linda Chang Wyrgatsch）女士的植物绘画。她年纪已经很大，但精神状态颇佳。她的绘画

【左】 在檀香山"中国风情节"博览会遇到艺术家张秉懿女士，她右手一侧的植物为她画的面包树。

【右】 "中国风情节"博览会上张秉懿女士的工作台。

算不上特别专业，但也达到了相当的水准，她出版过植物画册。她用毛笔当场写名片送给参观者，字迹清秀，用的是瘦金体。张秉懿平时喜欢养花。倒不是什么特别品种，她告诉我主要是三角梅。她邀请我们到家里作客，我倒很想跟她学画植物。翻看她的作品时，我们聊起面包树，各自回忆了一番面包果的美味，并感叹现代人很少品尝它。

然后去唐吉诃德店购物，晚上用自种的青菜做丸子汤。

【上左】禾本科蒺藜草，外来种。

【上右】禾本科红毛草，外来种。

2011.10.30 / 星期日

脚有伤，今天没有参加志愿者劳动。在家继续看Sutton的书，她适度批评了洛克的单纯。

晚上清炒我种的有机青菜。我的菜，一不施化肥二不打农药。虫子自然会来搞点小动作，令我的黄瓜长得有些畸形。后来青菜的菜叶也被虫子咬了许多眼儿。

刚从地里采摘的自己种的青菜，有芫菁和黄瓜。菜园到我的住处非常近，算上下楼，两分钟就可以走到！不知是有机菜的原因还是自己亲手种的原因，吃起来感觉就是好！

万圣夜

2011.10.31 / 星期一

今天是2011年10月31日，万圣夜（Halloween），明天是万圣节。万圣节来源于古代凯尔特人的节日（原先称作Samhain），这一天标志着冬季的开始。

下午我就溜达到威基基，先欣赏晚霞，再参观节日游园会。

天一黑，威基基海岸公路就热闹起来，人潮涌动。三分之二为与我一样的纯粹观光客，三分之一特意化妆、戴面具，扮演了某个特别的角色，他们既是演员也是游客。

中国人可能更需要过万圣节或狂欢节，情人节、圣诞节倒在其次。

威基基旅游区夜夜灯火通明，欢歌笑语。今天是万圣夜，更为热闹。

檀香山万圣夜场面。

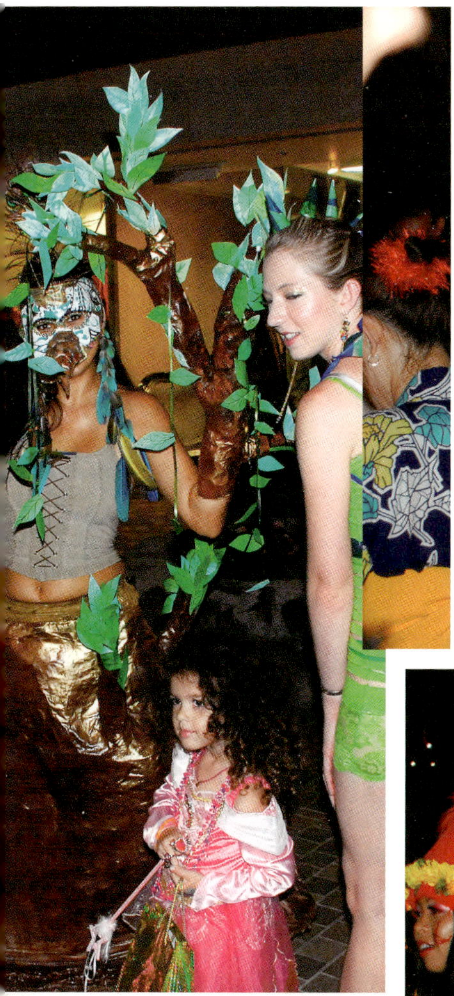

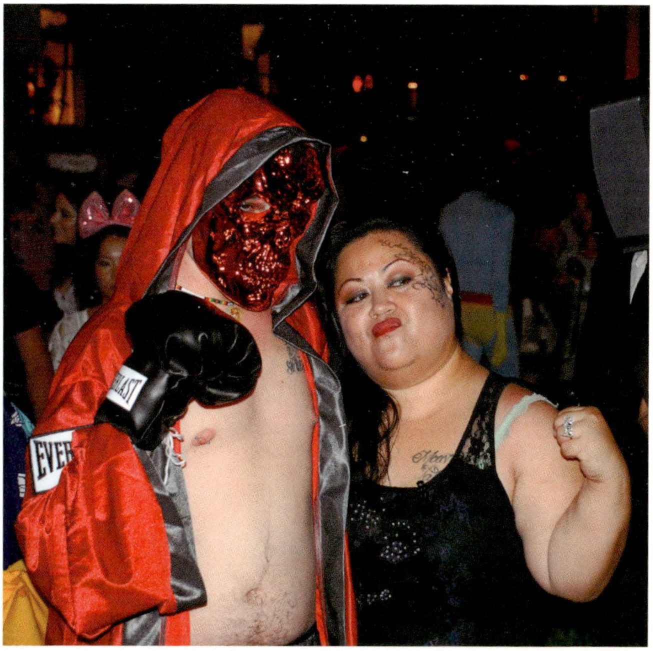

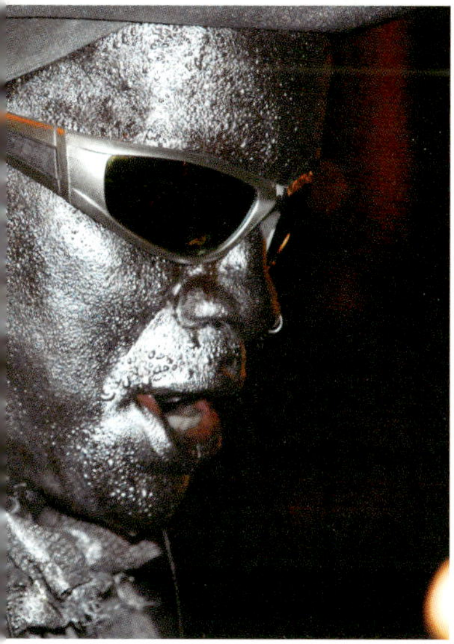

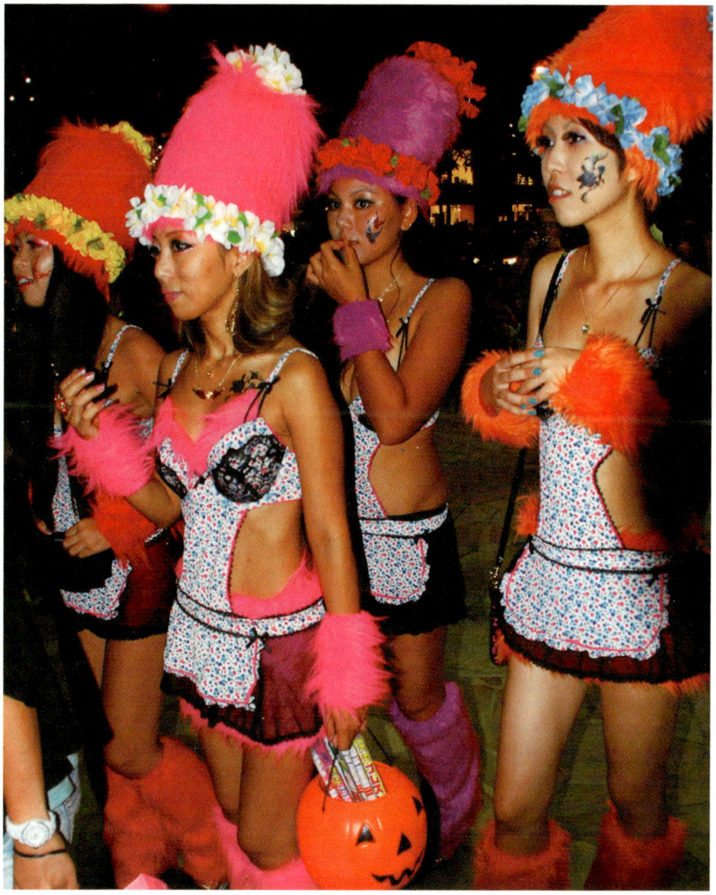

v

Insight
犀烛书局
與 萬 物 有 緣

檀岛花事　夏威夷植物日记

刘华杰 著

中

犀烛书局
出品

长樱的长长花丝。

十月
NOVEMBER 2011

特有种比例非常高

2011.11.01 / 星期二

对照《手册》读洛克的书。给一位植物学家写信。

太平洋中央的夏威夷群岛是我们这个星球上距离任何一个大陆最遥远的地方，地理隔离使得这里成为探究演化进程的理想之地。

据1990年的数据，夏威夷植物特有种占其全部种的比例为89%，这个数值相当高，与南非和马达加斯加相似。夏威夷有32个特有属，另有5个接近于特有属（属内只有一两个种在太平洋其他岛屿上也有分布），特有属的比例接近15%，这在世界上是很高的。如果仅考虑双子叶植物，特有属、特有种的比例更高，分别达到19%和92%。以成种效率作为植物演化"成功"的指标，夏威夷最成功的20个属分别是：*Cyrtandra, Cyanea, Pelea, Phyllostegia, Peperomia, Clermontia, Schiedea, Dubautia, Lipochaeta, Stenogyne, Myrsine, Hedyotis, Bidens, Pritchardia, Chamaesyce, Labordia, Sicyos, Coprosma, Lobelia, Wikstroemia*。可以看出，最成功的科有菊科、桔梗科中的半边莲亚科、苦苣苔科、芸香科、胡椒科、棕榈科、唇形科、大戟科、马钱科、葫芦科、茜草科、瑞香科等。成种的主要机制是什么？机制主要为多样化和适应性辐射，具体讲，与岛屿隔离、岛内生境多样性导致的变异有关。

有些属虽然特有种数量不是特别多，但非常有特点，如五加科若干属、桃金娘科铁心木属、檀香科檀香属、茜草科的若干属、茄科的若干属。以我个人的观点，夏威夷最具特色、最具标识意义的植物分布在菊科剑叶菊属（银剑草属）、桔梗科多个属、檀香科檀香属、桃金娘科铁心木属和棕榈科金棕属中，除菊科外，洛克对它们都有透彻的研究。

可以与台湾岛进行一下对比。到2003年，台湾共记录

4077个植物分类群（包括种、亚种及变种），其中特有分类群1056个，特有种比例约25.9%。各时期特有类群（包括种、亚种及变种）发现数量为：清代（1895年前）、日本占领期（1896－1945年）、当代（1946－2003年）分别为94个、814个、148个，所占比例分别为9%、77%和14%。

与台湾相比，夏威夷本土兰科植物极为贫乏。本土兰科只有3种，都是特有种：*Platanthera holochila*, *Anoectochilus sandvicensis*, *Liparis hawaiensis*。

拉尼坡山道

2011.11.02 / 星期三

今天尝试行走计划已久的拉尼坡（Lanipo）山道。这条线也叫Mauumae山道，位于钻头山北部偏东一点的一条修长山脊上。整体地貌像一把梳子，局部山脉形状可比作字母T，今天将要行走的是T中竖直的部分，由下向上，终点是T中的交叉点，也是此行的最高点。

5:30起床，6:00出发，天还黑着。从夏大校园向东走1千米，乘1路，在 Waialae 大道和 Koko Head 大道交汇处换乘14路到Maunalani高地，准备登山。山道端点就在附近，但很难找，问了一位司机才找到。入口处两边有高高的铁丝网，入口小路是特意留出来的公共空间，两侧均为私人地产。

第一段路从一个山头沿狭窄的山脊下行。外来种主要为粗枝木麻黄、台湾相思、多香果、桉树属多个种、杂交树兰（*Epidendrum* × *obrienianum*）、巴西乳香等。本土种不多，主要有三个：蔷薇科小石积、无患子科车桑子、茜草科香鱼骨木。

第二段山道开始上升，局部高点为一观景台，这里安放了一条能坐下两人的凳子。坐在上面小憩、欣赏瓦胡岛风光绝对值得，之后可以继续登山或者返回。于我而言，五分之四的路还在前头！

观景台附近偶见灰叶多形铁心木（*Metrosideros polymorphya*

var. *incana*）、银桦、马鞭草科五色梅、锦葵科匍匐灌木拟黄花棯（*Sida fallax*）。后者夏威夷名为Ilima，本土种，花金黄色，花柄细长。前行，见到一片澳石南科（Epacridaceae，也译尖苞树科）小灌木普基阿伟（*Styphelia tameiameiae*），*Styphelia* 是硬（叶）的意思。此科在夏威夷只有一个种，当地先民在宗教或政治仪式中会用它燃起烟雾，夏威夷名Pukiawe。此植物多细而脆的分枝，果实颜色多样，白、黄、粉红等。在毛依岛（Maui）的山坡上此植物更常见。

　　穿越一片木麻黄林，脱下汗水浸透的上衣，光着膀子背包继续前行。这样做容易感冒，必须让身体保持热度。这时见到寇阿、香鱼骨木的树枝上都寄生了槲寄生科扁平栗寄生（*Korthalsella complanata*），夏威夷名 Hulumoa，本土种。无叶，二级及二级以上分枝扁平。这是我第二次碰到此植物，上次见它寄生于夏威夷蒲桃上。不过，两者略有差异，表现在枝的扁平程度上，今天见到的更扁。假如再演化，是否会变成夏威夷特有种宽枝栗寄生（*K. latissima*）呢？发生的，就发生了；现存的，不大可能如此定向转变。

　　山道旁有长序草海桐（*Scaevola gaudichaudiana*），特有种。这种植物在海岛背风面中等海拔山坡上较常见。

　　到达相对平缓的局部坡顶，见到一株书带木，旁边有一些半卷叶的灌木，一时没认出来。仔细端详数量不多的花和果，竟然是大名鼎鼎的卷叶弗氏檀香（*Santalum freycinetianum* var. *freycinetianum*）！它是当年檀香木贸易的主角。其长相与海岸厚叶檀香差别悬殊。

　　檀香属的分类有些复杂，在过去的一个多世纪中，种、

拉尼坡山道海拔较低处干旱的山脊上有兰科杂交树兰，外来种。周围是蔷薇科小石积，本土种。

桃金娘科灰叶多形铁心木，特有种。灌木到小乔木。

变种的名字变化很大。本书中依2010年的分类方案，细节可参见我的一篇论文"洛克与夏威夷檀香属植物的分类学史"。

　　这里不应该只有卷叶弗氏檀香的小灌木，没准还能找到高大的乔木。此时8:40，坐下来，吃了一点饼干，准备花些时间寻找。10分钟后找到一株胸径达14厘米的百年老檀香木。它大概是当年疯狂砍伐的漏网之鱼。这株树显得很苍老，顶部树枝已经干枯。事先没想到能遇上檀香属植物，更没指望找到大树。

　　心中高兴，继续前行变得更有劲。如果今日能登上目标中的T字交叉点，那会更圆满。

　　进入中间潮湿地段，恰赶上从东北方向漂来的阵雨，高度与人相仿的铁芒萁满是露水，脚底凹下的小道上时有积水、污泥，不能踩正中间，但踩边缘容易滑倒。陡坡处也十分滑，每一步都必须踩稳。这个海拔处，雨水充足，人迹罕至，山道旁时有寇阿大树出现，胸径可达80厘米，夏威夷先民曾用它做独木舟、木碗和工具手柄。皱叶铁心木（*Metrosideros rugosa*）通常矮小，但在这里也长得高大，叶厚而密，抗风。聚蚁树出现十余株，蔓露兜也开始出现。向西侧山谷望去，一片一片的石栗一眼就能识别出来。远观，石栗的颜色与周围的浓绿相比显得浅而黄。山谷中也有几株入侵的紫葳科火焰木，它的红花聚在树顶，格外抢眼。我对这种植物的好感度单调地下降。

铁芒萁中混有少量姬蕨科（或蕨科）多回蕨（*Pteridium aquilinum* var. *decompositum*），夏威夷名为Kilau，英文为bracken fern，特有变种。它与我在英国怀特故乡见到的欧洲蕨、在中国东北和华北见到的蕨，差别明显。冬青科异型冬青正开着小白花，有灌木和小乔木。茜草科玛莉九节已经结出黄色果实。夏威夷杜英、夏威夷蒲桃、菝葜科暗口菝葜（*Smilax melastomifolia*）也偶有现身。铁芒萁中见到十几株石松科过山龙（*Lycopodiella cernua*），本土种。

山道上，两侧持续约500米一直有一种特别的瑞香科荛花属（*Wikstroemia*）植物，却很难鉴定到种。它的特点是：枝粗壮，分枝一律向上竖起，叶革质硬朗，果实黄色椭球形，与同属其他种明显不同。考虑形态及产出地，它与洛克当年分出的3种以及《手册》分出的12种均对不上。与洛克当年描述的叉枝荛花（*W. furcata*）类似："这是一种相当特别的植物，在十月份，小树上结出颇大的亮红色果实。其分枝竖立，不下垂，树枝相当坚韧。"（Rock, 1913: 319）。但文献上并没说瓦胡岛有此种。这个属的研究还需要深入。按《手册》的分类，它可能是叉枝荛花与瓦胡荛花正变种的自然杂交种（《手册》，1999: 1286）。我锯下一个小树枝，非常轻松地剥开皮，用力试了试纤维的强度，极为坚韧。剥了皮的木材略有药味，比重较小。

洛克对荛花属植物相当熟悉，多次描写过其用途（与鱼线麻一样，主要用其纤维），后来到云南丽江，肯定见到过丽江荛花，也一定知道丽江荛花是制作东巴纸的基本原料，他会有怎样的感想呢？在云南期间洛克收集并阅读了大量东巴经。

小雨仍然下着，山道越来越难走，全身已经湿透。有两处需借助绳索上下。

接近顶峰时，偶见长柄铁心木（*Metrosideros macropus*），有果无花。这个种最好认，叶柄较长，叶对生、舒展。

向西侧望，对面台地上是一个巨大的平底火山坑，这是此岛上最高的一处火山坑。11:00成功登顶。大雾，风尚和缓，能见度约15米。北坡陡峭，在顶峰附近迈步需小心，一旦滑落北坡，后果不堪设想。山顶部有杜鹃花科齿叶越橘和里白科二羽里白（*Diplopterygium pinnatum*），均为特有种。后者夏威夷名为Uluhe lau nui，其中lau=leaf, nui=large，意思是large-leaved uluhe。而uluhe指铁芒萁。莎草科本土种狭叶剑叶莎（*Machaerina angustifolia*）在山脊多有分布。它的体量很大，一簇一簇呈半球状。叶宽约1.5厘米，长约1.1米，此植物对于山顶土壤的保护颇有好处。在大雾中沿山脊小心移动，见到短叶红猪鬃（*Sadleria pallida*）、恰氏金毛狗邻近生长，但都不高。

指望看到岛北的风光，等了一个小时，风刮了又刮，雾飘了又飘，山岭时隐时现，但天空终没有见晴的意思，只好遗憾地下山。其实也应该满足了，此行毕竟见到了卷叶弗氏檀香、一种特别的莞花、二羽里白等特有植物。赏北部风光，须晴日，改日再来。

今天这条山道只我一人登山。这是两个多月来走得最长的线。地图上说往返6.7英里（水平投影距离），实际上，山脊锯齿状，山道是分形曲线，路程要多出许多。

鞋子和裤腿上全是泥，不好意思直接乘公共汽车，用草擦了一阵，确保不掉泥渣儿。16:40返回学校。

锦葵科拟黄花棯，本土种。在夏威夷它的花被用来做花环。

【上】槲寄生科扁平栗寄生，寄生于茜草科香鱼骨木树枝上。在此地也见到它寄生于豆科寇阿树枝上。在别处见到它寄生于夏威夷蒲桃上。本土种。

【下】槲寄生科扁平栗寄生近摄图。

草海桐科長序草海桐，特有種，漿果紫黑色

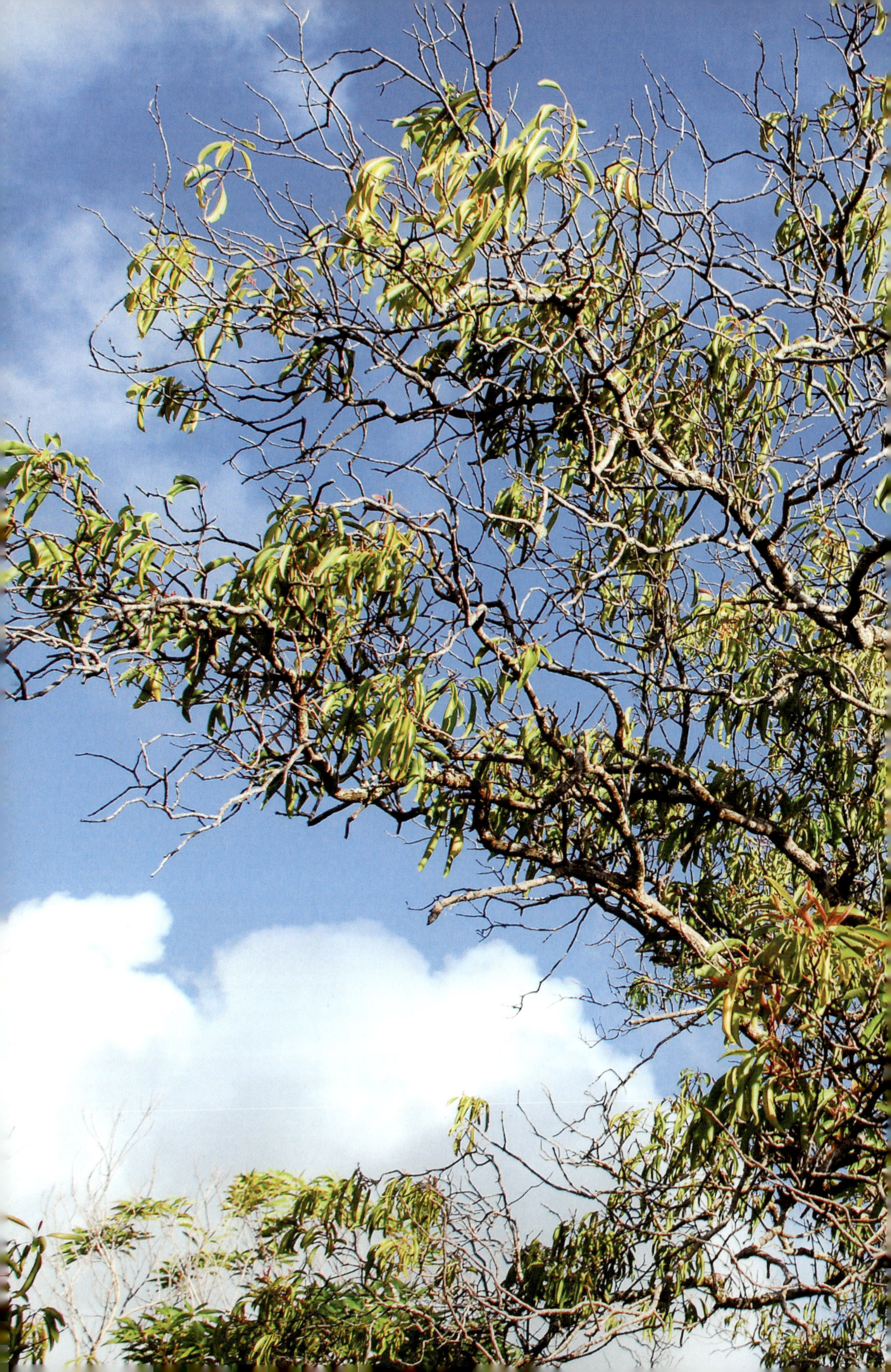

檀香科卷叶弗氏檀香，特有种。它的叶子半卷，形似鞋拔子，好像缺水，其实它就这个样子，即使雨水充足叶也如此。它的木材极为珍贵，这也为它引来杀身之祸，令人想起《庄子》里的寓言故事。

豆科金合欢属有种。这种大树在夏威夷曾随处可见，如今大树已不易找到。它堪称夏威夷最有用的木材。

【上】桃金娘科皱叶铁心木，特有种。　【下】皱叶铁心木的气生根，鸟巢状。

【上】皱叶铁心木的花。

【下】皱叶铁心木的嫩叶。

姬蕨科（或蕨科）多回蕨，特有变种。

冬青科异型冬青，本土种。

拉尼坡山道上部的瑞香科荛花属植物，特有种或特有杂交种。

拉尼坡山道终点山梁上浓雾中的莎草科狭叶剑叶莎，本土种。左侧为桃金娘科摇叶铁心木，右为灰叶多形铁心木。

里白科二羽里白，特有种。两侧为同科的铁芒萁。

2011.11.03 / 星期四

  在家整理昨天拍摄的植物图片，分类。

  看夏威夷地质、地貌方面的材料。东西方中心举办Ann Dunham在印度尼西亚的人类学田野工作展览，一直展到明年1月8日。为何此时举办这个展览？一个原因便是，她是现任总统奥巴马的母亲。本届APEC要在檀香山召开，总统、国务卿及多国政要会来这里。

乌毛蕨科短叶红猪蕨（右下，红色者为其嫩叶）与蚌壳蕨科恰氏金毛狗（左上）邻近生长。两者均为特有种。

珍珠港

2011.11.04 / 星期五

我对军事毫无兴趣，如果不是受到邀请，是不会主动参观珍珠港的，尽管它很有名。一位华人在檀香山军方任职，每年都会专门邀请一些朋友参观珍珠港。珍珠港对任何人都是免费的，但一起过去的好处是可乘船进入水域的多个地方，全程有军人讲解。

入口处草地上放置了多种型号的实物导弹、鱼雷、火炮，也有些武器零部件。亚利桑纳号沉船遗址被重建成一只大棺材模样的纪念馆，漂浮在遗址之上，算是此行参观的重点。

世界上独一无二的海基X波段巨无霸雷达船停泊在珍珠港。这个怪物，缩写为SBX，俗名"巨型高尔夫球"，造价约9亿美元，有28层楼高，重2000吨，据说能侦测到世界各地发射的导弹。这个"蛋"管用吗？只有美国军方自己知道。在我看来，其象征意义大于实际意义，通过向世界"展示"，可用来吓唬假想敌。

游船沿福特岛向海口驶去，遇到Hickam空军基地的标牌后返回。返程中见到一群鱼在约50米远处连续跃起、飞动。"飞鱼"比军事有趣，船上众人都惊叫起来。

夏威夷群岛是美国军事重地，战略上讲，拥有了夏威夷，美国的防线从美洲本土推进到了太平洋的中央。当然这还不是最前线，前面还有租借各盟国的海军、空军基地及洋

珍珠港纪念馆门口的草地上一只金斑鸻（*Pluvialis fulva*）悠闲地迈着步子。这种本土鸟每年往返阿拉斯加，可连续飞行50小时。也有一些不再飞行，常年在此生活。但愿地球上少一些战争，人们也能像此鸟一样自由自在。

面上飘浮的舰队。不过，这也只是传统地缘战略思维罢了。恐怖主义攻击和潜艇作战已经改变了欧氏几何固定战线的套路。魔道攻防的军事竞赛只能进一步增加世界安全的风险，维护世界和平需要改变思路。

珍珠港内的SBX。这部超级雷达长期停泊在此，象征意义大于实际意义。当年的敌人是日本，美国的传统办法并没能防住；现在的假想敌是中国和俄罗斯，而这两个国家不大可能主动攻击美国。

【中】从珍珠港水域内向东北方向观察。远处白球为著名的海基X波段雷达船，简称SBX。

【下左】珍珠港内的福特岛。

【下右】美国海军亚利桑纳号当年被日本炸毁于珍珠港内，此为残骸之一。1941年12月7日，日本突然袭击珍珠港，仅此舰上就有1102名水手被炸死。

夏威夷植物日记 / 301

再访卡哈纳山谷

2011.11.05 / 星期六

【上】一队小学生在老师的带领下向卡哈纳山谷前进。

【下】学生们在卡哈纳河边快乐地玩耍着。

专程到卡哈纳山谷采过沟菜蕨，东南亚和太平洋地区的人们普遍食用此蕨菜。有人说："蕨菜含致癌物质。"我的回复是："知道这一说法，还为此查过专业论文，但我很怀疑。世界各地百姓吃蕨菜数百年了甚至更久。怕什么？就算那一说法有道理，我个人该吃还是吃，不在乎。"又有人说，自己本来爱吃蕨菜，听到致癌的消息后，不敢到日本店买中国产的蕨菜了。

人得癌症，原因很多，在医学上要得出简单的因果关系，不那么容易。比如，食用蕨菜加上某个（通常是多个）因素共同作用，可能得癌。这时就不能简单地说蕨菜致癌。如果允许这样办，我们可以说水能致癌，因为水加上X可以致癌，难道我们就不喝水了？

刚下55路车，发现树林里有几十顶鲜艳的帐篷。一队小学生在老师的带领下昨晚在卡哈纳湾扎营，此时与我同路，走北线向山谷前进。行约一千米，遇到一条河，此时河水正丰，孩子们在此玩耍起来。河对岸一株大树上拴了一条粗绳，孩子们先在绳子上来回荡，有了足够的高度后，在恰当的时刻松手，把自己抛在河里！这是勇敢者的游戏。本来我也想试试，考虑到一时轮不上以及湿了衣服没得换，就转到另一条小路去寻过沟菜蕨了。

沿途的植物主要有朱蕉、面包树、露兜树、椰子、黄槿和东方紫金牛（*Ardisia elliptica*）。在瓦胡岛，紫金牛属植物主要有两种：朱砂根和东方紫金牛。前者耐阳，后者耐阴。在卡哈纳山谷东方紫金牛大量入侵，形成优势种。此时成团的果实已经成熟，由红转黑。在如此潮湿的环境下，这些种子马上又可以长出新苗。在道路两侧，它们长得格外旺盛，它们耐阴但毕竟也需要阳光。

山路两侧桃金娘科肯氏蒲桃（*Syzygium cumini*）一部分在开花，另一部分果实已经成熟，尝了几个，微甜，略苦。这种野果不宜多吃。

今天，过沟菜蕨自然没有少采，回家后分给多人，余者焯后切段分装小袋存冰箱保鲜。用瘦肉炒了一大铁锅，与多人同食，清脆可口。做过沟菜蕨的关键是，炒之前要把鲜菜用沸水焯一下，时间要掌控好，以不黏不软为准，然后用清水冲洗。

孩子在绳子上来回荡，然后把自己抛进河里，这游戏不错吧！照片所示为丢掉绳子的瞬间。

2011.11.06 / 星期日

从图书馆借了一本讲本土文化与艺术的书，试画波利尼西亚装饰图案。晚上吃剩下的过沟菜蕨。

紫金牛科东方紫金牛是卡哈纳山谷著名的入侵植物。它的果实结得很多。

【中】桃金娘科肯氏蒲桃也是卡哈纳山谷的入侵者。

【下左】肯氏蒲桃的果实，可以吃，但不宜吃太多。

【下右】瘦肉炒过沟菜蕨，是道美味。我炒的这一大铁锅不一会就被抢光了。

小试马纳纳山道

2011.11.07 / 星期一

　　计划到瓦胡岛中部山脉上看植物，这一带地形可用多个俄文字母Ш来示意，不过要倒过来。马纳纳（Manana）山道是其中一条，与拉尼坡山道类似，起点也在一处高地居民区，终点则是整体形状像脊椎动物胸部骨架的库劳岭（Koolau Range）的主脉。此山道西部另有几条不错的山路，据介绍本土植物颇多，但邻近军事区，登山要事先申请。作为一名外国人，我还是离军事区远点好，免得被怀疑偷窥、窃取军事秘密。

　　乘A路转53路，过珍珠城北行再西拐上山，在Komo Mai Drive和Auhuhu Street交叉点下车，进入马纳纳山道起点。从宿舍到此用去两个多小时。

　　山道起始段有数种引进的桉属和白千层属植物，前者果实最大者直径达3厘米。山脊被桉树占据，可称之桉树岭了。我对这类外来种没有兴趣。

　　刚下过小雨，山道有些滑。两侧不断出现桃金娘科红胶木（*Lophostemon confertus*），枝端叶4–6伪轮生。有些长得十分粗壮，直径可达120厘米。这种树，1929年从澳洲引进，从那以后人们在夏威夷诸岛栽种了40万株，其中瓦胡岛栽了28.6万株。此植物现已逸生，稍加注意在许多朝阳的山岭上都能找到。林下伞形科积雪草、西番莲科甜百香果等十分常见。后者照例开着美丽的蓝紫色花，但无果。红胶木是此行遇到最多的植物。实际上夏大校园中就植有这种植物，位于Moore Hall东侧靠近东西方路的地方，后来才发现的。

　　本土植物主要有灰叶多形铁心木、普基阿伟和瑞香科瓦胡荛花（*Wikstroemia oahuensis* var. *oahuensis*）。后者叶薄、纸质，植株不够强壮，但树皮同样不含糊，韧性十足。

　　山道起初的1.5英里有专人维护，坡度也不大，如果是晴

【上】马纳纳山道上的桃金娘科红胶木。叶伪轮生。

【中】桃金娘科红胶木树林，马纳纳山道由此穿过。

【下】马纳纳山道经过一片美丽的野草（后来才查得名字为曲芎香茅）。草丛中有白千层、寇阿的小树，也有一些竹叶兰。实际上这附近还隐藏着檀香属植物，第二次到这里时才发现。

天，相当好走。红胶木林过后，进入一段红土裸露区，长约200米，这一段地表植被和土层已经不见了，附近零星植有松树，不知是哪个种，但肯定是外来种。再前行，进入开阔地段，地表长满齐腰深的野草，上部茎叶已经干枯，但基部还有绿色，根更是活着。草丛中点缀着一些白千层、寇阿小树，也偶见兰科竹叶兰（*Arundina graminifolia*）。微风吹来，草坡如麦田现出韵律，感觉甚美。空气温度、湿度适宜，驻足享受最是要紧，今天就不继续前行了。坐在坡头，由近及远，望沟谷、望群山，云雾缭绕，若有神仙。我在这里，竟没有身处异乡的感觉；野地，是心灵的家。

今天邂逅的大片禾本科美丽野草，不曾相识。后来多次与它打交道，也查到了名字。

小雨变大，决定返回。今天，马纳纳山道行走不足三分之一。看来，要登顶需要周密计划。选择好天气，并要提早出发，最好头一天晚上在山道上扎营，第二天全力上山。

在中国城吃饭，16:45到家。

马纳纳山道有一段是裸露区，附近栽了一些松树，但长得并不佳。

贝聿铭的作品

2011.11.08 / 星期二

收到网上购买的关于缪尔的植物书《自然之子》（*Nature's Beloved Son*）。馆际互借图书也送到。事情较多，房费竟忘交了，推迟两天，被罚款25美元！拍摄缪尔的书，压缩后传给我的学生周奇伟，他正在做缪尔的博物学与环境思想研究。

借到洛克的一本半边莲亚科专著竟是洛克本人赠送的，扉页上题写着：With the compliments of Joseph F. Rock（洛克敬赠）。但洛克与人合著的金棕属专著仍然没有借到，图书馆说馆藏的一本在一次水灾中受淹、丢失！

今天是APEC 2011的"中国日"（China Day），活动在贝聿铭先生设计的Hawaii Imin国际会议中心（也叫杰弗逊会堂）举办。此建筑从内部观察有两点令人印象深刻：墙壁用极长的厚木板竖直装饰，地下室的窗口能借用外边日本花园的风景。建筑与周围景物巧妙配合，是贝先生作品的一个重要特色。东西方中心的这座著名建筑，我几乎天天经过，但今天还是第一次进入内部。

今日的会议非常隆重，政府、议会、东西方中心、校方、华人团体等均有领导出席。主题演讲有两位，一美一中，不过，讲的差不多都是套话，各取所需罢了。其实，讲演只是个形式、由头，大家借机会碰个面，寒暄几句是真的。活动由夏大中国留学生组织具体协调、办理，我被拉过

贝聿铭先生设计的Hawaii Imin国际会议中心地下室。弧形窗外面，正好是一个日本花园。这是类似苏州园林"借景"设计的一个好例子。

去帮着照相。我习惯于野外为植物拍照，在室内给人拍照显得很别扭。勉强应付吧，掌握一条最低标准：别遗漏了"重要人物"，别丑化任何人！

避免椰子砸头

2011.11.09 / 星期三

又访呼马路西亚植物园。早晨乘车经过校园时，赶上园林工人用起降机把人抬起来，然后用锯和砍刀修理椰子树。据说以前檀香山出过一起事故，成熟的椰子从树上掉下来把一位老太太砸伤，受害者家属到法院起诉，植树方好像支付了一大笔钱才算了事。夏大校园有许多椰子树，它们当然要开花结果，但是果子长到拳头大小就被迫砍掉。椰子树长得很高，一棵一棵地爬上去、砍下果子很费力，现在都是机械化操作了。夏大校方不想惹椰子砸头被诉的麻烦，自然要把每一棵椰子树管理好。对比一下，在校园里栽种大王椰子、金棕属等棕榈科植物就安全多了，因为它们的果实小。

椰子砸到头，概率有多大呢？这件事还真不好说。可能要看树有多高，行人离树有多远。

在植物园入口处观察大戟科大血桐（*Macaranga mappa*），它的花序为粉红色，叶巨大。大血桐原产于菲律宾，在夏威夷1927年首次

夏威夷大学校园的园林工人清晨在清理椰果，不等它们长大就砍下来，避免将来掉下来砸伤人。

采集到标本。

　　走了不远，恰好碰上同属的血桐（*M.tanarius*），叶相对小，花为白色。血桐在我住处的菜园边就有许多。路北，象草（*Pennisetum purpureum*）非常多，原产于热带非洲。此种草直到2012年4月底去毛依岛再次见到时才查清名字。禾本科通常很难辨认，逼急了才会彻底查一下。

　　今天在园中见到最漂亮的植物是豆科长缨（*Calliandra houstoniana* var. *calothyrsa*），它与常见的朱缨花（红绒球）同属，但花序为复总状（圆锥形花序），花丝更长。湖畔阵风吹过来，一缕缕花丝飘动着，像小时候见过的红樱枪上的红穗头。

　　返回时，在植物园门口的湿地采集过沟菜蕨。送给夏大访问学者几份。从书上得知，在太平洋和东南亚，这种野菜名字叫Paca，而在夏威夷市场上叫Hoio。其拉丁学名中的种加词*esculentus*含义便为"可食的"。1910年在夏威夷考爱岛首次采集到此植物标本，那么它是如何来到这里的？Palmer认为可能是作为一种园艺植物被引进的。我猜测波利尼西亚人有意引入了这种野菜。

　　今日所乘公交车，部分路线有改动，因为檀香山城里要召开APEC，这算得上夏威夷历史上的一件大事了。返回时在52路公共汽车站遇到一位长相像ET的有趣老太婆。她嗓音洪亮，逢人便大讲世界政治，骂完克林顿骂中国，说国家偷了百姓的钱。上次在1路汽车站见她在宣传UFO与外星人拯救世界。老

【左】大血桐的花序和叶。

【右】大戟科血桐，它的叶相对小些，花为白色。

太婆确切年纪不好估计。她戴一顶特别的帽子,上面竖起两只兔耳朵,手里拎着一只不算太差的箱子。

【上】呼马路西亚植物园中的水坝,远处为瓦胡岛的库劳山脉,近处的黄花为南美蟛蜞菊,外来种。

【下】大戟科大血桐,外来种。

豆科长樱的花序。外来种。从花序、花丝和叶形上可与朱缨花明显区分开。

2011.11.10 / 星期四

美国国务卿希拉里来东西方中心演讲，保安严格，周围很大的范围用警戒绳拦着。

长樱的花丝在风中飘动。

建筑学院的中国书画展

2011.11.11 / 星期五

终于收到 Paul Weissich 先生的回信："很抱歉才回复你的邮件。我身体不大好。我感觉下周可能会恢复,那时再与你联络。也许我们可在福斯特植物园见面,并在那里讨论洛克,我还可以向你展示由洛克采集来的种子繁殖出来的几种树。"这真是一个好消息。先生陪伴洛克度过了晚年中的许多时光,被洛克视为半个儿子。

言恭达、李宝林两位中国艺术家书画展15:00在夏威夷大学建筑学院开幕。拥有"水仙花小姐"称号的市长助理苑丹（Dan Yuan）主持开幕式。州长夫人、议会代表、华裔总商

夏威夷大学建筑学院的领导在介绍建筑。

会副会长、建筑学院院长等约240人出席。注意到书法中的一句："我的事业在中国，我的成就在中国，我的归宿在中国"（钱学森语），言恭达书，大草。

开幕式有舞狮表演，这几乎是任何稍正式的华人活动的固定节目。

夏威夷大学建筑学院举办的"魅力中华"书画展。

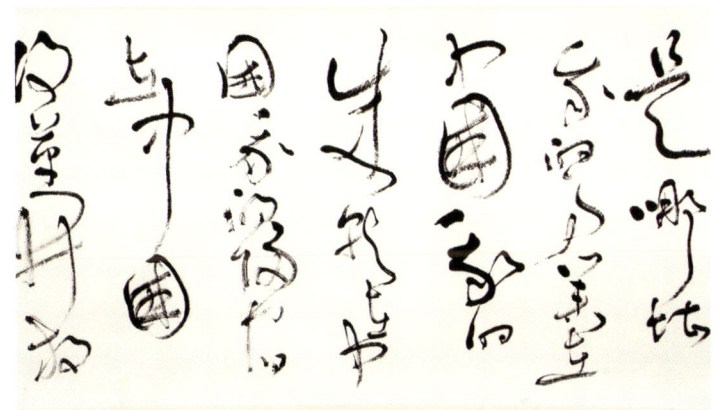

言恭达草书钱学森的一段话："我的事业在中国，我的成就在中国，我的归宿在中国。"

2011.11.12 / 星期六

8:20起床，得知女儿晨晨全区统考成绩，排名还不错。还有半年呢，但愿她别着急，正常发挥即可。

到Safeway购物，牛肉14.5美元一磅。用多香果叶炖，很好吃。晚上给东北老家打电话，得知吉林通化降温20度！在夏威夷，一年四季温度变化不大，根本无法设想一两天内温度骤降20度。

洛克纪念树

2011.11.13 / 星期日

1913–1914年洛克干啥了？以前读到的文献只表明他到各地蹓跶了，今天读其半边莲亚科专著，才明白这段时间他可没闲着。

洛克用3个月在欧洲各大标本馆查阅并拍摄前人收集的夏威夷半边莲亚科模式标本，在美国又研究了格雷标本馆的收藏。到1918年，洛克以最全的标本、清晰漂亮的照片、极扎实的野外工作为基础，写成了16开本395页的专著（他称一篇论文）。洛克在序言中特别讲到需要保护这类植物，因为它们灭绝的速度很快。他自信地说，将来或许还能发现一些新种，但此书的基础是牢靠的，把过去的工作"清扫"了一遍。这意味着，洛克的工作别人是绕不过去的。在Cronquist系统和FRPS系统中这类植物列在桔梗科半边莲亚科，而在Takhtajan系统和Hutchinson系统中均列为半边莲科。

下午在校园及校园北部街区看植物，拍摄紫草科红花破布木（*Cordia sebestena*，也叫仙枝花）、豆科盾柱木、牛蹄豆（*Pithecellobium dulce*）、铁岛合欢（*Wallaceodendron celebicum*）等。根据署名Vladimir J. Krajina, J. F. Rock和Harold St. John的《校园植物》（*Campus Trees and Plants*, 1962/1971, 馆藏为复印本。收录植物500多种）一书，铁岛合欢（巴努瑶木）是校园中有据可查的唯一的一株"洛克纪念树"，原产于菲律宾的Celebes，它在附图中的编号为4E123。树下，腐烂的铁岛合欢（巴努瑶木）豆荚剩下一层网，近距离观察，别有味道。同科印度紫檀的果实也如此。

在校园北部街区仔细观察了一种铁线莲爬树的"抓钩儿"，跟动物的爪子相似。这令我想起在北京白草畔山顶见到的"铁线莲网"（茎与茎互联）。

【上】夏威夷大学校园中的洛克纪念树：豆科铁岛合欢，也叫巴努瑶木、华莱士木。

【下左】铁岛合欢的豆荚。

【下右】在夏大校园北部街区见到的一种铁线莲。其攀爬的"爪子"很特别。

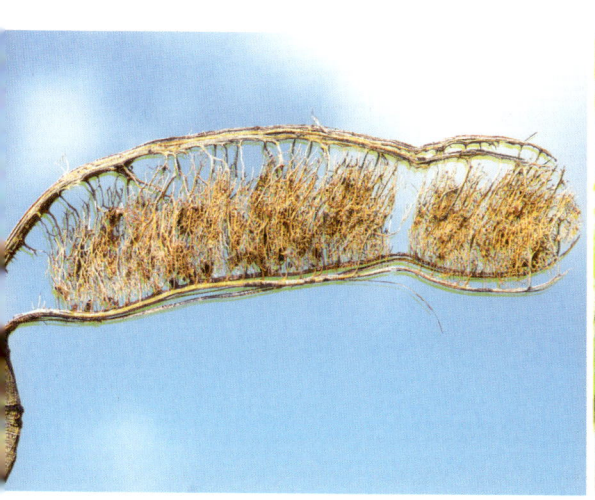

融入世界

.... 2011.11.15 / 星期二

到瓦胡岛北部旅行，顺便采集过沟菜蕨。

口渴，爬上一棵不算高的椰子树，摘下一颗不是很熟的椰果。用刀轻轻一扎，椰汁就涌了出来。在海边观察小贝壳，夏威夷不缺海岸，但近海处贝类并不多见。

此时的北京，该冷了吧？躺在海滩上，望着轻轻摆动的木麻黄细枝和阔大的椰子叶，想起那句话："时间，就是供人浪费的。"世上本没有独立的时间，我又如何浪费它呢？单向的、均匀流逝的时间不过是现代人用来描述万物演化的一种人为抽象。

蓝天碧海、白浪黄沙，周围的一切由一列列温柔推进的海浪旋律主导着，用不了一会儿，耳朵就能系统地滤掉周期性的海浪声。一个人的世界不免孤独，但此时此地，我是环境的一部分，绿树、绿树上的小鸟，微风、微风中的落叶，辽阔的太平洋，以及整个星球，也是我的。我没有产权，但产权是个什么东西？在享受着，那就是我的；"我享受，我拥有"。"我"的产权又归谁呢？有自然律就足够，人的律法是多余的、僭越的。"此刻，我"的意识，其实是不必要的，享受着、参与着宁静和孤独。也不能叫孤独，存在本来就是这样。我来源于泥土，也必将回归泥土，不多一分不少一厘。

人世的悲剧，多在于有太强的自我意识，太把自己当回事。太想成就人生，往往虚度了人生，迷失了生活的意义。

.... 2011.11.16 / 星期三

继续读S. B. Sutton的洛克传。洛克与女人的关系一直是个谜，或者许多谜。

1932年斯诺（Edgar Snow，1905–1972）招待洛克，把他请到大上海的一家著名夜店 Rose Room，那里的脱衣舞表演令洛克很不快，在日记中他为此写了上千言。

　　洛克终生未婚，也没孩子（也有报道说他在中国丽江有两位私生子）。想从他姐姐 Lina 的三个儿子（当时已无父）中过继一个，把他带到中国。试了一下，洛克不满意，觉得那孩子"窝囊"，这事没做成。

　　洛克成名后，世界上无数人喜欢他，给他写信，寄名信片，担心他的健康，羡慕他的工作，爱听他的探险故事，把他视为天才。但是，洛克不喜欢他们。在日记中他甚至说 I love nobody，以及 nobody loves me。

　　洛克喜欢摆谱儿。在中国他把自己装扮得让人们以为他是某个王子。洛克不喜欢汉人，更不喜欢西方人，但他另眼看待纳西人。来到中国后，他与西方同行外出考察，通常以吵架收场。传记作者分析，洛克已经习惯于他身边的中国仆役对他百依百顺，看不惯同类人（白人）与自己争宠。

仿佛见到洛克

2011.11.17 / 星期四

　　为了见洛克遗嘱执行人Paul R. Weissich先生，我提前半小时等在福斯特植物园门口。一排芸香科九里香盛放着，散发出浓烈的芳香。等候期间观察了几种木棉科植物和一株希拉伯兰特金棕（*Pritchardia hillebrandii*），还参观了植物园入口处一棵榄仁树下堆放的压舱石（ballast stones）。这些形状规则的花岗岩条石主要来自中国，时间在1790年到1840年间，它们是檀香木贸易的产物。

　　86岁高龄的保罗先生开一辆旧车准时到达，与我一样身着Aloha衫，满头银发。从走路姿态判断，他身体并不好，但非常和蔼，跟我长时间握手。"终于有中国人来找我，没想到你如此年轻！"先生拉着我的手走进植物园门口的小书店（也是植物园的礼品店）。屋里还有一道门，走进去，来到一间十几平方米的小屋子。这里可能是先生当年任福斯特植物园园长时的办公室。

先生从柜子里取出一个手提箱，竟然是洛克的，上面有洛克亲笔签名的行李签："Dr. J. F. Rock, 3860 Old Pali Road, Honolulu, Hawaii"。先生缓慢地打开箱子，一件一件地跟我讲其中的东西：硬币和纸币、照片、若干文件、植物名录、图书清单等。装洛克遗嘱的信封是原件，但打开时里面的遗嘱已经不见了。对我来说倒没什么，因为此前在别处看过复制件和印刷版，但我注意到老先生还是愣了一下。也许这份文件早已借出或者送出了，目前保存在某个档案馆里。但在先生的记忆中，它好像还在那信封里。在此，我第一次见到民国时期的多种钱币，特别是西藏纸币和西藏邮票。

我问先生与洛克的交往经历，先生脸上闪现着兴奋的神情。"我还不能算作洛克的学生，毕竟我没有在他的课上拿过学分。晚年我陪同他去过许多地方。洛克到任何地方都愿意带着我，包括一些重要的社交场合。我们经常在一起吃饭。晚年洛克的记忆力仍然惊人地好，我们一起开车在夏威夷的几个岛上看植物，他竟然清楚地记得几十年前他在那里看到的某种植物的位置。他会提前说有某某植物，我们几次下车检查，都非常准确。"当我问先生如何评价洛克时，先生一连说了多个remarkable。洛克语言能力超强，自学能力和敬业精神都十分突出。我还特意问了洛克与他人相处得如何，先生说："洛克

【左】洛克本人书写的行李签，"洛克博士/老帕路3860号/夏威夷檀香山"为洛克晚年所居豪宅的地址。当时豪宅的主人是洛克的一位女粉丝。

【右】洛克遗嘱执行人保罗先生向我展示了洛克的手提箱，上面有洛克本人书写的行李签。

先生非常和蔼、友善，是位可爱的人。人们都喜欢他，他是各种聚会的明星。女性更是喜欢与他交谈。但洛克的外甥不怎么样，我们不去说他了。"不知不觉，两个半小时过去了。先生让我从箱中拿几件纪念品，这里的洛克遗物都很珍贵，实在不好意思拿。最后先生说，"送你几张洛克的照片吧，我给你挑几张有他签名的。"

从先生的各种介绍中，我似乎能猜测到，洛克晚年时几乎把他当儿子看待。那时保罗很年轻，能够帮助洛克处理各种杂事，洛克也愿意带他参加各种聚会。最终，洛克指定保罗为其遗嘱执行人。

洛克在夏威夷大学执教时的照片，摄于1912–1913年。

洛克的皮箱中有一张特别的照片，中间是一种半边莲亚科灌木，两边分别是洛克和一个男子。通过比对文献，知道那人是L.William Bryan。洛克以Bryan命名照片所示新种为布氏樱莲（*Cyanea bryanii*），模式标本1955年12月2日与Bryan一起采集于大岛的Waiakea森林保护区，存于毕晓普博物馆。以Bryan命名是想感谢他对夏威夷本土植物的热心保护、他所提供的诸多帮助以及他们之间的友情（Some New Hawaiian Lobelioids, *Occasional Papers of Bernice P. Bishop Museum*, 1957, 22（05）: 35–66）。括号中提到的文献是洛克晚年发表的关于夏威夷半边莲亚科新种的长篇论文，距离1919年洛克的半边莲专著已经过去38年！1962年8月17日洛克又发

表了一篇关于半边莲亚科的论文，也是最后一篇学术论文（Hawaiian Lobelioids, *Occasional Papers of Bernice P. Bishop Museum*, 1962, 23（05）：65-75）。而在这之前几天的8月10日洛克发表了金棕属的一个新种。论文一开头就说，与保罗一起到考爱岛（1962年2月）收集金棕属小苗和种子时发现了一个新种。洛克将它定名为*Pritchardia weissichiana*，种加词就是时任檀香山福斯特植物园园长保罗的姓。不过，到了1990年这个种被并入 *P. hardyi* 中。

谈完话，先生带我到福斯特植物园中观赏三棵树，均是由洛克带回来的种子繁殖的：（1）棕榈科底比斯叉茎棕（*Hyphaene thebaica*），也叫埃及姜饼棕，树干多级二分叉。一般的棕榈科植物不分叉。（2）大风子科大风子（*Hydnocarpus anthelmintica*），种子曾用来治疗麻风病。（3）梧桐科翅苹婆（*Pterygota alata*）高大乔木。

【上】洛克1962年2月的照片。右侧为L. W. Bryan，中间是洛克以Bryan命名的半边莲亚科新种布氏樱莲。

【下】棕榈科埃及姜饼棕，由洛克收集的种子繁殖而成。

322 / 檀岛花事

【上左】洛克遗嘱执行人保罗先生手持大风子科大风子的果实，此树由洛克收集的种子繁殖而成。

【上右】梧桐科翅苹婆，由洛克收集的种子繁殖而成。

【下】梧桐科翅苹婆的果壳。

削擀面杖

2011.11.18 / 星期五

用入侵种尾叶琴木（*Citharexylum caudatum*）做一只擀面杖。用链锯锯下，再用军刀一点一点削出来，长22.8cm。选择这种材质有多种考虑：（1）来源合法，（2）无毒，（3）不开裂，（4）易加工。

为防止万一开裂，先后蒸煮了两次。蒸煮是为了释放内部压力，这是多年前苑玉峰老师告诉我的。记得当时我们正在俄罗斯伯力和比罗比詹旅游。苑老师玩过根雕艺术，懂得植物防裂的窍门。

马鞭草科尾叶琴木的花序。夏威夷典型的入侵植物。

2011.11.19 / 星期六 …… 马鞭草科尾叶琴木的果序。

感恩节快到了，几个人不想到老美家蹭吃蹭喝，决定自己包饺子。唐人街本来可以买到饺子皮的，但我们坚持自己擀皮。

为了试用擀面杖，今天第一次和面并擀面条。和面、擀面、切条，三下五除二，不一会面条就做好了，楼里的几个老外羡慕得不得了。

这根擀面杖我使着正好，但手小者仍觉得不方便。晚上做第二根细的擀面杖，长24.5厘米。为做对照实验，这根没有特意做蒸煮处理。结果也没事，根本不开裂，真是好木头。今后要吃饺子、面条，可以不求人了。

在檀香山，尾叶琴木和垂花琴木都是外来种，上山锯几个枝杈没有任何问题，而且是生态学家所鼓励的。我的原材料取自马诺阿山谷的一株大树的树枝，用刚购买的链锯锯下来的。这类植物为何叫琴木？曾用来做琴。木材纤维甚好，有利于传导振动。尾叶琴木最先就是在马诺阿山谷引种的，那时是1931年。现在已经泛滥成灾。还有一种材料可以考虑：阴香，但可能比重不够，擀面时有些飘。

因为他是博物学家

2011.11.20 / 星期日

为学生写完推荐信，已经凌晨3点，必须立即睡觉。5点被无事找事的烟雾报警器吵醒，这已经是第N次了。打电话找人修理，菲律宾工人弄了半天也没有将坏的部件拆下来，最后还是我上去将其旋下。

8:30第一次做疙瘩汤。上午看同事的博客。中午听Nat King Cole的歌，继续看洛克传。

下面一段提到的内容可能与"洛克是特务"的传说有关：

"日记总会有法子溜进公共域，此话一点不假。洛克考察了少有人光顾以至无人涉足的地区，而他的记录又是那样丰富，有地理信息也有文化内容。洛克在世时，美国中央情报局派了一位安全调查秘书到夏威夷，经洛克许可，查验了若干部他们感兴趣的日记。每天，洛克都一丝不苟地记录罗盘方位、路标、距离、海拔、自然特征、地质构造、动植物现象、农业模式，以及文化珍闻；信息包罗万象，记录简明扼要。他还记录旅行趣事，如遭遇土匪、与地方头人相见等，也描绘乡村景色，他写下了每天发生的花样繁多的事情。"（Sutton, 1974：105）

这部传记有些段落写得挺逗，比如："洛克要好的或者羡慕的女性，都是那种对他不构成性骚扰的人，比如修女或朋友之妻，她们以母子或姐弟之情待他。"（*ibid*, 107）

"每年12月31日洛克都会以一种私密的方式再续与上帝的誓约。午夜来临，他跪下来，大声祈祷：'我父！……但不要照我，而要照你所愿意的。'他在日记中会抄写圣经中的这句话，并签上名，以示这构成一份法律文书。"（*ibid*, 118）

下午到唐吉诃德店购物。晚上，几人一起烤生蚝、炖鸡汤、煮板栗、炒洋葱和圆白菜。

刺果苏木

2011.11.21 / 星期一

7:00专程乘A路转65路到岛北一个高尔夫球场附近拍摄豆科刺果苏木（*Caesalpinia bonduc*）。此前在公共汽车上多次远远望见这种植物，想近距离看它的刺、花、果。上次去邝参议员的种植园在小路上倒是遇到过，但那时还没有开花。最近乘车望见花开，得抓紧时间来看。

刺果苏木很难接近，外围有铁篱笆和比我还高的杂草。想办法克服这些之后，还是无法近距离拍摄花序。远处瞧，特别是从车上瞧，拍摄花序应当很简单。实地看，这种藤本植物的花枝其实很高，而枝上有尖刺、叶上有钩刺。后者更具威胁，稍不小心碰上就可能被钩下一小块肉。缓慢地细心寻找，终于找到适合拍摄的花枝。

顺路参观夏威夷太平洋大学（HPU），校园不大，地形起伏，草地与花木搭配得当。这所学校几乎毫无名气，但一切显得恬淡、优雅。校园中白千层、椰子、紫葳科风铃木、金虎尾科金英树、桃金娘科红果仔、面包树长得都颇有特色。十多只懒散的牛背鹭（*Bubulcus ibis*）静等园林工人锯倒密密麻麻的南美蟛蜞菊，暴露草丛中的各种虫子，以便啄食。

坐在落满风铃木花的山坡草地上，抬头远望陡峭的库劳山脉，细听尾稃草上黑头文鸟、黑腰梅花雀唧唧喳喳，此时再喝上一杯热咖啡，生活还有什么不如意呢？

背包里装了一本台湾作者张嘉昕的《明人的旅游生活》，在山坡上读了两小时。

下午，向东行，然后乘70路到美丽的Lanikai海滩游泳。远道而来的日本姑娘较多，以为我是同类，跟我讲了半天日语，我只听懂了半句。

海风较大，海湾中有许多人在玩滑翔伞冲浪，这项运动操作起来需要许多技巧。

海滩最南侧礁石上的度假别墅旁,有夏威夷拟檀香、黄时钟花、蓼科海葡萄、金棕属植物等。

【上】刺果苏木复叶上的钩刺。这种钩刺比直刺更危险。

【下左】豆科刺果苏木,外来种。接近这种带刺的藤本植物,务必小心。

【下右】刺果苏木的花序。

【上】夏威夷太平洋大学（HPU）校园入口处。

【中】夏威夷太平洋大学校园中的紫葳科风铃木落花与草地。

【下】夏威夷太平洋大学校园中尾稃草上有许多黑头文鸟和黑腰梅花雀。两种鸟均为外来种。

夏威夷太平洋大学校园中的椰子叶被风刮出渐近线形状。

2011.11.22 / 星期二

乘A路进城，用新购买的8毫米鱼眼镜头试拍圣安德鲁大教堂（The Cathedral of Saint Andrew）、州政府大楼。

一直在想虚拟动物和虚拟植物的问题。西方有独角兽，柬埔寨和附近地区有纳伽（Naga），中国则有龙、凤、麒麟、螭、犼、獬豸、囚牛、谛听、貔貅、辟邪、负屃、螭吻、蒲牢、狴犴、饕餮、蚣蝮、睚眦、狻猊、椒图、狎鱼、天马、斗牛、行什、浑敦（据《山海经》）、鲲鹏（据《庄子》）等。

与体育相关的虚拟动物层出不穷，如雪士、瓦尔迪、亚米克（Amik）、米莎（Micha）、悉德（Syd）、米莉（Millie）、澳利（Oily）、贝贝、晶晶、欢欢、迎迎、妮妮、文洛克（Wenlock）。世界博览会也有一系列虚拟动物，如梦精灵、海宝。

　　虚拟植物则较少，如摇钱树、智慧树、演化树、神化了的曼德拉草（茄参）、某某仙草等。

【上】夏威夷州政府大楼的天井。　【下】檀香山圣安德鲁大教堂的一个小走廊。

头伞飘拂草

2011.11.23 / 星期三

用鱼眼镜头拍下哈纳乌马湾（哈瑙马湾）的全景。

到哈纳乌马湾及其东北部，用鱼眼镜头拍摄海蚀地貌。

哈纳乌马湾停车场上主要有苍白牧豆树和绢毛榅果木。在海蚀崖上见到夏威夷海岸常见的莎草科本土植物头伞飘拂草（Fimbristylis cymosa subsp. umbellato-capitata）。学名较长，但每个词意思都很清晰，并且名副其实。它的复伞房花序得以简化，类似头状花序。叶时常翻卷，株高仅7–30厘米，对于固沙起重要作用。另见如下植物：

特有种或特有亚种：菊科全缘卤地菊（*Melanthera integrifolia*），旋花科夏威夷卵叶小牵牛（*Jacquemontia ovalifolia* subsp. *sandwicensis*），锦葵科毛棉（*Gossypium tomentosum*）等。

本土种：番杏科海马齿（*Sesuvium portulacastrum*），茄科夏威夷枸杞（*Lycium sandwicense*），紫草科盐天芥菜（*Heliotropium curassavicum*）和异型天芥菜（*H. anomalum*），锦葵科拟黄花稔等。

【右上】莎草科头伞飘拂草，本土种。优秀的固沙植物。

【右下】瓦胡岛最南端海滨地带番杏科海马齿（红色肉质者）与茄科夏威夷枸杞（树枝状者），左上角为草海桐。右上角的山峰为寇寇火山。此山的东部为寇寇火山坑植物园。

夏威夷植物日记 / 333

本土植物最要紧

2011.11.24 / 星期四

今天是感恩节（每年11月第四个星期四）。上午三人到唐人街买韭菜，近中午在那里吃"方式早茶"，还好。下午4时开始包饺子。晚上吃到换来的火鸡肉。

又想了《北京植物志》的问题。

此书最新版是1992年的，这么多年过去了，早应当更新。《北京植物志》第一版动手较早，受益者众多，但坦率说编写方面还存在一些问题。

《北京植物志》应当明确标出特有种、本土种和归化种，这样做更有利于本土植物保护。如北京的槭叶铁线莲（*Clematis acerifolia*）、北京水毛茛（*Batrachium pekinense*）、青檀（*Pteroceltis tatarinowii*）、柘树（*Cudrania tricuspidata*）等特色植物在未来的《北京植物志》应当标明特有种或本土种。北京园林部门也应当最优先考虑引种这些植物。从实用性角度考虑，最好集中力量统一编写一部《华北植物志》。广大用户期望有一部集大成的著作。

目前的情况很惨，图书馆中有限的几十部《北京植物志》已经被翻烂了，电子版虽然能找到，但有时用起来不方便。不止我一个人有如此强烈的感受，许多人也有，植物学家也清楚，但为何没人做呢？答案也不难猜到：做植物志是慢活儿，不如从事其他研究易出成果。

与此相关的，北京的多家植物园，首先应当保护好、展示好北京自己的特有植物和本土植物，而不是舶来品。如果过若干年，自己的若干本土植物灭绝了，还指望全国其他地方或外国为北京保护，而我们再索取吗？麋鹿虽然回引成功，但那并非什么光荣事。

每个地方都保护好自己目前拥有的物种，就等于为全世界保存了物种。把眼光盯在人家的宝物上，想尽办法搜罗异域物种，与此同时对自己的植物不闻不问，任凭若干本土植物被破坏、濒临灭绝，这就是当下诸多植物园的一个根本问题。

就植物教育而言，首要的也是让本地人了解自己的家底，珍爱本土植物、热爱自己的家乡，而不是花着大钱介绍八竿子打不到的遥远物种。

身在他乡，感恩节自己包饺子。

2011.11.25 / 星期五

下午到沃尔玛给晨晨购买巧克力一小箱和北欧进口的铁盒饼干两盒，圣诞节期间有人回国可以帮我带回去。夏威夷出售的大量纪念品都是中国生产的，全球化糟糕的特征之一。另购自发粉一袋。

晚上聚会。

2011.11.26 / 星期六

上午用昨天刚购买的自发粉烙饼，第一次做，质量不佳。中午喝乌鸡汤。

贯通多条山道

2011.11.27 / 星期日

11:00出发,今天想快速贯通几条山道。出门经Moore Hall东北角,见菩提树(Bo)被风折断一枝,叶优美,称菩提叶,拣了一些做书签。

乘5路向北进马诺阿山谷,等车花去不少时间。12:00在莱昂树木园下部进入Manoa Falls山道入口。经过大片长得像竹子一般的闭鞘姜科闭鞘姜,45分钟后到达瀑布。接着向左(向西)走Aihualama山道,登到山顶平台后走Pauoa Flats山道。在山顶直行,在林下过十字路口,向南走Nuuanu山道。顺山脊下山接上Judd山道,此处为小叶南洋杉林,岔路甚多。到山底过小河到达Nuuanu Pali Drive,向南步行至Old Pali Road,此时15:45分。等4路车返回家中。这一长距离逆时针

【左】马诺阿瀑布山道入口处的标牌。夏威夷群岛的各条山道基本上都有明确的标识。

【右】努阿奴山谷朱迪山道的小叶南洋杉林。外来种。

环形穿越，对于锻炼身体非常有好处，但也要有一定的体力，今天我中速前进，感觉还好。

见到许多逸生的香荚兰，不过只见到一枝即将开放的花序。山脊风非常大，秋风吹到竹林，发出gaga-laga的声音，部分路段显得恐怖。

【上】闭鞘姜叶顶视图。

【下】闭鞘姜科闭鞘姜，茎长得像竹子。外来种。

努阿奴山谷采竹笋

2011.11.28 / 星期一

瓶儿小草科镰刀形瓶尔小草（本土亚种）生长在苔藓上，再下面则是白千层的多层树皮。本图中宽叶者为野牡丹科硬毛绢木。

乘4路到Nuuanu Pali Drive，离开公路进入树林，沿小溪上行。阴森、潮湿。溪水清澈，小龙虾在水底迅速跑动。见到地钱（*Marchantia polymorpha*）和若干种藓类植物。

灰金竹林偶有竹笋，用一小时采笋一背包。第三次采竹笋，前两次是顺便，此次为特意。这种笋质量并不好，笋细、味苦。焯后清水冲洗多次，苦味仍然很重，但习惯后，如同吃苦瓜一般，苦便算作一种风味了。当改变不了对象时，就要尝试改变自己的态度。最终目的是一样的，让自己感觉好。

山谷中有大量樟科阴香、桃金娘科白千层和五加科辐叶鹅掌柴，这三者呈优势种。白千层的多层树皮总厚度达10厘米，上面长了8厘米厚的苔藓。阴香小苗、镰刀形瓶尔小草（*Ophioderma pendulum* subsp. *falcatum*）生长在苔藓上。

到达努阿奴水库，见薏苡、芦苇等。休息后沿帕利路东侧的老帕利路返回。

去Safeway买鱼、香槟酒、饼干、鸡腿。做土豆丝、竹笋、鱼肉、薜荔鸡汤。

2011.11.29 / 星期二

看学生的论文草稿。接受一家报纸采访。

到夏威夷后，我一直没买手机，几个月过去了，一切正常，不用手机挺好的。手机于我，只在一个方面可能有用：登山遇险后报警。不过，据说山里没有信号，未证实。

2011.11.30 / 星期三

试开自动挡汽车，为到其他岛租车做准备。开过手动挡，感觉开这车太简单了。下午擀好面条后，存于冰箱，乘A路到Best Buy购相机存储卡。晚上试做木雕。

努阿奴山谷小溪边的地钱，本土种。

蒺藜科愈疮木，外来种。也叫绿檀、愈创木。木材芳香、比重远大于1。

十二月

DECEMBER
2011

冬季似春季

2011.12.01 / 星期四

5:30醒来，做早饭。6:30上瓦黑拉脊山道，坐在山坡上欣赏晨景。太阳出来后，拍摄梧桐科蛇婆子、爵床科灯笼芦莉（*Ruellia brevifolia*）。榆科异色山黄麻叶稍厚实，与以前所见不同。顺便采了多香果叶。

爪哇雀领行，在山道边上的枝头一段一段地前飞。金合欢（*Acacia farnesiana*）和采木（*Haematoxylum campechianum*）终于熬过盛夏的烈日，枯萎的茎干换上了新绿。尾稃草更是隆重出场，整个山坡靠它改变颜色。夏威夷之冬仿佛北京之春！上天兑现了土地渴望已久的甘霖。岛上高海拔地带，一年当中降雨频率没有太大变化；海岸区降水少，现在才是一年当中的好光景，雨水开始多起来。

【左】豆科金合欢，外来种。

【右】豆科采木，外来种。

避免恶性循环

2011.12.02 / 星期五

接读《明人的旅游生活》和若干游记。

什么样的旅游方式是好的？长见识、使身心得以休养的旅游方式。

多数成年人似乎为了工作而生活着，而不是相反。对许多中国城里人来说，好不容易等来了假日，又会遭遇各种的不快（交通拥堵、欺诈），如何真正休闲？

多数成年人除了工作就是工作，休闲被放在极次要的位置。以现在的生产力水平，人们其实不需要一周工作7天、6天、5天。可以设想，将来人们每周工作3天或2天，剩下时间休闲。

当下推广各种新技术的主要依据通常是，如果不听他们的，不购买他们的新技术，能源消耗过大，资源不够用，粮食不够吃，等等。

实际上，有些问题恰好是应用了各种新技术使人类胃口大开造成的。单纯依靠某类技术革新并不能解决全球性资源、生态、身心健康等问题，反而可能推动事态的加剧。运用适当的技术，从容发展，让人类社会与大自然、个体与其环境在演化论的意义上彼此适应，才是人类的长久生存之道。现在应当放慢脚步。急什么呢？谁在着急？

技术进步的确增加了粮食的产量，现在生产出的粮食足够全球人食用，但每年仍有许多人饿死。靠新技术减少贫困、饥饿，十分可疑，新技术的意象是想赚取超额利润。穷人、贫困地区不可能首先使用新技术，因为他们买不起。富人使用新技术，后果便是马太效应。

晚上，一伙人驱车到岛北看风景。在一个类似潟湖的浅水区，用电筒照，许多相貌古怪的箱鱼（boxfish）米点箱鲀（*Ostracion meleagris camurum*）傻傻地慢慢游动着。

谁的乐园

2011.12.02 / 星期五

好的作家能用平实的语言展示奇妙的思想,作品读起来余味绵长。马克·吐温如此论述夏威夷:

"I spent several months in the Sandwich Islands（三明治岛,指夏威夷）, six years ago, and if I could have my way about it, I would go back there and remain the rest of my days. It is paradise for an indolent man. If a man is rich he can live expensively, and his grandeur will be respected as in other parts of the earth; if he is poor he can herd with the natives, and live on next to nothing; he can sun himself all day long under the palm trees, and be no more troubled by his conscience than a butterfly would.

"When you are in that blessed retreat, you are safe from the turmoil of life; you drowse your days away in a long deep dream of peace; the past is a forgotten thing, the present is heaven, the future you leave to take care of itself. You are in the center of the Pacific Ocean; you are two thousand miles from any continent; you are millions of miles from the world; as far as you can see, on any hand, the crested billows wall the horizon, and beyond this barrier the wide universe is but a foreign land to you, and barren of interest."

"懒散人的乐园"?远离喧闹,不管贫富,生活在这里,都保有着存在者的尊严?海滩上脱光了衣服,富人与穷人本没有太大的差别（这里穷人的块儿头也不小）,夏威夷也没有任何条例禁止穷人进入哪片海滩,即使威基基五星级酒店前的浴场外人也可以随便享用，但是富人的度假、退隐、逃避与穷人的无奈、随遇而安终究是不同的。不管怎么说，"懒散人的乐园"还是比"人间天堂"的现代旅游宣传要好一点。

夏威夷富人相对多。世界各地的富人，喜欢到这里来。夏威夷的物价也远高于美国本土。穷人甚至中产阶级，在夏威夷也只能是勉强生存，中国观光客短暂造访期间出手大方属于另外一种情况。

几个月来，我已经遇上几百位无家可归者，钻头山南侧山坡上尤其多。我没有体验过他们的生活，但我留意他们，努力设想着他们的感受。

举办APEC，警察把他们从城区赶走，只有少数人在报纸上表示了同情。感谢夏威夷优越的自然条件，特别是适宜的温度。这来自上苍的赐福，保证了大批无家可归者不至于被冻死。他们身着单衣，躺在草地上、树丛中，居住在山坡上、海岸边任何一个角落，一天又一天，一夜又一夜。

有一点令我惊奇，就我所见，他们无一人愁眉苦脸。他们物质生活凄惨，精神似乎并没有随之垮掉，他们没有像中国高校的大学生和社会上的小资们表现得"这个世界太对不住我"。我甚至注意到，即使在街头抗议，他们也是那样从容。当我与他们相遇，无论是在城区，还是在山道上，他们的眼神总是传递着友好、乐观，有时会招个手、点个头。我能做什么？也是点点头，偶尔从包中掏出一只苹果或者一个美元硬币。如果有一天，我像他们一样无家可归，能做到像他们一样淡定？我可能不如他们。

还有一点我敢肯定，他们认识并感受着夏威夷的植物，至少包括他们躺过的、用来搭棚子、用来取暖的植物。他们可能叫不出学名，但他们心里一定为那些植物取了名，建了自己的分类体系。

最后可以确认的是，他们虽然有时拾一些衣物、要一些食物，急了也会顺手拿点什么，但他们对这个星球并没有太大的伤害。他们不像那些野心勃勃的"成功人士"，开发这开发那，折腾完土地折腾人心。因此，就这一点而言，他们是更道德的一批人。

2011.12.03 / 星期六

读Kenneth Lemmon的《植物猎人的黄金时代》。出门看牛角瓜、清明花（*Beaumontia grandiflora*）和绿檀的花、刺果番荔枝（*Annona muricata*）的果。去北部的Federal Credit Union，路上转角处见一株非常特别的蜜囊花科蜜瓶花（*Norantea guianensis*），长穗状花序顶生，每个穗子上有亮红色小花百余朵。小花口袋状，花柄处有三角形小开口。8月9日就见过并拍了照，但当时没有认出来。今日花点时间查到名字。

后来在附近的居民区和洛克晚年居住过的老帕利路3860号也见到蜜瓶花。

稳定地指称的能力

2011.12.04 / 星期日

上午在宿舍读书。下午向西北方向乘车去一家特殊的医院看一位北大校友。几天前他还好好的，昨天突然接到他从医院打来的电话，让我想办法弄他出来！

路上，彩虹在车子右侧出现，副虹明显可见。夏威夷也被称作彩虹州，稍留意的话，几乎天天可以观察到彩虹。

车子走，彩虹亦走。彩虹像某人拎着的花环，不断前进，跨越山岭和街区。

此时有几条彩虹？这是探讨"科学实在论"的好例子，若干中外哲学家关注过彩虹。根据光学知识，天空中并不存在某个固定的、客观的彩虹，但也不能说天空中压根不存在彩虹。实际上，在场的每个人眼中看到的都是不同的彩虹，但为何大家能够指称"这条"彩虹、能够交流呢？语词有某

在副驾座位上用鱼眼镜头拍摄的彩虹与檀香山街区。

种"稳定地指称"的能力，而常识认同这种指称。

转了几圈才找到那家医院，已过探视时间，明天再来吧。

医院里的理性

2011.12.05 / 星期一

办了手续，在医院中终于见到我们的朋友。外表看，他与平时没什么两样。交谈中能感受到他极强的唯科学主义、商品拜物教、技术乐观主义情绪，但这些也可能不代表其真实状态。

他第二次向我们描述了就抑制Global Warming（全球变暖，他的研究领域）他提出的神话般的技术路线：用导弹喷气产生反作用力，改变地球的轨道（如同改变神七轨道一般），将地球推向远离太阳的大椭圆轨道，从而减少阳光对地球的照射。

"暂不管推得动推不动，如果推得不合适，轨道偏了怎么办？"

他满不在乎地说："那是天文学家的事了，与我们无关！"这是科学家、技术工作者中典型的不负责的态度。

"这可不行。你们要做，征得地球上其他人同意了吗？"我随口反驳。

"大家都要听科学家的，你不是科学家，你是antiscience！"

天啊，在这里、在这个时候他还记得我的邮箱名，头脑满清楚的吗！这令我想起《疯癫与文明：理性时代的疯癫史》。疯与未疯有时没有明确的界限，关键看划界的标准掌握在谁手里。在他眼中，我是非理性的、不科学的，要被科学改造的。

毛主席语录

2011.12.06 / 星期二

取支票，存支票，折腾。昨天大家聊天中Y提到一句毛主席语录："不以结婚为目的的谈恋爱都是耍流氓!"我当即表示怀疑。这话的口气倒像他老人家的，但时代不符，八成是当代人胡编的。双方都没有证据，遂建议打赌100刀。

Y上网做了一点功课，今日提供了进一步信息："出自《毛主席语录》第三十八章第五节第二十七句。都具体成这样了，输了吧，这次是200刀！"

今天下午Y从图书馆借回英文版《毛主席语录》，胜利在望的样子。我也觉得她可能赢了，拿出200美元准备赔钱。不久，形势急转，书中只有33章（主题），根本没有38章5节之类。我虽然生于"文革"，但对那本特定意义的红宝书并不熟悉。到了晚上，Y翻遍全书，也找不见那句话。又说可能是莎士比亚讲的，毛主席后来引用了。这更不靠谱。不过，她从此不提打赌的事。本来没当真，这事也就过了。

小猴钵树和滨玉蕊

2011.12.07 / 星期三

观察校园里玉蕊科小猴钵树（*Lecythis minor*）的果实构造，品尝5颗种子。英文为Monkeypod Nuts。花黄白色，雄蕊柄（androphore）和雄蕊束（phalange）合在一起有字母e形结构，雌蕊圆盘状。蒴果，像厚胎的小茶缸一样。成熟时，果实前端的蒴盖会与母舱分离、落地，于是枝头举着一只只丢了盖、满载种子的茶缸。在植物学上，这种果实应该叫盖果（pyxis 或 pyxidium），是周裂蒴果（circumscissile capsule）的一种。在风的吹动下，茶缸中紧密排列的外表带棱的种子撒到地面，空茶缸还会在枝头保留许久。种子外形与柚的种子相似，更加丰满。我的牙能迅速打开一排啤酒瓶，咬开这类种子不成问题。果仁香脆，脂肪较多。实际上与中国市场上出售的所谓"鲍鱼果"（*Bertholletia excelsa*，即巴西栗）是同类，同科同味，就是小点。巴西栗属以一位化学家Claude Louis Berthollet（1748–1822）的名字命名，不知其中有何故事。

又特意看了校园中唯一的一株滨玉蕊（*Barringtonia asiatica*），也叫棋盘脚，英文为Hutu，在台湾也称夏榄或垦丁肉棕。它也是玉蕊科的。叶、花丝和果实，都给人留下深刻印象。夜间开花。萼2片，宿存，酷似元宝。巨大的方形果实大部分是松软的纤维状海绵体（与椰子类似），种仁只有鸡蛋大。可以猜到，种子的这种"设计"是用来漂浮的。全株有毒。

玉蕊科植物总是给人惊喜。

【上左】小猴钵树的种子与果壳。

【上中】小猴钵树的果实，成熟后盖与缸子之间自动裂开。

【上右】小猴钵树的果实形如厚胎的小茶缸，里面挤满了种子。

【下左】玉蕊科小猴钵树的花。外来种。雄蕊柄弯曲，雄蕊倒扣在雌蕊盘上。同科炮弹树的花也有此结构。

【下右】小猴钵树成熟果实在树上的样子，萌盖已掉落。

【上左】滨玉蕊的果实，顶端为宿存的花柱和元宝形的萼片。英文版中国植物志画其果实时没有画宿存的花柱，不够准确。

【上右】玉蕊科滨玉蕊的果实。外来种。也称棋盘脚。

【下】滨玉蕊的花丝和叶。大部分花会被风吹下，无法结果。2012.05.10摄。

滨玉蕊的花丝。2012.05.10拍摄。

来点香料

2011.12.08 / 星期四

9:30背包步行到莱昂树木园观看肉豆蔻科肉豆蔻（*Myristica fragrans*）。路上见一住户栽种的马钱科柏氏灰莉果实已成熟；樟科鳄梨和红木科红木也都结了果实，后者有毒。

肉豆蔻植物活体，我曾在斯里兰卡见过，这是第二次见。果实似大白杏，肉厚、味酸。沿缝合线掰开成熟果实，首先见到红色心脏形状的包络，里面是2厘米×2厘米×3厘米大小的有纹络、带薄壳的种子，壳内为有大脑沟回的种仁。《本草纲目》第十四卷对它的描写还是准确的："肉豆蔻生胡国，胡名迦拘勒。大舶来即有，中国无之。其形圆小，皮紫紧薄，中肉辛辣"，"颗外有皱纹，而内有斑缬纹，如缤榔纹"。主治：

莱昂树木园的肉豆蔻，此时果实开始成熟。外来种。

温中，消食止泄，治积冷心腹胀痛，开胃，解酒毒，等等。

　　肉豆蔻的果实是特殊香料，与丁子香（以前称丁香）、桂皮、胡椒等一起曾深深地诱惑了西方人。香料是欧洲人地理大发现的催化剂，哥伦布、达伽马、麦哲伦的远航都与寻找香料有关。丁尼生在诗中写道："We came to warmer waves, and deep /Across the boundless east we drove, /Where those long swells of breaker sweep /The nutmeg rocks and isles clove."美国有一个色情电视频道名字就叫香料（Spice），如《香料传奇》（*Spice: The History of a Temptation*）所说："它暗示了一种奇异而禁忌的愉悦，同时预示一种强烈的味道。"汉语"香艳"一词或许也有这方面的含义。为寻找某类调味品而进行全球范围冒险性搜索，此举在现代人几乎是不可想象的。实际上当时人们不仅仅把它们视为食物佐料，香料已被建构为充满神秘力量的贵重商品，也是地位、品位和权力的象征。香料被认为能够召唤神灵、治病驱邪。当然，很重要的一点是，能够重燃衰微的欲望之火。千方百计获取香料，成了欧洲人感官、情绪和情感的需要。那时的美食家也通过香料大讲排场，"上天下地入海寻找那美味的一口，从不问价格，你仔细了解就会发现，他们花费越多，心里越快活"。

　　来点"香料"！我知道肉豆蔻有毒，但是在夏威夷，必须亲自尝一尝它。我直接嚼、泡水喝、用它炖肉，等等。效果呢？不告诉你！提醒：不要超量，据说多食得肝癌！

　　在北京清河小营的农贸市场就可以找见肉豆蔻，但果仁稍长。

　　中国人对香料的需求、疯狂的程度绝不亚于西方人。早在唐代我们就有一位叫元载的官员，他家被皇帝李豫查抄时，财产中"钟乳五百两，胡椒至八百石"。换算成现在的计量单位，那批香料有60多吨！需要上百峰骆驼从印度洋的海滨，经喜马拉雅山南麓、瓦罕走廊、南疆，最终运抵长安。这样一位官至宰相的巨贪，当年未当官时穷困潦倒，曾给妻子写过这样的诗："年来谁不厌龙钟，虽在侯门似不容。看取海山寒翠树，苦遭霜霰到秦封。"到长安"谋发展"的他，步步高升，机会来了，贿赂者络绎不绝。元载的妻子王韫秀感觉到了一丝风险，曾写诗："楚竹燕歌动画深，更阑重换舞衣裳。公孙开阁招嘉客，知道浮云不久长。"怎奈这官员把持不住，越贪越上瘾，终于被赐自尽，妻子一并赐死。这是穷人暴富、为非作歹的典型例子，今日中国大地上仍然不断上演着类似的剧目。

在山里观赏多种朱蕉，波利尼西亚人用它包裹待烘烤的食物。如今主要用来观赏，叶形叶色变化极大。

在林中拍摄到红嘴相思鸟（*Leiothrix lutea*）。这种小鸟好认，嘴、胸部和羽根为红色。在具板根的圆果杜英树下见到檐状菌（bracket fungi）。

山坡上两株鹤顶兰正在开花，在这里这个外来种根本不需要人来伺候。出口处见到开黄花的多形铁心木（栽培后有变异）、碗蕨科粗毛鳞盖蕨（*Microlepia strigosa*）。后者为本土种，也分布于斯里兰卡、喜马拉雅山脉、东南亚、日本等地。

【上】部分先成熟的肉豆蔻果实落到地上，果皮先腐烂，露出红色的假种皮。这种像心脏包络一样的东西是此植物最具特色之处。据说这部分很有药用价值。

【下左】成熟的肉豆蔻果实，沿缝合线掰开，露出红色的包络。

【下右】从肉豆蔻果肉中取出种子，种子外有红色的假种皮。

【上左】去掉红色包络的肉豆蔻种子，表皮光滑，上面有假种皮压下的纹络。

【上右】肉豆蔻果仁断面。

【下】桃金娘科多形铁心木，特有种。通常为红花，开黄花者较少。

【上】圆果杜英的板根。外来种。

【下】碗蕨科粗毛鳞盖蕨，本土种。

伪量化考核

2011.12.09 / 星期五

在夏威夷三分之一时间已过去！这四个月，逛了许多地方，好像也做了点事情。总结一下成绩：

（1）拍摄了数百种植物的图片，新认识了若干植物，野外实地考察了十多条山道，参观了6个植物园。坦率说，热带植物一开始并不好认。借助于工具书，进步很快。如今，感觉它们跟北京山上的植物一样亲近。

（2）关于洛克的夏威夷植物学研究，收集了较丰富的材料，拜见了相关人士。此项目缘起于田松博士2008年在丽江的一句话，感谢"松哥"。

（3）借阅、复制了若干国内没有的博物类图书，听了几个与博物学、夏威夷文化有关的讲座。感觉夏威夷大学和檀香山还有较浓重的博物氛围。

（4）远程指导我的博士生、硕士生，讨论博物学史研究，一切还顺利。我的学生都是好孩子，好学喜玩。明年将毕业两位博士生，分别研究约翰·雷的自然神学与博物学、林奈的分类学与博物学。他们都很聪明，我只担心他们贪玩，时间抓得不够紧。所谓指导，也仅限于论文选题、进程督促、形式把关、个别问题讨论，具体写作上很难帮上忙。

（5）开发了多香果、量天尺、灰金竹、阴香、棱果蒲桃、香肉果、过沟菜蕨、小猴钵树、木薯、大果假虎刺、薛荔、柚等多种植物食品，其中多香果和过沟菜蕨最成功，惠及多位中国学生学者。试着擀面条、烙饼，但水平不高。

（6）做志愿者，参与本土森林恢复劳动，进一步感受到识别、宣传并保护本土植物的重要性。

（7）校对《博物人生》清样。如果晚点交稿可以写得好一点。但我信守了承诺，问心无愧。已经有N次集体合作写东西，到了规定的时间，只有一两人守约。

也列列不足的方面：

（1）本来想多听些课。老了，不愿意接受更多课堂教育。宝贵的时间更应当用在野外考察上。

（2）本想到其他岛中的一个或几个瞧瞧，终于没有动身。一定要去的，那里有特别的植物等着呢，如韦尔克斯菊、剑叶菊（银剑草）等。

（3）女儿备战高考，在数千千米之外，我未能尽力，有愧啊。好在女儿读书，从来不用家长操心。

（4）计划去毕晓普博物馆看洛克采集的植物标本，一直没有联系好。这个一定得做。

（5）菜园的菜后来长得不好，虫子也捣乱。另外，后来浇水不勤，土壤失水变硬。

（6）买了帐篷，还未使用。

（7）想拍几张好照片，但夏威夷光线特殊，反而不容易拍出满意的照片。

综上，成绩7条，不足7条，伪量化考核的结果：一半一半！

2011.12.10 / 星期六

到东西方中心看书、打印材料。

敏感的洛克

2011.12.11 / 星期日

读洛克传。

洛克与外甥罗伯特在柏林见面了，虽然双方想尽量避免第一次见面发生的不愉快，不幸的事情还是发生了。一见面，洛克就痛斥外甥乱花钱。不过，当晚洛克向外甥道歉。两人暂时相安无事。随后，洛克带外甥参加了一些学术活动。在植物园里，洛克不无得意地指着数百种植物所挂木牌上的"洛克，中国"字样，来显摆一下，这些植物都是经洛克之手从中国弄来的。此时洛克正在联络将自己有关纳西学的论文发表在德国的一份东方学研究的杂志上。如果洛克与那位教授不是恰好彼此错过，事情可能早就办妥了。他们计划在柏林的一家餐馆见面，但阴差阳错，没有见到。敏感的洛克以为那教授故意放他鸽子，感到自尊心受损，于是从编辑那里索回了手稿（S.B. Sutton, 1974: 262）。

外甥罗伯特在香港已经等洛克两个星期了，此前洛克把自己的一些好友的名字和地址告诉了外甥。洛克从云南府到河内又到香港，得知罗伯特没住在青年旅社，而是待在朋友家，气不打一处来。觉得这孩子不会照料自己，将来当秘书没准还得"我照顾他"。加之因日本人轰炸而匆忙从云南府离开，一系列事情搅在一起，此时洛克非常不痛快。随后几天舅甥俩又吵了几次。最终洛克认为，这孩子英语还不过关（虽然此前外甥努力学英文），言外之意他做不了自己的秘书。洛克没声张，直接飞檀香山了，把罗伯特一个人晾在了香港，而且没有给他返回欧洲的旅费！外甥向舅舅要旅费，洛克拒绝了，并建议自己的朋友也不要借给罗伯特钱。此举可能是要考验一下外甥，看他是否有独立生存的能力。罗伯特被迫做了一些奇怪的工作，比如到加油站打工，教人家德语等等，但还是凑不够回家的旅费。1939年9月罗伯特最终向一些德国朋友借了钱，此时欧洲战争已经爆发。罗伯特给洛克的离别字条是："亲爱的舅舅，感谢一切！"舅甥的关系始终就没整明白。洛克去世后，外甥在洛克遗产问题上据执行人保罗讲"表现得不咋地"（*ibid*, 265–266）。

洛克回到夏威夷，当地媒体把他当作中国通来采访他，他也当仁不让。洛克在园艺学家莱昂家暂住。洛克考虑了长期在夏威夷住下来的可能性。但情形并不妙，首先是钱的问题。洛克倒是有些积蓄，但是这点钱不足以支撑他在夏威夷长期过他过惯了的生活。让他改变一下，生活简朴点，并限制到处旅行，他又不情愿。他越想越觉得，待在夏威夷的想法不靠谱（*ibid*, 266）。

夏威夷大学同意聘请洛克任"中国历史、地理和植物学研究教授"，年金3000美元，双方心照不宣地认定，洛克可能在去世前或在遗嘱中把自己的大量藏书作为礼物捐给学校。此项任命并不要求洛克待在檀香山。该协议某种程度上相当于通过分期支付的方式向洛克购买一些有价值的图书。对洛克来说，同时也有了一份数量不大、但很稳定的收入，足够他在云南府或别处生活花销了。1938年年底洛克返回东方时，他把收集到的图书运到夏威夷贮存。不过，他并没有明确赠送给夏威夷大学，而是把它们借给大学使用。而这为后来的事情（与校方发生争执，洛克决定不捐了）埋下了伏笔（*ibid*, 266–267）。

―――――――――――――――――― 2011.12.12 / 星期一

收到读博士时同学的来信。是我不好，好久不联络了。

―――――――――――――――――― 2011.12.13 / 星期二

下海游泳，在沙滩上和草地上看书。听讲座。

―――――――――――――――――― 2011.12.14 / 星期三

早上到Safeway购买牛肉馅、香葱、香菜。准备包饺子，面第一次和硬了，又重新和了软的。
晚上用烤箱尝试烤面包，面发得不好，有些硬，颜色倒不错。

―――――――――――――――――― 2011.12.15 / 星期四

下午到图书馆还书。又借了若干。

晚上读洛克之前夏威夷植物学巨人希拉伯兰特的经典著作。在去世前希氏刚开始校对清样，没有做完，儿子帮助完成后续工作。

关于科学研究对大自然事物的分类，希拉伯兰特说："Systematic science does not mean to separate what was originally distinct, but to find the most logical terms by which to separate, and thereby render acceptable to the understanding, a mass of facts or products originally one or few. In Nature exists unity; but the mind requires division to comprehend, dividing lines to combine in units what lies between."（W.F.Hillebrand, *Flora of the Hawaiian Islands*, 1888, p.xxix）

2011.12.16 / 星期五

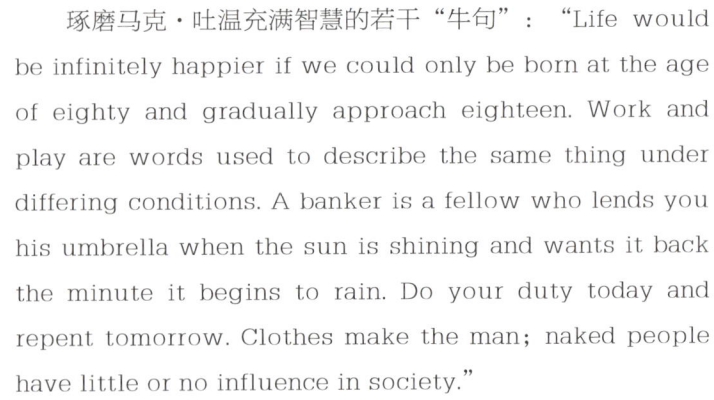

琢磨马克·吐温充满智慧的若干"牛句":"Life would be infinitely happier if we could only be born at the age of eighty and gradually approach eighteen. Work and play are words used to describe the same thing under differing conditions. A banker is a fellow who lends you his umbrella when the sun is shining and wants it back the minute it begins to rain. Do your duty today and repent tomorrow. Clothes make the man; naked people have little or no influence in society."

这些话可用于思考博物学!

早晨"视察"菜园,发现周围草地上长出若干美丽的蘑菇。正在拍照时,一辆割草车开过来。司机好心,留下长蘑菇的一条草地没割。我对夏威夷的蘑菇完全陌生,回到宿舍,查到它是大青褶伞(*Chlorophyllum molybdites*),一种毒蘑菇。

【上】大青褶伞,从顶部观察。

【中】夏威夷大学校园草地上的大青褶伞,有毒。

【下】在海外读书并不容易,今日发文凭,学生自然高兴。毕业典礼结束,学生、家属、好友被引导到一个巨大的操场上聚会。

2011.12.17 / 星期六

学校已经放假。今天在Stan Sheriff Center举行夏威夷大学2011年夏季毕业典礼,本科、硕士、博士一起,很热闹,来了许多家长、朋友。本楼唐女和石勇硕士毕业,还将读博士。领到文凭,感觉过去的一切辛苦都是值得的。所有人都很高兴,在操场,人们狂拍不已。

数不清的公园

2011.12.18 / 星期日

  晚上将出席在Ala Moana公园Lester McCoy Pavilion举行的美中友好协会的圣诞联欢会，下午就从夏大步行前往。其间有相当一段距离，走路过去可以锻炼身体，还可观光。

  Ala Moana海滩公园风景优美，面积不小。这里是普通百姓休闲的好地方，也是无家可归者喜欢的落脚地之一。夏威夷各岛上几乎处处有公园，没见到哪个海滨疯狂地开发房地产。不是不喜欢钱，当下夏威夷缺钱的地方多了，但这里的主人考虑得更多、更远。如果你是某块土地的真正主人，会胡来吗？

  会馆位于公园中央，是私人于1975年捐赠给檀香山政府的。院内空间很大，夕阳斜射在池塘中的一个陶罐上，水面映照着蓝天、绿树，只是不见那美丽的浴女。

  晚会有夏威夷姑娘表演民族舞蹈，组织者为到场的小朋友准备了丰厚的礼物。许多观众临时被召集上台即兴表演。演出水平不高，大家图个乐和。

【左】檀香山Ala Moana海滩公园的草地。城市中心区保留了面积颇大的公园，忍着不开发房地产，确实值得中国学习。

【右】檀香山Ala Moana海滩公园是百姓休闲的好地方。

步行前往圣诞联欢会，途经Ala Wai Blvd.旁的内河之西北段。此内河的南侧为檀香山著名的旅游区威基基。

【右中】Ala Moana海滩公园中Lester McCoy Pavilion后院傍晚的风景。池塘中的一只水罐显得非常特别。

【下左】公园内禁止喂鸟的标牌。违者将罚款500美元、监禁或者两者并罚。不过，我也经常观察到有孤独的老人在喂鸟。

【下右】檀香山Ala Moana海滩公园的沙质很差，但因为它在城区，每天都有在此晒太阳的。

2011.12.19 / 星期一

5:30被闹钟吵醒。读希拉伯兰特的《夏威夷植物志》。他认为：迎风坡与背风坡温度和湿度的不同，对植物之演化产生了相当的影响。其中降雨量可能是主要的，温度次要，因为林区无论海拔高低（相当于温度变化）都有变异发生。夏威夷植物，区分到种相当困难，种间差异很难描述（p.xxv）。即使认真分辨，描述和划分也多少是人为的，因为植物的特征有时确实呈现连续变化。他也指出夏威夷群岛是进行植物演化研究的好地方："In fact, the evolution theory could hardly find a more favorable field for observation than an isolated island-group in mid-ocean, large enough to have produced a number of original forms and at the same time so diversified in conditions of temperature, humidity, and atmospheric currents as to admit an extraordinary development in nearly every direction of vegetable morphology, uninfluenced by intercrossing with foreign elements."（p.xxix）这令人想起达尔文在加拉帕戈斯群岛的发现以及R. MacArthur和E. O. Wilson关于岛屿生物地理学的研究工作。

希氏还指出："Nearly all native plants perennial and woody."（p.xxx）原因是什么？实际上达尔文已经给出了解释："树木极少可能到达遥远的海洋岛；草本植物没有机会能够与生长在大陆上的许多充分发展的树木胜利地进行竞争，因而草本植物一旦定居在岛上，就会由于生长得愈来愈高，并高出其他草本植物而占有优势。在这种情形下，不管植物属于哪一目，自然选择就有增加它的高度的倾向，这样就使它先变成灌木，然后变成乔木。"（《物种起源》，商务印书馆1995年，第458页）威尔逊的《生命的多样性》在讲述夏威夷植物时也引用过这一段（第97页），但中译文表达有些差别。

形态种与生物种的关系要处理好。前者不精确，但较实用，也有悠久的使用历史，一时半会儿还不能都用生物学种来代替。

文明的二律背反

2011.12.20 / 星期二

躺在山坡的火山岩上，望着檀香山城区，继续昨晚的思考。

纯粹的"自然"，无所谓"文明"，即使今日人们是如此地向往自然。文明是相对于自然的，指一小撮人或一大撮人区别于其他物种，能以文字、艺术、科技、物质创造物等在历史上表演一番。

可是，当文明持续鄙视自然、糟蹋自然时，文明也就开始否定自身。

文明的阶段可划分为四。第一阶段表现为文明与自然适当分离，包含狩猎文明和农耕文明，已经至少持续了5000年。第二阶段表现为文明与自然的持续分离和对立，工业文明是也。已经持续了300多年。从时间跨度上看，非常短，但破坏力极强。启蒙的祛魅使人仿佛找到了独立的自我；再进一步，工具理性导致疯癫，人类在处处进步的招牌下几乎走向毁灭。第三阶段表现为文明对于自然的重新向往，反反复复。人类此时背负着前一阶段的沉重包袱，依然习惯性地设计着破坏大自然，即自身存在的家园。但人们已经普遍感到不适，时而反省一番。此阶段在一些国家已经尝试了几十年，还将持续几百年。第四阶段为生态文明，表现为文明向自然的真正回归、契合，可能需要数万年时间才有可能真正做到，如果做不到，人这个物种也就差不多该退出了。

现在我们处于第二阶段末期与第三阶段起始状态。原来以为信息革命将根本上催生出不同于传统工业文明的新文明形式。现在看来高估了比特的"善举"，信息技术只是工业技术的延续，不过使工业文明更显效率、更著矛盾罢了。比特虚拟了贸易、交往以至一般意义上的物质，也不可避免地进一步虚拟大自然，使人类社会整体仿佛飘浮于自然之上、之外。这种文明当然不得不靠重力、血脉、神经联络着大地,但近期人类文明奋斗的目标是斩断种种联络、逃离大地,让自身在理性的、逻辑的王国中获得虚幻的自由。尚虚,并不能囊括一切追求。"道成肉身"也是信息社会的一个理想目标,然而那样做时,游离的比特将重返物质。

风铃木与酸豆

2011.12.21 / 星期三

在校园拍紫葳科风铃木(*Tabebuia impetiginosa*)、豆科酸豆(*Tamarindus indica*)和豆科红花羊蹄甲。

酸豆也叫酸角、罗望子,有甜和酸两种,但夏威夷大学里的皆酸。因为植株高大,它的花通常不容易观察到。但宿舍楼东北部有一株小树,横枝发达,花枝离地面只半米!周围有阳桃、数珠珊瑚、血桐、大花倒地铃等。校园中共有三株酸豆大树,枝头均缀满了果实。

传说1883年18岁的孙中山把酸豆种子从檀香山带回广东中山,种于自家门前,后来长成大树。1961年,郭沫若参观南朗镇翠亨村孙中山故居时赋诗,曾提道:"酸豆一株起卧龙"。

现在是假期,校园很难见到大学生。一群孩子们在图书馆前草地上做游戏,狂野地跑动着。童年真好。如果允许再来一次,我愿意固定在12岁左右!或如马克·吐温说的,倒着进行,从现在走向出生!

酸豆大树上荚果累累。地面已经落了厚厚一层熟透的酸豆果。

夏威夷大学校园中的紫葳科风铃木。

【右上】夏威夷大学校园中豆科酸豆的花和嫩荚果。

【右下】一群小学生在老师带领下在夏威夷大学哈密顿图书馆南侧草地上玩游戏。

木樨榄

2011.12.22 / 星期四

两家报社和两家期刊来信，让我写点什么。现在只想读书、户外观察，不想写。为了不得罪朋友，勉强说以后吧。写杂文还是应当鼓励的。学术文章少发为好，因为垃圾太多。垃圾文章进入检索系统，会不断地坑害他人。做人文学术，不可能快速生产出大批深刻的成果，每年发大量学术论文的教授、研究员，要么有病，要么有难言之隐（比如拿了太多的项目，要发论文交差）。

观察图书馆东南的木樨榄（*Olea europaea*，也称油橄榄或橄榄）树干，夏威夷许多教堂前也喜欢植此种树，如圣帕里克

夏威夷大学哈密顿图书馆前木樨科木樨榄的树干。外来种。

天主教堂（St. Patrick's Catholic Church）和圣安德鲁大教堂，但从未见它们结果。不知道什么原因，缺水还是太热？中国人越来越多地食用的橄榄油，就来自这种植物果实。它是地中海地区最重要的经济植物之一，我在土耳其品尝过至少5种不同风味的腌渍橄榄（木樨榄）果肉。"木樨"两字以前在植物学文献中多写作"木犀"，不妥，今依《现代汉语词典》改。

夏大校园西部公共汽车站附近以及东西方中心门前有卫矛科福榄（*Elaeodendron orientale*），也称福木，英文称"拟橄榄"（false olive）。

圣安德鲁大教堂与木樨榄。从东南侧观察。

圣安德鲁大教堂与木樨榄。从南侧观察。

圣帕里克天主教堂前植了若干木樨榄。

2011.12.23 / 星期五

与大学时的几位同学突然联系上。

下午网上聊博物学，说起德·甘西（Quatremère de Quincy，1755 – 1849）。此人是当时公共博物馆的第一个批评者，想法相当独到。他认为胜利者从战场搬回的一系列伟大艺术品存放于卢浮宫等博物馆，是有问题的。艺术品和文物不能脱离环绕着它的地理的、历史的、审美的和社会的环境，他认为"分离就是破坏"。到如今，有多少人理解了德·甘西啊？

欧洲树木种类跟中国相比少得可怜，在那里最常见的不过Common Ivy（欧洲常春藤），Holly（欧洲冬青），Ash（欧洲白蜡树），Hazel（欧洲榛子），Common Alder（欧洲桤木），Common Lime（欧洲椴树），Beech（欧洲山毛榉），Silver Birch（欧洲白桦），Common Yew（欧洲红豆杉），Crab Apple（欧洲苹果）等。于是坎宁安（James Cunningham，1665 – 1709）、汤执中（1706 – 1757）、克尔（William Kerr，1779 – 1814）、里夫斯（John Reeves，1776 – 1856）等洋人一有机会接触中国丰富的植物，便垂涎三尺，忍不住想往欧洲倒腾。

红木家具用材

2011.12.24 / 星期六

9:30与陆波、琪辉等到唐人街和唐吉诃德店节前购物。

下午在校园及附近看树木。观赏夏威夷校园中四种优质用材树：豆科印度紫檀、马鞭草科柚木、蒺藜科愈疮木（*Guaiacum officinale*）和楝科桃花心木（*Swietenia mahogoni*）。它们可能与中国家具行业的"红木"有关。实际上只有前者算红木。中国人以前不重视愈疮木（绿檀），尽管绿檀是极为优秀的用材（比重甚大、坚硬、有香味），家具业从来没把它算在红木中。柚木和桃花心木可制作优质家具，但最多算硬木不能算红木。

据国标《深色名贵硬木家具》（QB/T 2385-2008），红木家具只是名贵硬木家具的一部分。此标准的附表A.1中列有43个树种（大多数属于珍贵稀缺植物）：紫檀属（*Pterocarpus*）计12种；黄檀属（*Dalbergia*）计18种；柿属（*Diospyros*）计9种；崖豆藤属（*Millettia*）计3种；广义决明属（*Cassia*，以前称铁刀木属）计1种。此表中檀香紫檀（*Pterocarpus santalinus*，对应的木材是不加任何修饰语的"紫檀木"）、巴西黑黄檀（*Dalbergia nigra*）是国际贸易公约限制进出口的濒危树种，降香黄檀（*Dalbergia odorifera*，对应的木材是"香枝木"）、黑黄檀（*Dalbergia fusca*）、印度紫檀（*Pterocarpus indicus*）是国家二级重点保护植物。

附表A.2中列出36种，附表A.3中列出22种。

印度紫檀列于上述A.1表中，柚木列于上述A.2表中，而愈疮木未进入上述任何一张表。

与红木家具相关还有一个国标《红木》（GB/T 18107-2000）。与前一国标比较会发现，大类规定一致（如8类5属），细节上有差异（如《红木》确定33个树种，《深色名贵硬木家具》中A.1确认43个树种。这两大类之间是什么关系？国标中并没有明确说明）。

紫檀木、花梨木、亚花梨三种木材都是紫檀属植物；香枝木、黑酸枝木、红酸枝木三种木材都是黄檀属植物；乌木和条纹乌木两种木材都是柿属植物；鸡翅木就比较乱，它包括崖豆藤属3种植物和广义决明属1种植物。在市场上见到某种声称的红木家具或者把件，普通人很难辨别是哪个种的植物。红木行业还喜欢叫一些不正规的名字，如海南黄花梨、小叶紫檀、大叶紫檀（它们不对应于表A.1中任何一种）之类，让人摸不到头脑。但这也显示了地方性知识的重要性。在红木这一行业，专家通常不是靠植物学教科书的知识来应付日常问题。

在红木家具行业中，名称很乱，有些人特别喜欢这种乱。乱中，便于搞点名堂！

国标《深色名贵硬木家具》本身用词也不够精准。比如其中"檀香紫檀木 *Pterocarpus santalinns* 三件套皇宫椅"的说法

【左上】豆科印度紫檀树干。外来种。

【左下】豆科印度紫檀果实表皮腐烂后见到的网脉。

372 / 檀岛花事

就不严格。若讨论的是木材，就应当用"紫檀木"，若讨论的是树种名就应当用"檀香紫檀"。此外，学名的种加词还存在拼写错误。正确的写法是"檀香紫檀（*Pterocarpus santalinus*）三件套皇宫椅"或者"紫檀木（*Pterocarpus santalinus*）三件套皇宫椅"。

不必太关注这些植物能做什么家具，看看它们的树皮、花、果，其实也很享受。印度紫檀果实中的网脉，绿檀的蓝花，柚木巨大的花序和囊泡状的果实，桃花心木弯曲、瓣裂的厚果皮，都值得观赏。在夏威夷，印度紫檀其实是很皮实的一种外来树种，它在马路牙子边的小缝隙中都能茁壮成长！它的黄花并不很美，但持续时间较长，我也多次见到这种小花吸引著名的黑脉金斑蝶前来吸食花蜜。

印度紫檀的花序。

【上】马鞭草科柚木的果序与果实。

【下】马鞭草科柚木的叶与花序。外来种。

【上】檀香山大学大道马路牙子边的印度紫檀小树健康地成长着。在这样的地方它都长得非常好，可以判断这种名贵树种在园林中是容易长好的。

【中】绿檀果实特写。

【下】绿檀枝头的累累果实。

【上】楝科桃花心木果实切面。外来种。

【中】桃花心木成熟落地后分裂的果皮。

【下】桃花心木的叶。小叶两侧不对称。

2011.12.25 / 星期日

在校园拍几种鸟，观赏猴面包树、蓝雪花、金棕属植物、金镶碧玉竹、鸡蛋花、朱槿及大青褶伞。

2011.12.26 / 星期一

到沃尔玛购物。雕刻。

2011.12.27 / 星期二

早晨乘A路换19路到机场接人，换车时见大街上根本不拥堵，这跟北京城完全不同。

我没有手机，特意背了笨重的计算机，以为通过微博总可以联络的。实际上，大错特错。檀香山国际机场不如中国的机场，这里根本没有免费的网络！

2011.12.27清晨6:54檀香山城市中心区A路与19路换乘点附近的街区。此时北京的马路上估计拥挤不堪。难道这里的人们早晨不出行？当然也出行，但至少上学的中小学孩子不必起大早，他们有校车接送，家长不必操心。

红花铁刀木与花棋木

2011.12.28 / 星期三

上瓦黑拉脊，看剑麻、万年麻（*Furcraea foetida*）、落地生根以及檀香山城区景色。用万年麻的叶抽丝做针、线，尝试缝制衣物。

比较红花铁刀木（*Cassia grandis*）和花棋木（*C. bakeriana*）的荚果，前者表皮粗糙带棱，后者光滑无棱。前者种子由大量黑色发黏的糖浆包裹着；后者种子被封装在黄绿色的"药片"中，药片在豆荚中整齐排放。摇一下药片，里面的种子哗哗作响。不过，花棋木种子外的淡绿色"包装"有股臭味。

【上】豆科花棋木荚果像光滑的铁棍，缀满了枝头。外来种。

【下左】洗干净的豆科红花铁刀木种子。外来种。

【下右】豆科花棋木荚果中排放整齐的"药片"，每个药片中封装了一颗种子。

蒲葵、澳柳与围裙花树

2011.12.29 / 星期四

上午在校园观察豆科雨树的种子及棕榈科植物的果实。雨树的豆荚已经成熟,在校园里落了满地。由于糖分较高,踩碎的豆荚通常粘在水泥地上。荚内种子饱满,上面有一圈亮纹,整颗豆子近似呈"回"字形。校长办公楼夏威夷厅(Hawaii Hall)南侧的蒲葵(*Livistona chinensis*)结了数千粒果实,果实落到草地上,竟然非常像小时候在山上见到的鸟卵。椭球形"鸟蛋"上有斑点,即"雀斑"。

下午再次参观福斯特植物园。在南侧篱笆外见到西非羊角拗(*Strophanthus sarmentosus*)和钩瓣常山(*Geijera parviflora*)。前者花瓣细长、飘动。后者叶似柳,也叫澳柳,但与杨柳科无关,其实是芸香科著名观赏植物,原产于澳大利亚。旁边还有一种来自澳洲的澳大利亚红椿(*Toona ciliate* var. *australis*),树杈上和地上有掉下来的果序,蒴果形状与香椿的相似。

经过观音庙,欣赏完"压舱石",便走进植物园。园内那株来自佛祖诞生地的老菩提树,枝条上长满了浓绿的菩提叶。每次来,都要在树下驻足片刻,也许不能获得智慧,但叶之美感总是打动我。

园子北部草地上的木棉科爪哇木棉(*Ceiba pentandra*)笔直高大,基部向外伸出板根。周围能跟它一比粗细、高低的,只有豆科象耳豆了。

黑胡椒藤边上一株围裙花树(*Napoleonaea imperialis*)正在开花,这是继炮弹树、滨玉蕊、小猴钵树之后,见到的第四种玉蕊科植物。英文名拿破仑帽(Napolon's Hat)十分形象,花确实像帽子,更像女士戴的gypsy hat!

最后路过豆科紫矿(*Butea monosperma*),记得9月14日来时,它火红的花序直插蓝天,落地的鲜花像一只只小鸟。如今繁花已去，光彩不再。

返回夏大校园时，用闪光灯从下部拍摄了一张紫葳科火焰木的果序，像一把旧伞。见多了高大木本紫葳科植物，反而更想北京草本渺小的角蒿（*Incarvilla compacta*）了。角蒿属是以法国传教士汤执中（Pierre Nicolas Le Chéron d'Incarville，1706－1757）的名字命名的。2008年第5版旅游手册*Frommer's Portable Big Island of Hawaii*的封面就采用了火焰木的盘状花序。其实这并不很合适，因为它是入侵种，并不代表夏威夷的大岛。不过，现代旅游本身就有入侵的味道，这样想，采用火焰木而非半边莲亚科、剑叶菊属、檀香属、铁心木属植物等，倒也一致！

豆科雨树的种子。外来种。

芸香科钩瓣常山。也叫澳柳，与通常的柳树没有关系。外来种。

【上】福斯特植物园中的菩提树。叶浓密。外来种。

【下左】澳大利亚红椿的果序，蒴果五角形。外来种。

【下右】棕榈科蒲葵的果实。

夏威夷植物日记 / 381

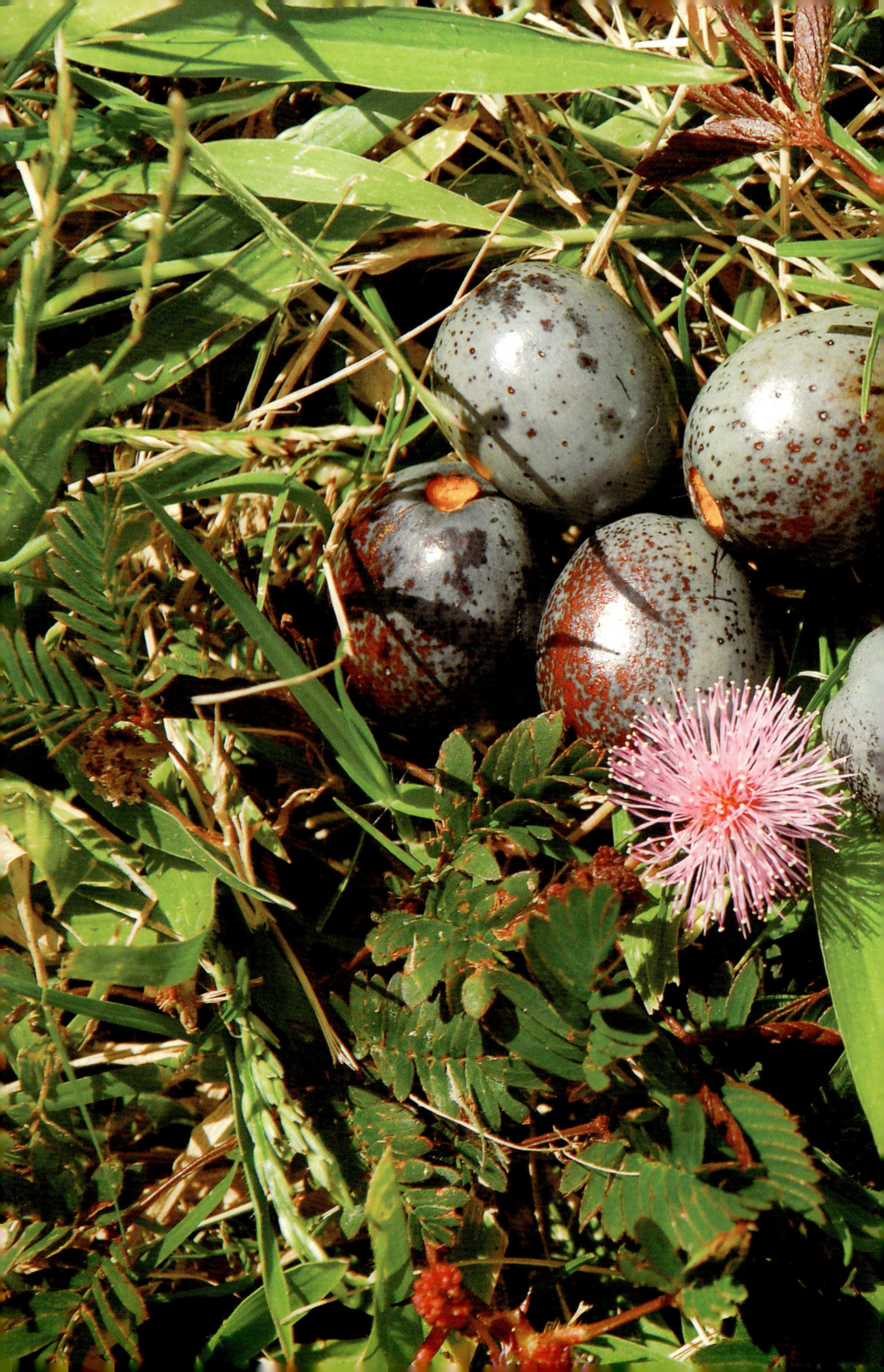

棕榈科蒲葵的果实落在地上很像鸟蛋,旁边有豆科含羞草。均为外来种。

福斯特植物园中的木棉科爪哇木棉。外来种。

福斯特植物园中玉蕊科围裙花树的花和叶。外来种。

【上】豆科紫矿的花序。摄于2011.09.14。外来种。

【下左】豆科紫矿落地的花朵依然十分新鲜。摄于2011.09.14。

【下右】紫葳科火焰木的果序。外来种。

2011.12.30 / 星期五

下午从城里经S. Beretania 大街和大学大道返回夏威夷大学。在"石锤神社"旁边见到结果的番荔枝。在大学大道东侧铁丝网近地处见田野菟丝子（*Cuscuta campestris*），外来种，寄主为爵床科宽叶十万错（*Asystasia gangetica*）。

晚上读袁枚《随园诗话》。

袁枚评欧阳修做诗文，给人以启发，做事要像自己。"欧公学韩文，而所做文，全不似韩，此八家中所以独树一帜也。公学韩诗，而所作诗颇似韩，此宋诗中所以不能独成一家也。"与之相关的另一段是："人闲居时，不可一刻无古人；落笔时，不可一刻有古人。平居有古人，而学力方深；落笔无古人，而精神始出。"推而广之，"古人"可以换成"他人"。

要尽可能看到各家之长，美人之美，不能求全责备。袁枚曾说："人问：杜少陵不喜陶诗，欧公不喜杜诗，何耶？余曰：人各有性情。陶诗甘，杜诗苦。欧诗多因，杜诗多创。此其所以不合也。元微之云：鸟不走，马不飞，不相能，胡相讥？"

袁枚说，不要跟考据家谈诗。袁枚写过"石壕村里夫妻

檀香山大学大道旁的菟丝子科（旋花科）田野菟丝子。寄主为爵床科宽叶十万错。

别,泪比长生殿上多"。有一人挑刺儿说,贵妃不曾死在长生殿。袁枚急了,反问:"《长恨歌》中曾说'峨眉山下少行人',明皇幸蜀,何曾路过峨眉耶?"那人不说话了。

某年本人假期回东北长白山老家,观儿时玩耍之地溪水、山冈、崖头、田野,总感觉场面狭小,与印象中的景象相去甚远。读到"老经旧地都嫌小,昼忆儿时似觉长",似有所悟。相对论效应?

2011.12.31 / 星期六

重游卡哈纳山谷和卡哈纳湾。见豆科巨黧豆(*Mucuna gigantea*)的藤和花。花序下坠,花序柄较长。未见豆荚。顺便采集过沟菜蕨,也摘了几个甚大的黄独株芽,直径达12厘米!

回来后置黄独于窗台,一个月后生出40厘米长芽。不忍弃之,埋于宿舍楼天井里的花池中。

2011年,前一半身不由己,赶集似的;后一半身处异国他乡,自己做主,有机会慢慢体验大自然、从容思考几个哲学问题。异域的大自然与家乡的大自然同属于一个整体,每天它都在创造、演化和毁灭,一棵草、一株树、一片叶、一朵花、一只果,均见证着世界的进程,我们感受着、理解着、参与着,"永言配命,自求多福"!

卡哈纳湾附近豆科巨黧豆的花序。

豆科采木开花了。外来种。摄于2012年1月7日。

一月
JANUARY
2012

夏威夷与出版

2012.01.01 / 星期日

中国近现代史与太平洋中遥远的夏威夷群岛之关系，提到陈芳（Chun Afong，清政府驻夏威夷王国的第一任商董、领事）、孙中山、梁启超、蔡增基（曾任民国政府招商局局长）、杨仙逸（有空军之父之称）、张学良、邝有良（Hiram Leong Fong）等就足够了。

如今"出版"是个常用词，其实汉语中本没有这个词。日本人1756年意译英文publication始有"出版"，而中国人使用"出版"一词是比较晚的。1899年梁启超写《汗漫录》（即《夏威夷游记》）用到"出版"一词。"出发点""出庭"两个词，也是从日本来的。

20:30出门用"大炮"拍"外国"的月亮。从图像上看，与在国内河北赤城山上拍的，没有明显差别。

观鲸

2012.01.02 / 星期一

计划观鲸。此季节北方的鲸来到夏威夷海域过冬，观鲸正是时候。

乘1路换23路，到东南部海岸边下车。路西为一高尔夫球场，路东为一片荒地。荒地上遍布水牛草（Cenchrus ciliaris）和银合欢。草丛中的火山石上有一种不认识的藤本植物，叶肉质、具齿，可能由于干旱的缘故，叶呈V字形；老藤具四棱翅。4月5日再次来此，见到花序，才得知它为葡萄科圆叶白粉藤（*Cissus rotundifolia*），外来种。

　　水牛草与蒺藜草同属，但花序形状明显不同，果实也没有令人讨厌的尖刺。海岸干燥的沙地也是逸生的芦荟（*Aloe vera*）喜欢生长的地方，此时它们的叶已经部分失水，由绿变淡紫，或黄或红的筒形花挂满了直立的花序轴。有的花序已经结果，蒴果6室。在北京我栽过这种植物，开花亦甚美，但不结果。

　　穿越荒地继续向东，再次遇到毛棉，也叫夏威夷棉。它是三个四倍体野生棉种之一，只分布在夏威夷。夏威夷木果棉（*Kokia drynarioides*）也是特有种，在野外一直没有找到，在女王植物园和夏大曾见到几株。

　　到达红树林后，用手分开密集的树枝，小心地来到一片沙洲。三面是红树林，一面是海湾。玩了半小时，然后沿海岸山坡登山。中途遇一男子带一条狗稳坐在岩石上，用望远镜头搜索着海面。他说今日专程来观鲸。坐下来随他仔细观看，山下辽阔的海面倒是有些翻动，但无法确认是风吹起的浪花还是别的什么。"真的看到鲸了吗？"忍不住问了一句。"看到了，只有一次。我已经在此等了两小时。"听到这话，也就放心了，估计今天我无缘见到鲸了。

　　继续上山，见到一大片光棍树结出圆球状的果实，半小时后

【左】芦荟的花序。过去此属植物曾分在百合科或芦荟科中，2009年APG III把它分在黄脂木科阿福花亚科中。

【右】葡萄科圆叶白粉藤，外来种。

【左上】锦葵科毛棉的花。特有种。2011.09.18摄于瓦胡岛东南海岸荒地。

【左下】锦葵科夏威夷木果棉。

到达顶峰。见到美国国家海洋局设立的一个圆形铜质测量标记，三轮儿文字依次是National Ocean Survey/For Information Write to the Director, Washington D.C. /South Ray Dist 1982-1983，这类标记在城区和山顶上经常见到。观赏岛北风光。顺大路下山，转到Makapuu海滩游泳。

下午，波浪翻滚。一排大浪劈来，瞬间把人放倒。如果坐在海边的沙地上，巨浪涌来，能把人推行20米，海水返回时又将人带回十多米。

瓦胡岛东南端Makapuu山坡干枯的树木。从外表看可能是采木。树下的枯草为水牛草。

【上左】芦荟的蒴果。

【上右】Makapuu海滩，沙质好，坡度极缓。

【下左】豆科无忧花，英文Sorrowless Tree。外来种。

【下右】豆科华贵璎珞木。外来种。

2012.01.03 / 星期二

上午在校园看花。下午到沃尔玛购物。

2012.01.04 / 星期三

到岛北的呼马路西亚植物园。忽然下起雨来，与一只可爱的雄性白腰鹊鸲（*Copsychus malabaricus*）一起在无忧花（*Saraca dives*）树下躲大雨。鸟头乌黑，已被雨水淋湿，很可怜的样子。我与它相距只有40厘米，眼睛、嘴角的泥都看得清晰。为它拍照，也不拒绝。我们转移到另一株树下，它竟然也跟着过来了。在头顶叫了几声，又飞到地上捉虫。这时候仍不忘进食，真是好样的。

在附近又见到华贵璎珞木（*Amherstia nobilis*）开花，此植物的中文名是本人起的。2008年2月，我们一家在斯里兰卡曾见到它。

15分钟后转晴，到湖边赏景。

白腰鹊鸲，雄性。外来种。

名字就是名字

2012.01.05 / 星期四

下午应邀参加植物学系吕佩伦（Pei-Luen Lu）的博士学位论文答辩会，论文讨论的是天门冬科龙舌兰亚科龙血树类植物的系统学、演化和生物地理。佩伦特别研究了三个属的系统演化关系，夏威夷特有属*Pleomele*的演化、生物地理以及此属下两个特有种的种群遗传学。另外，根据她所做分子层面的工作，似乎存在一个新种。如今"发现"一个新种，需要博物层面工作与分子层面工作相结合。

传说，西班牙驻秘鲁总督沁中公爵（Chinchón）的夫人（本名Doña Francisca Henriquez de Ribera）患疟疾，医生尝试过放血等多种疗法，都无效。最后试用一种树皮，夫人的病奇迹般地好了。后来人们才知道，有效成分是奎宁。消息迅速传到欧洲，人们开始称它"公爵夫人树皮"。这个说法最早是1663年传出的，故事并不是很靠谱，但1753年林奈还是想纪念一下这位公爵夫人，于是就有了茜草科金鸡纳树属（*Cinchona*）的命名。不知林奈是有意还是无意，丢掉了一个字母h。故事还没完。由于耶稣会的一个主教在采用这种植物治疟疾方面做了进一步的工作，它也被称作"耶稣会树皮"。这个新名称在英国曾产生坏作用。17世纪中叶英国内战期间，一些人激烈地反天主教，即使得了疟疾也坚决不采用"耶稣会树皮"！名字就是名字，就那么回事，代号而已，过分在意解释，就不划算。当然，从文化和历史的角度，研究名字的由来，是件好玩的事情。

用夏威夷产的一种淡红色参薯煮粥，加了点香菇，味道非常好。

想起普桑的画

2012.01.06 / 星期五

唐人街购物；彩旗飘扬。然后转往威基基浴场游泳。沿海岸朝东南行走，观灯塔和日落。坐在厚沙上，远望挂在海天交际线上一对对三角帆的剪影，目送太阳沉到地球另一边。

"夕阳无限好，只是近黄昏。"

普桑（Nicolas Poussin, 1594–1665）画作中那句铭文"即使在阿卡迪亚也有我"（*Et in Arcadia ego*），虽然显得伤感，却也是明白的真理。铭文中的"我"，指的是死亡；"阿卡迪亚"，指的是博物学很在意的"田园牧歌式生活"。美好的东西难以永恒，因而需要倍加珍惜。死神光顾方有新生，主体有了"转世"般的超越，便可淡定配命，享受风起云涌、沧海桑田。

夏威夷瓦胡岛日落时刻海面上的三角帆。摄于钻头山海滩公园。

采木开花了

2012.01.07 / 星期六

想在山上看日落，决定夜行校园东部山上的瓦黑拉州立休闲公园。

傍晚由圣路斯道（St. Louis Drive）上瓦黑拉山，在山坡上经圣彼得街（St. Peter Street），从鲁斯路（Ruth Place）到达休闲区大门。白天此线有公共汽车，现在只能徒步。太阳已经稳稳地沉到西边海面之下，夜幕降临。走得缓慢，上山用了一个多小时。

进入休闲区，两侧为高大的小叶南洋杉林，仅林梢有些微光，周围静得有些恐怖。沿东北方向继续上山，则是瓦黑拉脊山道，这么晚了不能再上山。决定向左转，沿山脊的山道穿越树丛返回。

打着手电筒，顺崎岖的小路下山，在黑暗中竟然发现采木（*Haematoxylum campechianum*）开花了。这种带刺的豆科小树，树干几乎没有完整的，总有三分之一或者一半是死掉的。闭上眼睛，采木给我的印象是：干枯、顽固、老朽、惹不起。没想到它的花竟是这么漂亮。看来，谁都有灿烂的那一刻！

黑暗中对焦非常困难，打闪光灯拍了几张，均不理想。决定明天第一件事是再来拍花。

【上】采木上的一个鸟窝。

【下】采木结出密集的豆荚。

·· 2012.01.08 / 星期日

送朋友到机场，本来电话预约了出租车，可是到时间车并没有来。终于等来一辆空车，急忙去机场。后来得知，小公司的出租车不靠谱。

在机场二层平台喝星巴克咖啡，味道不佳。

返回时在机场二楼乘19路，没注意巴士路线"8"字循环中的哪一轮就上了车，被带到了Hickam军事基地。两个军人上车检查证件，我这时才意识到乘反向了。下车等了10分钟，这辆车从基地出来，再次上车。

想着拍摄采木，但光线不好，明天吧。

·· 2012.01.09 / 星期一

上瓦黑拉山坡，重新拍摄前天晚上见到的采木的花。天气很好，拍摄效果还可以。山坡上五爪金龙（*Ipomoea cairica*）也刚开花，藤和叶显得细弱。现在普遍认为它是归化种，但希拉伯兰特1888年认为它是本土种。在夏威夷，1819年就已经采集到标本。

旋花科鱼黄草属（*Merremia*）中具掌状复叶的毛木玫瑰（*M. aegyptia*）和木玫瑰（*M. tuberosa*），在夏威夷也挺多。前者见于瓦胡岛夏威夷大学Johnson Hall南侧和岛东南部Kealahou街，后者见于大岛。

人类学家Cathryn H. Clayton邀请我给她的班上讲一次课。她竟然知道我了解一点点SSK。讲什么呢？肯定要讲中国的事情。

读张潮的《江南行》："茜菰叶烂别西湾，莲子花开不见还。妾梦不离江上水，人传郎在凤凰山。"很有画面感，时间（通过植物：由晚秋到下一年的盛夏）空间（通过山水：由下至上、由近及远）交替变化。在关键处诗人突然停住，不再说了。郑谷的《淮上与友人别》可与之比较："扬子江头杨柳春，杨花愁杀渡江人。数声风笛离亭晚，君向潇湘我向秦。"

2012.01.10 / 星期二

整理植物图片，读书。

做晚饭，证明从台湾进口来的佛跳墙罐头没问题。上次做汤感觉辣，是因为后加入了芋叶，而且煮的时间不够。

中国现代性进程的纠结之一是，"己所不欲，勿施于人"这一本来适合于任何传统社会的伦理、法律原则受到根本性的颠覆。大家都知道中小学孩子为了考试，浪费大好时光去死记硬背许多没用或许还有害的"知识"，但几乎家家都尽力为自己的孩子补习，再次强化这种"己所不欲"。对僵化体制、官场腐败人人有微词，但许多人想往里钻。从公务员热考可见一斑：2010年考生数量超过146万，而在2003年为8.7万。"哥考的不是环卫工而是事业编制"，更说明问题。当然，类似的纠结并非仅存在于中国。全球技术创新热和军备竞赛如出一辙。人类个体、小群体算计着如何在"魔鬼游戏"中胜出，从而取得竞争优势；在大群体、大尺度意义上，人类表现为一个滥用体力、精力、智力的奇怪物种。好的哲学声称能够引领时代精神，那么哲学家就应当思考如何重建规则，变恶性竞争为和平共生。

【左】旋花科五爪金龙的叶。

【右】旋花科五爪金龙的叶和花。外来种。

芋各部位的名称

2012.01.11 / 星期三

乘A路在Kalihi街下车，向东北方向步行，从桥上跨越高速路H1，右转（东转）到毕晓普博物馆参观，顺便联系看标本事宜。

博物馆的全名为The Bernice Pauahi Bishop Museum，是以柯玫哈玫哈大帝的曾孙女Bernice Pauahi Pākī（1850年嫁给商人兼慈善家Charles Reed Bishop后得名Bernice Pauahi Bishop）命名的。在此，Bishop仅仅是一个surname。夏威夷不知从哪请了一个"二把刀"，把它译成了"主教"。"主教博物馆"几个大字明晃晃印在中文版博物馆介绍中。

建于1889年的毕晓普博物馆主楼。楼前植有露兜树。

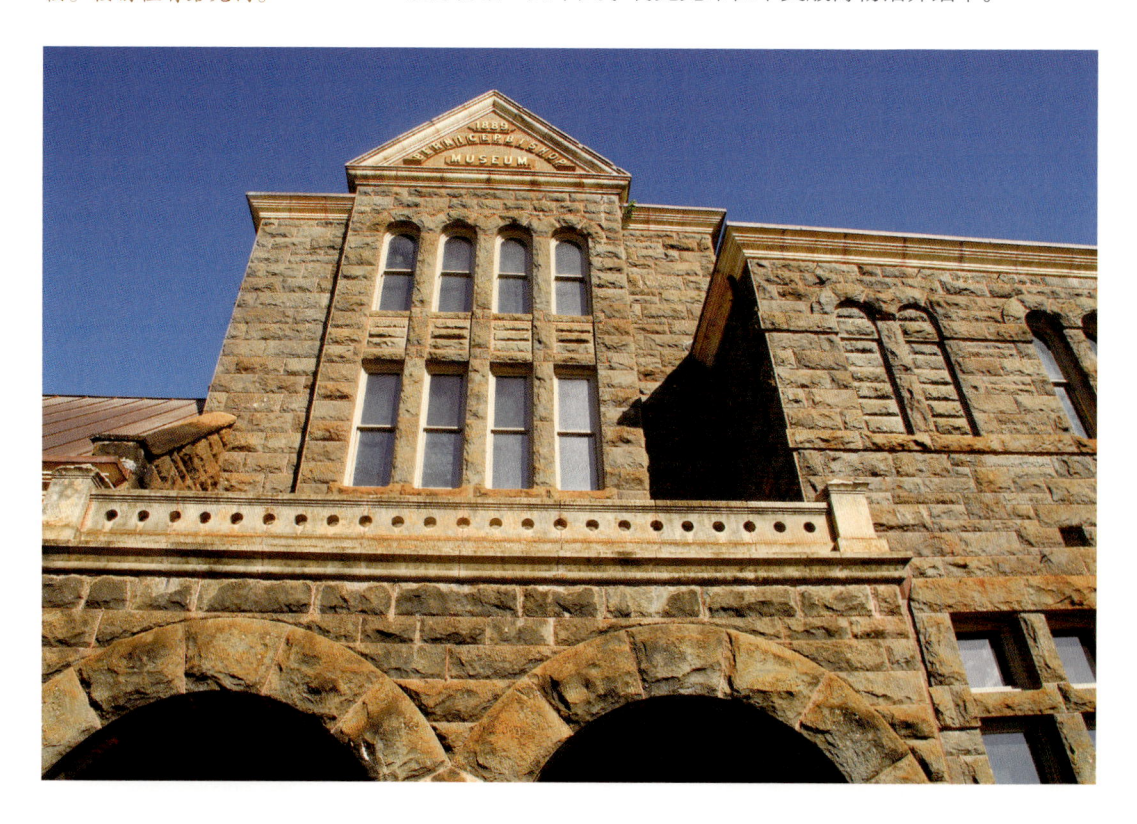

这家收藏丰富的博物馆，浓缩了夏威夷的历史、文化，有大量古物和标本，集公众教育与专业研究于一体。门票10.95美元。正门入口天文馆附近有许多金棕属植物；一株高大的面包树结了不少果子，熟透的像黄泥巴一样摔在地上。

展品琳琅满目，木雕、玄武岩石雕、鲸的骨制品、鲸标本、鸟毛饰物、基于本土植物的编织品等，令人印象深刻。一块巨大的展板上介绍说，关于夏威夷先民的来源，多数学者相信，它们最早来自中国东南部，时间大约在5000－6000年前。图上展示的发源地是中国长江口一带。下一站是江浙一带，然后为台湾，再到如今的菲律宾群岛，然后是美拉尼西亚、波利尼西亚，最后是夏威夷群岛。

有块展板上详细介绍了夏威夷人对芋（*Colocasia esculenta*）植株各部位的称谓：整体上看三部分由上至下分别为叶：Lau；叶基部：Huli；椭球形地下块茎：Kalo。具体讲，地下茎的皮：Ili kalo，地下块茎皮内的肉质部分：Io kalo；叶缘：Kae lai；叶柄：Ha；地下块茎上长出的细根：Huluhulu；地下块茎上长出的小珠芽：Oha；珠芽上的小叶柄：Omuomuo；花：Pua。芋对于夏威夷先民十分重要，它是早期移民最看重的植物之一。

夏威夷先民对月亮圆缺的体认也很细致，月相与先民的农业、渔业关系极密切。有大量图文并茂的展板介绍天文与日常生活、生产之关系。

馆内也有几个贝类展柜。此馆当年有毕业于耶鲁大学的贝类专家库克（Charles M. Cooke, 1874－1948）坐镇，仅宝贝（cowry）专家Clarence M. Burgess（在檀香山人们常称他Pat）于2002年就捐赠了7000种贝类标本。不过，与伦敦的自然博物馆一样，现在拿出来展示的品种并不多，远不如大连的贝壳博物馆。

院内空间不算很大，但植有大量本土植物。特有种莫洛凯马齿苋（*Portulaca molokiniensis*）正在开花，夏威夷名Ihi。这种多肉质植物，外形像景天科的，但一看花，特别是长长的雌蕊，就明白了。另几种记述如下：

鼠李科对叶蛇藤（*Colubrina oppositifolia*），特有种，叶对生，叶柄棕红色，夏威夷名Kauila。木材极为坚硬，夏威夷人把它当金属使用，比如加工成武器。与蛇藤（*C. asiatica*，也称亚洲滨枣）易区分，后者藤本，叶不对生。在夏威夷此属只有这两个种，后者是本土非特有种。

特有种锦葵科门氏苘麻（*Abutilon menziesii*）也恰好在开花。小灌木。花瘦弱，粉红到红色；叶背面灰白色。寇寇火山坑植物园中种植了一大片这种植物。

柿树科夏威夷柿（*Diospyros sandwicensis*）叶小但硬朗，夏威夷名为Lama。木材药用，也经常用于宗教场所，因为其名字有"启迪"之义。

苋科和五加科的几个特有种灌木在此长得不好，略去不谈。

瞧完植物，到植物学部联系看标本的事情。Napua Harbottle接待，她爽快地答应，让我列出要看的植物种类，这样标本馆的人员可以事先准备好。约定13日到16日前来。

馆内纪念品丰富，有文化衫、图书、卡片、手提袋、纪念册、木制品、工艺葫芦。无论哪一种商品，均与博物馆有直接或者间接联系。国内的植物园、自然博物馆做得较差的是，纪念品相当贫乏，商店出售的东西通常与本地展出的内容无关。国内著名旅游景点出售的纪念品也不强调本土化。这是外行经营的结果，显得没文化。国内各大景点、植物园和场馆年年派出参观团、考察团，为何不学点人家的长处呢？说到底，忽视本土性，是不自信的表现。

回来时在唐人街一家纪念品店铺购买寇阿木碗，21美元。豆科寇阿木材，可做独木舟、大船、工具手柄、盛米的大罐子。

【左】毕晓普博物馆内收藏的一串用鲸牙齿制作的项链（Ula Lei），产于萨摩亚，1889年入藏。

【右】钓鲨鱼的骨制大鱼钩（Makau），鱼线是用荨麻科鱼线麻纤维制作的，采集于1893年。

【上左】夏威夷木雕神像（Kii laau），1825年采集于大岛。

【上右】夏威夷某部落男性祖先雕像（Tekoteko），1889年采集。

【下左】夏威夷先民使用的葫芦容器，外面的网兜用鱼线麻纤维编织。

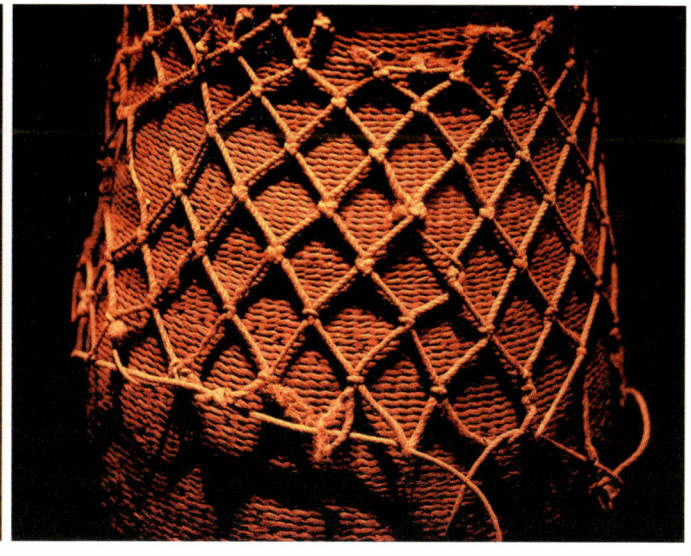

【下右】夏威夷传统用具绳编篮（Hinai），内壁用蔓露兜的叶编织，外网用鱼线麻纤维编织。

马齿苋科莫洛凯马齿苋，特有种。中文世界也称金钱木。

莫洛凯马齿苋的花。

【上】锦葵科门氏苘麻，特有种。

【下】柿树科夏威夷柿，特有种。

2012.01.12 / 星期四 .... 鼠李科对叶蛇藤，特有种。

准备要看的标本清单，按轻重缓急排列。在想，中国人的博物与西方人的博物有何差异。博物是为生活方式服务的，是生活的一部分。

以洛克命名的植物

2012.01.13 / 星期五

洛克1914年11月采集的一份大戟科植物标本（50184号，毕晓普博物馆），当时被命名为洛氏大戟，种加词来自发现者洛克。这是洛克发现的第一个新种。后更名为洛氏地锦。

乘A路到毕晓普博物馆植物学部看标本。工作人员均非常客气、很愿意帮忙。为方便我拍摄还准备了梯子。

两长排有导轨的标本柜紧密摆放在屋子中间，铁柜间偶尔有几个空当。工作人员向我讲解了三地标本的分布：国际、美国大陆和夏威夷本地各岛标本都在哪个区、按什么顺序存放，教我如何移动标本柜。

柜子与图书馆的相似，只是更厚更高。我只对夏威夷本土植物感兴趣。迅速熟悉了查找方式，很快能取到自己想看的标本。

首先要看的是第一种以洛克名字命名的植物。由于知道科属，标本迅速找到。当时命名为洛氏大戟（*Euphorbia rockii*），命名人为福布斯（Charles N. Forbes）。现在此植物已更名为洛氏地锦（*Chamaesyce rockii*）。

这个种，洛克在此标本馆留下了多张标本，上面清晰地记录着采集时间为1908年11月到12月。文献记载，1908年9月，洛克与三个月前刚到毕晓普博物馆的植物助理福布斯一起外出考察，洛克向他展

示了自己两个月前发现的一种新植物。后来福布斯发表夏威夷植物新种时就用了洛克的名字（Alvin K. Chock, *Taxon*, 1963, 12（03）：91）。

看标本如看书，是一种享受。标本台纸是个小世界，内容极为丰富，包括历史、文化、植物信息。

中午没有舍得时间下楼吃饭，一直在察看和拍摄标本。

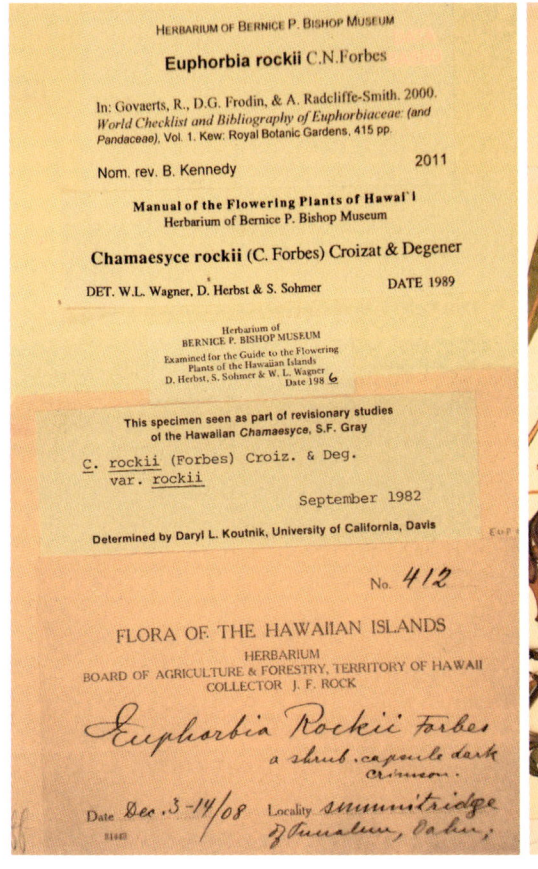

【左】标本标签上的植物学史（50166号，毕晓普博物馆）。最下部为最早由洛克贴上的标签，填写的采集时间为1908年12月3－14日，洛克编号为412。上面的标签为1982年9月由加州大学戴维斯分校的D. L. Koutnik填写。接着是1986年由D. Herbst等三人贴上的小标签。再上部为1989年编写《手册》时核准的标签。最上部是编写《世界大戟科植物名录与文献目录》时再次审核时贴上的标签。这张标本的标签总体上说还是简单的，名字只变过一次，而且仅仅是由一个属转移到另一个属。

【右】由Wayne Takeuchi博士1985年采集的半边莲亚科考爱孔果莲（*Trematolobelia kauaiensis*）标本（492891号，毕晓普博物馆）。

州花州树州鸟州鱼

2012.01.14 / 星期六

标识，是一种符号工具，有助于联想、记忆，对于文化传播很重要。中国到现在没有确定国花和国树，令人遗憾。

夏威夷州花：锦葵科布氏木槿（*Hibiscus brackenridgei*），夏威夷名Mao hau hele。这个种是美国植物学大佬格雷（Asa Gray，1810–1888）以他的得力助手布拉肯利兹（William

锦葵科布氏木槿，夏威夷州花。这是纯正的州花，现在经常把同属的一系列纯种或者杂交植物当作州花。

Dunlop Brackenridge，1810—1893）的名字命名的。布氏担当了原计划格雷在美国南海大考察（the United States South Seas Exploring Expedition of 1838—1842，简称U.S. Ex.Ex.此次探险共5艘船，346人参加，科学家不足10人）项目中的植物学家角色（格雷有别的事情没能前往）。如今从事夏威夷旅游宣传的个别人拿这个属的其他种类滥竽充数，硬说成是州花，反正多数游客也不懂。这个特有种已很难见到。

州树：大戟科石栗，波利尼西亚人引入，常见。

州鸟：夏威夷雁（*Branta sandvicensis*），特有种，夏威夷名Nene。在毛依岛、考爱岛容易见到。

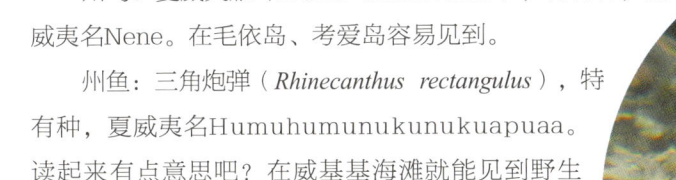

州鱼：三角炮弹（*Rhinecanthus rectangulus*），特有种，夏威夷名Humuhumunukunukuapuaa。读起来有点意思吧？在威基基海滩就能见到野生的，非常多。

【上】从后上方观察夏威夷州鱼。

【下】夏威夷州鱼"三角炮弹"（上）。在威基基海滩容易见到。左下为米点箱鲀。

植花木的理由

2012.01.15 / 星期日

读闲书。

李笠翁谈植树的理由颇有趣:"寒素之家,如得美妇,屋旁稍有隙地,亦当种树栽花,以备点缀云鬟之用。他事可俭,此事独不可俭。妇人青春有几?……我何人斯?而擅有此乐,不得一二事娱悦其心,不得一二物妆点其貌,是为暴殄天物。"

李渔认为金屋可以不设,"药栏花榭则断断应有,不可或无"。"富贵之家,如得丽人,则当遍访名花,植于阃内,使之旦夕相亲,珠围翠绕之荣不足道也。""赤贫之家,卓锥无地,欲艺时花而不能者,亦当乞诸名园,购之担上,即使日费几文钱,不过少饮一杯酒,复娱男子之目,便宜不亦多乎?"虽有时代上的限制,老李亦依然把女人当物看待,但不能不说老李很有情趣、颇懂女人。

联想到当今官员喜包养佳丽,如能顺便植些花木,也算美化了局部环境,整体上也有利用于全球"减碳"不是?这算不算建设性提案?

洛克和希拉伯兰特,都因患结核病而来夏威夷养病。但在他们之前的肖邦(Fryderyk Franciszek Chopin, 1810–1849)就没这么幸运了,他一生患有肺结核,希望温暖的气候能够缓解他的病痛。事与愿违,肖邦的肺结核最终因为居住条件差,加上天气糟糕,后来发展成了肺炎。

在圣约翰楼前确认一株茜草科郎德木(*Rondeletia odorata*),外来种。

继续看标本

2012.01.16 / 星期一

今天是马丁·路德·金日，学校放假一天。担心毕晓普博物馆也关门，但上周与Napua约时间时对方并没有提关门的事。再查网站，只有星期二和圣诞节休息。

于是按原计划，"金"日仍然到博物馆看标本。

校园A路车站旁的红木科弯子木（*Cochlospermum vitifolium*）撒落黄花满地。花重瓣，外面泛着奶油光泽。

9:00到达博物馆。做了较充分的准备，加上上一次的经验，今日找标本已经相当熟练，迅速看了瓜莲属（*Clermontia*）、樱莲属（*Cyanea*）、铁心木属（*Metrosideros*）、金棕属（*Pritchardia*）、檀香属（*Santalum*）、桃榄属（*Pouteria*）、柏叶枫属（*Cheirodendron*）、柃属（*Eurya*）、木果棉属（*Kokia*）、荛花属（*Wikstroemia*）多份洛克采集的标本，也顺便看了圣约翰、莱昂、Alvin Chock、O. Degener、D. Herbst、V. J.

洛克1957年3月1日采集的夏威夷瓜莲（*Clermontia hawaiiensis*）标本，毕晓普博物馆。

【上】魏格纳（W. L. Wagner）等人1974年在毛依岛东部海拔4000英尺采集的一种檀香木标本（471365号，局部，毕晓普博物馆），曾被鉴定为 *Santalum freycinetianum* var. *lanaiense*。依洛克早期的分类方案，它的名字应当是 *S. haleakalae*，按2010年新的分类方案，它的名字应当是 *S. haleakalae* var. *lanaiense*。

【下左】洛克1913年1月采集的半边莲亚科长钉叶孔果莲（*Trematolobelia macrostachys*）的果实（洛克的编号为10360），毕晓普博物馆。

【下右】由Wayne Takeuchi博士1985年在瓦胡岛采集的半边莲亚科植物标本（489993号，毕晓普博物馆），当时被鉴定为狭叶合樱莲（*Rollandia angustifolia*），重新鉴定为库劳樱莲（*Cyanea koolauensis*）。

Krajina等人采集的若干标本。看到这些熟悉的人物亲自采集的标本，那一段历史仿佛自然呈现出来。

从博物馆现存各种植物标本数量，也可间接推断历史上哪些人对夏威夷本土植物研究贡献较大。采集标本多者，通常也是研究成果较多者。当然，这只是辅助证据。

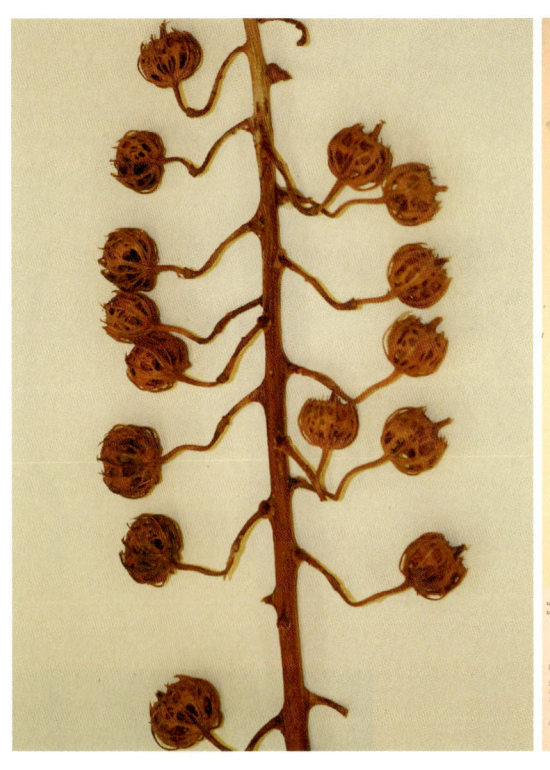

帕洛洛山谷

2012.01.17 / 星期二

因几件小事耽搁，早、中两顿只吃了几片小饼干，装满一瓶水，出发到帕洛洛（Palolo）山谷。从夏威夷大学校园向东走到第十大道，一直向北，再向东一点折向Waiomao路，走到头。见各处都贴着"私人道路""私人领地""不能穿越"之类小牌子。长途跋涉，终于来到山道口附近，但一时找不到具体入口。犹豫间，一位姑娘问我有何贵干，我说想登山。她指了指树下黑黢黢的一条通向沟底的小道。说是小道，从外面看像狗洞。走进去后是一条河沟，很开阔。路湿滑，难行。口渴得要命，但坚持不喝，水要留到最困难的时候用。

昨天看了洛克1913年对帕洛洛山谷的描述，今天忍不住要瞧一瞧。洛克说此山谷仍然有许多剩下来的檀香科檀香属植物。我努力寻找，一株没有找到！但这不能证明这里没有。事实上，其东侧的拉尼坡（Lanipo）山梁上确实有檀香木。檀香科植物的骤减主要是人为砍伐的结果。这类木材的芯部有特殊香味，成为中国等地人们抢购的商品。檀香山的檀香木主要出口中国。

沟谷中基本被外来植物占领了，黄独、硬毛绢木、薏苡、五叶薯蓣（*Dioscorea pentaphylla*）、空心蕉、观音座莲常见。过了三个瀑布，本土或准本土植物，除了金棕属植物、铁芒萁、朱蕉和石栗，主要有：（1）荨麻科鱼线麻，木本，特有种。（2）苦苣苔科心叶浆果苣苔（*Cyrtandra cordifolia*，夏威夷名Hahala）和多花浆果苣苔（*Cyrtandra polyantha*），木本，特有种。夏威夷这个属特别发达，种类极多，属内杂交现象普遍，于是属内分类非常困难。（3）金星蕨科类树毛蕨（*Cyclosorus cyatheoides*，夏威夷名Kikawaio），特有种。（4）紫茉莉科魏氏腺果藤（*Pisonia wagneriana*），叶近似轮生，复伞形花序。

《手册》认为只产于考爱岛，不准确。

（5）鸢尾科特有种文身庭菖蒲（*Sisyrinchium acre*），茎直立，花黄色，较小。夏威夷先民用它的汁液（取其蓝色）文身。但《手册》上没有记载瓦胡岛上有此种分布。

路甚滑，用木本灌木美洲阔苞菊（*Pluchea carolinensis*）做了一根手杖。在第二个瀑布上面，一块巨石上嵌有纪念Heidi Marie Page（1971–1997）的小铜牌，上书"Rest here and give thanks for the love you give and the love you receive"。她是一位自然爱好者，热心公益事业，喜欢远足和摄影，她的足迹遍布夏威夷四个岛上的许多山道。不幸的是，她只活了26岁。我查了一些她的资料和照片，从7岁一直到1996年，但始终不知道她因何英年早逝，癌症还是事故？不管怎样，生命的意义或许不在于长短，她无疑给这世界留下了无数美好的回忆。

帕洛洛山谷中的合囊蕨科驼脚蕨。1927年引入莱昂树木园，逸生。

返程路更困难，摔了一跤，下意识地手撑地，手掌被扎了一个小眼儿。戴着帽子，不小心撞了两次脑袋，有一次还挺重，差点晕过去。全身是泥，天黑时终于回到校园。

收获是什么呢？没找到所谓的檀香木。100多年了，生态变了，这并不奇怪。外行看不出"天堂之绿"之下有什么变化。但我知道，这不是天堂。"天堂只是一种心灵状态。"这绿已经被彻底代换了。

【上左】帕洛洛山谷中朱蕉的气生根。

【上右】帕洛洛山谷中的Heidi Marie Page纪念牌。在如此偏远、寂静的地方纪念这位善良的大自然爱好者，十分恰当。

【下】苦苣苔科心叶浆果苣苔，特有种，木本。

【上】苦苣苔科多花浆果苣苔，特有种，木本。

【下】苦苣苔科多花浆果苣苔的花。

【上左】金星蕨科类树毛蕨，特有种。

【上右】金星蕨科类树毛蕨背面的孢子。

2012.01.18 / 星期三

今天才看到云南网友半夏2011.12.20在我博客上的留言。她说洛克与一纳西族女人生有两个儿子，但这事在云南丽江很忌讳。这个发现源自贵州的一位作家。传说洛克的两个儿子为洛福世（已去世）和洛福寿，名字都是洛克起的。

【下左】紫茉莉科魏氏腺果藤，特有种。

【下右】紫茉莉科魏氏腺果藤的花序。

·· 2012.01.19 / 星期四

庄子非鱼，能知鱼之乐；笠翁非鸟，能识鸟之情；华杰非花，能感花之媚。吹牛不课税！

再读《闲情偶寄》，狗尾续貂。并非痴狂，一番心意耳。

·· 2012.01.20 / 星期五

早晨到校园拍摄。红花羊蹄甲、红花文殊兰花开正旺。香苹婆果实已经成熟，果皮变红并开裂；最后果皮会180度平展，形成漂亮的果盘。成串的果壳彻底成熟后掉到地上拾回来可作为精美的艺术品保存。

在博客上贴出三种植物：（1）香苹婆（*Sterculia foetida*），梧桐科，唐人街有三株大树。夏威夷大学校园有两株，其中一株1928年由美国园艺学家、农学家贝利（Liberty Hyde Bailey, 1858–1954）所植。此人重新发现孟德尔豌豆实验的重要性，曾任格雷的助教、纽约州立农学院院长、康奈尔大学教授。受总统西奥多·罗斯福任命担任全国乡村生活委员会的主席，曾在报告中呼吁建立美洲大农业文明。显然，美国政府并没有听他的。（2）槭叶酒瓶树（*Brachychiton acerifolium*），也叫槭叶苹婆，梧桐科。（3）圆果杜英，杜英科。

梧桐科香苹婆果实熟了，果壳在枝头开裂。

·· 2012.01.21 / 星期六

要过年了，街上略有装点。在夏威夷，过春节的族群还不少。

克娄瓦鲁山道

2012.01.22 / 星期日

今天过年，想登高而望。9:45出发，计划走克娄瓦鲁（Kolowalu）山道，再与瓦黑拉脊山道汇合，向北行进，一直登到南北分水岭。

很顺利爬上一个局部山梁，寇阿和蔓露兜正在开花，迅速转移到东侧的瓦黑拉山脊。向北，走了约一个小时。在上一个陡坡时，突然左小腿抽筋，接着右小腿也抽起来。我稳了稳神，不敢用力，慢慢挪到一个安全地方坐下来。怎么了？负重太大？以前也这样啊，这次还没有另外背镜头啊。带的水也喝得差不多了，当即决定，取消计划。到了分岔口，考虑了一下，还是决定原路返回，虽然沿瓦黑拉脊一直南行的山道也走过。事后证明，取消计划是完全正确的。下了山觉得全身不舒服，缓慢走回。

沿克娄瓦鲁山道上山时穿过茂密的黄果草莓番石榴树林。在高海拔的山梁上见到夏威夷蒲桃（*Syzygium sandwicensis*）大树，直径约15厘米。一开始还以为是某种檀香木呢！

瓦胡岛克娄瓦鲁山道的黄果草莓番石榴林。外来种。

今天最高兴的是拍摄到紫金牛科特有种莱氏铁仔（*Myrsine lessertiana*），种加词来自法国银行家、业余植物学家和贝类学家Benjamin de Lessert（1773-1847）。此植物命名者为"A. DC."，即著名植物学家Alphonse Pyramus de Candolle。在夏威夷铁仔属特有种很多，但叶形差别较大，容易辨认。

豆科寇阿正在开花。特有种。　　　　　　　　　　　　　　　2012.01.23 / 星期一

　　昨天从山上回来就见圣约翰楼东马路边木棉（Bombax ceiba）满树红花，由于太累了，加上光线不好，没有拿"大炮"再出去。今天早上，最重要的事情就是走近观赏它。木棉，也叫吉贝、攀枝花、英雄树，英文名为Red Silk Cotton。

我注意到主要有两种鸟为其传粉：一种是家八哥（*Acridotheres tristis*），另一种是暗绿绣眼鸟（*Zosterops japonicas*）。看到这种树，能感受到火一样的热情。以前在广州、深圳、海南三亚也见过这种木棉，但几乎无法同时见到花和叶。这里的旧叶还没有脱净，叶缘有点火烧红。

紫金牛科莱氏铁仔，特有种。

夏威夷大学校园的木棉与暗绿绣眼鸟。

·········· 2012.01.24 / 星期二

打听附近房子租金。最便宜的为：1521 Artesian Way，每月600美元。

·········· 2012.01.25 / 星期三

在图书馆看缩微胶片。有了数字化存储，估计再不会生产缩微胶片这种麻烦的东西了。中午在校园赏花。

·········· 2012.01.26 / 星期四

再上拉尼坡山道，山道入口处银桦正开花。在中段终于见到开花的弗氏檀香。有一株树龄估计上百年。

2012.01.27 / 星期五

三上拉尼坡山道。早晨5:50出发。今天故意没有带相机，多背了两瓶水。不拍摄只观光也颇有趣，偶尔手发痒、遗憾。连续上坡时感觉膝盖有些痛，关节内估计缺"润滑液"！

返回时近1个小时也没等来车，下决心步行返回，从山上一直走到学校。

晚上收到州纳税的通知，问丹尼尔我究竟要交多少，他说等月底有单子来，告诉过去一年一共收入多少再决定填表。

2012.01.28 / 星期六

上午交了房费。在网上读刘亮程《一个人的村庄》。晚上有免费相声等演出，无兴趣，到图书馆读书。

读人类学家克拉孔（Clyde Kluckhohn, 1905–1960）的书《人之镜》。书中讲事实与结构的关系："The facts are the scaffolding [脚手架], while perspective is the structure itself. The structure may persist when most of the facts have been forgotten, and continue to provide a framework into which a new fact may be fitted when acquired."（*Mirror for Man*, New York: Whittlesey House, 1949, p.180）

他的下述论断对科学史、科学哲学也有意义："Because much of 'primitive' behavior seems so nonsensical or irrational from the point of view of Western culture, anthropologists have become accustomed to take everything they see and hear seriously. This does not mean that they think everything they hear is 'true.' It means only that they recognize the possible significance of the 'untrue' and the 'irrational' in understanding and predicting how individuals or groups react."（p.184）

2012.01.29 / 星期日

读台湾人写的与克拉孔有关的材料。

·· 2012.01.30 / 星期一

到檀香山国际机场接田松，航班号UA 663，11:55接到，预计12:33到，提前了半个多小时。乘19路和A路返回夏威夷大学校园。

老帕利路3860号

·· 2012.01.31 / 星期二

与田松一起乘4路到洛克1957–1962年住过的老帕利路3860号。今天非常幸运。虽然大门仍然紧闭，但大门外立着一则小广告：明天有一个招待会，有意购买此院者可前来参观！今天虽然没有进院的机会，但明天有了！

绕路到山谷溪水边竹林采鲜笋，很快就采了够吃三顿的量。在离洛克住房不远的努阿奴帕利路（Nuuanu Pali Drive）见到茄科金杯藤（*Solandra maxima*），近匍匐生长，花金黄色，大如唢呐，外来种。后来在山上也见过几次。在路边还见到一种美丽的藤本卷柏属植物，应当是星状卷柏（*Selaginella*

从老帕利路3860号外面拍摄的马克斯地产大院草坪，红色的叶子是一株使君子科榄仁树落下的。

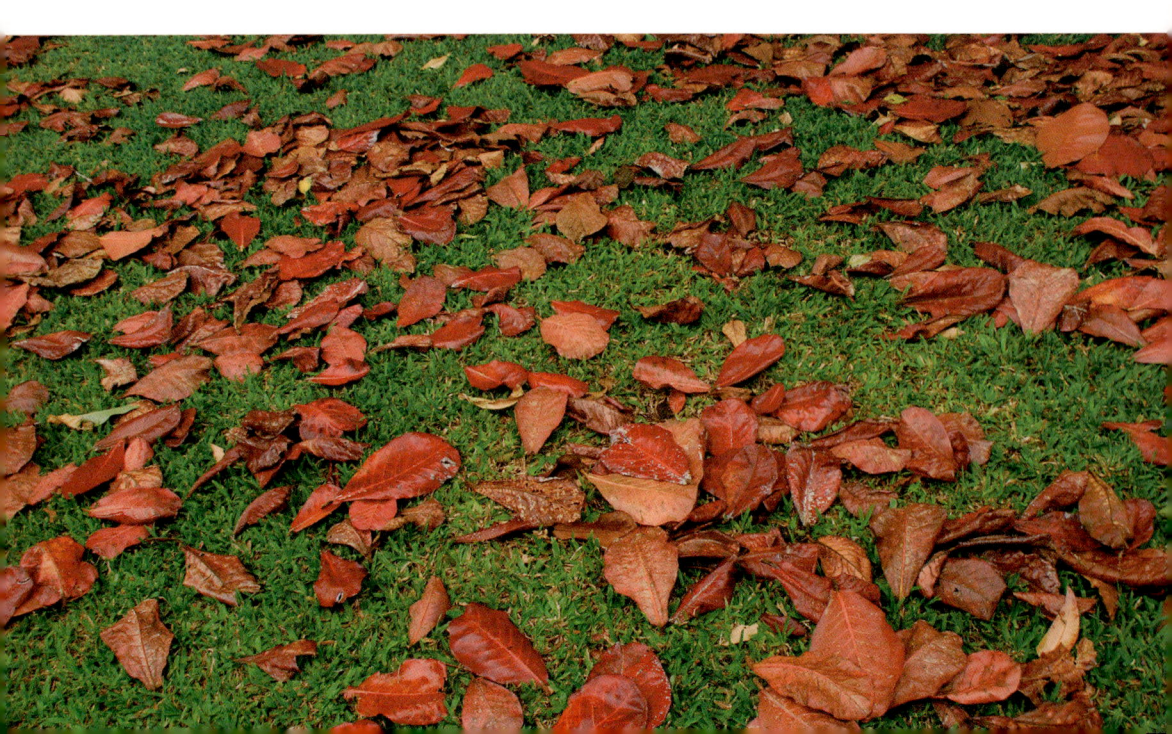

stellata）。

　　下坡往回走，步行到瓦胡墓园看洛克的墓，我自己已经来过，很快就找到。

　　中途路过"驻檀香山台北经济文化办事处"，仔细看了正门口所对马路边栽种的两株椭圆叶檀香和两株寇阿。檀香木结了许多果实，少量已经由绿变紫黑色。

　　两人走到唐人街，拾了好多香苹婆的果壳，多心皮联体者甚美。

【上】在老帕利路3860号洛克晚年住所大门口见到一份广告，第二天将有一个地产推介会，这意味着明天我们就可以名正言顺地进入大院参观了。远处正驶来的是4路公共汽车。【下】在努阿奴帕利路上遇到一种藤长达1.5米的星状卷柏，很漂亮。外来种。

428 / 檀岛花事

"驻檀香山台北经济文化办事处"门口马路边的椭圆叶檀香，此时有花有果，部分果实已成熟。特有种。

二月 FEBRUARY 2012

夏威夷大学校园紫葳科风铃木开花。

洛克先生，早上好！

2012.02.01 / 星期三

等了半年，都没机会进入洛克晚年住过的大花园。此房子的现主人是道格拉斯先生，身份之一是栀子学会的主席。他住在加州，曾与我通信两次，答应邀我一同欣赏他园中的植物。但从去年8月到现在他一直没有到夏威夷来。

田松前天到达檀香山，昨天我们路过这里，意外得到一个消息："21世纪地产公司"向潜在购买者推介，明天9时园子开放。还是松哥能量场强大！田松比我对洛克更感兴趣，前面已经提及我关注洛克还是因为田松。

今天一早乘4路来到老帕利路3860号。本地记者Aaron Landry恰好跟我们乘同一辆公共汽车来到。

早上好，洛克先生（Good morning, Mr. Pohaku）！

洛克晚年住过的大房子最早叫The Clarence H. Cooke House，后来称The Marks Estate（1946年此房子和大花园出售给Elizabeth Marks，她是农场主、实业家、政治家Lincoln Loy McCandless的女儿，她丈夫Lester Marks是一位地产商。马克斯夫人是洛克的超级粉丝，洛克晚年就住在马克斯家里。这也部分解释了洛克的墓为何放在McCandless家族的墓块中了），是由一著名建筑师为Clarence Hyde Cooke设计的，建造时间为1929–1932年。我查过，建筑设计师是颇有名的菲利普（F. Hardie Phillip, 1888–1973），此人还设计过Honolulu Academy of Arts（现名为The Honolulu Museum of Art）。

马克斯（Marks）夫妇的房子在当地称"马克斯地产"。有多大？二层楼，主楼室内面积867平方米，卫生间就有9个。主楼附近有三座客房、一个门房、一个大车库。院子面积19020平方米（相当于190米乘以100米，合28.5亩），这还只是修路后剩下的部分。洛克当年在院子里种植了大量花木，如今在院子北部还留下数百株以棕榈科为主的高大树木。

地产公司员工非常友好，看门兼打扫院子的K兄昨天已见过，对我们更是热情。此K兄不是一般人，他在收集资料，准备写这所房子的历史！但他并不知道洛克在此住过！告诉他这个消息，他非常振奋，还送了我们两罐饮料。地产公司的负责人D先生竟然也不知道洛克在此居住过，我拿出材料给他看，他十分震惊，感谢告诉他这样一条消息。或许这会成为他下一轮卖房子的宣传材料之一。

我们十分兴奋地仔细参观起这个大房子和大园子。

一层会客厅的设计采用了"借景"的技法！令人想起苏州园林，更有趣的是室内与室外合在一起。室外北部，与一条小路相连的一个中式亭子及周围的花木通过客厅的大窗被借到室内。

在房子二层西侧平台上见到飞舞的黑脉金斑蝶。风筝果（*Hiptage benghalensis*）和翡翠葛顺墙爬上来。向北望，有各种花木，如蜜瓶花、大血桐、番木瓜、杧果、异色山黄麻、龙血树，还有多种姜科、棕榈科、兰科植物。金虎尾科风筝果极可能来自中国。没有发现半边莲亚科的植物，有关材料中说洛克在此园中特意栽培过这类植物。

【左】马克斯地产一层会客厅北侧的窗子可以"借景"，把房子北部很远处的亭子收入画面。

【右】房子北部由棕榈科植物包围的一个二层亭子，就是由客厅窗口看到的那个。

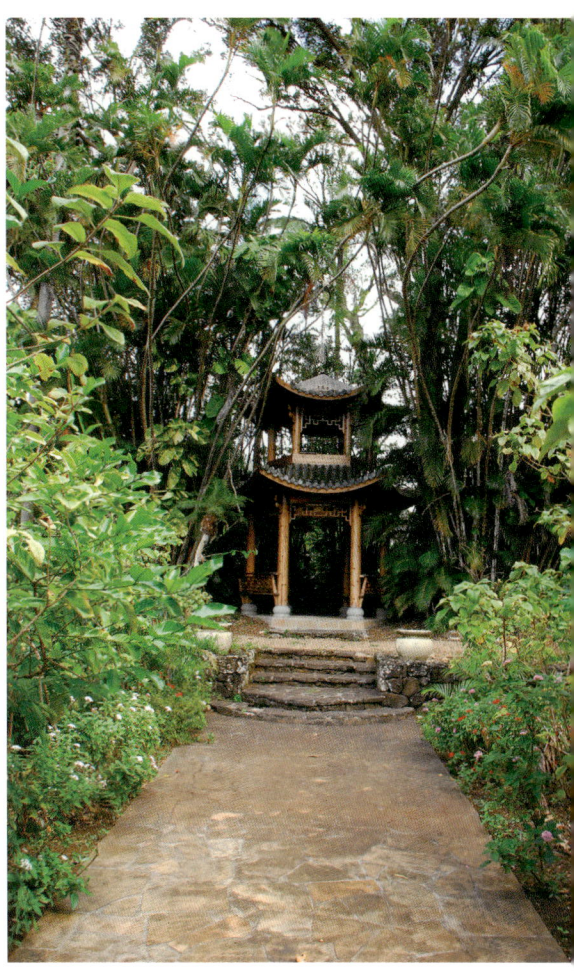

进了大门，从东南角看老帕利路3860号大院。

向西望，远处下部为室外游泳池。再西侧为帕利高速路，噪声很大，只闻其声，不见其路，因为中间隔着树林。政府修此路，将原来的大花园一分为二，也彻底打破了园子的宁静。为了修路还打过一场官司，我看过老报纸的报道。

晚上从网上读到记者写的一则消息：I also met two men from China who were visiting to see the estate from a botanist's angle as the "Father of Hawaiian botany",

Joseph Francis Rock, lived there from 1957 until his death in 1962. 这两人就是田松和我。

下午我们来到威基基，这一带我熟悉。天很热，找到沙质较好的New Otani Kaimana Beach下海游泳。经过橄榄球场大草地，我爬到球门上边，田松用iPhone上特意配置的鱼眼镜头为我留影。步行回夏威夷大学。

晚上唐女从美国San Diego开会回来，送我一只贝壳。

由二楼西北部向院子的西侧看，
下面有一个巨大的室外游泳池。

【右上】一楼西侧的餐厅。

【右中】二楼楼梯转角处的茶几、中式木椅。墙上有一幅油画，画的大概是中国一个大户人家孩子出生的场面。

【右下】威基基海滩上美女如云。

校园内的本土植物园

2012.02.02 / 星期四

带田松在夏威夷大学校园各处参观。自然要介绍几种特色树木，少不了拍摄令人惊艳的香苹婆果壳。雪德（Shidler）商学院前、George Hall后的本土植物园中，桔梗科半边莲亚科皱籽紫果莲（*Delissea rhytidosperma*）结出漂亮的黑果。同亚科的木油菜（*Brighamia insignis*）在此勉强成活。这两个特有种在野外已经很难见到。此处还有寇阿、布氏木槿、椭圆叶檀香、夏威夷柿、伞花避霜花（*Pisonia umbellifera*）、易变画眉草（*Eragrostis variabilis*）。这个本土植物园呈条形，位于一个土塄上。园子虽小，宝贝甚多。

下午在校园北部的Kamanele Park晒太阳、拍摄象耳豆。

在夏威夷大学出版社木房子下面拍摄到无患子科黑珍珠（*Majidea zanguebarica*）。这种植物原产于东非，种子黑色外表有细绒毛。种子可作项链。此处也有紫葳科炮弹果。

皱籽紫果莲结出的果实。

夏威夷大学校园商学院门前本土植物园中的桔梗科灌木皱籽紫果莲，特有种。

【左上】紫茉莉科伞花避霜花，本土种。

【左下】无患子科黑珍珠，外来种。

2012.02.03 / 星期五

登瓦黑拉山脊，拍摄外来野草和蜗牛壳。陪田松参观哈密顿图书馆。

2012.02.04 / 星期六

在校园参观，准备出行。

禾本科易变画眉草，特有种。对夏威夷生态极为重要的一种野草。

飞赴大岛

2012.02.05 / 星期日

启程到大岛（Hawaii）旅行。

5:30陆波开车送我们到檀香山国际机场，预计7:00飞往大岛的希洛（Hilo），稍晚点。我们6:35登上小飞机，机身印着夏威夷岛际航空公司巨大的标识"go!Mokulele"，7:21才起飞。飞机由西向东飞行，我坐在靠北的窗口，清晰拍下瓦胡岛东南部的火山口地貌。哈纳乌马湾自然保护区中一边开口的火山口海湾、射击场、寇寇火山坑、红树林、最东侧的Makapuu角以及北部的Kaohikaipu海鸟岛，都很熟悉。7:25飞到莫洛凯岛（Molokai）西海岸上空，7:33毛依岛（Maui）主要城市卡胡卢伊（Kahului）进入视野，港口泊着一艘巨型游轮。7:35飞越东毛依岛海拔过一万英尺的东君殿（Haleakala）国家公园，山顶有三个山岭，最顶部荒凉的灰褐色火山渣背景上一组白色的天文观测设施格外醒目。夏威夷群岛的诸多高峰是理想的天文观测点。4月底，我将开车到东君殿国家公园山顶看日出。7:54降落于大岛希洛机场。算下来，从檀香山到大岛共飞行33分钟。

住处离机场不算远，我们步行前往，也可以观察周围的植物。向西望，远处山顶有发亮的东西，那是海拔13677英尺（4168.7米）的Mauna Loa天文台（简称MLO），距离希洛34英里，因距离远而显得非常矮。在希洛西北方向、与MLO呈等边三角形的山峰Mauna Kea海拔13803英尺（4207米），是夏威夷群岛的最高峰（此处看不到），它也算得上世界上最高的山。最高？珠峰往哪算？因为它的山下就是海平面，不同于青藏高原。珠峰虽高，但其山下的海拔就已经相当高了。

机场附近大多数植物是外来种，如大花紫薇（*Lagerstroemia speciosa*）、露兜树、大血桐、美洲阔苞菊、异色山黄麻、琴叶

【上】希洛海湾的木麻黄与三角帆。

【下】由比利大叔希洛海湾酒店314房间看到的傍晚风景，楼下海边的大树是使君子科榄仁树。

【上】走出希洛机场，路标显示向右（北）走19号公路到霍诺卡有42英里，向左（南）走11号公路到活火山区有29英里。第二天，我们骑自行车上坡29英里，累得好惨。远处山顶有发亮的东西，那是海拔4168.7米的Mauna Loa天文台，距离希洛34英里，因太远而显得不高。

【下】希洛靠近夏威夷大学分校的一家自行车出租行，我们在这儿租了两辆，车子基本上是中国生产的。

【上】从大岛希洛机场往外走，路边见到梧桐科伞序马松子，外来种。

【下】山龙眼科澳洲坚果的花序，此植物来自澳大利亚。在夏威夷许多人家以此作绿化树种。

珊瑚、朱缨花、杂交木槿、蓖麻、火焰木、澳洲坚果（Macadamia integrifolia）、赪桐、伞序马松子（Melochia umbellata），几种树蕨倒是本土种。梧桐科伞序马松子我是第一次见，其叶形类似于大血桐和山麻杆，但花序和花形不符。《手册》上说，原来长在印度、西南亚、马来西亚，在夏威夷大岛的希洛1928年的一场大火后曾飞播过此植物。

入住榕树路比利大叔（Uncle Billy）希洛海湾酒店314房间，海景房，还不错。选择未来几天的交通工具，决定租两辆自行车，每天每辆25美元。租车行的自行车大部分是中国生产的！骑上车，感觉甚爽，驱车返回海湾。沙子是灰绿色的。微风吹拂，在木麻黄树下欣赏希洛湾的三角帆船，感觉世界真美好。

到希洛城（准确说是个小镇）寻找有名的一家农贸市场，在街边见到一巨幅装饰画，很有地方特色，画的是多形铁心木和镰嘴管舌鸟（Iiwi）。终于来到市场，木瓜非常便宜，一美元6个，比网上说的还多1个。除了水果、蔬菜，市场出售多种山龙眼科切花，大岛和毛依岛盛产这些，不过它们的老家在非洲和澳洲。

下午在希洛湾一处旧石台上跟一群当地孩子跳水，第一次从那么高的地方往海里跳。开始时有点怕，渐渐胆大了。起跳处石头很滑，差点出事故。

从飞机上看瓦胡岛东南部，哈纳乌马湾和寇寇火山坑清晰可见。

骑车上火山

2012.02.06 / 星期一

8:00出发，兴致很高，骑车顺时针绕大岛，今日的目的地是火山国家公园。

骑了一个多小时，就感觉不大对头：我们可能过高估计了自己的体力！租自行车也许不是个好主意。

开始阶段路是平的。8:39见一住户花园中柚树下大个头的柚子落了满地，有的已经开始腐烂。在瓦胡岛已经见识过，夏威夷人家栽种果树，可能并不是为了吃果子，仅仅为绿化或好玩。

8:58望见右侧50多米外野草丛中有一株叶子甚大的植物。扔下车，分开比我高一倍的野草，挤过去。是野牡丹科的，叶大得出奇。在这样的地理位置出现这样的怪物，外来种无疑，毫不犹豫就折了有叶有花序的枝出来。查资料，为绢木（*Miconia calvescens*），被称为绿色癌症（the green

【左】入侵物种野牡丹科绢木的花序。

【右】绢木的大叶子，外来种。

cancer）。与我的自行车相对比，可知道它的叶子有多大。它原产于西非，后来入侵到斯里兰卡、塔希提。1961年引入夏威夷瓦胡岛的一个植物园，1971年有人发出警告，预言它会对夏威夷森林产生严重影响，1992年此预言得到证实（Bruce A. Bohm, *Hawaii's Native Plants*, Mutual Publishing, 2004, 159）。9日傍晚在希洛热带植物园路边又见到许多。

9:25见到小草圆锥花远志（*Polygala paniculata*）。这种植物到达夏威夷较晚，1974年才采到标本。《手册》中远志科只收了这一种。我也是第一次见到实物，但一眼就能判断出所在的科。

远志科圆锥花远志，外来种。

9:42在一十字路口见到"柯玫哈玫哈学校125周年纪念"广告牌,花坛中植有多形铁心木,红花与黄花各一种,后者更好看。一只大个头的熊蜂正给黄花授粉。

10:21在马路边休息时看到桔梗科半边莲亚科马醉草(*Hippobroma longiflora*),此科中少有的外来种!与大量特有种相比,它因为少,也跟着升值了,闲着也是闲着,我就仔细观察了一番。叶如蒲公英,花瓣5(细看并不完全等同),白色,形如大果假虎刺的花。花被管细长,似伞杆。花梗开花时直立,坐果时则下垂。远瞧它的花,难判断是哪个科的,但只要瞧瞧果子,立即知道是桔梗科的。它是西印度的特有种,

开黄花的桃金娘科多形铁心木,特有种。

很早就来到了夏威夷，1864－1865年采到标本。

11:03在路边见到结了累累果实的野牡丹科宝莲灯（*Medinilla magnifica*），在国内它是温室的宠儿，在这则是外来的、迅速适应本地条件的野草。附近还有天南星科火烛和鸢尾科杂交火星花（*Crocosmia × crocosmiiflora*），应当是逸生的。野地里的火星花倒不难看，但与夏威夷这片土地不协调，一瞧就是外来客。

11:14到12:10共见到三种外来的野牡丹科植物：（1）短柄蒂牡花（*Tibouchina herbacea*），粉花较小，其貌不扬。（2）公主蒂牡花（*T. urvilleana* var. *urvilleana*），紫花稍大，光线从斜后方照过来，确有几分公主的气质。其花萼也很美。（3）珠牡花（*Heterocentron subtriplinervium*），茎红色、花密集，植株长在番石榴树边，搭配得体，还算怜人。

11:28见椭圆悬钩子（*Rubus ellipticus*），茎上有密集的黄刺儿，叶椭圆形，未见果。藤子很强势，严严实实覆盖了几百平方米的土地。

11:36见五加科鹅掌柴结出大量黄色果实。这种园林植物再普通不过，但在野地里见它开花并结出果实却不容易。

路上只见两人骑自行车，而且是迎面过来的，即人家是下坡！中午感觉又晒又饿，路边既无饭馆又无小商店。好不容易碰上一个加油站，买了一盒极难吃的"马粪"（Muffin, 抱歉我译成了这个名字），外加一加仑冰镇牛奶。平时我是不喝牛奶的，此时也不知哪根神经连通了。买了，还挑了大桶！喝了没多久，就肚子痛，让一向反对喝牛奶的松哥好一顿嘲笑。倒霉的事情还没结束，牛奶太多了，剩下有四分之三，只好用锁车的链子把塑料桶绑在车上，这样做时不小心把钥匙丢了，没办法，还车时要赔钱。

越骑越累，暂时无心情观赏植物和拍照。

15:45路牌显示海拔3000英尺（915米）。距终点还远着，感觉疲惫。骄阳似火，马路一上一下，总体向上，上坡只好推车行进。

15:52周围是大片的铁心木林，有鸟巢状气生根。

16:42路边见若干小花池，其中有一种植物与寇阿类似，但叶甚宽。叶形竟然像在越南和云南见到的马占相思（*Acacia*

mangium），但比它略窄，叶的主脉也不偏斜。与黑木相思（*Acacia melanoxylon*）的叶接近，但比它宽而且略弯曲。估计它是寇阿的一个变种。旁边有一种大叶植物大叶草科（Gunneraceae）的阿牌草（*Gunnera petaloïdea*，夏威夷名Apeape），特有种。这个科不常见，但我在秦岭见过一种叶形类似的植物鬼灯檠（*Rodgersia aesculifolia*），因而迅速查到名字。如今阿牌草与鬼灯檠被分在不同的科中，但原来都在虎耳草科中。

经过9个半小时的艰难骑行和推车步行，17:30天快黑了，总算到了预订好的Aloha Junction别墅（留下电话808-967-7289，也许你会用上）。80美元含早餐，无线网速度很快。房子装修算不上豪华，但室内布置很别致，一张桌上摆有大幅的三维大岛地图，墙上挂了许多本土鸟绘画，有博物气息。用咖啡机可以随时煮大岛的特产科纳（Kona）咖啡。

这里海拔高，而且是林区，太阳一落，空气就变得很凉，穿单衣觉得冷。

晚餐自己动手，我们做了三道大菜，很享受。主人家厨房设备齐全，特别是有各种调料，包括罂粟籽，撒在菜上吃起来很香。

晚间搭乘一对美国夫妇的汽车进国家公园看活火山，这也是我目前见到的唯一还在冒火的火山。火山口在高山的台地上，周围显得很平坦，这与事先想象的不同。此时不是活动期，即使是活火山白天看也只见烟不见火；晚间瞧，火山口如大地上一个巨大的火炉，在黑夜里照红了一小片空间。

桔梗科半边莲亚科马醉草，外来种。

【上】路边野生的野牡丹科宝莲灯，外来种。

【下】野牡丹科公主蒂牡花，外来种。

【上左】蔷薇科椭圆悬钩子，外来种。

【上右】多形铁心木的鸟巢状气生根。此处海拔900多米。

【下】一种金合欢属（*Acacia*）植物，叶较宽（宽度介于马占相思与黑木相思之间），可能是寇阿的变种。

【上】大叶草科阿牌草,特有种。

【下】火山国家公园附近的Aloha Junction别墅。住在这里白天到周围观光,晚上自己下厨,非常享受。

活火山口漫步

2012.02.07 / 星期二

早餐很棒，吃到厨师现烙的一种"火山饼"。有点像小时候在东北吃过的"锅出溜儿"。是用平底锅烙的，因而呈圆形，两面有烤焦的麻点。这种发面小饼口感非常好，我决心回檀香山后仿制！

台地上到处都有火山活动，但此时只有一个较猛烈些，百米内不许靠近。其他地方冒着蒸汽，从枯草中、从岩石缝隙中、从树林中。

夏威夷神话中，佩雷（Pele）是火神、光明神、风神、火山之神，火山活动自然由这位女神控制。国家公园的展厅在讲述现代地质学知识的同时，也用很大的版面来介绍火山传说和神话。资料上说，此处的基拉韦厄火山口（Kilauea Caldera）自William Ellis从1823年开始观测以来一直在活动。随着每次喷发，局部地貌都在改变。从上部往下瞧，火山口像巨大的平底锅，里面小火炖着一锅黑糨糊！说不定哪一天，锅底或锅的边缘会被地底下的岩浆再次熔穿而开始喷发。

看似贫瘠的火山渣上其实并不缺营养，少水、存不住水倒是事实。地表长着一些坚强的本土植物，如普基阿伟和火山越橘（*Vaccinium reticulatum*），它们俩都贴着地结出了红红的小果实。

本土特有种短叶红猪蕨更是"炉渣"上的勇士。这种树蕨的基部常有陈年的枯叶，但它们并不显得老气，因为新叶泛着亮光，小叶密集交错彰显着生命的顽强与乐观。草丛中外来的竹叶兰也特别多。无患子科本土非特有种车桑子在其他地方结的果实呈绿、淡黄色、淡粉红色，而在此植株矮化的同时果实也红些。

接着来到瑟斯顿熔岩筒（Thurston Lava Tube），这里是观察本地鸟、本土植物的好地方。铁心木树林下层是高大的树蕨和五加科植物。树蕨主要有恰氏金毛狗（*Cibotium chamissoi*）、灰绿金毛狗（*C. glaucum*）、门氏金毛狗（*C. menziesii*）和红猪蕨（*Sadleria cyatheoides*），前三者叶三回后者叶两回。五加科三叶柏叶枫（*Cheirodendron trigynum*），倒卵形叶通常为3出，偶尔为5或7出，叶形变化较大。瓦胡岛的宽叶柏叶枫（*C. platyphyllum*）叶更宽更圆。柏叶枫属在夏威夷有5个特有种。

沿Kilauea Iki山道（全长4英里，约6.4千米）走之字形路走向火山"锅底"。

基拉韦厄火山坑边缘的多形铁心木，远处冒白烟的是仍然活动的一个喷口。

首先遇上茜草科匍匐亚灌木矩花形耳草（*Hedyotis centranthoides*），特有种。接着是聚星草科（Asteliaceae）门氏聚星草（*Astelia menziesiana*），特有种，原来算在百合科下。它是野猪的美食，野猪能把整株植物均吃掉。夏威夷原来没有猪，猪的引进（有些变成了野猪），造成严重生态影响，许多本土特有植物遭殃，濒临灭绝。

地表有阳光处，常见本土种智利草莓（*Fragaria chiloensis*），也称海岸野草莓。道路两边外来的姜科植物不受欢迎，被园林工割倒，但它们不久还会长出来。

火山越橘，特有种。在草丛和新生的熔岩上大量分布。

火山锅底整体平坦，约数平方千米，局部有起伏。隆起的部分与沥青马路被铲起的样子差不多，有的地方像耐火砖墙断面。但是在这荒凉的熔岩上多形铁心木鲜花盛放，至少有三种蕨类植物自由自在地生长着，不足膝盖高的火山越橘还挂着一簇簇红果，这让人无法不对植物生命怀有敬意。

菊科那夷菊属（*Dubautia*）特别发达，演化出一大批特有种。在火山"锅底"的裂缝中找到完全不起眼的糙叶那夷菊（*Dubautia scabra* subsp. *scabra*），如果没有准备，很容易忽略过去。其分类地位可非同一般，它的一系列亲戚也极为特别。它所在的属没有中文名，夏威夷名为Naenae，读音近似"那义那义"，考虑到它是夏威夷特有属，"义"改为"夷"，于是我编了个"那夷菊属"。夏威夷菊科有三个密切相关的特有属，都是木本：剑叶菊属（*Argyroxiphium*，以前译作银剑草属）、那夷菊属（*Dubautia*）、多轮菊属（*Wilkesia*）。到夏威夷一趟，如果能同时见识这三个属的植物，那就非常幸运了。前者只存在于毛依岛和大岛，后者只存在于考爱岛。

火山亮脉多足蕨（*Polypodium pellucidum* var. *vulcanicum*）和火山多回蕨（*Pteridium aquilinum* var. *decompositum*）两个特有变种在熔岩缝隙中经常见到。前者叶厚实硬朗，后者叶细弱舒展。

走了约2.5千米，从锅底再次上到火山坑上面，沿边缘的小路返回靠近瑟斯顿熔岩筒的停车场。这段路上至少有6个特有种：

（1）多枝匍匐生长的茜草科雁果（*Coprosma ernodeoides*），夏威夷名为Kukaenene，意思是Nene droppings，即夏威夷雁的排泄物。夏威夷雁吃它的紫黑色果实，果核则随粪便排出。不过，此时没有果。

（2）莱氏铁仔，1月22日刚见过。

（3）夏威夷荛花（*Wikstroemia sandwicensis*）。同属植物已经见过几种。

（4）类顶花海桐（*Pittosporum terminalioides*），叶较小。与邱园的模式标本图像对比了一下，稍有差异，有待进一步确证。

（5）高株大萼越橘（*Vaccinium calycinum*），常生长在树

林中，植株较高，最高可达5米。这是除齿叶越橘（常匍匐生长在湿润山脊通风处）、火山越橘（常生长在干旱的火山熔岩上）之外的第三个特有种。

（6）苦苣苔科宽叶浆果苣苔（*Cyrtandra playtyphylla*）。

13:40离开火山公园，骑车向南放大坡。昨天一直上坡，现在轮到下坡了，真叫爽。为了能适当瞧瞧周围的植物也为了安全，不能放得太快。

13:54发现矮株锥序檀香（*Santalum paniculatum* var. *paniculatum*）大约有20多株，叶发黄，新芽微红，有少量果实，个别已变红。

15:27见到山龙眼科外来种红花银桦（*Grevillea banksii*），花序非常漂亮，大约十株。希洛市场出售的切花中竟然无此种。红花银桦原产于澳大利亚昆士兰，夏威夷最早的标本是洛克1909年采集到的。

15:45大坡放完，又骑了一段，开始顶风且上坡！据说一直到凯鲁阿－科纳（Kailua-Kona，一般只叫Kona）将全是顶风。现在再次感觉到当初应当租汽车，而不是自行车。

琢磨着招手搭车赶路，因为按这个速度骑，今晚是不可能到达岛西的科纳了。美国人民真是非常友好、乐于助人，一路上我们（两个人两辆自行车）顺利搭了三段车。在汽车上注意到有的地段巴西乳香严重入侵。最后一段，一对美国夫妇开车绕道把我们直接送到预订的小旅馆，时间19:20。

今晚住在科纳镇中心的Koa Wood Hale Inn之Patey's Place Hostel，与前两天相比条件差多了。这里跟大车店差不多，一切设施均男女合用。6人一室（不足10平方米），上下铺。有女士不说，这没什么关系，井水不犯河水；关键是有位超级胖子，体重得有200千克。田松判断他是位推销员。他打鼾如拉警笛一般，由于过分肥胖，不到一分钟就必须翻一下身，鼾声暂停，大口喘气。我真担心哪一刻，那节律不再重复，他被憋死。这位老兄有自知之明，在外间待到很晚才进屋上床。不过，他一上床，别人再也无法入睡了。

大家都很体谅这位胖兄弟，抱着床单一个接一个到大厅找个地方睡在地上。感觉过了不久，天就亮了。

火山熔岩上的先锋植物短叶红猪蕨，特有种。

聚星草科门氏聚星草，特有种，野猪喜食。

【上】大地冒着热气。地下仍然有岩浆活动，没准哪一天这里还会喷发。草丛中竹叶兰甚多，树木主要是多形铁心木。

【下】火山坑"锅底"类似破碎沥青路的缝隙中生长着先锋物种多形铁心木。

462 / 檀岛花事

【上一】茜草科匍匐亚灌木矩花形耳草，特有种。 【上二】蔷薇科智利草莓，本土种。

火山坑"锅底"裂缝中的糙叶那夷菊,特有种。外表不起眼,它的分类地位却十分重要。

【上】糙叶那夷菊的叶与茎。

【下】火山坑"锅底"不全是灰黑色的，也有外表如耐火砖模样的。"砖块"小裂缝中已经长出火山越橘和某种蕨类植物。

长在"炉渣"上的火山越橘正在开花，特有种。

田松在冒着热气的熔岩裂谷旁行走。

山龙眼科红花银桦,外来种。

檀香科矮株锥序檀香，特有亚种。

杜鹃花科高株大萼越橘，特有种。在三个特有种中，它长得最高。

卢奥烤全猪

2012.02.08 / 星期三

早餐在旅店自己煮方便面和鸡蛋，这里有简陋的厨具。旅客自己剩下的任何东西（包括炊具、餐具、水果、饼干、面包等）都可放在客厅边的架子上，其他人可任意取用。其实，住这样的店也很好，省钱，能体验社会底层生活，也有机会结识来自世界各地的穷游客。

骑车在科纳海岸观光。小镇是度假胜地，街道狭窄，游客颇多。小镇绿化用树除棕榈科植物外，多用草海桐、红厚壳、白水木、阿诺特木槿（*Hibiscus arnottianus*）。后者是夏威夷特有种，白花，广泛用作树篱。此植物由格雷命名，种加词来自苏格兰植物学家、硅藻专家阿诺特（George Arnold Walker Arnott, 1799 – 1868）。

夏威夷传统卢奥大餐（Luau）中必然包含烤全猪（Kalua或Luau Pig）。今天碰巧在Royal Kona Resort酒店东南侧空地上看到夏威夷地灶（Imu）烤全猪的整个程序：（1）在沙地上挖个深坑，把一堆大块的火山石烧红备用。我注意到，不是用传统办法烧的，而是埋入若干钢管，用液化气从底下烧的。（2）在石头上铺一层香蕉茎秆内芯撕成的白色细条。（3）整猪去毛去内脏事先腌制好，中间切开，四腿内侧各切一刀，猪仰面放到香蕉杆细条上。用铁钳夹若干块热石放在切开的猪肉中。（4）全猪上部覆盖多层朱蕉叶和香蕉叶。（5）在上面盖上两层用水浸湿的白布，周围和上部用沙子掩埋。实际上它不完全是烤，而是连烤带焖。

小镇边的沙滩并不连续，黑色礁石遍布，近海不大适合游泳。我和田松下海走了走，只游了一会，不幸均被海胆蜇着，脖子、胳膊肿起来，痒得厉害，几天后才好。我的右脚掌也被割了一条又大又深的口子，割的时候竟然全然不觉。这道口子严重影响到骑车。

下午乘车继续顺时针绕岛，走大岛腰带路（Hawaii Belt Road）。巴士费不管远近，一人一元，自行车放在巴士车前的专用车架上，另加一元。此公路在半山腰绕行，宛如腰带。透过车窗一路欣赏黑乎乎的火山地貌和广阔的牧场。在Waimea休息，汽车停在Parker Ranch Center附近。见黑荆（*Acacia mearnsii*），原产于澳洲。晚上入住霍诺卡一家日式老店Honokaa Club。海景房，但天色已晚，加上在高处，看不清海。院子的南墙有一巨幅壁画，展示的是19世纪日本劳工在甘蔗田收割的场面。店内天井植有门氏金毛狗、蓝姜（*Dichorisandra thyrsiflora*，鸭跖草科）。走廊过道的桌子和墙上布置了贝类、鱼类、夏威夷民族植物学专题实物和博物画。

位于大岛西部的科纳小镇。这里的科纳咖啡非常有名。

【上左】夏威夷地灶烤全猪。下面是事先烧红的火山石堆，将香蕉茎杆内芯条铺在石头上，再把腌制好的猪放上。

【上右】猪身上再覆盖朱蕉叶和香蕉叶。之后要用湿布盖严，再覆以湿沙。

【中】霍诺卡小镇一家历史悠久的旅店Honokaa Club院内的壁画，展现的是19世纪日本劳工收甘蔗的场面。

【下】Honokaa Club旅店的摆设很博物，这是走廊贴出的夏威夷民族植物学海报。

骑行大岛西北海岸

2012.02.09 / 星期四

早晨艳阳高照,心情很好,脚伤看来还可忍受,我们决定不再乘车,而是一直骑回希洛!兴奋时人总是高估自己的实力。

8:30我们开始在霍诺卡向北逆行一段,到附近看看。这里雨水充沛,植物茂盛,与岛西的干旱景象全然不同。杧果的花序盖满了全株。一住户的鳄梨果实之密之多,超过了想象。山坡上是密植的桉树人工林。

田松到霍诺卡邮局寄明信片,我则在四周看植物。在路边见到辣木,不知是为绿化还是为食用。作树篱的九里香已结出红果。邮局后院靠海一侧有一株美丽的多形铁心木,繁花满树。邮局的墙上挂着一幅1946年拍摄的霍诺卡老照片。

从这里到希洛约40英里,不敢久留,抓紧向南!

路旁见大量钉头果(*Gomphocarpus fruticosus*)、火焰木、万年麻、鸡蛋花、木玫瑰(*Ipomoea tuberosa*)等外来植物。

12:55田松走进Papaaloa邮局,再次填写明信片。我到南边的沟谷里面看植物。沟不算深,溪水不多,山石裸露,沟两侧被密集高大的树木盖住。黄色的木玫瑰花像挂毯一样从棕榈树上铺下来。阳光充足处,见圆锥花远志。树林中偶见几株面包树,每树有十多个果实。

路过多个澳洲坚果园,目前世界上出售的相当一批澳洲坚果(也叫夏威夷果)产自这里。

大岛西北部有大量冲沟,公路遇沟要么直接架桥,要么向岛内弯曲一下。海岸多为峭壁,多形铁心木茁壮成长,海岸公路在台地上蛇行,与海岸保持一定的距离。道路整体上弯曲起伏,非常适合骑自行车,骑车观赏沿途风光别有风味。遇到美丽的海湾,就停下来细致欣赏。

下午持续骑行。16:20感觉又累又饿,上坡路根本骑不动，只能推车走。就近取材，啃起了甘蔗。时间不等人，还得快速赶路。

17:23终于赶到夏威夷热带植物园，不幸的是太晚了，已经关门。只好在附近瞧了瞧。我们找到一条下海的小路，路口竟然立了8张牌子，提醒注意洪水、落石、禁止商业活动之类。骑车小心下行，来到植物园南部幽静的小海湾。这里林木高耸，远处回响着海浪声，两座大礁石威严地伫立在海湾中央，形成界线分明的剪影。入海的浅浅小河反射着最后一抹日落余光。我们站在河边，脚下许多椰子与卵石混在一起，搞不清是被海浪还是被河水挤到这里。目击天色渐渐变黑的全过程，依依不舍，返回公路。没能参观这一知名的热带植物园多少有些遗憾，不过从宣传手册中判断，这里展示的大多是来自世界各地的热带植物，夏威夷特色并不明显。

还有约十英里才能到希洛。我们几乎是在黑暗中骑行，公路上没有路灯。当有汽车经过时，虽然能暂时借点光，但也是最危险的时候，有两次车子差点被挤到沟里。

从霍诺卡全程骑车回到希洛，真的有点成就感。19:10入住希洛镇中心的Hilo Bay Hostel，这家青年旅店客房在二楼，公共活动空间颇大，还算舒适，仍然男女混住，条件比科纳的那家强多了。小厨房墙上挂着夏威夷大学热带农业与人文资源学院2007年印制的"夏威夷大岛引入的热带水果"张贴画，有图片、英文俗名、学名和日文俗名，我数了一下，共154种水果，另附9种坚果。

自行车不允许带进门，只得锁在马路边（一支锁已经在路上遗失）。会丢吗？怎么会呢？

20:29用1/4秒的速度从二楼窗口拍街景，小镇很宁静。

霍诺卡一住户的鳄梨，花果甚多，一株树上估计有上千只果实。

霍诺卡邮局后面的一株多形铁心木。

入侵的旋花科木玫瑰。枝上的"玫瑰"不是花瓣，而是干枯的萼片。

大岛西北部海岸大多陡峭，多形铁心木在此茁壮成长。洛克的书中特意提到这一点。

【上】夏威夷热带植物园旁的美丽海湾，此处距希洛有十多英里。我们到这时已经傍晚（17:31）。

【下左】在热带植物园海湾见到的椰子，此时已经18:24，天已黑了。

【下右】骑车绕岛一周后返回希洛，晚上20:29在旅店二楼窗口拍下希洛镇的夜晚街景（1/4s, f3.5, ISO200）。

彩虹瀑布

2012.02.10 / 星期五

"今天要不要返回热带植物园？"田松试探一下我的想法。我说，"不必了，留下点遗憾是正常的。"

在大岛我们还有整个上午的时间可以利用。彩虹瀑布是必瞧的。向西北方向推车上坡，经过Kalakua Park，见一株贝卡利金棕（*Pritchardia beccariana*）。此植物的种加词来自棕榈科权威意大利植物学家贝卡利（Odoardo Beccari, 1843–1920），当年洛克的合作研究者。街边有蓝雪花和红粉扑花（*Calliandra emarginata*）树篱，一蓝一红，色彩鲜艳。也有人家栽种来自中国的山茶花。

枯水季节水颇少，彩虹瀑布只有一小绺水从一个"大岩石盖"上往下掉，瀑布虽高但并不壮丽。观瀑点距瀑布约百米，绕道上到瀑布上面。"大岩石盖"是火山熔岩铺成的，下部已经部分淘空。路上有球花豆、伞序马松子、小叶榕、驼脚蕨、金杯藤、大血桐等。磨圆的巨石上爬有海金沙（*Lygodium japonicum*），茎右旋，见到的大多是孢子羽片（fertile pinnae）。石壁上头花蓼（*Polygonum capitatum*）的V形条带清晰可见，无花的植株长得肥大，开花的植株叶片小而红。

11:45在希洛著名的快餐店Cafe 100吃饭。

下午在路边火山渣上看到玄参科母草（*Lindernia crustacea*）、樟科无根藤（*Cassytha filiformis*）。快到机场时见到美蕊花（*Calliandra surinamensis*），树高大，枝条繁多，Y形复叶的叶柄基部有刺，花朵大多打蔫，了无生机。

候机厅内见到几柜由松田（Hikari & Henry Matsuda）于1998年捐赠的贝壳。我大致扫了一遍，似乎并无特别的品种，但把大自然美丽的造物陈列于此也足见希洛机场的文化品位。威基希尔顿酒店的豪华大厅中也有贝壳展柜。19:10登机，20:10出檀香山机场，乘19路在唐人街转A路，约22:00到宿舍。

【上】希洛小镇的一株贝卡利金棕，特有种。

【下】希洛Kalakua公园的"希洛华人春节"宣传条幅。要过年了！

希洛著名的彩虹瀑布,此时水非常少。

【右上】路边火山渣上的玄参科母草，外来种。

【右下】彩虹瀑布上游火山石上的海金沙，外来种。

【左】彩虹瀑布上的头花蓼，外来种。　【右】希洛机场候机厅中的贝壳，由松田捐赠。

橄木

──────────────────────── 2012.02.11 / 星期六

休整。《尔雅》中说："荣而实者为之秀，荣而不实者为之英。"意思是，开花且结果者为"秀"，开花但不结果者为"英"。依此看，园艺中常用的紫叶李（也有少量依然结果）、樱花、夏威夷常见的杂交种彩虹花洒树只能称之为"英"。而西府海棠处于秀与英之间。《尔雅》又说："小枝上缭为乔。无枝为檄。木族生为灌。"半边莲亚科、棕榈科的一些植物可算做"檄"，但并非都如此。半边莲亚科木本种中也并非都不分枝；棕榈科中有二分枝的，如叉茎棕属（*Hyphaene*）。番木瓜通常不分枝，有时也分。

──────────────────────── 2012.02.12 / 星期日

拍摄豆科花棋木、红木科重瓣弯子木、玉蕊科炮弹树，三者颜色分别为粉、黄、红。8:23来到城里的州政府大厦、大教堂参观。然后乘车到珍珠港。松哥也说对这地方并不很在意，但来过夏威夷，不去也不合适。

乘车顺时针环岛，在岛的北部偏西的红河湾（Waimea Bay）海滩游泳，这里沙质非常好。

2012.02.13 / 星期一

到校园北部篱笆拍摄。看菊科专著。

系统学中的单系类群与并系类群讨论哲学味道很浓。分离、拆分，是个好想法，但是通常很难办。菊科有三个亚科，刺菊木亚科（Barnadesioideae）和菊亚科（Asteroideae）是纯的，单系；而舌状花亚科（Cichorioideae）不纯，不是单系，其中的帚菊木族（Mutisieae）是并系。在属的层面也是，斑鸠菊属（Vernonia）、紫菀属（Aster）、千里光属（Senecio）都是并系。再次想起分形。

威基基水族馆

2012.02.14 / 星期二

到威基基，在草地的雨树上见到两只白玄鸥（Gygis alba），雨树的豆荚已经鼓起来。

无数次经过威基基水族馆，今天第一次走进去。它隶属于夏威夷大学，持校园卡门票减半。水族馆主体在地下，地面只有矮矮的一层。白点蓝水母（Phyllorhiza punctata）在灯光照射下非常漂亮，头部颇像嫩蘑菇。红斑狮（Ptrois sphex）的侧鳍像张开的花扇。

上到地面，见深水池中的僧海豹眯着眼，漫悠悠地游着。大砗磲（Tridacna gigas）张着嘴，露出黑底蓝斑或黑底黄斑的内面。

【上】白点蓝水母，夏威夷大学水族馆。

【右】红斑狮，夏威夷名Nohu pinao。

偶中亦非难

2012.02.15 / 星期三

　　大部分时间坐在楼西侧草地上的金色凉亭中读哲学、植物学史书。

　　"止于至善",何为止?朱子说,止是至而不迁之义。这个解释有"动力学维稳"的意思!至善可比作真理,而真理通常是不稳定状态(我多年前就有此比喻)。抵达某个真理并非都很难,比如也有撞上真理的。寒山有诗:"盲儿射雀目,偶中亦非难。"但难点在于稳定在那里。注意,"稳定"不限于完全固定于某个状态点。"不迁"不是死在那里,可以离开一些但又不跑远,又回来又离开,整体不逾矩。但这样阐释,仍然有保守的感觉。真理也是分级的,"止于至善"中"至善"两字也很重要,君子努力的方向不应当只是一个个小善。小善已经是不稳定状态,大善更是,由小善再向大善努力,需要持续"做功",消耗能量。

　　按这番解释,似乎也能理解"尊德性"与"道问学"之间的关系,两者并不矛盾。

　　《大学》讲:"知止而后有定,定而后能静,静而后能安,安而后能虑,虑而后能得。"在这一序列中"止"排在前头。止,相当于明确目标,着手努力。

　　寒山的诗不能倒着理解、实施,即不能根据"偶中亦非难",就倡导"盲儿射雀目"。

2012.02.16 / 星期四

　　读植物学史书。听讲座。格物与博物是什么关系?钱穆批评了朱子关于格物的过高要求。钱说:"大学本文,格物乃人人必先经历之第一步功夫,其下乃有致知、诚意、正心、修身、齐家、治国、平天下各目。则此人人所当经历之第一步，自应简易平常，为尽人所能。若朱子云云，将使人穷老尽气，终不得门以入。盖朱子格物理想，仅可悬为全人类求知之共业，其事非仓促数百年乃至数千年之期之所能完成。若使每一人以此诚正修齐治平之初步工夫，似实不当。"（《中国学术思想史论丛》第2卷，第342页）

2012.02.17 / 星期五

逛檀香山城区，欣赏并拍摄住家栽培的植物。行走约5英里。

钱穆高度评价了刘邵的《人物志》，认为刘的选才虽偏于国家立场之政治方面，然考察的标准是综合性的，较宋明儒学的标准更为合理，可惜后人没有再沿着刘邵的路子做下去。

沿瓦黑拉脊登顶

2012.02.18 / 星期六

瓦黑拉脊最顶部雨水十分充足，湿度大。树身上长满青苔、蕨类植物的是夏威夷蒲桃。树后面的下部为一个海拔较高的绿色、平坦的火山"锅底"。

7:50从都乐街沿瓦黑拉脊山道一直向北，11:40登到主峰。

山道下部，景天科锦蝶红花盛放。尾稃草的高度已经超过我的头顶，山道隐约可见。小叶南洋杉林中有几株新伐的树桩，上面流出浓浓的白色松香。

山道近顶部，异型冬青、玛莉九节、夏威夷蒲桃（有红果）、凹叶木地锦（*Chamaesyce multiformis* var. *microphylla*，已落叶）、二羽里白等甚多。原路15:10返回都乐街。

瓦黑拉州立休闲公园中的小叶南洋杉人工林。

【上】瓦黑拉脊山道上段见到的夏威夷蒲桃，特有种。

【下】瓦黑拉脊山道上段见到的大戟科凹叶木地锦，特有种。叶已落尽。

善恶分形，教化引导

2012.02.19 / 星期日

  人之善恶也是分形。"夫称善人者，不必无一恶。言恶人者，不必无一善。故恶恶极有，时而然善，恶不绝善，中人皆是也。善不绝恶，故善人务去其恶；恶不绝善，故恶人犹贵于善。夫然故恶理常贱，而善理常贵。今所以为君子者，以其秉善理也。苟善理常贵，则君子之道存也。夫善殊积者物逾重，义殊多者世逾贵。善义之积，一人之身耳，非有万物之助，而天下莫敢违，岂非道存故也。"这个认识还是蛮实际的。它是实际的写照，也是我们看待世人应取的态度，还给出了努力方向。

  "满街皆是圣人，人人尽可以为圣。"这话虽说得绝对，却是一种积极的人生观、世界观。能这样想的人虽然生活中也经常吃亏，但终是高兴、幸福的。所以，《孟子》之书，未必都可以当真，但终究是人人当读之书，教化是也。

2012.02.20 / 星期一

  再上拉尼坡山道，7:00出发，10:47返回。为室内比对，采集檀香属和铁心木属少量标本。

2012.02.21 / 星期二

  观察、压制、晾晒昨天采集的标本光叶多形铁心木（*Metrosideros polymorphya* var. *glaberrima*）。从叶形上与附近的灰叶多形铁心木容易区分。

  晚上读钱穆的书。法华经注："真理自然。"（涅盘经集解卷一十法师经题序，见钱书第4卷，第253页）悟，不是离开生活而另有某种超然的东西。世间法即佛法。生活世界即科学世界。生活史即科技史。当下看不是这样，那是因为科技、科学史观出了问题。博物分形："一叶，一叶，复一叶。/真理自然。/悟在当下，/悟在点滴而不觉。"

【上左】桃金娘科光叶多形铁心木，特有种。此标本2012.02.20采集于拉尼坡山道中下段木麻黄林中。

【上右】光叶多形铁心木的叶。

2012.02.22 / 星期三

昨晚发现哈密顿图书馆东、Kenke Hall西侧的龟纹木棉（*Pseudobombax ellipticum*）开花，今上午前往拍摄。出门时阴，到了树下变晴，刚拍完又下起了雨。老天真给面子。此种树另见于物理楼南、Correa路北的停车场。

参观哈密顿图书馆举办的一个萨摩亚霞普制作工艺（Samoan Art of Siapo Making）展览。霞普（Siapo）也叫塔帕（Tapa），是一种古老的装饰技艺。令我想起1998年秋在芝加哥见到的凯尔特装饰艺术。

由Mary Pritchard于1960年代中期绘制的萨摩亚霞普壁挂。Joan Griffis购得并于2009年捐给夏威夷大学图书馆。

夏威夷大学哈密顿图书馆举办的萨摩亚霞普制作工艺展览。

2012.02.23 / 星期四

路边的一株风铃木开了满树黄花，地上也落了一层。蓝天黄花，十分耀眼。路过的行人大多赞叹一番。

晚上在校园里用鱼眼镜头拍摄夜景。想起高三时语文课中的一句："桂影斑驳，风移影动，珊珊可爱"。不过，今晚的光线不来自月亮，而是普通路灯。记得教语文的老师读到此处身体摇晃起来，十分陶醉。在那一刻，我似乎才觉察到古文的魅力。

【中】采集于卡哈纳山谷的一颗巨大黄独珠芽在我的窗台已经发出长长嫩茎，叶也开始舒展，现在必须把它植于室外了。

【下】夏威夷大学的夜晚。

哈氏稀毛蕨

2012.02.24 / 星期五

我种的罗勒开花了，非常美。罗勒（*Ocimum basilicum*，英文basil）是很好的调味品，在夏威夷它是半木本。取中等成熟度的一段枝把叶摘下，将茎插入湿土，过一段时间就可以长出新植株。取用的时候，不要连根拔掉，只掐嫩茎叶和嫩花序吃，它还会不断分枝、生长。

在墙根见大戟科康普氏叶底珠（*Phyllanthus comptonii*），草本，原产于新喀里多尼亚。夏威夷厅西北角狐尾棕树下有一大堆小苗，系由落地的果实长出的。很费力才拔出一株，果肉仍然在为小植株提供营养。拔出的这株栽到了马诺阿小溪边。

11:40到商学院，楼前遇到哈氏稀毛蕨（*Pneumatopteris hudsoniana*）。其种加词用来纪念海军上校哈德逊（William Leverreth Hudson, 1794–1862），他是1838–1842年美国南海大考察船队中"孔雀号"的指挥官。12:00在商学院听一个关于台湾选举的讲座。

下午到校园北部的Safeway购物，路上在靠近小学操场的胡同转弯处见墨西

我用无性繁殖的方种栽下的唇形科罗勒，可观可食。

哥棉（*Gossypium hirsutum*）仍在开花，黄色和粉红色。再往北，透过热带农业与人文资源学院的温室玻璃，见室内山龙眼科多种切花的幼苗，虽然不高，但有些已经开出大花。

【上左】狐尾棕种子刚长出的嫩苗。

【上右】锦葵科墨西哥棉，外来种。

2012.02.25 / 星期六

到东西方中心伯恩斯厅我的办公室看书，打印。

【下】金星蕨科哈氏稀毛蕨，特有种。

东西方中心伯因斯厅一层摆放的一件雕塑，作者马丁（Lynn Martin），创作于1981年。此楼各层走廊中陈列有大量东方世界的艺术品。

——————————————————— 2012.02.26 / 星期日

查《手册》。在网上调研瓦胡岛北部的几条山道。

——————————————————— 2012.02.27 / 星期一

在哈密顿图书馆查资料。

刀刃般的马纳马纳岭

——————————————————— 2012.02.28 / 星期二

6:00起床做饭。7:30乘A路，在城里换55路，10:13到岛北卡哈纳湾下车。往回走一段，仔细寻找路边的山道入口。今天要走的马纳马纳岭（Puu Manamana）是一条被称作"Death Ridge"的专业级险路（确实摔死过人），来的人很少。山道入口在279号电线杆之前一点，不明显。10:27开始上山。

  起始段是一片巴西乳香林，山道上悬着一条绳索辅助攀登，但完全没必要。10:31就登上一个小山头，向东北望过去，下面是无垠的大海。海岸近百米水都很浅，水底的火山石看得颇清楚。在中国南海大概能找到这样干净的海水。

  5分钟就有可喜的成果，心里盘算着，这个险路估计也没什么大不了的，用不到两小时就能转一圈回到山底的公路上。事实上，这是一个极错误的估计！

  10:41见到外来的海岸星蕨（*Phymatosorus grossus*）均匀地插在本土植物小石积（Ulei）的匍匐枝上，三角叶西番莲和拟黄花稔（本土种）也混迹于小石积丛中。稍高一点是辐叶鹅掌柴，这个入侵种无论潮湿和干旱都能生长。

  10:53见樟科无根藤（夏威夷名Kaunaoa pehu，本土种）缠绕于巴西乳香上，皆右手性。有趣的是，无根藤有时还缠绕在海岸星蕨上。

  11:07从较矮的辐叶鹅掌柴丛中向下望刚翻过的第二个山头和后面的大海，依然盲目乐观，觉得接下去的山道也是小意思。

  11:10左右见特有种凹叶木地锦（*Chamaesyce multiformis* var. *microphylla*）和瓦胡菀花，两者叶形变化都很大。不久后见澳石南科普基阿伟和禾本科易变画眉草。

  沿山脊上升的小道越来越陡、越来越窄，自然感觉越来越险。天气晴好，小风吹拂。身上有个背包，脖子上挂着相机，

在不到5分钟的时间里就从海岸登上了这个小山头，这让我产生了一个错误的估计，以为今天的专业级山道不会很难。

走在这样的山脊不敢有丝毫大意。只要一滑，就有生命危险。此时才明白过来，马纳马纳岭确实是专业级山道，而我充其量是普通的业余登山者。

11:32在石缝中见宽叶草胡椒（*Peperomia latifolia*），叶肉质互生，未见轮生者，单穗，特有种。

12:00爬上一个稍平缓的平台，坐下来稳定了一会。向上望，前面更险，此时曾考虑原路返回，但回望刚才爬上来的小道，若是再返回去将相当困难。只有硬着头皮向上爬了。

为了增强稳定性，尽可能降低重心，手脚并用，在一尺多宽的山脊上缓慢移动。即使这脊是平的，走起来也不容易，况且还是上陡坡。如果是雨天，是绝对不能来此地的。压力来自心理，两侧是深渊，走在刀刃上，难免心跳加速。如果任由心跳速度正反馈，后果不堪设想。做自我暗示，调整心率。待心跳、呼吸、四肢均放松时，才可以前进。另一方面，爬山的速度不能太慢，天气随时可能有变，如果被困在中途，麻烦更大。

12:19登上一个局部高点，接着便用绳索辅助下降约4米。有一处得用双臂把自己挂在上部的石板上，瞄准落点，松手，准确落地。终于来到了一个相对安全的地方。有机会回头仔细看自己刚爬过的陡坡，开始拍地貌和易变画眉草，并用遥控器自拍了几张。

12:43发现柿树科夏威夷柿（*Diospyros sandcicensis*），叶革质，深绿色。多数叶上有黑点、黑斑或黑线条，特别是叶背面，好像粘了沥青一般。成因不详，猜测可能因海风不断吹动使枝条与树叶相互摩擦而致。枝端的嫩叶微红。再前行，看到更多夏威夷柿，有的结有黄色果实，外形如黄色的圣女果（水果西红柿），还要小一点。咬开一只果实，基本上是种子，果肉很少，涩涩的。

12:48山脊变得潮湿，植物多起来，零星出现百合科夏威夷山菅兰（*Dianella sandwicensis*），夏威夷名Ukiuki。这是一种非常重要的本土种，已经广泛用于城市绿化。光叶多形铁心木陆续出现，红花正艳。风变强，红花在枝头摇晃。夹竹桃科榄果链珠藤（*Alyxia oliviformis*）上的黑果已成熟，其夏威夷名为Maile。

12:56见紫金牛科莱氏铁仔，接着有红背草胡椒

（*Peperomia macraeana*）。

山道两侧树木多起来，山脊虽然仍不宽，但视觉上给人以足够的安全感，其实如果踏空，从草丛中会迅速下滑。脚下瓦胡薹草（*Carex wahuensis*）时有出现。夏威夷柿越来越多，在此成为优势种。夏威夷山菅兰结有淡紫色果实。太阳透过瞬息变幻的云雾，光线洒在卡哈纳湾上，壮丽的美景始终能够欣赏到。马纳马纳岭几乎各处都是很好的观景台。

13:09见到宽叶的紫金牛科莱氏铁仔。

13:21见到百合科门氏聚星草。仅一株，且根部有些腐烂。

13:35见海桐花科光果海桐，叶伪轮生，倒匙形，近叶柄时缓慢变窄。幼果表面光滑平整。

13:47见齿叶越橘，吃红果20余粒。

13:51见夏威夷蒲桃，叶大于其他地方所见同种植物，若不是有红果还无法确认呢。附近有异型冬青。

13:55见紫金牛科夏威夷铁仔（*Myrsine sandwicensis*），叶很小，极特别的一种植物，大约20多株。同时见到长柄铁心木，这个种通常长在高海拔潮湿的林缘。也见入侵的东方紫金牛，但数量不多。

14:09见菝葜科暗口菝葜，夏威夷名为Uhi，连同种加词的含义，才拟了这样一个中文名。同地点有杜英科夏威夷杜英，

海岸星蕨像一面面旗帜插在小石积的葡匐枝中。前方下部为著名的卡哈纳湾。

果早就见过，花则是第一次见。不断遇到芸香科瓦胡蜜茱萸（*Melicope oahuensis*）、书带木叶蜜茱萸（*M. clusiifolia*）。这个属《手册》中曾写作Pelea。从分类学上看，属下分类相当麻烦，有自然的也有人为的，比如广泛使用的一些名字后来被指属于不合格发表。在山上，这类植物容易辨认，但属下分类极难搞定。

14:14见茜草科玛莉九节，正开花。

14:19在（N 21° 32.71', W 157° 51.68'）遇上绣球花科浆果绣球（*Broussaisia arguta*），夏威夷特有的单种属植物，非常有名，也很漂亮。要想欣赏它，须登高山。今日顺便拟定浆果绣球属（*Broussaisia*）这一中文名。这样一来，绣球花科绣球花族下各属就都有中文名了。随后又看到20余株，大部分有花有果。

14:30见五加科瓦胡羽叶五加（*Tetraplasandra oahuensis*），与马纳纳山道所见一样。

樟科无根藤以右手性螺旋缠绕在海岸星蕨上。

山上湿度很大，杂草几乎覆盖了小道，脚下是稀泥，迈步时要细心，要为下一个动作考虑好。当一只脚踩下去开始滑动时，要迅速移动身体，让另一只脚踩到不滑的地方，以避免摔倒。在草丛中发现小道的一个三岔点。这是十分关键的，如果不小心忽略了，后果很严重（要么直接原路返回，要么来回寻找）。直行向南，通向何方，昨天看的资料中没有讲。向右转（北偏西方向）估计是下山的环路。牢牢记住三岔点。考虑到以后不会再登马纳马纳岭，决定继续向前走一段，然后返回，在刚才记住的三岔点下山。

不知不觉已经15:20，雾气很大，与小雨很难区分。决定立即下山。山道变宽，但异常泥泞。锯了一根手杖，并暂时把相机装进包。脚底数次滑行，濒临摔倒，但身体一次也没有真正着地，真是庆幸。

15:26和15:57两次见到大戟科宽叶五月茶（*Antidesma platyphyllum*），特有种。夏威夷此属共两种，其实这个种与另一种相比叶并不更宽。此种的叶面呈大角度的V形，叶更厚实些。

16:11山道又转移到狭窄的一条小山脊上，两边有大树形成心理保护，可以快速下行。16:50终于下到山底，今天在山上持续走6个小时以上。到早晨下车的公共汽车站等车。一小时后来车，20:40到家。

小结今日登山：（1）马纳马纳岭的确惊险。有人说它是瓦胡岛最险的山道，有一定道理。（2）心理考验要远大于生理考验。我顺利返回，感谢上苍。（3）马纳马纳岭本土植物保存良好，沿山道就见到20多个特有种，植物爱好者来此可大饱眼福。（4）不可不来，不必再来。我不会再登此岭，因为无法保证总是顺利，人不应当试探上帝；我也不会推荐任何人尝试，因为担不起责任。

回望登过的第二个小山包，依然觉得今天的马纳马纳岭不会很险。

【上】大戟科凹叶木地锦，特有变种。叶端较圆、有个小凹口，落叶或半落叶。

【下】大戟科凹叶木地锦。

【上】马纳马纳岭最陡最险的地段。在刀刃般的山脊上行走最考验的不是体力而是心理。

【下】柿树科夏威夷柿，特有种。

【上左】百合科夏威夷山菅兰，本土种。

【上右】百合科门氏聚星草，特有种。

【下】异型冬青的果实。本土种。

【上左】菝葜科暗口菝葜的花。特有种。

【上右】芸香科书带木叶蜜茱萸，特有种。

【下左】杜鹃花科齿叶越橘，特有种。

【下右】胡椒科红背草胡椒，特有种。

紫金牛科夏威夷铁仔，特有种。

【上】绣球花科浆果绣球的果。　【下】浆果绣球的叶和花。
特有种。

杜英科夏威夷杜英，特有种。

莎草科瓦胡薹草，特有种。

芸香科瓦胡蜜茱萸，特有种。

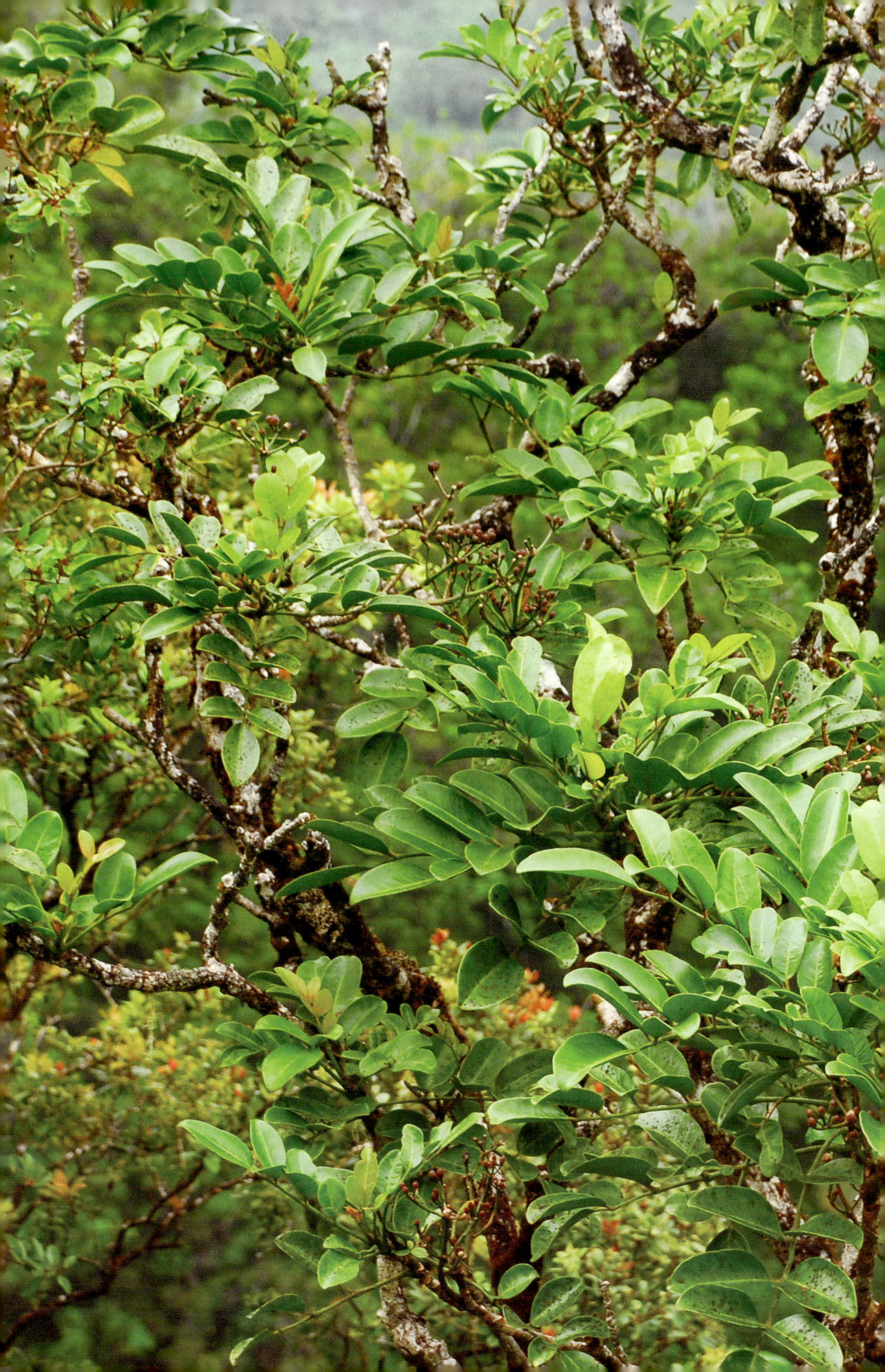

五加科瓦胡羽叶五加，特有种。

【上】马纳马纳岭下山的泥泞山道。

【下】大戟科宽叶五月茶，特有种。

【上】夹竹桃科榄果链珠藤，特有种。木质藤本。花很小，筒形黄色；果实黑色。

2012.02.29 / 星期三

二月最后一天。在家整理昨天拍摄的植物，回味那惊险的一段又一段刀刃般的陡坡。

【下左】宽叶五月茶。

【下右】下山时再次遇到狭窄的山脊，两侧有树，走起来十分轻松。但不能踏空，那样会一下子滑下去。

三月

MARCH
2012

萝藦科球兰。

分形交织

2012.03.01 / 星期四

读《孟子·离娄篇·徐子章》，做学问应当有广阔的视野，应如有本源之流水，不可为七八月间之急雨。

望着圣约翰楼东侧、东西方路边上一株剥桉的树皮，想起科学史、科学社会学研究中科学与社会之间关系的一个比喻。以前的直观理解是，科学是社会的真子集，科学与社会的界面是欧氏几何的。科学在下，社会在上。社会（包括经济、政治、文化等）只宏观地对科学过程发生影响。但是在科学知识社会学（SSK）之后，不能再做如此简单化的理解。更真实的情况可能是，社会如空气一般，无孔不入，早已渗透到科学探究的各个环节之中，在微观、中观和宏观皆如此。那么科学与社会的关系将是分形交织的，恰如剥桉树皮上的各种颜色，无法准确地分清某一区域是绿色、红色还是棕色。科学与社会难分下上、内外，就发生学而言也难分先后，在时间上和在空间上两者都分形地（fractally）组织在一起的。

用这种分形STS观或者科学史观来看优生学、演化论、盖娅理论、气候变化理论的历史、哲学和社会学，或许会有帮助。

钻头山的檀香属植物

2012.03.02 / 星期五

步行到钻头山，沿途欣赏居民的花园，很惬意。

从第六大道圣心学院教堂旁经过，然后走Alohea大道，按先后次序见柑橘（果实很多）、楝科桃花心木（果接近成熟）、辣木科辣木（三棱形荚果已变黄）、芸香科澳柳（第一次见它长出红果）、使君子科绢毛榄果木、杧果（红果满树）、蔓荆（*Vitex trifolia*，果穗密实）、唇形科荆芥叶狮耳花（新长出的嫩苗）、龙船花、巴西马鞍藤（*Ipomoea pescaprae* subsp. *brasiliensis*）、苦瓜、柚等。8:49经过夏威夷大学的Kapiolani社区学院。在钻头山进火山坑的道路入口附近见夏威夷州花布氏木槿，以及豆科鸡冠刺桐。钻头山上部火山石上点缀着枯草。近处银合欢树丛中有一只黑喉红臀鹎。

上山过程中见到多株檀香属植物，至少可分出两个种，最高的达5米以上。注意观察了一阵，先后过去一百多名游人，没有一位看路边的檀香木，更谈不上欣赏它们美丽的小花了。这或许是好事，不会有人来折枝。

10:00登顶，这很容易。上面风景还好。向南俯视，见著名的灯塔。下山时见到玄参科奥河金鱼草（*Antirrhinum orontium*），英文名Lesser snapdragon，原产于西南欧和中欧，夏威夷1950年采集到标本。

干旱的火山碎石中有少量茄科光烟草（*Nicotiana glauca*）

瓦胡岛圣心学院教堂，位于第六大道附近。

和大量大戟科棉叶膏桐（*Jatropha gossypiifolia*），均为外来种。前者在此长得不够好，后来在毛依岛见到非常茁壮的。后者极耐旱，果形与琴叶珊瑚一样。《手册》上说，棉叶膏桐至少在钻头山已经野化，1950年首次采集到标本。

【上】钻头山火山坑"锅沿"部位点缀着枯草。

【下左】芸香科澳柳已结果。外来种。

【下右】钻头山南侧海岸边的灯塔。灯塔东侧有一条很长的海滩。

【上】钻头山北侧入口处的椭圆叶檀香，特有种。附近还有海岸厚叶檀香，特有变种。

【下左】钻头山椭圆叶檀香的花。 【下右】钻头山椭圆叶檀香的果枝。

钻头山玄参科奥河金鱼草的花和果。外来种。

2012.03.03 / 星期六

据《荀子》，"仲尼之门人，五尺之竖子，言羞称乎五伯。"意思是，孔子的门下，即使五尺童子，都认为谈到五霸为可耻的事情。这与现在一些读书人与政界、商界人士套近乎的做法，真有巨大的反差。

北京大学近年来毕业生就业多样性：当和尚的（明海大和尚、邓文庆、柳智宇）、卖肉的（陆步轩）、种花的（刘国琪）、种菜的（邹子龙），等等。他们是中国的希望。

殷鉴不远，即在夏威

2012.03.04 / 星期日

在图书馆读书。梁启超何时到夏威夷？有人说是1899年12月29日。我查过《梁启超全集》，实际上是12月31日，19世纪最后一天赶到的。梁在《汗漫录》中说："三十一日，舟抵檀香山，午后两点登岸。"（《梁启超全集》第2卷，北京出版社1999年，第1220页）又说"西历一千九百年正月一日，寓亚灵顿旅馆。"梁把Honolulu叫做"汉挪路卢"。梁提及，1890年夏威夷土人有34436人，到了1896年变为31019人。而同期其他人（除德人外）则均有增加，如日本人由12360人增加到22229人，美人由1928人增加到2266人，英人由1344人增加到1538人。

又从其他渠道查得，库克船长1778年到达夏威夷时土著人口至少30万。从"文明"世界带来的疾病，在随后的一个世纪中，令夏威夷人口数减少80%以上，这跟印第安人的遭遇差不多。到1878年土著人口4万—5万。现在纯粹的夏威夷人不足8000人。但混血儿很多，约23万人。一百多年前梁启超就说："殷鉴不远，即在夏威。咄彼白人，天子骄子，我东方国民，可不儆惧耶？自革命以来，岛中商务日盛，谋生容易，彼蚩蚩之土民，方且自以为得意，而岂知其绝种之祸，即在眉睫间耶？生存竞争，优胜劣败，天下万世之公理也。彼白人者，岂能亡夏威哉，亦夏威人之自亡而已。"（第1222页）

2012.03.05 / 星期一

整理植物图片。

2012.03.06 / 星期二

在图书馆看缩微胶片。下午和晚上看学生的论文。通过网络指导学生，是没办法的办法。

2012.03.07 / 星期三

阴雨。在家看书、雕刻小东西。读学生的论文。

今日农历为二月十五，"花朝"节，为百花生日，要祭祀花神。也有说二月二或二月十二的。古人云："花朝月夜动春心"，"一半春随残夜醉，却言明日是花朝"。《旧唐书》中还记载："每花朝月夕，与宾佐赋咏，甚有情致。"二月十五为"花朝"，八月十五为"月夕"。

2012.03.08 / 星期四

仍然下雨。数据库中查资料。修改学生的论文。

2012.03.09 / 星期五

雨。修改学生的论文。人生的差异，在于把差不多相同的时间和智力用于琢磨不同的事物。

赋比兴之分形结构

2012.03.10 / 星期六

终于晴了。下午到Safeway购物，路见萝藦科球兰，花香袭人。

晚上读钱穆之《读诗经》有感：实际上钱讲了赋比兴之分形结构。古人解释诗经之赋比兴，总是有割裂之感。但我一直没想清楚究竟哪不对头。"昔我往矣，杨柳依依，今我来思，雨雪霏霏"，钱认为显然是赋，然亦用比兴。钱还批评了郑氏的教条（《中国学术思想史论丛》，第一册，东大图书有限公司1976年，第140－141页）。突然想到，赋比兴在中国文学中的运用是分形的，而不是传统欧氏几何的。郑氏的毛病在于用欧氏几何来解释！读书有一点心得，非常高兴。猜测，中国古代文化在更多的方面具有分形结构。

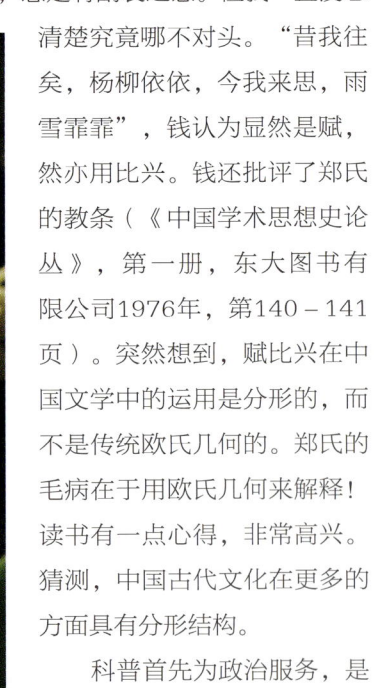

科普首先为政治服务，是秃子脑袋上的虱子，明摆着。

萝藦科球兰，外来种。藤本，叶厚实，花很香。位于夏威夷大学北部的一个胡同中。

2012.03.11 / 星期日

9:30从校园出发到西边山上的"环顶道"。在街区见西番莲的绿果和被风吹下来的象耳豆的"大耳朵"。10:50到达半山腰的Puu Ualakaa州立公园。从小叶南洋杉林边的小路继续上山，见澳洲坚果（只有几株）、鸡屎藤（以前写作"鸡矢藤"。在此为木质藤本，茎左旋，直径最大可达10毫米）、槭叶阳菊木（*Montanoa hibiscifolia*）。后者木本，叶大，有单瓣和重瓣两种，花白色，原产于中美洲，1919年引入夏威夷，目前在山坡上大量繁殖。

林间小路地面上，经常见到掉落的澳大利亚红椿（*Toona ciliate* var. *australis*）陈年果序，而此时大树顶部今年的小花刚刚开放。竹林边，四棱四瓣草依然开着水灵灵的粉红花。

特有种高氏三叉蕨在马诺阿崖山道上潮湿处常见，叶背面的孢子囊已经长出来。2011年10月2日曾见此蕨。肾蕨科毛叶肾蕨的马蹄形孢子囊已经变成黄褐色。

穿越马诺阿本土森林恢复区，今天上山的主要目的是看看这里的植物生长得如何，已经有一段时间没有来了。"晒姜架子"依然十分有效。林缘寇阿小苗生长良好，不熟悉它的人很难想到它的羽状复叶长大后会变成镰刀形单叶。鱼线麻长得非常好，雌株在开花。

返回时，在环顶道下段大转角处拍摄香洋椿木（*Cedrela odorata*）的果实；在Kamanele公园拍摄粗枝木麻黄的果实。这个小公园中有一株巨大的象耳豆，叶已落尽，但果实并未成熟，草地上有少量吹落的"大耳朵"。

【左】从校园步行到环顶山道经过的柯玫哈玫哈大道。右前方的大树为豆科象耳豆，外来种。

【右】被风刮落的象耳豆果实，外形像耳朵。

【上】菊科槿叶阳菊木,外来种。木本。

【下左】澳大利亚红椿的花。　【下右】楝科澳大利亚红椿的果实。外来种。

【上】鳞毛蕨科高氏三叉蕨的孢子囊。特有种。

【下左】楝科香洋椿木的果实。外来种。

【下右】粗枝木麻黄的球果状果序。

肾蕨科毛叶肾蕨的马蹄形孢子囊。外来种。

2012.03.12 / 星期一

出校园北部，到Safeway购物并沿途看植物。紫柿子果实直径已经长到6厘米，外被金黄色厚绒毛。球兰的花仍然芳香四溢。烟火树（*Clerodendrum quadriloculare*）的花球直径有40厘米，花瓣白色，巨长的花筒呈红色。无患子科大花倒地铃灯笼状蒴果上一对红眼红腹的蝽正在交配，可能是姬蝽科的，但这种虫子的确切名字长时间没有查到。求助于学昆虫的研究生苏靓。她发动同学们查询，确认是红肩姬缘蝽（*Jadera haematoloma*），姬缘蝽科。它是20世纪60年代引入夏威夷的；最近在台湾也有记录。

【下左】马鞭草科烟火树的花，外来种。

【下右】无患子科大花倒地铃（外来种）和红肩姬缘蝽（外来种）。

2012.03.13 / 星期二

我的联想笔记本电脑因风扇不转而烧坏主板，"尸体"还得带回国上交才能从学校设备处销账。把已经分类的植物图片54G从坏机器中拷贝出来。还需要再购买电脑和移动硬盘。

接受《科技潮》关于科学素养和《中国图书商报》关于博物学的采访。

2012.03.14 / 星期三

准备购买MacBook Air，由PC转向苹果。亚马逊网购比夏威夷大学专卖店面购要便宜，虽然后者也打折。

傍晚在校园用鱼眼镜头拍摄风景，发现在逆光下鸡蛋花的树干也挺漂亮。

傍晚夏威夷大学校园的鸡蛋花树干。

再上马纳纳山道

2012.03.15 / 星期四

【上】早晨在檀香山城区遇上示威群众。

【下】马纳纳山道上的一株弗氏檀香。树干已经干枯，但老树贴地长出一些新枝，在附近由其外展树根上长出一些小苗。

8:00从夏威夷大学西部辛克勒环岛乘A路出发，带鱼眼镜头、105毫米微距镜头、6块巧克力，要走马纳纳山道。

8:33在州政府街道旁遇示威者反对某项目。原因是土地即将被占，敢情美国也有这事。由A路换53路。在终点站到山道入口之间的马路边见蔷薇科厚叶石斑木树墙。

9:30开始登山。刚过黄草岭就见弗氏檀香，与寇阿长在一起，有花有果。檀香木的叶细长并半卷，与拉尼坡山脊所见应为同种。有两株稍大，估计树龄愈百年。美丽的曲萼香茅（*Cymbopogon refractus*，英文为barbwire grass）分列山道两侧，夹道欢迎一般。10:20到达一个休息亭（N21° 26.41'W 157° 54.85'）。天变阴，下起毛毛雨，当下的山道走起来还算顺利。

再往上走，小路中间有积水，很滑。11:05天变晴，但路变陡。木本蕨类多起来，在（N 21° 26.76'，W157° 54.12'）处见铁心木属植物的一巨大"高跷根"。长柄铁心木常见，大部分仍在开花，少部分花丝已落下，花序上萼片形成一个球面，宿存的花柱像红针插在球上。

长序草海桐沿途时有出现，紫花草海桐（*Scaevola mollis*）只在高海拔处才有。进入潮湿山坡，五加科瓦胡羽叶五加（*Tetraplasandra oahuensis*）多起来，少数有果。果序和果实形状与密苏里植物园保存的模式标本相差较大，与《手册》则完全相同。可是那张模式标本上竟然贴着编写《手册》时核定过的标签。估计某个环节出错了。地表见齿叶越橘和仅有10厘米高并开花的铁心木属植物，另有金棕属植物和夏威夷杜英。

在（N 21°26.84', W 157°53.90'）找到铁心木"高跷根"形成的决定性证据：一株铁心木从腐烂的树蕨茎干中穿过。这一证据支持了洛克的观点：铁心木的种子在树蕨上萌发、长大，最终取而代之。在附近又找到几个类似的证据。

芸香科书带木叶蜜茱萸（*Melicope clusiifolia*）常见，叶革质硬实，有时微卷，果柄较短，果实成熟时果皮收缩、裂开，露出黑色种子。

在（N 21°27.01', W 157°53.32'）处见菊科舒展那夷菊（*Dubautia laxa* subsp. *laxa*），木本，多分枝，叶对生。长柄

草海桐科紫花草海桐的花和果，特有种。

【上】桃金娘科铁心木属植物的高跷根。

【下】形成高跷根的重要证据：铁心木树干穿越了腐烂的树蕨。残存的树蕨叶鳞清晰可见。

铁心木偶有出现。

在（N 21° 27.04'，W 157° 53.20'）处见一株紫花草海桐，同时有花和紫果。荛花属植物很多，叶形变化较大。

在（N 21° 27.10'，W 157° 53.08'）处见茜草科顶花耳草，灌木。

大约4.5英里处有直升机停机坪（helipad），坐标为（N 21° 27.11'，W 157° 53.02'）。前人在此留下6瓶矿泉水。

我毅然喝了一瓶，带走一瓶。又下起小雨，风也变强。右侧（东）甚陡，山脊难行。

浆果绣球、夏威夷铁仔、齿叶越橘、狭叶剑叶莎常见，后两者保护着山脊上的土层。

雨越下越大。路湿滑，山脊上风甚猛，感觉有些冷。为了安全，决定返回，这次又未能到达顶峰（只差半英里）！下行一英里，天大晴。

下山走错路，差点到了东侧的山谷（通向一个瀑布），急忙原路爬回山脊，向西找回原来的山道。在Komo Mai Drive和Auhuhu Street交叉口上车，大胡子司机不要钱反而给每人两张换乘车票！唐人街换A路，到家时20:00。

这次走马纳纳山道是想接近山脊，寻找半边莲属本土物种。我来这很久了，在野外还不曾见到一株。遗憾的是，今天仍然没有找到。

书上标出此山道往返共11英里，实际要比这长许多。最后还是差一点点，没能到顶。时间倒是还来得及，但风雨交加，滑得很，已经摔了若干次，浑身是泥，我不想送了命。此山道一定会再来的，登顶总有机会。

为了保全在夏威夷爬山越岭甚至冒着生命危险拍摄的植物图片（部分做了物种分类），在亚马逊网站订了一只1T的WD移动硬盘（130美元）。手边原有两只移动硬盘，其中一只改用作MacBook Air备份。

在马纳纳山道上段见到的另一株铁心木属植物高跷根。

五加科瓦胡羽叶五加的树干，特有种。

【右上】瓦胡羽叶五加的叶和花序。

【下】瓦胡羽叶五加的果序。

夏威夷植物日记 / 531

【上】菊科舒展那夷菊，特有种。

【下】桃金娘科长柄铁心木，特有种。

【上】茜草科顶花耳草，特有种。

【下】长柄铁心木标本，毕晓普博物馆。

【左】芸香科书带木叶蜜茱萸，特有种。

【右上】书带木叶蜜茱萸裂开的果实。

【右下】书带木叶蜜茱萸的叶。

2012.03.16 / 星期五

休整。在网上查夏威夷陆地贝的信息，资料显示这里有美丽的树蜗牛，但破坏严重。计划上山寻找。

树蜗牛栖息地

2012.03.17 / 星期六

3:30醒，5:30天还黑黑的，未吃饭，带了一盒巧克力，一升水，从住处Hale Kuahine出发。在马诺阿路右转到马基基（Makiki）大街，立即左行盘山路Makiki Heights Drive和Tantalus Drive，在一个大转角处试走一条极短的Tantalus树木园山道，兜了一个小圈！

经过西侧转角向上走到东侧转角，右侧即是马基基谷山道入口，走了几步，小路开始分岔，左转上行到Nahuina山道（右行仍为马基基谷山道），此路几乎无人走。穿越Tantalus Drive进入山顶平地。左行进入Kalawahine山道，路平缓，咖啡树甚密，因光线不佳，结实不多，此时仍为绿色。前行不远就是本土树蜗牛栖息地，一条小溪从中穿越，环境潮湿。两侧有路牌提示：不得采集树蜗牛，也不得砍伐周围遮阴的任何植物。姜科姜花（*Hedychium coronarium*）和茄科夜香树（*Cestrum nocturnum*）的叶子上有很多小小的珀光树蜗牛（*Auricullela diaphana*），夏威夷名Pupu kuahiwi。灰褐色，无大个的，均为幼体。想不到，这些本土蜗牛幼体竟然生活在外来植物的叶上。它们与哈密顿图书馆中展出的树蜗牛照片差别较大，有些失望。不过，实际看到的情况与一专题片介绍的接近。此行能够直接找到栖息地并见到蜗牛，已经算幸运。

姜科姜花上的珀光树蜗牛，特有种。

茄科夜香树（外来种）上的珀光树蜗牛。

继续前行。在马基基林区小路上遇到弯曲碎米荠（*Cardamine flexuosa*），尝了几株，微辣，味道不错。这也是个外来种，19世纪40年代来到夏威夷。蔷薇科空心藨有花有果，吃了两粒果，酸甜。右转（向东）上山，到马诺阿崖山道，经过本土森林恢复区。卡科瓜莲叶下鲜花依然盛放，少量"小南瓜"成熟，变成橘黄色；长叶瓜莲花苞还未开。走左侧，南行下山。

到"环顶道"。转入Moleka山道，下行汇合到马基基谷山道东段，再次与环顶道交汇。下行转入Ualakaa山道，与小叶南洋杉林出口的Nutridge街汇合，回到环顶道。继续下山。到小转角的Puualii Place走私人小路，到达Judd Hillside路，穿过马诺阿路，东行柯玫哈玫哈大道返回，13:15到家。今日共行走7小时45分钟，约15英里。背包中的水竟然还剩下三分之一。

今天穿行的是夏威夷大学西部山上颇复杂的山道系统，路易行，考验的是体力。

【上】十字花科弯曲碎米荠，外来种。

【下】蔷薇科空心藨的花。外来种。

夏威夷植物日记/537

【上】半边莲亚科长叶瓜莲，特有种。

【下】半边莲亚科卡科瓜莲果实内部。特有种。

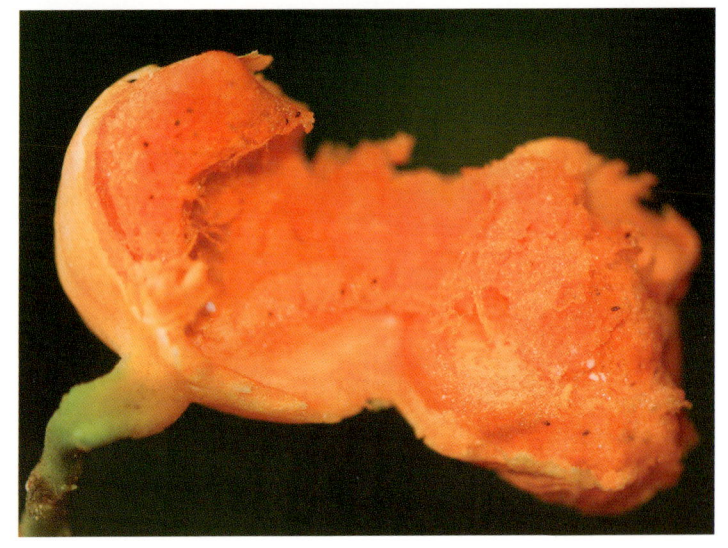

························· 2012.03.18 / 星期日

查五加科特有种的文献，准备上山找此科的宽叶柏叶枫。

寻找宽叶柏叶枫

2012.03.19 / 星期一

7:20步行向马诺阿山谷的莱昂树木园方向行进，准备从马诺阿瀑布上山。8:09在植物园停车场附近一株马六甲蒲桃（*Syzygium malaccense*）刚开花，在这里人们称它"山苹果"。与几种番石榴一样，它是夏威夷重要的外来野果。在小雨中，左手剥开树枝，露出叶下的花朵，右手按下快门。我的D200能耐一定的雨水，但闪光灯热靴经常受雨水淋后果会很严重。数月后，热靴短路，导致外接闪光灯乱闪，相机电池迅速放电。

从植物园入口到瀑布用38分钟，路上闭鞘姜甚多。沿山路，穿越竹林，见大量香荚兰，上山到达努阿奴观景台（西侧是努阿奴山谷），坐标为（N21° 20.72'，W157° 48.36'），用时1小时10分钟。此处有一条纪念莱维（Daniel Cassen Levey, 1983–2003）的凳子，19岁的丹尼尔2003年在攀登库劳岭时不幸遇难。坐在凳子上休息片刻，正式开始登Konahuanui山道，顶端是本岛第二高峰，库劳岭的最高峰。

刚下过雨，小路上水气很大。攀上一个山岭，风光很好，能够看到努阿奴山谷、马诺阿山谷、钻头山，透过努阿奴山谷的垭口可以看到岛北。路越来越难行，小道上多积水，易摔倒。不久，天放晴，阳光耀眼。过了半小时，又变阴，时有雨雾飘过。

长柄铁心木形状有点特别，淡黄色的托叶很发达。夏

桃金娘科马六甲蒲桃，也叫山苹果。外来种。

威夷蒲桃（果实多而大）、宽枝栗寄生、狭叶剑叶莎、长序草海桐、紫花草海桐（有花有果）、异型冬青（正开白花）、顶花耳草（花筒淡紫色或淡黄色，叶形变化很大）、杂交种堇花（叶厚茁壮，数量很多）、书带木叶蜜莱萸、皱叶铁心木、多形铁心木等常见。也有少量红胶木，但这个外来种在此长得很差。

接近顶部时，浆果绣球、红猪蕨、灰绿金毛狗、齿叶越橘和舒展那夷菊（有去年的枯花序）均常见。后者在库劳岭山脊北侧陡坡上部也有生长，从远处看像花市出售的"富贵竹"，这里风很大。

从中段到顶部共见到三株半边莲亚科的小树长钉叶孔果莲（*Trematolobelia macrostachys*），叶细长密集，叶痕排列整齐，符合斐波那契数列。这种植物长长的花序在茎顶部向四周斜上部伸展，果实的外表皮腐烂后显露出特有的"骨架"，其中有许多孔洞（*tremato*的含义是"洞"）。此季节这三株均无花。

在山顶如愿以偿见到美丽的宽叶柏叶枫（*Cheirodendron platyphyllum* subsp. *platyphyllum*），跟洛克描述和拍摄的完全一样。夏威夷名Lapalapa，叶非常漂亮。它生长在山脊，风吹树叶发出lapa-lapa的声音。幸运的是，在附近同时还见到了五加科特有种瓦胡羽叶五加、三叶柏叶枫原变种（*C. trigynum* subsp. *trigynum*）。后者叶全缘，与大岛所见同变种的叶有明显差异。这类植物同一变种之间的个体差异也很大，后来到考爱岛进一步确证了这一点。

云雾散尽，山脊风景甚佳，360度都是美景。

在山顶见到1927年美国海岸与地质调查局设立的Konahuanui 2圆形铜质测标，坐标为（N21°21.20'，W157°47.32'）。

下山时发现西侧半山腰有一路，远些，但无风。见竹叶兰、紫花苞舌兰、鹤顶兰，后者极多，三者都在开花。16:50返回住处。

今天最大的收获是看到了五加科宽叶柏叶枫。洛克当年可能就在Konahuanui采集了此植物的标本。今天我爬到顶峰，风景与100多年前洛克在此时有何不同呢？西侧山谷有个3860号（马克斯地产，洛克晚年居住的地方），东侧山谷也有个3860号（莱昂树木园），令人想起纳博科夫的342号！向西南望，那时那里没有帕利高速路！后来修这条路硬是把西侧的3860号大院子给破坏了。

【上】桃金娘科长柄铁心木。特有种。

【中】【下】顶花耳草

夏威夷蒲桃，特有种。

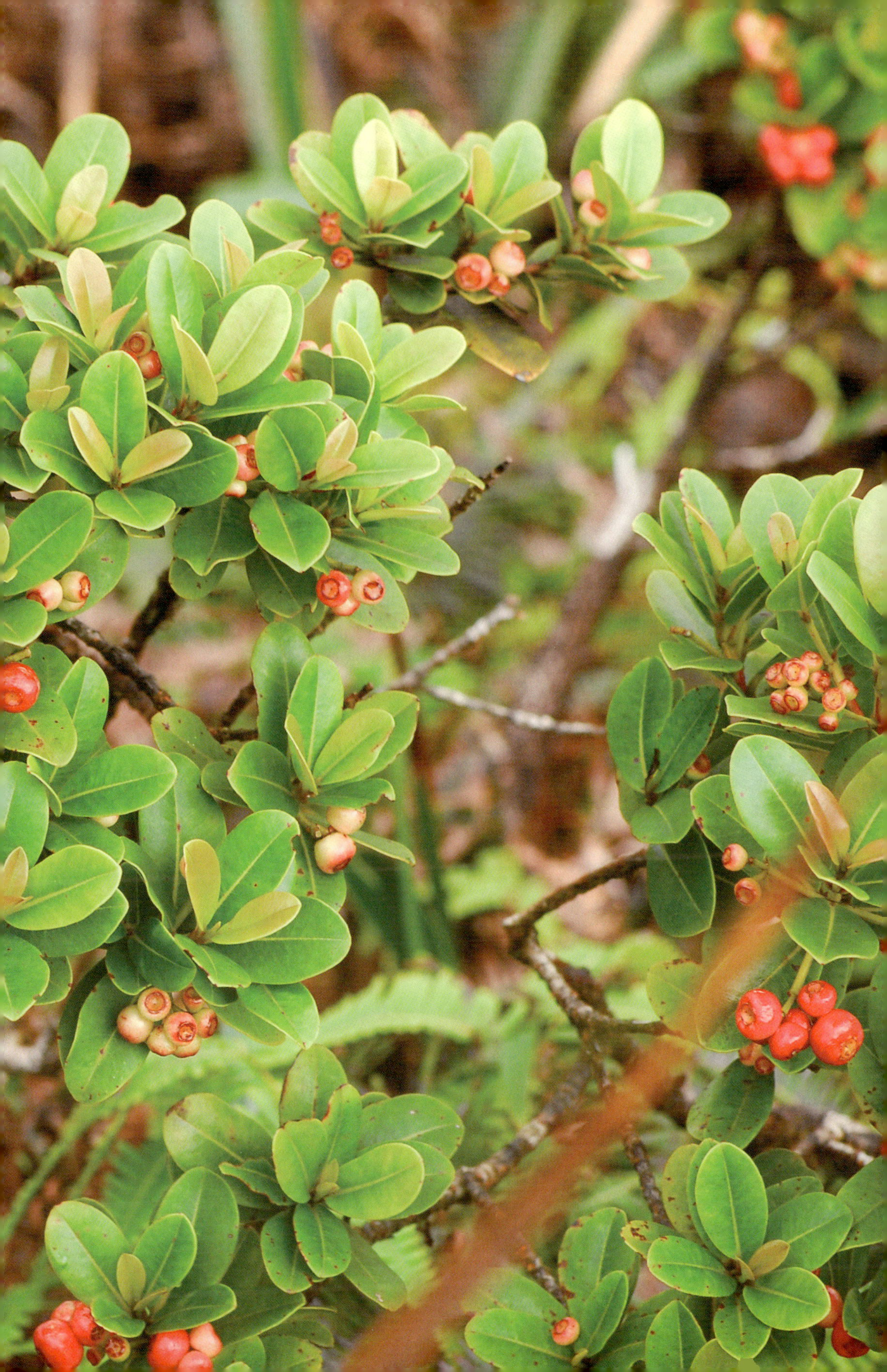

顶花耳草，特有种。茎上"竹节"明显，叶形变化甚大。

【上】顶花耳草的花。

【下】顶花耳草的枝和叶。

【上】瑞香科杂交种荛花。

【右】杂交种荛花,果实未成熟。

【上】书带木叶蜜茱萸的枝和叶。

【下左】书带木叶蜜茱萸的果。　【下右】芸香科书带木叶蜜茱萸的花。特有种。

桃金娘科皱叶铁心木，特有种。

【下】乌毛蕨科红猪蕨，特有种。

【上】蚌壳蕨科灰绿金毛狗，特有种。

【上】菊科舒展那夷菊，特有亚种。

【下】桔梗科半边莲亚科长钉叶孔果莲，特有种。此照片中还可见长序草海桐（背景）、顶花耳草（前景）和狭叶剑叶莎（前景）。

【上】长钉叶孔果莲,水平角度观察植株。

【下左】长钉叶孔果莲,从底部向上看。叶集中在茎顶端,茎上叶痕清晰。特有种。

【下右】长钉叶孔果莲,老树干上叶痕也清晰可见。

夏威夷植物日记 / 551

【上】山脊上的宽叶柏叶枫。风吹树叶发出"啦啪啦啪"的声音，此植物的夏威夷名就是Lapalapa。坐标为（N 21° 21.18'，W 157° 47.33'）。

【下左】宽叶柏叶枫的叶。　　　　【下右】宽叶柏叶枫的果。

【上】五加科宽叶柏叶枫，特有亚种。

【下】宽叶柏叶枫标本，毕晓普博物馆。莱昂1908年9月15日采集于瓦胡岛。

【左上】五加科三叶柏叶枫，特有亚种。

【左下】三叶柏叶枫。

五加科瓦胡羽叶五加，特有种。

【左】兰科紫花苞舌兰，外来种。

【右】兰科鹤顶兰，外来种。

························· 2012.03.20 / 星期二

在中国研究中心填写税表，极复杂。收到亚马逊寄来的1T移动硬盘。

晚上到东西方中心整理图片并备份。把三个移动盘都用苹果机格式化，使之既可用于PC也可用于Mac。未分类夏威夷植物图片占204G，已分者占54G。

························· 2012.03.21 / 星期三

存支票，到Safeway购物。

读植物学论文集《黏菊与剑叶菊》（Carlquist S., Baldwin B.G. and Carr G.D.（eds）. *Tarweeds and Silverswords*, St. Louis: Missouri Botanical Garden Press, 2003）。

夏威夷桃金娘科铁心木属来自南太平洋，剑叶菊（以前译银剑草）从哪里来的？来自东北方向的加利福尼亚植物省（CFP）！加州的黏菊与夏威夷的剑叶菊（包括silverswords和greenswords）亲缘关系密切。它们同属于菊科向日葵族（Heliantheae）黏菊亚族（Madiinae）。此亚族共有119种，其中加州89种，夏威夷30种。夏威夷有三个相互关联的、非常特别的属：剑叶菊属（*Argyroxiphium*，以前译作银剑草属）、那夷菊属（*Dubautia*）、多轮菊属（*Wilkesia*），均为木本。前两者已经见过，后者要到考爱岛相见。

半山腰搭帐篷

2012.03.22 / 星期四

马纳纳（Manana）山道并不算险，与岛北的马纳马纳岭（Puu Manamana）根本无法相比。但是，就是这样一条普通山道，我几次前来都未能到达顶端山脊，于是策划用两天时间完成此计划：第一天傍晚出发，在半山腰扎营，第二天一早继续上山。这样时间和体力均充足。

携带好装备和两天的食物、水，16:00从夏威夷大学出发，18:20到达马纳纳山道入口，快速上山。行约1.5英里，天空已经暗下来，19:30借助手电筒，急忙在彻底黑下之前搭上帐篷，坐标（N 21°26.41', W 157°54.84'）。我没有带垫子，直接睡在地上会出问题。摸着黑在附近迅速割了一抱黄草铺在铺下。来自澳洲的这种曲萼香茅我已经很熟悉了。从去年8月到现在茎上面近1米均是枯黄的，基部仍然活着。为防止野猪夜里闻到食品香味而前来捣乱，周围放置了几根枯木。

钻进帐篷，向南望珍珠港和珍珠城，非常美丽。学田松，用自动挡长时间曝光拍摄一张山下珍珠城、珍珠港的夜景。夜里下起大雨，东北风也刮得猛，感觉有些冷。

相见欢

急行暮遇檀躬，
哪扎营？
马纳岭腰枯草漏风亭。

山花蓊，
林风劲，
盼天明。
雨过风平帐里数寒星。

下半夜2点左右，听到野猪逼近的声音，大喊并用手电照，过一会没声音了。夏威夷野猪很多，个头也不小，但它们终究怕人。

错误、历险与天意

2012.03.23 / 星期五

早晨7:00起床，其实5:37就醒了，外面下雨，迟迟不想钻出帐篷。帐篷底下的枯草曲萼香茅基本上是干的，仅贴地皮的部分湿了一点，用野草铺地非常合适。

7:30吃一个面包、收好帐篷继续上山。今日的目标很明确：登顶。北部天空阴沉，南部已经放亮。

在（N 21°26.95'，W 157°53.45'）再次见到铁心木属植物的根取代木本蕨类树干的证据。在（N 21°27.01'，W 157°53.32'）见舒展那夷菊，无花。在（N 21°27.03'，W 157°53.26'）见长柄铁心木。

在（N 21°27.03'，W 157°53.26'）见茜草科高大黄舷木（*Bobea elatior*）。属名是法国著名植物学家戈蒂肖（Charles Gaudichaud-Beaupré，1789–1854）以伯普（Jean-Baptiste Bobe-Moreau）的名字命名的。波利尼西亚人用其木材制作船舷上缘。为夏威夷特有属，刘夙试拟中文属名黄舷木属（*Bobea*）。

铺在帐篷底下当垫子用的枯草曲萼香茅。

在（N 21°27.04'，W 157°53.23'）见瓦胡羽叶五加，有花有果。紫花草海桐、顶花耳草、长序草海桐、浆果绣球、圆叶蜜茱萸（*Melicope rotundifolia*）、夏威夷杜英、异型冬青等沿途常见。9:18到达4英里标识牌，坐标为（N 21°27.05'，W 157°53.17'）。9:32到达停机坪，坐标为（N 21°27.11'，

W 157°53.02'），经比较与15日所测数值完全一样。在（N 21°27.25'，W 157°52.89'）见半木本的长果鬼针（*Bidens macrocarpa*）。在（N 21°27.34'，W 157°52.62'）见舒展那夷菊，花序很多，开放和即将开放的花都清晰可见。在（N 21°27.34'，W 157°52.61'）见夏威夷铁仔。

10:41登上库劳岭顶峰，见"End of Manana Ridge Trail"指示牌，坐标（N 21°27.40'，W 157°52.52'）。沿山脊向西一点点，在（N 21°27.41'，W 157°52.52'）见唇形科大花覆叶苏（*Phyllostegia grandiflora*），特有种。木质藤本，叶脉红色，花白色，萼裂片绿色。向东，柯氏蜜茱萸、舒展那夷菊、齿叶越橘、宽叶柏叶枫很多。

今日在山上只见到一株半边莲亚科长钉叶孔果莲（与本月19日在Konahuahui见到的3株同种），下山时在山谷只见到一株长叶瓜莲。现在总结起来看，除了专门的保护区，半边莲亚科植物不是灭绝了就是数量极少，在瓦胡岛能见到的种类已十分有限。

19:40返回到夏威夷大学，就结果而论，这次登山是成功的。但是今天发生的事情太多，应当汲取教训。在山脊向东摆渡

在马纳纳山道扎营地观看檀香山市的珍珠城和珍珠港，19:43摄，坐标（N 21°26.40'，W 157°54.84'）。

铁心木属植物的根取代树蕨树干的又一证据。

到另一条山道时我犯了一个小错误，接着这个小错误引起一系列大的错误。有两次是致命的，可能送命。回想起来很可怕。我这么大岁数了，不应该再冒险啊。不断提醒自己，但行动时还是冒进，本性难改！

具体说来，情况是这样的：

中午登到马纳纳山道顶点后，先向西侧试探着走了一段，下坡，没有路，风大，很危险，返回高点。然后沿山脊向东走，这一侧有小路，但几乎看不出来，走的人极少吧。书上说东边平行于马纳纳山道有另一条外马诺脊（Waimano Ridge）山道，它也通达库劳岭。两条平行的山道借助于库劳岭而彼此相通。从地图上看，借用的一小段海拔最高，相当于俄文字母Π中间一小段。书上介绍说，有人从东侧的外马诺脊山道上山，沿库劳岭向西，然后顺马纳纳山道返回，正好把俄文字母Π从右到左走完。我这次是反向走，由西向东。一切都非常清楚，但这是纸上谈兵，实际情况比这复杂。

外马诺脊山道以前从没有走过，行前作计划时虽然也考虑过，但最终走，是临时决定，只是不大想原路返回（实际上原路返回永远都是优先选项），也想看一看新的山道上有什么特别的植物。反正是下坡，估计不会有大问题。但是问题就出在这里，在野外有多条大大小小平行的山脊（像梳子的齿）排列在一起，端点被库劳岭串起来，下山时应该走哪个齿？即哪个是外马诺脊山道的顶端？试探了两个小脊，走了一段，开始都十分顺利，越走越不像，均返回。最后选择了一条觉得差不多的山脊向南下坡。开始阶段山脊光秃，似乎有人踩过，很好走。当我下了一百米左右时，发现不对头，根本没有路，迈步很困难。看了看前方，觉得似乎能走出去。于是硬着头皮拨开铁芒萁"丛林"和小树丛，深一脚浅一脚慢慢下行。右侧（西侧）山脊上有铁丝篱笆，这个图景以前从马纳纳山道上山时是可以清晰看到的。此时我错误地以为西侧山谷中有一条路，即外马诺（Waimano）山谷中的小道，实际上不是！真正的外马诺山谷水平距离确实不远，但在东侧！

我离开山脊，开始向右下坡（因判断错误而作出的错误选择），准备下到想象的外马诺山谷。根本没有路，必须自己在铁芒萁中踏出一条才能到谷底。坡很陡，但下坡还算顺利，不久就听到水声，说明离谷底近了。突然间，透过树叶我发现不妙，再滑上几十厘米我就悬空了！而下面是约4-5米深无任何遮拦的河谷，那里是河水侵蚀出的一条光滑的"筒子"。勉强刹住脚，紧紧抓住一株细细的铁心木植物树根。小心移动身体，找到另一株倒下的可以利用的小树，顺小树安全滑到谷底。谷底很开阔的样子，巨石颇多，河水清澈。我松了口气，这回可好了，顺沟谷走就成了。

休息片刻，开始沿沟谷下行（南行），在巨石上跳来跳去，很顺利，但马上发现有陡坎，是一串瀑布。水倒是不大，但瀑布很高，多级连接而成。我想，他人总有办法沿沟谷行走吧，那么我一定行。实际上我又错了。我开始连滑带跳地下了一级瀑布，尝试看能否接着下。一跳下去，发现坏事，不可逆！原路爬回来是不可能的。而再向下，瀑布太高，无论如何是走不下去的，我没有带绳索。此时意识到，这个沟谷根本没有路。

怎么办？或者在此等候，住上一晚，明天再说，等救援；或者自己想办法爬回去。太阳高高的，第一选项根本没谱，即使等到明天，也未必有人。我又没有手机（有也没用，夏威夷的山上通常没有信号，这比国内要差得远）。仔细寻找，发现东侧山体上有可利用的突出的石头，于是用力一点一点攀登上去。谢天谢地，依靠臂力终于爬回了上一级。心里安稳了许多，在这一切是可逆的，最坏也不过全程返回嘛！真的返回吗？通常这不符合登山人的习惯，也不符合我的个性。我做了一个决策，不再竖着走下山而是横着走上山，准备向西翻上一个山梁，到有铁篱笆的山脊上去，毕竟这个地方以前远远望到过。由那再向西侧下到谷底，估计谷底一定有路，那一定是外马诺山谷了。于是开始了艰难的上升运动。

为何艰难，因为完全无路。所有的铁芒萁都逆着行进方向。这种蕨一米到两米高，虽然脆，但有时也挺结实，缠在腿上，硬是拉不动。对于高的，我就从下面钻，矮一点或者倒了的就往下压，在上面爬过去。脚下经常踏空，难免摔几次。身边有可利用的小树最好不过了，于是尽可能找有树的地方向上攀登。背包在后面坠着，很累，取下，用手先向上甩一下，让包浮在蕨枝的上面，脚再向上迈。这样能省点力。用近1个小时，终于爬到不算很高的山脊，来到铁栅栏下。里面是一个夏威夷本土森林恢复区，铁栅栏是用来防野猪啃食植物的。我毫不犹豫，扶着伸向西侧沟谷的栅栏向下行进。偶尔有铁丝网辅助，下坡并不困难，虽然也很陡。不一会就来到沟谷，我坐在一块大石头上歇了一下。口渴，但水已经喝光了，河谷的水不能喝。我还是装了一瓶，以备急了的时候喝，毕竟那是水，可以救命。高兴地沿沟谷下行。

坏事重现，我的判断仍然是错的，这个沟谷与刚才那个一样，同样有一串串的瀑布，我真傻眼了。下了几层瀑布，每次都保证可逆性，发现实在无法继续下，只好爬回。我猜测，即使这不是原来设想的外马诺山谷，这地方一定有某条小路连接外马诺脊山道或别的山道而通向外界，因为维护本土森林恢复区的工作人员，总是要走进走出的，直升机无法在狭窄的沟谷直接降落。他们从哪来的？我在沟谷搜索，终于在靠西一侧发现一条勉强可以识别的小路，有脚印上山。心中一阵兴奋，这是希望之路啊，虽然那几乎称不上路。

沿着勉强能看出的脚印，向上攀登，这次我有把握，到了山脊就是我早晨刚走过的马纳纳山道。具体哪一段，现在不知道。翻第二个山梁，相对容易些，因为天晴路不滑，周围铁芒萁也少。15:30终于爬到了山梁。大吃一惊，这不是别的地方，而是那个直升机停机坪！早晨我路过这里，上次也经过这里。早晨经过此处时为了减轻负重，我留下了两大瓶水。当时考虑也许会原路返回，继续背着那么多水太累，前面还有很远的路。即使不从这返回，放弃两瓶水无所谓，别人登山也可以利用。

此时，我已经口渴得不得了，正需要水。于是一口气就喝了半瓶。

我感受到某种天意！今天在山顶时临时改变主意，打算从东边平行的山脊返回，不再经过这里。但最终又被引回到这里！这两个瓶子伴我走了大量山道。一个是我在瓦胡岛北去呼马路西亚植物园时在汽车站买的，水喝光了瓶子很结实，就留下了，用来装水。另一个是不久前和田松在大岛时购买的，瓶子一升装，细长，适合放在背包的外侧袋中，最近上山总是背着它。

站在库劳岭山脊上向北看到的瓦胡岛北部风光。

神奇的是，我两次下谷，两次翻山，几乎绝望，最终到达的，竟是早晨放置两瓶水的地点。我在想，这天意似乎是：不能抛弃那两个伴我好久的瓶子，虽然是极普通的塑料瓶。这明明是教导我不能忘记朋友啊！此时真的有一种超自然的感觉，这令我再次想起阿西莫夫自传中讲述的人为什么会信仰宗教。我是不相信超自然、天意之类的，但这次真的有点信了。

到了停机坪也没完事大吉，还要走4.5英里的泥泞小路才能出山，此外再走0.4英里到公共汽车站。返回时，在中段见一株宽叶栢叶枫大树。奇怪，前几次来竟然都没有看到。

18:27来到汽车站，西边天空布满棕色的晚霞，终于可以松口气。

总结一下：（1）在库劳岭上东行后下山时犯下的一个小错引起了后面一系列错误。实际上当时外马诺脊山道顶端入口还没有到，应当继续向东。（2）好的方面在于，自己没有绝望，大的地貌格局还是清楚的。有足够的力气，坚持两次下谷，两次翻上山梁，终于回到熟悉的老路上。（3）不要贸然下多级瀑布，可逆性十分关键，每一步行动都要考虑可逆性。（4）地图无法反映实际的复杂微地形，登山应当小心再小心。

草海桐科长序草海桐，特有种。

【右上】菊科长果鬼针，多年生，半木本，特有种。

【右下】长果鬼针的茎，半木本。

【上】菊科舒展那夷菊，中央花序上的花即将开放。

【下左】紫金牛科夏威夷铁仔，特有种。

【下右】夏威夷铁仔。

【上】唇形科大花覆叶苏，特有种。

【中】大花覆叶苏的叶。

【下】大花覆叶苏的藤。

夏威夷植物日记 / 567

从马纳纳山道下山后在公共汽车站等车，此时18:27，棕红色的阳光照射在无患子科蕨树上。

·· 2012.03.24 / 星期六

休整。在Google Earth上仔细核对昨天穿行的路线。

·· 2012.03.25 / 星期日

在家读书。再次思索《大学》中的"止"字。做一回圣人或者在某一瞬间领会圣人的境界，并不难，难的是坚持。

·· 2012.03.26 / 星期一

天气晴好。中午拍摄几种标本：宽叶栢叶枫、三叶栢叶枫、多形铁心木等。

在草地上读著名植物学家哈金森（John Hutchinson, 1884–1972）的游记《一名植物学家在南非》（*A Botanist in Southern Africa,* London: P.R.Gawthorn, 1946）。威理森（即威尔逊）（Ernest Henry Wilson, 1876–1930）在此之前出版过《一名博物学家在华西》（*A Naturalist in Western China,* New York: Doubleday, 1914），上下册。

哈金森的书由南非联合体（the Union of South Africa，南非共和国的前身）的陆军元帅、伦敦皇家学会会士、哲学家、植物爱好者史穆兹（Jan Christiaan Smuts, 1870-1950）首相作序。史穆兹在序中说：

"植物学是连接作为业余爱好者的我和作为专家的他（指哈金森）的一条真正纽带。很久以来，我就是一位植物爱好者。作为老开普殖民地农场主的儿子，我在大自然的怀抱中成长起来，通过多种方式与她保持着亲密关系。后来在大学修习植物学时，我经常陪同南非著名植物学家马洛斯（Marloth）教授进行植物学考察。植物学因此成为我的一项自然爱好；假日里我经常在南非大草原上和山顶上长时间漫步，那里过去是现在仍然是世界上的野花天堂之一。我与大自然、植物的联系不仅仅是科学层面的，已经触及灵魂，刻骨铭心，影响深远。在后来极繁忙的岁月中，我通过植物学旅行来放松自己、消磨假日，远离那些最激烈、最郁闷的人事压力。对于浮躁的心灵，没有什么比在大草原上游荡、徒步旅行，更令人心境平和地感受动植物的野性生命了。这真正会使人完全摆脱令人烦恼的人生重压。"（p.v.）

哈金森的书跟我这本书性质相似。当然，他是专家，写得更专业。他的一次旅行下来，有机会、有能力发现大量新种。今天，我们通常会羡慕那个有机会发现的时代。如果我处在那个时代，没准也能命名几个新种！转念一想，每个时代有每个时代的使命，博物学、植物学不只是记录新种，有许多事情要做。保持一颗童心、一颗对大自然的好奇心，我们就必有巨大收获。

【上】宽叶柏叶枫，背景为洛克1913年的专著《夏威夷群岛本土树木》。特有种。

【下】三叶柏叶枫，背景为《手册》。特有亚种。

本土的是美的、重要的

2012.03.27 / 星期二

阴天。游客来到檀香山，首先映入眼球的是椰子、雨树、火焰木、榄仁树、银合欢、苍白牧豆树、洋金凤、风铃木、辐叶鹅掌柴、小叶南洋杉、花棋木、九里香、量天尺、各种榕树、鸡蛋花、三角梅、露兜树、蓝雪花、杧果、书带木、金镶碧玉竹、阴香等等，它们如街道上的多数行人一般，均是外来者，代表不了地道的夏威夷。极端点说，它们没什么特点，在行家看来要回避它们。来夏威夷频频跟它们合影，找错了对象。洛克时代，植物学家的猎奇心理很重，现在依然如故，人们热衷于从异域引进奇花异草，而引进之前根本未能对其可能的生态影响做出有效的评估。现在一小部分先行者观念已经转变，但整体上园艺界还没有把保护本土独特的植物当作首要任务。洛克也做过大量植物引进工作。但是洛克的贡献在于，他撰写了关于本土植物的大量著作，特别是1913年那本传世名著《夏威夷群岛本土树木》，它成为后面一切讨论夏威夷本土植物（这里最重要的植物是木本的）的基础、骨架。

各个地方的植物学家，最首要的任务是摸清家底，把本地的植物，特别是那些特有种，描述清楚、保护好、繁育好。这部分工作不做好而急于引进物种，本末倒置，相当于失职。

读玻姆（Bruce A. Bohm）的书《夏威夷本地植物》（*Hawaii's Native Plants*, Honolulu: Mutual Publishing, 2004）。此书序言中说：要从人们对待弱者、对待最易受到伤害个体的方式来判别一个社会。夏威夷群岛的问题是，表面似乎一切正常，甚至十分美好，初次来访的游客不会注意到这里的陆地主要由入侵物种覆盖着！对于多数游客而言，他们看到的是"热带天堂"，一如旅游手册上宣传的那样。"而我却想说，你们根本不晓得，除非经过特别努力，在你整个逗留期间是看不到真正的夏威夷植物的！"有人在乎吗？许多游客完全不在乎。他们来此，是享受这里的气候、海滩，或者追求传说中的浪漫情调。有人应当在乎吗？是的，有人应当在乎。因为许多游客来自美国各地，他们应当注意到自己国土的这一部分急需大规模的自然保护。这并不是说来自别的国家的人就可以漠不关心了。夏威夷的确是美国的领土，但是它也是世界的一部分。保护行动应当体现在旅游教育上，我们应当把濒危物种的信息广泛地向游客宣传，让他们知道相关的动植物名字。这类信息对于公众支持保护计划是十分必要的，因为公众只会支持他们多少了解一些的动植物保育工作。公众对其视觉形象根本不了解的物种，不大容易参与保护。全岛各处应当方便地提供关于夏威夷植物的介绍性资料，比如提供路边植物、海岸植物、民族植物学、夏威夷本土树木等方面的图书和杂志（此段文字据玻姆书的序言编译）。

人的自然状态

2012.03.28 / 星期三

　　宿舍楼全楼大清扫，于是到圣约翰楼附近看植物：（1）虎耳草科乔木胡桃桐（*Brexia madagascariensis*），外来种，叶像红厚壳或芸香科蜜茱萸属的叶。（2）苋科小灌木青叶岩苋的绿叶，与夏威夷岩苋的白叶形成对比，两者夏威夷名均为Kului。

　　太阳高照，很热。

　　拿一长焦一广角，9:19离开学校，由大学大道、McCully街步行到威基基的Fort DeRussy公园。沿海岸沙滩向东南行走，一直到檀香山动物园，看城市植物、鸟和冲浪。

　　在希尔顿酒店附近的海滩上，一位可爱的小男孩正与海浪嬉戏，完全陶醉于其中。我观察了一会，突然想到应当记录下人在大自然中的这种"自然状态"，于是用长焦高速拍下他的自由动作。小男孩也许听得懂浪花的语言，他在与大自然对话，并非常享受。成年的我们，当初也有过这般美好的时光。如今在各种学习班中苦读的孩子，童年在哪里？剥夺孩子宝贵的童年，是在犯罪。

在Queen Kapiolani酒店北转回夏威夷大学，14:00到住处。

【上】大学大道旁的印度紫檀，外来种。

【下】从McCully街拍摄后现代风格的Waikiki Landmark回字形公寓大厦，1993年建造，不算太高（97.5米）。

【右】威基基海滩上跟海浪玩得很投入的男孩。

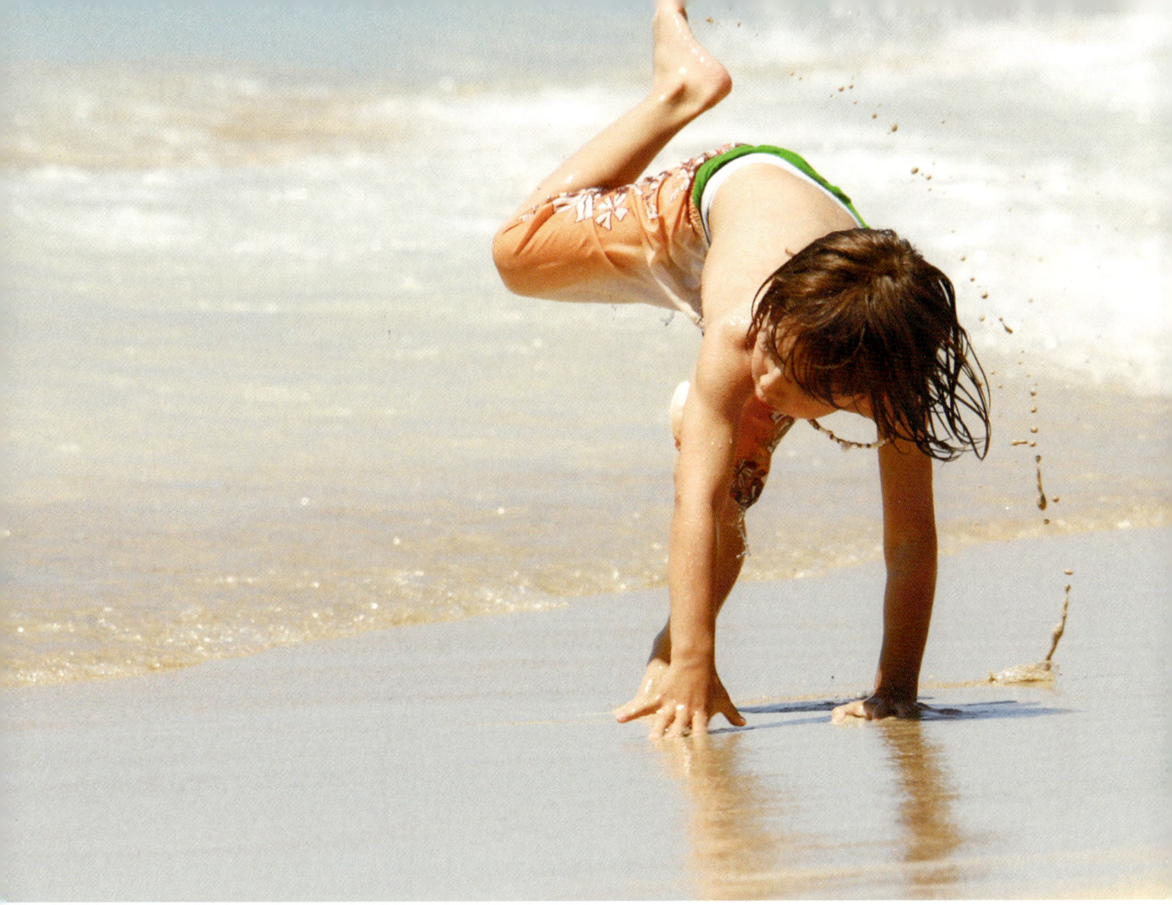
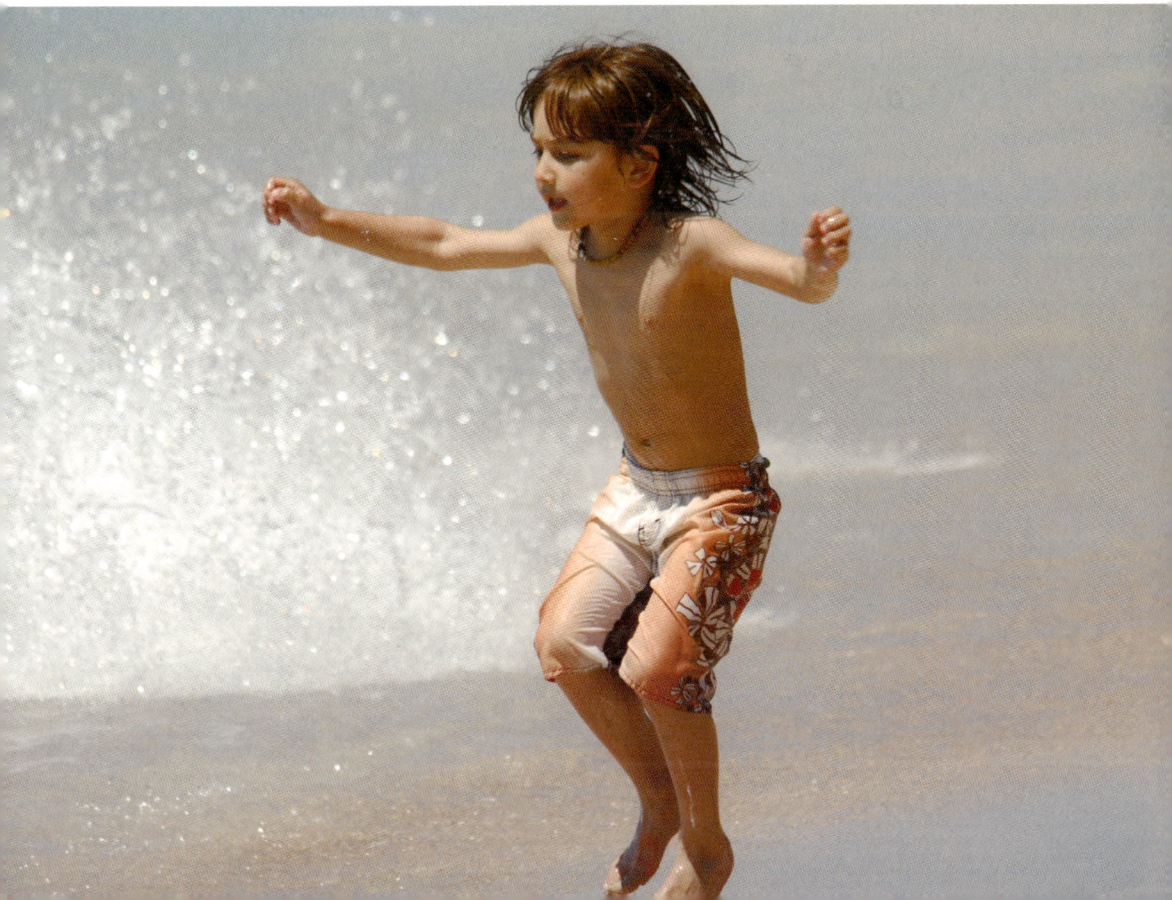

蓝雪花和乌面马

2012.03.29 / 星期四

上午整理植物图片，分科排列。夏大植物学系编制的校园植物折页上列出80多种观赏植物，到现在为止，其中绝大部分我已经拍摄了多遍。下午在校园看植物。

第二轮新栽的香茅也已成活，但杂草也长出来了。植物学系圣约翰楼东侧小花园中的可可已经变红，非常靓丽。

作为对比，仔细拍摄了蓝雪科（白花丹科）蓝雪花和白花丹（*Plumbago zeylanica*）。后者也叫乌面马。前者花蓝色，世界各地普遍栽种，在夏威夷它是外来种，各处常见，主要用于作树篱。去年11月底在一部精美图书《赫歇耳植物志》（*Flora Herscheliana*）中曾看到天文学家赫歇耳（John Herschel，1792–1871）夫妇绘制的一幅蓝雪花，非常逼真。后者花白色，因而也称白雪花、锡兰白花丹，在夏威夷它是本土种，但不是特有种，在台湾常见。这两种同属植物绝不只是花的颜色不同，其他差别也十分明显，比如白花丹（乌面马）明显为藤本，蓝雪花则只有一点点藤本的意思。

圣约翰楼东北角植有一些本土植物。除了苋科、棕榈科、锦葵科的若干特有种外，最稀奇的是五加科穗序枫（*Munroidendron racemosum*），花序圆锥状–总状，长达30厘米。这种植物只生长在考爱岛，濒临灭绝。属名用来纪念夏威夷鸟类学、植物学、园艺学和保护生物学先驱芒若（George Campbell Munro，1866–1963）。

路边，紫葳科异叶风铃木（*Tabebuia heterophylla*）盛放，满树是花。

圣约翰楼东侧小花园中的梧桐科可可，外来种。

【上左】天文学家赫歇耳夫妇画的蓝雪花。　　【上右】蓝雪科白花丹（乌面马）。本土种。

【下】五加科穗序枫。特有种。

2012.03.30 / 星期五

到图书馆看旧报纸缩微胶片。借文集《社会与境中的分类》（*Classifications in Their Social Context*，1979）。此书共11章，很有趣，涉及博物学的认识论和方法论。

再看香苹婆和花棋木

2012.03.31 / 星期六

8:00看阳光不错，装上105毫米微距镜头到校园西边拍摄梧桐科香苹婆。故意从北边走，经过商学院前的本土植物园，顺便瞧那几株半边莲亚科的植物，它们已发出新叶。皱籽紫果莲果实已经变紫。

这株香苹婆名树，我已多次拍摄，也带朋友看过几次。昨晚散步发现开了新花，今天便又来了。昨天拾了几只掉在地上的雄花，今天上午察看树上的花序，总状，分支9-20，小分支再一分为二，生两朵花，花5瓣。雌花上的心皮已经涨起来。香苹婆树南是夏威夷大学的建筑学院。

拍完香苹婆顺便拍摄楼根的一种引种的鸢尾。这时从南边过来一教授，拉着我的手瞧建筑学院大楼下部近地面处开裂的装饰柱和墙面，气愤加嘲讽。他指着建筑学院的标牌说，建筑学院一点艺术也不讲，这楼的贴面整成这样，太不像话。敢情，天下知识分子都一个德性：不满并且要说。话又说回来，知识分子不唱反调，天下不尽是吹红吗？告别教授，向东走过夏威夷大学最早落成的一个绿色广场，瞧了瞧中间的红厚壳和东南的豆科酸豆。树下掉了一大片成熟的酸豆，树上则更多。小风吹过，串串果子在树上摆动，似乎在反复吆喝：美国的东西不要钱哟！

返回时从西向东走哈密顿图书馆边的雨树大道，拾到从东边平台上近日刚开花的豆科花旗木掉下的一根长棍（荚果，去年结的果。校园西南侧的一株，田松来时正好盛开）。再往东行，见北侧作篱笆的棱果蒲桃有若干成熟者，吃了几枚。返回住处。拍摄几张花棋木的棋子（种子）。

【上左】花棋木的"棋子",每颗棋子中间有一粒种子。外来种。

【上右】半边莲亚科皱籽紫果莲的果实。特有种。

【中】夏威夷大学校园中罗望子树下掉落的酸豆。外来种。

【下】香芋婆的花序。外来种。

Insight
犀烛书局

與 萬 物 有 緣

檀岛花事 夏威夷植物日记

刘华杰 著

下

犀烛书局 出品

东君殿火山上的著名火山锥"漏斗"

四月 APRIL 2012

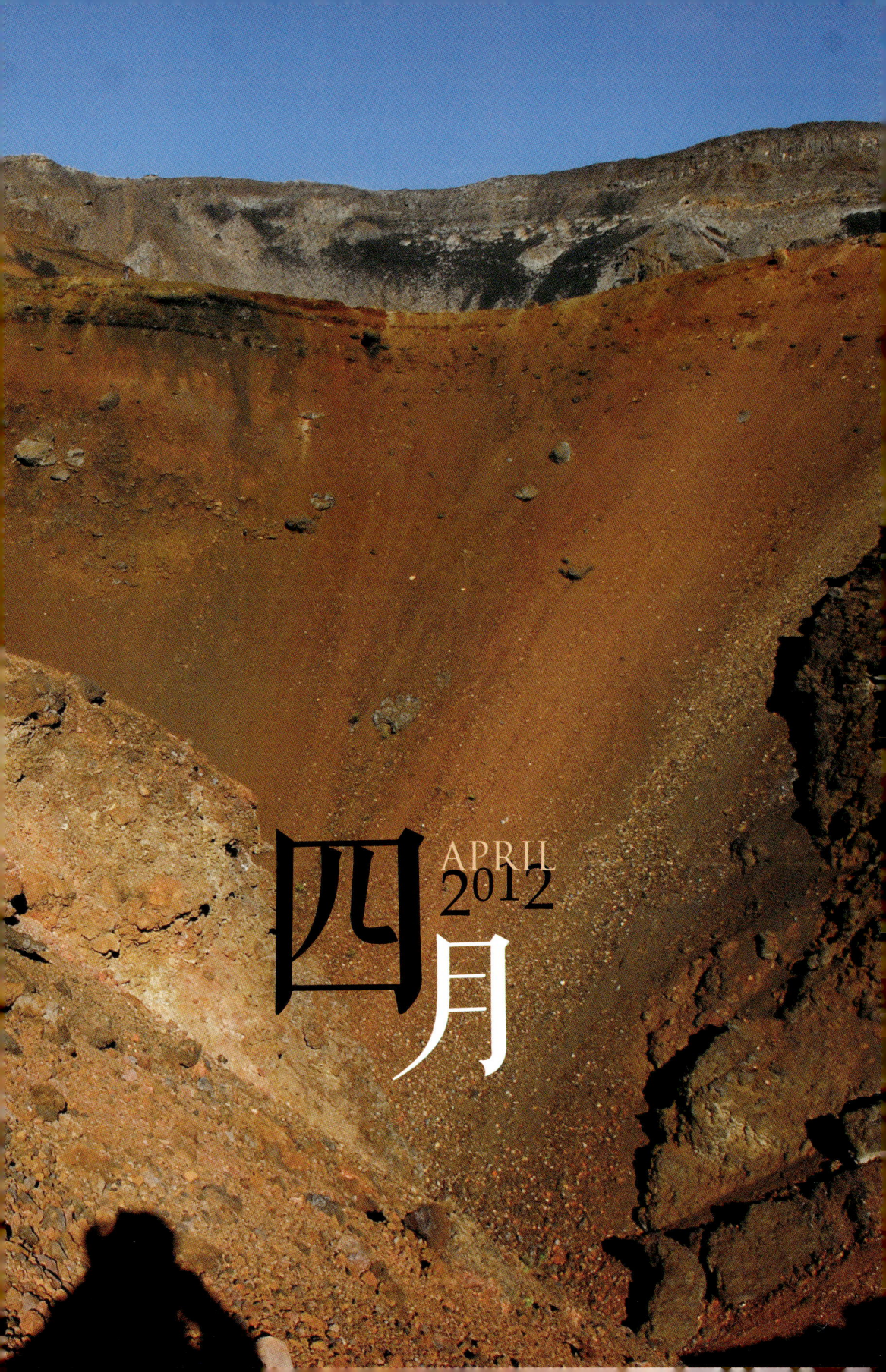

自杀及其他

2012.04.01 / 星期日

晴。读钱穆的书，涉及刘向《列女传》中的一个故事：秋胡子新婚，五日后不得不到外地为官，五年后始返乡。归途遇美丽采桑女，非常喜欢，赠金欲纳之，妇不从。秋胡子回到家中唤妻子，乃路遇之采桑女，大惭。其妻责以大义，遂离去，投河而死。今日道德观念变了，对其时其事，无法置评，但此事确实令人扼腕！另一方面，今之妇人，反可能高兴不已，以为绝配！

自杀不是通常认为的无能，相反，它是一种意志坚强的自由行动，是对情感煎熬的决定性终结。主动熄灭来之不易的自我生命之火，折射着乱世中对人性原则的一种非妥协（愚人节感悟续）。

余不胜酒力，为安慰自己，放言：一般不喝酒，不喝一般

【左】十字花科臭荠的花和果，外来种。

【右】臭荠的果实。

582 / 檀岛花事

的酒，不和一般人喝酒。每一项都十分靠谱。

确定十字花科臭荠（*Coronopus didymus*），我的标本采于朝鲜研究中心附近。原产于欧亚大陆，1864–1865年在瓦胡岛始采集到标本。傍晚又找到北美独行菜（*Lepidium virginicum*）。原产于美国西部，1871年记录到出现在夏威夷甘蔗田中，第二年采到标本。

在微博上与加州大学的研究生聊夏威夷本土植物。晚上听刀郎的若干歌曲。

【上】十字花科北美独行菜果实。

【下】北美独行菜。外来种。

夏威夷果的历史

2012.04.02 / 星期一

早晨再上瓦黑拉脊，采木仍然在开花，第一次见到则是在1月5日晚。景天科之锦蝶已过季，剩少量花。在山坡上再次见到银桦，想到山龙眼科澳洲坚果（即夏威夷果），并查资料。考虑到国内对澳洲坚果这种植物的栽培史并无细致介绍，我将有关材料编译如下。

山龙眼科全球有75属1000多个种。分布在南半球的热带和亚热带地区。全球有两个分布中心，两个亚科分别在南非和澳大利亚。马来亚、新西兰和太平洋诸岛也有一些。为什么？大陆漂移！原来它们的祖先在一个大陆：冈瓦纳古陆。植物演化理论与地质学大陆漂移理论借此可互证。冈瓦纳古陆包括如今的南美、澳大利亚和南非。

为夏威夷赚了大笔钱的山龙眼科物种之一是澳洲坚果，英文名称为Macadamia nuts，是一种优良的坚果，广泛用于食品工业。在本地，包裹着这种坚果的"火山"牌巧克力很有名。

澳洲坚果原来并不产在夏威夷，而是澳大利亚昆士兰东南部地区。

据考证，里希哈特（Friedrich Wilhelm Ludwig Leichhardt, 1813-1848）于1843年首次采集到*Macadamia*属的标本。此人经常被称为博士，但如洛克一样，实际上没有博士学位。此人毕业于柏林大学，1842年作为一游民（vagabond wanderer）来到了悉尼，这一点与洛克从欧洲到纽约再到夏威夷差不多。来到澳大利亚，他并未能在植物园中找到自己理想的职位，但在布里斯班地区做了不少植物采集工作。在一次旅行中他采集到澳洲坚果标本，但并没有描述，标本保存在墨尔本植物园的标本室中。

穆勒（Ferdinand Jakob Heinrich von Mueller,

1825-1896）和希尔（Walter Hill，1820-1904，布里斯班植物园的首任园长）于1857年再次采集到那种未加描述的植物标本。穆勒于1858年将它描述为 *Macadamia ternifolia*，以纪念一个好朋友麦克亚当（John Macadam，1827-1865）博士。这样一来，穆勒也同时建立了澳大利亚的一个特有属 *Macadamia*。

穆勒也是德裔，毕业于德国基尔大学，为寻找温暖气候于1847年来到澳大利亚。他走遍澳洲，采集并命名了大量本土特有植物。他出版过许多著作，如《南澳洲植物志》、《澳洲植物志》。1857年穆勒被任命为墨尔本植物园的园长，他立即安排建设现在的国家标本馆大楼。1861年他被选为伦敦皇家学会会士，并获得皇家奖章。

麦克亚当是一位化学家、医生、哲学家、政治家，1827年生于苏格兰靠近格拉斯哥的一个地方。他的名字经常被错误地拼写为MacAdam，实际上"A"应当小写。1844年爱丁堡大学毕业，从事分析化学的教学与研究工作。1855年移民到澳洲成为墨尔本苏格兰学院的一名自然科学讲师，1861年被任命为墨尔本大学化学讲师。在此期间还在墨尔本市政府任职。1855年被选为维多利亚哲学学院会员，并任职于理事会，编辑了1855-1860年头5卷的学院院刊。1863年成为学院的副主席。1859年被选为立法会成员，在国会任职到1864年。1865年3月还作为分析化学专家为一起谋杀案出庭作证。这期间由于天气不好，在一次走路中摔断了肋骨，于同年9月去世，尸体被运回澳大利亚下葬。

如今澳洲坚果在夏威夷产量最大，占全球出口量的95%。1880-1881年这种植物被引入夏威夷，当初的计划并非食其坚果，而是观赏和造林。20世纪40年代末美国农业部（USDA）的联邦实验站和夏威夷大学的夏威夷农业实验站（the Hawaii Agricultural Experiment Station）做了大量引进、筛选工作。资料上说，澳洲坚果早期引入与三次活动有关：（1）普尔维斯（William Herbert Purvis，1858-1952）于1881年将它引入夏威夷。（2）乔丹兄弟（Robert Alfred Jordan，1842-1925；Edward Walter Jordan，1850-1925）1892年重新引入。（3）农业土地委员会（the Territorial Board

【上】澳洲坚果的叶。

【下左】澳洲坚果，只去掉了果皮，露出光滑、坚硬的果壳。

【下右】澳洲坚果又厚又硬的果壳。

of Agriculture）于1891–1895年再次引入。

澳洲坚果引入夏威夷分三个阶段：引进、研究、产业化。每个阶段都有一批人做出了巨大贡献，在超市中购买一袋不算很贵的澳洲坚果，我们可能完全不知道这背后有几百位英雄做了100多年的努力。坚果产业中，大浪淘沙，最终赚到钱的是少数人，前两个阶段没钱可赚，而现在从事基础性研究者，也没钱可赚。

普尔维斯来自苏格兰，引进澳洲坚果时年仅23岁，他是一位疯狂的植物采集者，有自己的植物园。1881年引入时，他与姐姐一起管理着大岛的"太平洋甘蔗农场",当时还没与霍诺卡糖业公司合并。他最初引进的树木已有100多岁,至今还活着,而且结果很多。在朋友和后人看来,普尔维斯并不富有,也没眼光。普尔维斯当时看好了夏威夷的咖啡、茶叶和奎宁,却没看好澳洲坚果和菠萝,认为它们只是普通的坚果和水果。普尔维斯栽种澳洲坚果的地方在大岛的东北海岸霍诺卡,如今这里仍然是澳洲坚果的生产基地,我和田松曾骑车由那里经过。

  第二阶段引进是1892年,由乔丹兄弟俩完成。这次引种的地方是在瓦胡岛的努阿奴山谷维利(Wyllie)街的一家私人种植园。1982年时老树还活着。弟弟成立了珍珠城水果公司,在马诺阿山谷种植菠萝,此行动先于夏威夷菠萝公司创始人都乐(James D. Dole,1877-1958)。哥哥早年在澳洲做生意,1896年来夏威夷,开始与弟弟合作。1922年塔希尔(Ernest Sheldon Van Tassel)在檀香山的"环顶"(Round Top)山上租了75英亩政府的土地用来种植澳洲坚果,他是在植物学家怀尔德(Gerrit P. Wilder)举办的一次聚会上首次品尝到这种坚果的。到1925年塔希尔已经把这块地全部种植完,种子或树苗来自乔丹和普尔维斯。他所有果树的"环顶"这块地方被称为坚果岭(Nutridge)。塔希尔想扩大种植,由于个人财力不够,只好建立夏威夷坚果股份公司。塔希尔于是又找了100英亩地,在Kona的Keauhou果园另种了7000株。那时候缺乏研究和经验,他遇到了一系列麻烦事,土、肥、水、种,样样都碰到了问题。Ralph H. Moltzau(在华盛顿州立大学从事研究,受雇于夏威夷农业实验站,用十余年时间潜心研究澳洲坚果的栽培技术和营销问题)和Lillian B. Jonsrud(塔希尔的私人护理)作为得力助手,帮了塔希尔的大忙。

  这期间关于澳洲坚果栽培的基础性研究由夏威夷的农业实验站发起。它是美国农业部下属的部门,后来转为夏威夷大学管理。第一份研究报告由Alice R. Thompson女士于1915年完成,她报告了夏威夷的一些水果和坚果(包括澳洲坚果)的化学成分。当时人们认为商业上较重要的水果有杧果、鳄梨、香蕉、面包果、菠萝蜜、番木瓜和各种柑橘类水果。Higgins于1916年提交的夏威夷农业实验站年度报告中曾指出,当时阻碍澳洲坚果商业化的一个重要原因是其果壳太坚硬。的确够硬的，车轮都压不碎！后来研制出专用的剥壳机。1937年研究进入一个新阶段，W. W. Jones和J. H. Beaumont在Science杂志上报告了果树枝条中营养的积累方式，这为通过嫁接选择优良品种打下了基础。

商业化尝试始于1948年Castle & Cooke有限公司所做的努力。20世纪50年代和60年代相继有一些专业公司成立。其中C. Brewer公司比较突出，先后并购了一些公司，到80年代已经成为全球最大的澳洲坚果生产企业。从20世纪70年代起糖果商、巧克力商开始与澳洲坚果商合作，开发了现在十分流行的巧克力包膜的澳洲坚果。这期间，夏威夷农业实验站的研究工作依然在进行，而且涉及育苗到产品营销所有方面，为这一坚果的商业化起到了保驾护航的作用。其中Richard M. Bullock做出了重要贡献。从1971年起夏威夷州政府建立了农业协调委员会，对澳洲坚果的研发、推广也起了重要作用。

种植这种坚果并不是回笼资金很快的行当，果树需要7–10年才能大规模结果。找到投资不容易。第一世界的钱不容易得，但第三世界的劳动力却易得。100磅带皮的坚果（每磅0.3美元，共30美元），去掉各种花费，净收益只有6美元。树龄与产量的关系大致是：5年，0–10磅（每株每年，下同）；6年，1–20磅；7年，8–40磅；8年，16–60磅；9年，24–80磅；10年，40–90磅；11年，56–100磅。到了14年以后，才可以保证最低年产100磅。到第20年，也不过100–150磅。也就是说一棵树种到第20年，每年的净收益不超过9美元！看来，指望从农业、果树业发财，相当困难。

山龙眼科对夏威夷的贡献还不止这一项。在夏威夷大学热带植物与人文资源学院的长期研发推动下，夏威夷的山龙眼科花卉产业也是世界一流的。就切花而言，这个科中比较有名的几个属为*Protea, Leucospermum, Leucadendron, Banksia*。关于这些属的中译名后面会适当讨论。

实际上全球开发山龙眼科花卉的历史很短，直到20世纪30年代南非的山龙眼花才引起人们的广泛注意，60年代一些切花才出现于阿姆斯特丹和欧洲其他城市的花市中。直到

70年代山龙眼科花卉才在夏威夷落户，这主要得感谢夏威夷大学。其中帕尔文（Phil Parvin）博士立下了汗马功劳。他本是加州大学戴维斯分校的一位园艺学家，1966年与妻子来夏威夷的毛伊岛度假，立即喜欢上这个地方，称之为"宇宙灵魂之家"。两年后，他谋得夏威夷大学毛伊岛农业研究中心（在Kula）的一个职位。他抓住了这个良机，开始做试验，决心把山龙眼科植物开发成一个切花产业。随后若干学者也加入。21世纪初，夏威夷大学热带农业与人文资源学院一下子引进了40个杂交品种的 *Leucospermum* 属植物。实验表明，山龙眼科植物喜欢酸性土壤，pH=5.0－5.5较适合，需要排水性较好的环境，沙石壤最好，而夏威夷火山熔岩地表恰好满足此条件。如果酸度不够可往土中加硫黄粉、硫酸铝、泥炭调酸，这跟华北地区栽种北美的蓝莓时需要调酸差不多，蓝莓地要求pH=4.2－5.5（本节主要参考文献：Gordon T. Shigeura and Hiroshi Ooka. *Macadamia Nuts in Hawaii: History and Production*. Honolulu（HI）: University of Hawaii. Research Extension Series; RES-039, 1984. Wood, Paul. *Proteas in Hawaii*. Waipahu: Island Heritage Publishing, 2003）。

中午拍摄若干标本，包括多形铁心木、宽叶柏叶枫、臭荠、北美独行菜等。

2012.04.03 / 星期二

3月底于建嵘在微博上写道：受刺激了！刚从党校下课，来一写字楼下面的中式快餐吃饭，同桌是一对年轻男女。漂亮的女孩小声对男孩说：加油，争取尽快提职，千万不能混得像对面这个大叔一样，大把年龄还只能在这里吃快餐。我装作没听见，暗地看了看周围，悲剧，真的都是些年轻的男女。下次是打包到车上吃或干脆找一个民工吃饭地方。

我倒是可以补一条：每次我上山看植物回来，背个大包，一身泥，有时手里还握着一根木头棍。坐在檀香山的公共汽车上，乘客躲我远远的，以为我是无家可归的流浪汉。檀香山无家可归者不少，传说有的是从美国本土有计划输送过来的：给他们购买机票，送至夏威夷，至少这地方冬天不冷，冻不死。

.... 2012.04.04 / 星期三

晴。夏威夷本土兰科植物极少，只有三种，都是特有种。我一直纳闷，兰科植物在热带一般都很多，为何夏威夷如此之少？

著名植物学家Otto Degener也觉得这是个问题（*Plants of Hawaii National Park: Illustrative of Plants and Customs of the South Seas*, Ann Arbor, Michigan: Edwards Brothers Inc., 1945，118–120）。他说兰花的种子极小，被风远距离传播相对容易，夏威夷这里应当有更多的兰花才对。

下午到Hale Manoa楼前的小花园欣赏海桐化科密化海桐（*Pittosporum confertiflorum*），特有种。校园中也大量栽种了外来种海桐（*P. tobira*），特别是在日本花园和朝鲜研究中心附近，比较而言还是本土种好看。植株矮小的熊果莞花（*Wikstroemia uva-ursi*）果实已变红。

【左】密花海桐。特有种。位于夏威夷大学东西方路东侧。

【右】密花海桐的果实，摄于夏威夷大学的莱昂树木园。

.... 2012.04.05 / 星期四

阴。早晨见到夏威夷大学东西方路两侧路灯杆上均挂着达赖14–15日要来演讲的广告和头像。达赖这张牌还能打多久？

乘1路转23路到寇寇火山坑植物园（第二次），再步行到岛东边的红树林（第三次），然后沿海岸返回到哈纳乌马湾，乘22路转1路回来。

在夏威夷凯（Hawaii Kai）过岭处路边及附近的高尔夫球场边见大量水牛草，据说上海已经遭受此物种入侵。夏威夷1932年就已采到标本。原产于非洲和热带亚洲。去年秋就已见过枯草，没有花，当时无法辨认。与此同属的另一种是带刺苞

590 / 檀岛花事

的蒺藜草。

在海边的草地上见了老朋友美洲红树、夏威夷卵叶小牵牛、绢毛梊果木、圆叶白粉藤。后者花序刚长出来，花还没有开，但可鉴定了。它原产地是东非和阿拉伯半岛。夏威夷植物《手册》没有收录此归化种。另一种旋花科植物毛木玫瑰（*Merremia aegyptia*）茎上有密毛，《手册》上不确定是不是归化种。

2012.04.06 / 星期五

阵雨。在校园南部拍摄。校园南靠近都乐街有一株大的紫草科破布木（*Cordia dichotoma*），西部还有两株小的，其英文名称为Sebesten plum。据说果实能做饼，也能腌制后食用。在其北部不远处几株大榕树旁有一株结有大量黄果（果肉红色）的绿花海桐（*Pittosporum viridiflorum*），原产南非，夏威夷1954年采集到标本。而这些榕属植物树下掉落的榕果被踩成了果饼。搞不清是哪个种，学校的资料说可能是*Ficus forstenii*。停车场边有大戟科全缘叶珊瑚花。继续向北，圆形花坛中有树商陆（*Phytolacca dioica*），商陆科，原产于南美。

绿花海桐，原产南非。

绿花海桐的蒴果。

----------------------------------- 2012.04.07 / 星期六

白天应邀参加"第二届台湾研究：美丽岛的经验与视角"学术讨论会，内容极丰富，政治、经济、文化、植物学、工程技术均有！我认识几位台湾在读的研究生，人都非常好。

晚上在netflix.com注册，在线观看电影《最后的舞者》（*Mao's Last Dance*）和《色戒》（*Lust, Caution*）。一般般，当年没赶时髦是对的。

----------------------------------- 2012.04.08 / 星期日

"欢喜不可以预谋，它总是不期而至。"（半夏，新浪博客，2012.04.08）总结得好！博物就在乎这个，享受不确定性。

----------------------------------- 2012.04.09 / 星期一

现代性的规则并不有利于天人系统的持久存续。在这种状况下，作为个体的我们，无论从事什么职业，都在做着什么，或者考虑应当做点什么。是加剧危机，还是减缓危机？这是重大的选择，人性、伦理在此选择中体现。

"像博物学家一样生存"（living as a naturalist），谈何容易，但它是一种选择。

当柴烧的檀香木

2012.04.10 / 星期二

中国古代文献中是否记载中国与夏威夷之间的交流？清代檀香木贸易是重大事件，但目前本人没有见到中文原始文献。清代谢清高口述的《海录》中提到东海八岛中的最后一岛为"亚哆歪"，冯承钧等人曾注明它就是今日的夏威夷。还有人指出"哑哆歪"为"哑歪移"之误，而"哑歪移"即"夏威夷"（安京，《海录》作者、版本、内容新论，《中国边疆史地研究》，2003，13（01）：58；陈佳荣等，《历代中外行纪》，上海辞书出版社2008年，第1033页）。我请教了一位广东人，粤语读"哑歪移"比读"夏威夷"更像英语Hawaii的读音。

"18世纪后期，美国商人在夏威夷发现了檀香木。1792年，美国商人开始把夏威夷岛的檀香木运到广州，从此中美檀香贸易迅速发展。美国人用檀香木换中国的茶叶、南京棉布和丝绸。随后美国商人在斐济群岛和南洋一带的许多岛屿发现了檀香木。1806年，鲁宾布兰雷船长带领希望号商船到达斐济，和当地人签订合同，要求垄断檀香木的贸易。"（孙建峰，中国掠夺美国的历史，《世界博览》，2012，（21）：82–83）不过，那时候夏威夷不能算是美国的！

另据统计，1822年仅广州就进口檀香木16822担（1担=100斤=50千克），价值268200美元。但如此崛起的高利润贸易使得夏威夷、马克萨斯的檀香木资源迅速受到严重破坏，随着美商货源匮乏，到1833年，进口额跌落到8935美元，中美檀香木贸易从此趋于停止（伊广谦，中美早期檀香贸易，《中华医学史杂志》，2007，37（01）：50）。

有趣的是，美国皮货商人起初并不知道中国广东人喜欢檀香木，原来他们的船从夏威夷装载的檀香木是当柴烧的。

一种癖好就可能毁灭多个物种。夏威夷檀香属植物之所以今日还没有灭绝，绝对不需要感谢商人和用户的仁慈，而是因为夏威夷的地貌太复杂，山岭极险峻。

近代以来，商业、贸易严重破坏大自然的例子，从庞廷的《绿色世界史：环境和伟大文明的衰落》能找到许多。比如，1913年伦敦的商店就出售了77000只苍鹭、48000只秃鹰和162000只翠鸟的羽毛，因为英国女人喜欢用鸟羽装饰帽子（《绿色世界史》，上海人民出版社2002年，第188页）！

························· 2012.04.11 / 星期三

昨天夜里12点前新华社发布薄被解职，今天世界各大媒体开始评论。我对政治毫无兴趣，但一年前却猜中薄的大结局！当初我的依据很简单：时代变了，再搞"文革"那一套不得人心。

我的新浪博客访问量今天超过100万，有百分之一为有效阅读？《中国图书商报》之《中国阅读周报》刊出张倩对我的采访，同期有王一方关于博物学的文章。

白天在哈密顿图书馆看微缩胶片。很乱，竟然没有完整的目录。

晚上继续修改18日将使用的PPT。

························· 2012.04.12 / 星期四

校园中使君子花开正浓，第一次注意到其花瓣上还有细绒毛。

中午在圣约翰楼的小植物园中拍摄到沙氏变色蜥。小园中百合科夏威夷山菅兰（*Dianella sandwicensis*）的小花非常漂亮，其夏威夷名为Ukiuki。瓦胡无患子（*Sapindus oahuensis*）树下陈年的种子外表有小麻点，很好看，但多数空心，可能是授粉不佳导致的。

12:00听讲座《谢晋导演之电影的庭审与正义》。主讲人为夏威夷大学里查逊法学院的Alison Conner。18日将轮到我讲。

夏威夷山菅兰的花。本土种。

【上】使君子的花特写。外来种。花瓣上有细绒毛。

【下左】夏威夷大学校园中的沙氏变色蜥。外来种。

【下右】沙氏变色蜥时而鼓起气囊吓唬我。

海边扎营听浪

2012.04.13 / 星期五

上午登岛北卡哈纳湾北侧的Puu Piei，山道入口在一片辐叶鹅掌柴林中。上到三分之一，返回，本地植物有瓦胡荛花、鬼针草属植物、樟科无根藤和蔷薇科小石积。外来物种为辐叶鹅掌柴、粗枝木麻黄和一些桉树。小石积丛中一株鬼针草属植物可能是夏威夷鬼针（*Bidens hawaiensis*），单叶，卵形至椭圆形。如果准确的话，这将是此种一个新的自然分布

从北部看卡哈纳湾。晚上扎营于图片正前方沿岸转角处。

地。《手册》只说在大岛有分布。另外据我所知，马诺阿崖本土森林恢复区中有引种。多少犹豫的是，在此见到的这种叶的基部与标准的夏威夷鬼针不同。

阳光非常足，尽可能找树荫休息。

下山后沿海岸向东南行进。礁石上螃蟹穿梭。经过卡哈纳湾海滩东南边人工潟湖，上树摘椰子。树虽不高，但树干粗，难爬。找来枯木搭上梯子，用手拧下两只。还未成熟，用瑞士军刀刺下去，甜甜的椰子水就喷出来了。旋转刀柄，挖个小洞，便可以自在地喝椰子水了。

在附近沙地上见到本土植物巨黎豆（*Mucuna gigantea*），台湾叫大血藤，黄绿花成团。英文名Sea bean，夏威夷名Kaee或Kaeee。荚果中一般两粒豆。找到9粒成熟的干豆。再沿公路南行在转弯处准备扎营。一直想确认听着涛声能否入睡，依海而眠是什么感觉？

帐篷扎在一株树枝被海风吹平的榄仁树下，坐标（N 21° 33.62'，W 157° 51.87'）。这一带海岸公路边大量植有这种树，其根甚密（两株的根可以像榕树根一样长在一起），两两相连，对海岸有相当的保护作用。这里也有少量紫草科白水木。

傍晚涨潮，钻进帐篷，躺下。波浪变猛，20:00眼看就要淹没我的帐篷，最终差10厘米左右水面稳定下来。海浪拍打着礁石上的夏威夷黑蜓螺（*Nerita picea*），帐篷上滚动着溅起的水珠。这顶单人帐篷非常不错，经受了波浪的考验。一个人躺在海边，听着周期性忽大忽小的波浪声，有一种天人合一的感觉。起初，还觉得是噪声，不一会就习惯了，最后大脑已能完全过滤海浪的"干扰"。22:00起来打着电筒到附近的潟湖观赏"飞鱼"（用电筒照水面，成群的鱼会跳起来飞跑）。返回帐篷后不久就睡着了。

在卡哈纳湾北部山坡上见到的一种鬼针草属植物，可能是夏威夷鬼针。特有种。

标准的夏威夷鬼针。这株摄于马诺阿崖本土森林恢复区，为人工引种。

【右中】巨鸅豆。本土种。豆子不用加工就是很好的艺术品。

【下左】巨鸅豆的嫩豆荚，有4条翅。

【下右】巨鸅豆的花。

在海岸距海面很近的地方扎营，想近距离感受大海。有一定危险，警惕涨潮，通常还是安全的。

在扎营处见到的夏威夷黑蜒螺，特有种。它们成群贴在礁石上，涨潮时就从礁石上脱落。

2012.04.14 / 星期六

  醒来已经6:20，东方天空一片红。临着波涛美美睡了一觉，仿佛更明白了"鹪鹩一枝"（庄子）及《鹪鹩赋》（张华）。当把自己放回大自然时，整个世界便是我的肌体，还有必要另外占有吗？"任自然以为资，无诱慕于世伪"。

  拍摄朝霞。沿海岸公路向南行走，晨曦中，路过Donkey Balls巧克力店。路边篱笆上有加巴尔德（Tulsi Gabbard，1981 – ）的竞选广告。她出生在萨摩亚，两岁时（1983年）全家搬到夏威夷。她准备竞选国会议员（本书定稿时已成功入选）。等55路时在马路边见到伞形科细叶旱芹（*Cyclospermum leptophyllum*），外来种，外表像香菜。此前去马纳纳山道时在路边也见到过。

夏威夷植物日记/599

【上】早晨从帐篷中钻出来，东方海面上朝霞满天。

【下左】加巴尔德的竞选广告。

【下右】伞形科细叶旱芹。外来种。植株有类似香菜的香味。

2012.04.15 / 星期日

观察瓦黑拉山上的旺盛杂草尾稃草。不能随便穿行这种草丛，皮肤易割伤；若再渗入汗水，火辣辣地痛。有一次我穿过一大片比我还高的尾稃草去拍摄一株盛开的银桦树，结果胳膊被划出小道道，痛了好多天。

下午离开住处，向北看植物，拍摄黄时钟花、肾茶、数珠珊瑚、花棋木、珊瑚藤、南美山蚂蝗（*Desmodium tortuosum*）、碗花草（*Thunbergia fragrans*）的花果，以及凤凰木的豆荚（似履带）。在Safeway附近拍摄石茅（*Sorghum halepense*），也叫约翰逊草、亚刺伯假高粱，原产于地中海地区。在小溪中见一对夏威夷鸭。

【上左】数珠珊瑚科（蕾芬科）数珠珊瑚的花。外来种。

【上右】豆科南美山蚂蝗。外来种。

2012.04.16 / 星期一

南宋赵汝适说："噫！山海有经，博物有志，一物不知，君子所耻。"世界如此之大，怎可尽知？认知是一方面，对自然的态度、情感是另一方面。

【下左】爵床科碗花草的果实。外来种。看它的白花容易误以为是旋花科的。

【下右】石茅。外来种。

果实汇总图

2012.04.17 / 星期二

到夏威夷大学北部生命医学科学大楼西侧、中太平洋学院操场东侧的篱笆处，见毛边叶柱藤（*Stigmaphyllon ciliatum*），也称巴西金藤，黄花，叶心形，幼叶的叶缘锯齿长毛化，叶面有绒毛。夹竹桃科西非羊角拗（*Strophanthus sarmentosus*）也正开花。我此前在这里下的黄独株芽已经长出长藤，很自然也缠绕在铁丝网上。

拍摄夏威夷植物果实与种子汇总图01号，14科16种：狐尾椰、银叶树、茶茱萸、小猴钵树、石栗、花棋木、巨蠡豆、粗枝木麻黄、圆果杜英、薏苡、阿开木（西非荔枝果）、发财树、莲叶桐、澳洲坚果、红厚壳、大叶藤黄。你能一一认出来吗？

汇总图02号，8科15种：无患子、瓦胡无患子、大花倒地铃、圣诞椰（*Veitchia merrillii*）、蒲葵、黄花夹竹桃、马兜铃、银合欢、苍白牧豆树、木豆（*Cajanus cajan*）、蝶豆、台湾相思、姬牵牛（*Ipomoea obscure*）、桐棉、紫茉莉。

【左】毛边叶柱藤的嫩叶，幼叶的叶缘锯齿长毛化。

【右】金虎尾科毛边叶柱藤，也称巴西金藤。外来种。

【上左】夹竹桃科西非羊角拗。外来种。

【上右】我埋下的黄独株芽已经长出长藤。

【下】夏威夷植物果实与种子汇总图01号，14科16种，种类说明见正文。

夏威夷植物果实与种子汇总图02号，8科15种，种类说明见正文。

吉本论大教堂与昆虫

2012.04.18 / 星期三

《罗马帝国衰亡史》作者、著名历史学家吉本（Edward Gibbon, 1737–1794）曾说："A magnificent temple is a laudable monument of national taste and religion, and the enthusiast who entered the dome of St. Sophia might be tempted to suppose that it was the residence, or even the workmanship, of the Deity. Yet how dull is the artifice, how insignificant is the labour, if it be compared with the formation of the vilest insect that crawls upon the surface of the temple!" 吉本赞叹了索菲亚大教堂，紧接着又用大自然中一只不起眼的昆虫来嘲讽它："若将它与那爬到教堂墙面的一只卑微小昆虫的构造比起来，这人工物又是多么蠢笨啊，简直是毫无意义的穷折腾！"

看来，历史学家与博物学家是相通的。人文学者中，有多少人能够理解吉本？

2013年6月有机会到伊斯坦布尔参观了索菲亚博物馆（Ayasofya Müzesi），壮观、华美。更为重要的是它所展示的文化多样性：在这里，穹顶上圣母、耶稣基督，"安拉至大"、"穆罕默德是安拉使者"可以长期和平共处！

那么大自然呢？更高一筹，生物多样性更为壮观、华美。

卡伊纳角看植物看海豹

2012.04.19 / 星期四

晴。几天前嗓子就痛，接着全身不舒服，但还是忍不住出行。

乘52路在瓦胡岛西北凹口哈莱伊瓦（Haleiwa）小镇下车，11:36经过游艇码头，沿海岸向西南方向奔卡伊纳角（Kaena Point）方向行进。打算绕过奥胡岛最西端的卡伊纳角，从岛的南侧再向东走，一直步行到40路的起点。这一路线全程25英里，几个月前就计划走一趟。

通常，人们会开车到北部或者南部的海岸公园，接近卡伊纳角，步行进入，直到目的地，然后返回。有两部车的话，事先安排好，可以从另一侧返回。我没有车，也想全程徒步感受一下。

哈莱伊瓦游艇码头，位于瓦胡岛的西北。

阿里伊（Alii）海滩公园边上，红花铁刀木（*Cassia grandis*）正开花。其荚果表皮粗糙，种子外部有黏稠的糖分包裹，容易与花棋木区分。

经过入海的一条河，桥头有牛蹄豆（*Pithecellobium dulce*），荚果扭转，吊在树上。河边田地上栽有大量参薯（*Dioscorea alata*），茎刚长出一米左右，用滴灌的方式浇水。叶心形油亮，茎具翅棱，自转和公转均为右手性。它的根紫红色，煮粥非常棒。

顶着烈日，经哈莱伊瓦路和Goodale大道，终于来到法灵顿高速路上。路边见到漆树科的一种水果西班牙李（*Spondias purpurea*），尝了一个，味道还行。树上的叶基本落光，开始长新叶。

接下去是笔直的西行大道。烈日难耐，但不能耽误，必须加速前进，天黑前要绕过卡伊纳角。走了约一小时，浑身湿透，一辆丰田皮卡（车号JXX127）突然停在我前面，一热情的中年男人招呼我上车。关键时刻总有贵人相助！听说我要去卡伊纳角，好心的司机愿意一直送我到这条大路的尽头。其实他本来并不是要一直前行的。路上，他向我介绍了附近的机场以及有趣的滑翔运动。乘车走了约7英里，保证了后面旅程所需的足够体力。

13:58开始进入"卡伊纳角海岸保护区"的入口，坐标（N 21°34.77',W 158°14.23'）。夏威夷拟檀香、阔苞菊（*Pluchea indica*）、拟黄花稔、草海桐等常见。

漆树科西班牙李。

14:45来到卡伊纳角海鸟繁育区及僧海豹休息/产仔区的铁篱笆入口，坐标（N21° 34.53', W 158° 16.25'）。告示牌上明确写着不允许带狗进入，为的是防止狗咬死或咬伤海鸟。

在此美田菁（*Sesbania tomentosa*）、草海桐、全缘孪花菊（*Wollastonia integrifolia*）（属名经历了若干

变化，如*Lipochaeta*，*Melanthera*)、异型天芥菜、海岸厚叶檀香，均贴地表生长。拟黄花棯上有夏威夷菟丝子（*Cuscuta sandwichiana*）寄生，特有种。

希拉伯兰特在《夏威夷植物志》中就描述过这种檀香木，他标出的地点就有卡伊纳角（*Flora of the Hawaiian Islands*，1888/1981，390），后来洛克的著作中也专门提到这个地点的这种檀香木。此地只有一种檀香属植物。按2010年的分类方案，它的学名应当是*Santalum ellipticum* var. *littorale*。花黄色，甚多。

先后见到两只僧海豹（*Monachus schauinslandi*），坐标分别为（N 21° 34.48'，W 158° 16.80'）和（N 21° 33.56'，W 158° 15.37'），均趴在礁石上晒太阳。其颜色与礁石几乎完全一样，从远处很难发现它们。据说在夏威夷观察到野生种群约200只，但数量在增加。此时海鸟并不多，一共见到十几只。包括一只黑背信天翁（*Phoebastria immutabilis*）雏鸟，毛为灰黑色，坐标为（N 21° 34.40'，W 158° 16.62'）。

转过瓦胡岛的最西端，开始走在岛南。脚下除了草海桐外，有单叶蔓荆（*Vitex rotundifolia*）和夏威夷卵叶小牵牛。走出岛南侧的铁篱笆大门，离开保护区的核心区，开始沿瓦胡岛南侧海岸向东南行进。

岛南侧沿岸被海浪严重侵蚀，原来的小路已经崩塌。想再修路已经很困难，爬到山坡上绕过那段断路。

16:07幸运地见到卡伊纳角海滨木地锦（*Chamaesyce celastroides* var. *kaenana*），坐标（N 21° 34.13'，W 158° 16.10'），S.H.Sohmer和R.Gustafson说此变种只见于卡伊纳角（*Plants and Flowers of Hawaii*，1996，68–69），我们很可能是在同一地点见到的！

16:28遇到一个巨大的美丽石桥，坐标（N 21° 34.00'，W 158° 15.93'），中间的岩石已被海浪冲掉，估计用不了许多年，这个桥就会塌下来。

16:45恰巧遇上几个孩子钓上一条一米多长的鲹科珍鲹（*Caranx ignobilis*），也叫浪人鲹，热带大型食肉鱼。夏威夷名Ulua，英文名称为Giant Trevally。他们见我一人带着相机走过来，十分兴奋，大声招呼我看他们的鱼，估计这么大的鱼不经常钓得上来。

16:50见藜科夏威夷藜（*Chenopodium oahuense*），特有种，灌木。

17:17见到另一片海岸厚叶檀香，坐标（N 21°33.60'，W 158°15.39'），高1.3米左右。叶较前者更厚更白些。附近有苍白牧豆树和夏威夷卵叶小牵牛。

17:30第三次见到海岸厚叶檀香，叶稍长，叶面颜色也发白，附近有光烟草（*Nicotiana glauca*）。

不久出现了柏油路。17:46见阔苞菊灌丛。

17:54来到一个有淡水供给的卡伊纳角州立公园海滩，在厚沙上扎营，坐标（N 21°33.00'，W 158°14.58'）。夕阳照在广阔沙滩的一排排脚印上，看起来很美。从18:20开始静观日落，金色阳光在水面变幻着。18:53太阳完全沉入海面，30分钟后天空黑下来。

帐篷扎在海滩上，入睡前太阳从西边落，早起时，太阳将从东边出。这一晚地球会转半圈。在别的地方住似乎没觉得这有什么特别，而在这海滩上，就很不一样。太阳与海水位置的变化，明确暗示地球真的是圆的！

此时太阳从西边走了，等我醒来，将在另一个方向上迎接东君的归来！

菊科阔苞菊，灌木。外来种。

【上一】卡伊纳角的豆科美田菁。特有种。

【上二】卡伊纳角的菊科全缘孪花菊。特有种。

【上】卡伊纳角的檀香科海岸厚叶檀香。特有变种。

【下】卡伊纳角的一只僧海豹，其颜色与火山礁石相近。

马鞭草科单叶蔓荆。本土种。

【上】卡伊纳角海滨木地锦。特有变种。

【下左】海滨木地锦叶的背面。　【下右】好大一条珍鲹，也叫浪人鲹。

【上】卡伊纳角海岸"石桥",随着海浪继续侵蚀,不久可能会崩塌。

【上】钻进帐篷静观卡伊纳角的日落。

【上】夕阳照在卡伊纳角几千米长的沙滩上。

【下】在卡伊纳角海滩的厚沙上扎营。

2012.04.20 / 星期五

　　早晨6:10爬起来，从海滩上收拾好帐篷，向24路和40路起点进发。中途经过美国空军的卡伊纳角卫星跟踪站、Makua军事保留区和Ohikilolo Makua牧场，见到大量在海边搭着临时窝棚而居住的移民。结果发现C路跟40路线一样，就乘了C路，到唐人街。购买牛蒡、星苹果（两美元一个）和木瓜返回夏威夷大学。

总结卡伊纳角一行，主要收获有：（1）见到两只僧海豹。（2）见到希拉伯兰特和洛克描述的匍匐生长的海岸厚叶檀香。（3）见到大戟科卡伊纳角海滨木地锦。（4）洗了最棒的海水澡。（5）海滩扎营观日落，美景无法形容。当然，也有代价，嗓子没有全好，出发前忘记带药了，现在头热、有些痛。另外脚上增加了几个水泡。

从卡伊纳角州立公园走出来遇上的一个牧场。

2012.04.21 / 星期六

参加研究生陆波（毕业于北京大学）的婚礼，仪式在Waialae海滩公园举行。在海滩上见到一对翻石鹬（*Arenaria interpres*）。

海滩公园婚礼现场牧师使用的主持台。台上寇阿木碗中盛着两枚银戒指。

2012.04.22 / 星期日

【上】翻石鹬。

　　傍晚向北散步，见桃花心木果实成熟落地，香龙血树（Dracaena fragrans）花香扑鼻，被园林工人切割的蜜瓶花又开出串串红囊，刺果番荔枝树结出许多小果，篱笆上毛边叶柱藤仍在开花。

楝科桃花心木的果皮和里面的翅果。

··· 2012.04.23 / 星期一

　　住处天井中香龙血树散发出浓烈的香味，整楼飘香。晚上用微距拍摄香龙血树的花。

　　到AT&T的门市购买25美元电话卡，送一个电话号码，从此我才算有手机！营业员反复告知这个计划并不划算。但对我而言最划算，因为它最便宜，我只是到其他岛租车时才可能使用。

龙舌兰科香龙血树的花，有浓香。

··· 2012.04.24 / 星期二

　　在Expedia.com预订到毛依岛（Maui）的机票并租车，共计320美元，其中55元为汽车保险。晚上又预订27日晚在Maui Seaside Hotel的住房，95美元，加上两税，近110美元，太贵。

··· 2012.04.25 / 星期三

　　晴。收拾行李（相机、镜头、充电器、帐篷之类），选择路线，仔细考虑可能出现的问题。拍摄校园圣约翰楼东北部虎耳草科乔木胡桃桐的果实。

到毛依岛看植物

2012.04.26 / 星期四

下午从檀香山机场乘支线飞机到毛依岛的卡胡卢伊（Kahului），争取第一天就有收获。

14:49登机，机舱入口机身上美国国旗上方有两行字"We Support our Troops / in the Middle East"，"我们"是谁？15:10起飞，从毛依岛中间的凹地由南向北接近目的地。想起一首歌："Fly the ocean / In a silver plane / See the jungle / When it's wet with rain"。

15:38降落于卡胡卢伊。

在机场的Dollar公司柜台购买4天第三者责任保险，不断地签字，取钥匙，找车（雪佛兰爱唯欧LT，车号LCE-171）。虽然是第一次租车，但一切都十分顺利，总用时不超过20分钟。16:10驾车离开机场；自动挡，太容易开了。

按行前的计划，先到K-Mart购一箱水和一些零食，然后走Hana高速（36号）和东君殿高速（37号）。16:56在甘蔗地旁停车吃点东西。再转向377号路和378号路，直奔东毛依的高山东君殿（Haleakala），将在山顶过夜。

山脚下由37号路刚转到377号，走出不远，暂时离开主路向北转向一条小路。17:19来到孙中山哥哥孙眉（1854-1915）当年的库拉（Kula）农场。门牌号为529 Kealaloa Avenue（在谷歌地图上输入这串信息，立即能找到库拉农场所在地），如今是东君殿牧场公司的一部分。老房子已经拆除。当年孙眉就是利用这个农场的所得而大力资助孙文搞革命的。这是我停车拜访的第一站。没想到开车毫不费力就找到了。租车时多亏没另租GPS，这地方开车非常容易，因为路标清晰，真正为司机着想。

17:30回到377号公路继续上山。山路旁有许多牧场，首先见到茄科刺茄、萝藦科钉头果和紫葳科蓝花楹（*Jacaranda mimosifolia*），后者以山坡的牧场为背景看起来非常漂亮。没有时间仔细拍摄，等下山时再说。18:02山坡上出现一簇一族的小灌木普基阿伟，果实累累，或白或红。停车欣赏风景，看植物。18:13见火山多回蕨（*Pteridium aquilinum* var. *decompositum*），零星分布在火山石中。

要爬上海拔一万英尺的山顶，还有许多路要走，此时下起了小雨，我得抓紧时间沿盘山道上山。路是新修的，质量非常好，转弯甚多。但转弯处的超高（superelevation）补偿做得恰到好处。沿途只遇上一辆下山的车。

小雨变大，车窗视线不清。东君殿山上却是晴的，云层在半山腰活动！18:22到海拔6700英尺的国家公园入口处才知道，此时正好是国家公园周！一切联邦收费都免，从本月21日到29日。入口处坐标（N 20° 46.13′, W 156° 14.58′），此处距顶峰11英里，驾车大约需要30分钟。

国家公园入口处见到两只夏威夷雁（*Branta sandvicensis*）像警察一般挡住了去路！此鸟夏威夷名Nene，州鸟，外形与加雁相似，远祖来自加拿大。

在游客中心门口见豆科特有种金叶槐（*Sophora chrysophylla*），夏威夷名Mamane，花黄色，木材坚硬。树上有大量去年的灰黑色豆荚，但无花。继续上山，阳光竟然显现！在高高的山顶欣赏下面的云海和晚霞，别有风味。借助闪光灯拍到正在开花的金叶槐。起先不明白种加词何以叫"金叶"而不叫"金花"，细看才知道，名字准确地反映了叶的特征：叶背面像淡淡地撒了一层金粉（实际上为金棕色的细毛）。这些，仅凭看书是感受不到的。

19:19到达山顶的停车场，并立即见到魂牵梦绕的剑叶菊，车灯照到她的一瞬间我就认出来了。闪光灯下，

毛依岛孙中山哥哥孙眉经营的库拉农场旧址。

剑叶菊的叶片反射着金属光泽。这个种应当是东君殿剑叶菊（*Argyroxiphium sandwicense* subsp. *macrocephalum*），夏威夷名Ahinahina。

继续向上行驶，19:33摸黑登上最高点的观景屋，海拔10023英尺（3055米）。返回刚才的大停车场，今晚就在这过了。空气很凉，温度接近零度。站在外面有些哆嗦。进车里套上睡袋休息，等待明早看日出。此时停车场上共三辆车，约五六人，将守候着这光秃秃的火山。

东君殿山坡上的普基阿伟，为一簇一簇的小灌木。

火山石中出现火山多回蕨。

【上】两只夏威夷雁在国家公园入口处拦住了道路。特有种。

【下】夜晚拍摄的菊科东君殿剑叶菊。特有亚种。

622 / 檀岛花事

豆科金叶槐。特有种。

东君殿剑叶菊和东君殿檀香

2012.04.27 / 星期五

5:10东部山下的天空已经变红，太阳将在这里升起。陆续有车从山下来到停车场，都是赶大早准备看日出的。山顶一排天文观测设施首先进入视野。气温很低，山头上游人哆哆嗦嗦地欣赏着日出，有穿棉衣的、背心短裤的、冲锋衣的，也有披毯子的。

5:55太阳跃出云层，金光照射在菊科门氏那夷菊（*Dubautia menziesii*）灌木上，坐标（N 20°42.79'，W 156°14.99'）。这是今天我注意到的第一个特有植物，它是荒凉的火山"炉渣"上最顽强的生命。它与同属的其他种在叶形上差别很大。他的叶非常整齐，初看容易误以为是百合科的。这里的植物都耐寒耐旱，并且抗晒。到目前为止那夷菊属已经见到三种，另两种是舒展那夷菊（瓦胡岛）和糙叶那夷菊（大岛）。

6:07来自日本的一家三口在一块巨石上迎接日出，剪影很好看。6:21在（N 20°42.89'，W 156°14.99'）拍下另一丛门氏那夷菊。

今天的日出状况并不理想。回到车里吃早饭。决定向东到下面的火山坑Kaluuokaoo看看，这个夏威夷名意思就是"漏斗"，指火山锥。刚迈步，就见地表有小红花。是芹叶牻牛儿苗（*Erodium cicutarium*），外来种。这个地中海小草在1871年前就成功登陆夏威夷了。沿流沙山道（Sliding

早晨5:47游人们在东君殿火山顶部看日出。

【上】在东君殿5:55见到的门氏那夷菊，特有种。

【左】在寒冷的早晨6:07，日本游客一家三口迎接日出。

Sands Trail）下行，由于干旱，脚下趟起一片尘土。坡上的碎石层也很松软，经不起人为扰动。东君殿火山地貌令人想起外星球、"男人来自火星"，以及当年的地质学学习生活。

山道上遇到大量门氏那夷菊，灌木根部有碎屑状东西，很像瓜子皮，其实是树枝上落下的树叶！6:51在（N 20° 42.64'，W 156° 14.53'）拍到去年的花序。6:59还见到若干易变画眉草。9:05在（N 20° 42.67'，W 156° 14.15'）见到门氏那夷菊今年的花序，刚开过花。

火山渣上偶尔出现石竹科雀喙状蝇子草（*Silene struthioloides*），小灌木，高不到半米，它与易变画眉草、门氏那夷菊对山坡土石都有很好的保护作用。

石坡上最壮观的莫过于东君殿剑叶菊。虽然此时花早已开过了，但一球一球的基生叶极惹人喜爱。路边暴露出的一条长长的木质根清楚地表明它们是这片荒凉之地的壮士，其根长度在两米左右，牢牢地扎在火山渣上。其植株可达3米高！生长若干年后才能开花，一株只有一根巨大的总状花序，占植株高度的三分之二以上，上面能开出数百朵紫红色的菊花。一生只开一次花，开花结实后植株就会死掉。山坡上见到许多干枯的尸体。见到幼苗长在茜草科雁果（*Coprosma ernodeoides*）中。这种贴地生长的小灌木覆盖面积大，对山坡有更好的保护作用，性质有点类似铺地柏。雁果属在夏威夷很发达，有13个特有种。*Coprosma*原意是"粪味"，据此拟中文属名"臭味木属"。

长着红花序的蓼科小酸模（*Rumex acetosella*）在山坡上也很好看，它来自欧亚大陆，在夏威夷1895年首次采到标本。

终于来到那个"漏斗"处，坐标（N 20°43.02'，W 156°13.91'），周围只有雁果一种植物。由于带的水和食物较少，只能到此为止，不敢一人再下行。到了中午，在毫无遮

【上一】在6:51拍到有陈年花序的门氏那夷菊。

【上二】在9:05拍到刚开过花的易变画眉草。特有种。

拦的烈日与火山渣烘烤下，后果不堪设想。

今日早上走路不算远，起点海拔9780英尺，终点海拔8320英尺，高差也不算大。但易下难上，软沙的阻尼效应非常明显，返回时要用加倍的力气。

返回时走得较慢，这反而有助于发现一些特别的植物。在大石块边找到菊科小草伏地层菀木（*Tetramolopium humile*），特有属中的特有种。据说瘦果上有四个条纹，我没有见到。正在为它拍照时，一只小昆虫飞了过来，像食蚜蝇。在（N 20°42.63', W 156°14.09'）见菊科夏威夷鼠麴草（*Gnaphalium sandwicensium*），特有种，外表毛绒绒的，有点类似北京东灵山的零零香青。在火山渣的衬托下，它显得分外突出。不远处还有去年的枯茎。

10:01回到早晨出发的地点。向西南，再上昨晚摸黑去的最高峰观景台（N 20°42.58', W 156°15.16'），台上有保护夏威夷圆尾鹱（*Pterodroma sandwichensis*）的宣传牌。10:20开始驾车缓慢下山，准备到植物多的西坡看看。

在Kalahaku观景点（N 20°44.19', W 156°14.07'）俯视早上下探的火山锥"漏斗"。惊起一只石鸡（*Alectoris chukar*）。当时并没有认出来，回家后放大照片比对才知道。附近门氏那夷菊、火山越橘、易变画眉草、长叶车前（*Plantago lanceolata*）、火山多回蕨、普基阿伟常见。火山越橘最为出色，此时正在开花，灌木外表全是"小铃铛"（花筒）。长叶车前原产欧亚大陆，在夏威夷1895年首次采到标本。

澳石南科普基阿伟以前在檀香山只在山脊上见到少数几株，而夏威夷人当年在宗教仪式中要用它燃起烟雾。当时想，办一次活动要跑多少地方收集啊？这次来到东君殿山坡上才见识它是如此丰富，对于生态又是如此重要。忍不住尝了尝果实，味道还不错，有沙枣的滋味。

在（N 20°44.21', W 156°14.07'）见到山地雁果（*Coprosma montana*），花黄绿色，果红色。这是今天看到的本属第二种植物，也是特有种。

沿盘山路继续下行，来到叫Ranch Wall的一个观景点。路边多柳叶菜科待宵草（*Oenothera stricta*），原产于智利和阿根廷。昨晚上山时车灯就照见了，现在能够仔细辨认。

在Leleiwi观景点（N 20° 44.64', W 156° 13.80'），有成片的金叶槐，枝头满是黄花。红色的白臀蜜鸟（*Himatione sanguinea*）喜食其花蜜，此鸟夏威夷名为Apapane。它的嘴是直的，而跟它相近的镰嘴管舌鸟嘴是弧形的。

驾车再下行，来到Halemauu山道入口（N 20° 45.13', W 156° 13.70'）。此山道东行后可到Holua（3.9英里），再向东南可到Kapalaoa（7.7英里），与流沙山道汇合。继续向东向下，可到Paliku木屋（10.2英里）。沿Kaupu山道向南可到毛依岛的最南部海岸！不过，这一系列穿行需要非常好的体力，可以想象也一定能够见识许多优美的特有动植物。如果我再有机会，则一定考虑尝试一下。这次就免了。仅在Halemauu山道西端入口附近活动。首先看到石竹科成片小草鹅绒膜萼花（*Petrorhagia velutina*），原产于欧洲，不分支，叶集中于基部。入口处山地雁果、待宵草、金叶槐、火山越橘常见。灌木中混有一种有银白叶子的植物，一时无法相认。它的叶形非常奇特，叶末端指裂，叶有5条直脉，两面有白绒毛，摸起来柔滑。整个叶像一种特殊的木质小锅铲。

沿山道东行，此种植物越来越多。终于想起来，是牻牛儿苗科三指老鹳木（*Geranium cuneatum* subsp. *tridens*）。这个科竟然也有灌木！在夏威夷草本和木本的界线极容易打破。桔梗科、堇菜科和车前科都有木本的，还有什么不能有呢！将它与早晨刚出发时见到的同科植物芹叶牻牛儿苗对比一下很有趣。一木一草，一特有种一外来种，都很好地适应着这里的火山环境。

沿山道走了约100米，11:33今日最幸运的事情降临：见到了根本没指望的东君殿檀香（*Santalum haleakalae* var. *haleakalae*）！坐标（N 20° 45.15', W 156° 13.64'），一共有3株，植株呈球形，像个紫红色大馒头放在火山岩石坡的普基阿伟、山地雁果、金叶槐、火山越橘、三指老鹳木组成的灌木丛中，枝条垂地。最大的一株高约4米，树龄约百年。枝头挂满了鲜艳的红花，近地表处开花较早，已经结了许多果。花裂4片，外面红色，里面白色到淡黄色。果红色，末端脐形，有一环。值得注意的是，在这个山坡，十平方米的地方就有6种特有植物！

再往前走一段，树丛中见火山多回蕨和菊科假蒲公英猫儿菊（*Hypochaeris radicata*），也叫毛猫耳。此植物所在属的属名拼写至今并不统一。已经几顿没吃蔬菜了，揪了一些后者的叶和花，生吃下去，味道跟蒲公英差不多。行几百米，从东边突然刮来一阵雨，周围一下笼罩在白雾中，决定返回。人在特别高兴的时候就不够理性。事后想来，应当继续前行。

在小雨中驾车继续下山，雨越下越大，到国家公园入口处的游客中心参观。昨天来时已经关门。屋内墙上有一幅油画，画的是格雷半边莲（*Lobelia grayana*），夏威夷名Opelu。这个属的特有种非常漂亮，可惜我在野外一株也没有见到，这或许是夏威夷之行最大的遗憾。东君殿国家公园的核心区实际就有多种，但此行设计不充分，没能探访。问题还不只是设计与体力的问题，进入有半边莲特有种的地方需要事先向国家公园书面申请。

山下路边有自动售卖山龙眼切花和水果的小摊。所谓小摊，只是一只水桶或者一张桌子，稍好一点是个小售货亭，游客把东西取走，扔下点钱就行了。放多少呢？有时有纸条提示，有时没有，看着给吧。我停下车，在附近寻找花源，果然有几家农场在生产山龙眼科切花。

在小雨中，13:20见到帝王花（*Protea cynaroides*），英文名为King Protea，1976年它成为南非的国花。夏威夷以至美国，大量山龙眼科切花都出自这一带。它们由夏威夷大学热带农业与人文资源学院帮助引进。在美国境内50美元可邮购，飞机运送。与帝王花相近的是大花杂交海神花（*Protea magnifica × neriifolia*）。农场中，还有大片蓟序木（*Dryandra formosa*）和心叶银宝树（*Leucospermum cordifolium*），已经盛放，但都没有剪枝的迹象，一种可能是产出过剩，另一种可能是留给游人欣赏。山龙眼科绿化用树、坚果和切花影响越来越大，但中文属名混乱，现列出此科常见植物的中文属名供参考，有些是本人新拟：海神花属（*Protea*，曾译帝王花属，不妥，跟帝王没关系）、丝头花属（*Dryandra*）、针垫花属（*Leucospermum*）、筒花属（*Banksia*，曾译班克木属，不妥，把人名班克斯这样拆分不地道，译成班氏木属或者班克斯木属还是可以的）、火轮木属（*Stenocarpus*）、银桦属（*Grevillea*）、球花木属（*Leucadendron*）、龙眼果属

（*Macadamia*，来自人名，按果的形状和性质意译）。

天变晴，驾车穿过城区，向西北部的伊奥山谷（Iao Valley）进发，14:38到达。两条河在山谷汇聚，从大尺度看有四水汇聚。这里是淡水最充足、土地最肥沃的地方，以前谷里人口众多，遍地是芋田。但西方人来到毛依岛后，开始改种甘蔗。此景点最有名的是伊奥针峰（Iao Needle），有重要战争史含义，看起来很一般。1790年柯玫哈玫哈一世率领独木舟舰队从大岛打到这里，与毛依岛守军展开了激烈战斗，双方伤亡惨重，血染溪流。

溪水边有豆瓣菜、栾树、槿叶阳菊木、白花百香果、

在9:05拍到刚开过花的门氏那夷菊。

过沟菜蕨、长耳胡椒（Piper auritum）、卡瓦胡椒（Piper methysticum，夏威夷名为Awa）、朱蕉、芋等，后三者是波利尼西亚人引入的，其他算一般外来种。

返回时在一家苗圃中见一株锦葵科巴尔沙木（Ochroma pyramidale）大树，也叫轻木。叶心形似血桐，原产于热带美洲，厄瓜多尔是最大产区。

18:24到卡胡卢伊预订的旅馆入住，竟然另收停车费5美元。这是除了青年旅社外毛依岛最便宜的旅店了。110多美元的旅馆条件很一般，只有送的两包本地咖啡味道还好。

晚上到卡胡卢伊小镇闲逛，吃日本面条。

东君殿剑叶菊。特有亚种。这种菊科木本植物是东君殿火山的植物皇后。

【上左】前面的一株东君殿剑叶菊已经开过花，此代生命终结。

【上右】东君殿剑叶菊的幼苗从茜草科雁果的葡萄枝中长出，两者均为特有种。

【下左】从斜上方看东君殿剑叶菊。它的叶的确像银剑。

【下右】从侧面看东君殿剑叶菊。

【上】东君殿火山地貌有点像外星球。

【上】茜草科雁果。特有种。

夏威夷植物日记 / 633

【右上】火山渣上也生长着蓼科小酸模。外来种。

【左下】从远处的山梁上向下看那个著名"漏斗"，观察点坐标（N 20° 44.19', W 156° 14.07'）。

菊科伏地层菀木。特有种。

菊科夏威夷鼠鞠草。特有种。

【上左】夏威夷鼠麴草去年的枯茎。

【上右】火山上的车前科长叶车前。外来种。

【下】石竹科鹅绒膜萼花。外来种。

杜鹃花科火山越橘。特有种。

【上】茜草科山地雁果。特有种。

【下左】茜草科山地雁果的成熟果实。特有种。　【下右】茜草科山地雁果的未成熟果实。特有种。

【上左】豆科金叶槐。特有种。

【上右】火山越橘。特有种。

【下】牻牛儿苗科芹叶牻牛儿苗。外来种。

【上】牻牛儿苗科三指老鹳木。特有种。附近有火山越橘、普基阿伟。

【下】牻牛儿苗科三指老鹳木。

东君殿檀香 特有变种

【上】东君殿檀香的果实。

【下左】东君殿檀香的花序侧面。 【下右】东君殿檀香叶的背面和果。

东君殿山下农场种植的山龙眼科帝王花，顶视图。外来种。

山龙眼科帝王花侧视图。

【上左】菊科假蒲公英猫儿菊。外来种。

【上右】东君殿堂山下山龙眼科大花杂交海神花。外来种。

【下】山龙眼科锯叶小筒花。外来种。

夏威夷植物日记 / 645

桔梗科半边莲亚科格雷半边莲，油画，2006年，作者不详。东君殿国家公园游客中心

【上】心叶银宝树。外来种。

【下左】伊奥山谷的胡椒科卡瓦胡椒。波利尼西亚人引入种。

【下右】伊奥山谷的胡椒科长耳胡椒。外来种。

毛依岛东北线

2012.04.28 / 星期六

7:12到邮局寄名信片,买不到邮票。沿36号和360号公路一直向东,今天看毛依岛的东北部分海岸,目的地是哈纳(Hana)。书上说后面的路很窄,开不快。

7:30在Hookipa海滩公园停车看海。10分钟后继续前行。

8:26停车走外卡毛依自然山道(Waikamoi Nature Trail),闭鞘姜和桉(*Eucalyptus robusta*)非常多,后者直径达1.5米。小山上有高大、密实的竹林,见乌蕨(*Sphenomeris chinensis*)和草莓番石榴等。本土植物只见茜草科大叶九节和若干树蕨。

9:28到路边的伊甸树木园参观,门票13美元。基本上是外来种,对我而言这个园子没什么意思。在园内的山头上观看Pouhokamoa瀑布,水量不大。

10:26沿一条较开阔的山谷参观柯阿纳伊(Keanae)树木园。入口的石壁上长有许多毛柄秋海棠(*Begonia hirtella*),原产于南美。小路边有野茼蒿(*Crassocephalum crepidioides*),也叫革命菜,原产于热带非洲。山谷中一个铜牌上介绍此树木园为1971年开发的,占地6英亩,栽种多种热带植物供夏威夷居民和游客观赏。白心胶(*Syncarpia glomulifera*)树皮粗糙;剥桉(*Eucalyptus degulpta*)树干光滑、彩画一般,具不很明显的板根。柚木和杜英若干。第一次见大风子科黑蕈树(*Pangium edule*),也叫印尼黑果。水果树种有从菲律宾引进的毛柿(*Diospyros discolor*),从塔希提引进的漆树科甜槟榔青(*Spondias dulcis*)。树木园尽头有米仔兰、朱蕉、构树、面包树等。

10:57从树木园出来时发现一辆汽车在转弯处栽到树林中,似乎不是今天翻的。道路很狭窄,只有两条车道,弯多起

伏大，转弯和过桥须格外小心。有无数单行小桥，限速每小时20、15、10甚至5英里。

11：09发现一个瞭望台，站在上面一方面可向北看海，另一方面可向东南看东君殿山坡的风景。向北看，山下近海岸有两座朴素的小教堂。路上车辆并不多，而且主要是来自世界各地的观光客。整条东北线显得幽静，非常适合没有任何"任务"的慢旅行。昨天已经有幸饱览了毛依岛的一批特有植物。我不贪多，再多一两种已经无所谓。此时已完全放松，即使现在返回檀香山，也值了。

11：20经过一条漂亮的瀑布，有五辆车停下来在那观赏。

12：02在路边吃到可口的泰餐大虾炒河粉。谢天谢地，在毛依岛以及其他岛上并不是想吃饭就能吃到。这一点与国内完全不同。国内的餐馆能挤到任何有人的地方，倒是方便了，却

【左】秋海棠科毛柄秋海棠。外来种。

【右】菊科野茼蒿。外来种。

也破坏景色。等待之时，欣赏了一老者用椰树叶、露兜树叶编小动物、小钵、帽子等工艺品。从桌上变了色的成品看，生意不好，但老先生的用意可能就不在这。

13:30终于到达Waianapanapa州立公园，海风阵阵，波涛汹涌。这里有营地，却要提前在网上预约。景区有若干海蚀洞。传说王妃Popoalaea逃到这里，隐藏在一个洞穴中，酋长丈夫Kakae最终找来，杀死了她。离洞穴不远，Keawaiki湾有个黑石滩，海浪将大大小小的火山石不断磨圆。几位漂亮姑娘光脚踩在上面拍照，一个大浪涌来，差点把她们击倒。公园的海岸并非都适合亲近，大部分地方很危险，只可远观，能下水的地方只有刚才湾区最凹处的黑石滩。如果不小心从哪个窟窿掉下去，海浪会像舂米一样，用不了几个回合，把人搓成肉酱。一只夏威夷燕鸥（*Anous minutus melanogenys*，英文名为black Hawaiian Noddy）在湾区的波浪上来回飞行。此地植物主要为榄仁树、海滨木巴戟、草海桐、黄槿、椰子、露兜树，以及旋花科腺叶藤（*Stictocardia tiliifolia*）等。榄仁树有密密麻麻各种大小的幼苗，包括只有两片子叶的小苗。子叶上有三条主脉，而再长出来的新叶将只有一条主脉。大概海浪击起的飞沫飘到树下，令土壤潮湿有利于种子发芽。这也表明，此植物抗盐能力很强。

离开公园，驾车沿330号越来越窄的公路绕过毛依岛的最东北端，再沿海岸向西南行驶。14:24来到东君殿国家公园的南入口Kipahulu游客中心。此公园有两个主要入口，昨天走的是西侧盘山路入口，这个则靠近海岸。来这里并不容易，从卡胡卢伊开车要4个小时。此时国家公园仍然免票，停车时还免费赠送一份精美的地图。

从游客中心穿越高深草地到海岸兜一小圈，海岸侵蚀也比较严重，地表有草海桐、露兜树和西番莲。海岸摆放了一些大石块，提示为考古点。立即返回。趁时间还早到这一带最有名的落差达400英尺的Waimoku瀑布，走Pipiwai山道来回不足4英里。听起来没多远，但走起来非同一般：没有足够的耐力不可能快速抵达。值得注意的是，地图上水平距离的3.6英里，可能对应于实际的6英里！

山道向南经过马路上山，咖啡树和象草（*Pennisetum*

purpureum）很多，后者高约3米，茎似竹。沿Palikea溪水上行0.5英里有Makahiku瀑布。经过一棵树龄很大的榕树后过桥，在约1英里处右转，穿越阴暗的竹林。外面阳光明媚，竹林里却像黑夜一般。这是我见过最密最高的竹林，但竹子并不粗。照片上，由行人的高度可判断竹子的相对高度。

出竹林见半边莲亚科樱莲属的一植物，叶阔，无花。查洛克1919年半边莲专著第187页和《手册》第452页，确认是无柄樱莲（*Cyanea hamatiflora* subsp. *hamatiflora*），形态与产出地点皆吻合。沿Pipiwai溪水继续上行，再走近1英里，15:40到瀑布底下。瀑布落差确实很大，但此时水量小，并不显得很壮观。瀑布底下有危险警示牌。感受20分钟，返回。这附近有Kipahulu谷生物保护区，堪称夏威夷本土物种最丰富的地方，但它并不对外开放。如果想考察，需要事先申请。

16:30下山来到停车场，决定返回哈纳找地方住下。在毛依岛最东端转弯处见一片长耳胡椒。在路边一水果摊购买一个巨大的鳄梨和两个有机西红柿，共计6美元（不用秤称，张口说个价）。路边也时有无人售货的水果摊、花摊。

晚上找到Puaa Kaa State Wayside，车停路北，我一个人在路南半山坡扎营，紧挨着一个瀑布。摘了一些干枯的姜叶铺在帐篷底下，事后证明这一举动非常英明。刚搭好帐篷就下起大雨。夜里瀑布声、雨声混在一起，不一会也就适应了，甚至完全听不到它们。

晚上发现，这地方根本没有手机信号！

毛依岛东北部柯阿纳伊树木园。

【上左】桃金娘科白心胶。

【上右】大风子科黑羹树。外来种。

【下】中午吃饭时看到一位老先生用椰子叶等编织工艺品。

漆树科甜槟榔青，外来种

【上】毛依岛东北部海岸风光。　【下】毛依岛东北一线哈纳北部的Keawaiki湾。这里海水极为干净，但海浪很大。近景植物为草海桐。

【上】Keawaiki湾海浪冲击着黑色的山火礁石。

【下】Keawaiki湾的石桥和石洞。

夏威夷植物日记 / 655

【上】毛依岛南部Pipiwai山道上的竹林。

【下】毛依岛南部Pipiwai山道上半边莲亚科无柄樱莲。特有亚种。

库拉风光与库拉植物园

2012.04.29 / 星期日

　　5:40起来收拾帐篷。周围白茫茫的，雾气很重。昨晚下了不少雨，姜叶起了作用，有些水从帐篷底下溜过去。包在塑料袋里的鞋扔在帐篷外，一夜竟然没有进水。6:00向卡胡卢伊方向行进。一路小雨。

　　由哈纳路向南转到365路，再到库拉高速，从毛依岛的中部沿半山腰向南。此行是找孙中山公园，顺便看看南部风光。孙中山纪念公园不大，设计毫无品味。从孙中山像黑色底座上读到金字："现在革命尚未成功，凡我同志，务须仿照余所著建国方略，建国大纲，三民主义及第一次全国代表大会宣言，继续努力，以求贯彻。"

　　园中有桃、枇杷、番石榴、无花果、楝、广玉兰、书带木、青叶岩苋等。沿37号路继续前行，路变窄、下坡、转弯较多。正赶上自行车赛车手吃力地从对面爬上来，有的干脆推着车走。由这条路向西南山坡下观望，一派田园风光，阳光洒在广阔的牧场上，近处楝和蓝花楹满树是蓝紫色的鲜花。有的楝树上花未开，去年的果实还挂在枝头。后面则是东君殿山，山上覆盖着白云，看不到顶峰。西南方湛蓝的宽阔海峡对面，Kahoolawe岛清晰可见。在它与毛依岛之间还有一个月牙形小岛Molokini，小湾中只能容下几条小游艇。

　　这一带地表外来植物非常丰富：豆科南美大豆（*Glycine wightii*），原产于中南美洲；金杯罂粟（*Hunnemannia fumariifolia*），单种属植物，原产于墨西哥，属名用来纪念英国植物学家John Hunneman；博落木（*Bocconia frutescens*），原产于中南美洲；伞形科茴香（*Foeniculum vulgare*）；萝藦科钉头果的小白花摆成了方阵；茄科植物光烟草（*Nicotiana glauca*）在此长得非常舒展；西番莲科白花百香果；菊科翼蓟

（*Cirsium vulgare*）等。

9:44来到位于半山坡的库拉植物园。门口茄科金杯藤和桃金娘科红花桉（*Eucalyptus ficifolia*）都在开花。园中最有趣的植物是血草科（Haemodoraceae）袋鼠爪（*Anigozanthos flavida*）。植物的基部像兰科或鸢尾科，但花序和花则完全不同。花筒外被绒毛，前端弯曲，花裂片真的像袋鼠爪子。它来自澳洲。此外，山龙眼科植物种类繁多，门氏筒花（*Banksia menziesii*）和锯叶筒花（*B. speciosa*）正在开花。银树（*Leucadendron argenteum*）是第一次见，叶子的确闪着银光。田菁猪屎豆（*Crotalaria agatiflora*）的花序上整齐挂着一排"小鸟"，鸟的喙（花柄）都伸向花序轴。植物园不算大，但植物配色颇讲究。

离开之前，坐在木制阳台上翻看花园的历史简介和相册。此园由麦克考德夫妇（Warren and Helen McCord）创建，1969年动工，1971年对外开放。如今仍然是麦克考德家族的私人财产。

10:30出植物园，驾车回卡胡卢伊，再到毛依岛东南海岸的Kihei和Makena。中途到几家邮局想寄名信片，均不营

从毛依岛中部的37号公路南端看西南方向。

业。Makena与早晨观景的孙中山公园非常近，一下一上，但没有直接道路相通，必须经过卡胡卢伊才能到达。这一近南北向的长条海岸有多个海滩公园。它们在本岛的地位相当于威基基在瓦胡岛的地位。别墅和俱乐部大多集中在这一海岸。12:50参观1832年建立的Keawalai小教堂。13:00左右，选择一处好的沙滩下海游泳。14:10逛一家地方工艺品集市，然后经过一个湿地，沿310号和30号海岸公路向西北行进。

15:00在Ukumehame海滩再次下海。毛依岛南岸的沙滩要比瓦胡岛相应位置的沙滩好得多，沙质均匀且海底坡度极缓。附近停车很危险，苍白牧豆树带刺的树枝遍布地表，很容易刺破轮胎。

16:12到达毛依岛的西北角，这里很难见到人。此时阳光的烈度恰到好处，海水柔和地冲击着黑卵石，坐在海湾旁的小山头上欣赏风景，感觉这世界真美好。很想在此扎营，但西毛依的岛北一线还没有瞧见，得赶紧行车。

16:53来到岛北部的Ohai山道，风特别大。这里是海岸的一处本土植物恢复区，地势和缓，略有起伏。山道曲折，在海岸兜一个大圈回到入口。小石积、美田菁、香鱼骨木、乌面马、卵叶小牵牛、全缘李花菊、车桑子、蛇婆子、草海桐等本地植物常见。也有外来种，如马樱丹、巴西乳香。由于风大，植物都很矮，一般不超过1米。弯木效应（Krumholtz effect）明显，它是植物的一种适应性行为。长期受定向风的作用，植物的茎干弯向一侧，枝叶也集中一面，迎风面因风和海盐的作用几乎没有枝叶。在德语中，krumm是弯曲的意思，Holz是木头的意思。

突然见一种藤本植物，一下子把我弄懵了。仔细想，应当是鼠李科的。后来查到为蛇藤（*Colubrina asiatica*），也叫亚洲滨枣。在夏威夷它是本土种，中国也有，但我是第一次见。

公路变窄，弯弯曲曲地在半山坡和石壁间延伸。路边无任何挡栏，相当多路段只能容一辆车通过，需要精心选择汇车点才能安全错车。地图上显示，这里确实有公路，硬着头皮谨慎前行。沙石路面，就怕车轮压到稍大的石子，方向盘一震，就有可以把车引到悬崖底下。在国内我也从来没行驶过如此狭窄的土石山路。幸好只错过一次车。经过半个多小时缓慢行进，终于驶离危险区。路边有些开黄花的蓟罂粟（*Argemone mexicana*），大部分已经凋谢，结出带刺的蒴果。

经过一个小路口时，见一小伙子提着滑板请求搭车。在国内，这种情况我是不敢随便停车的，因为几十里没有其他人，你无法判断此人是否为劫匪。但在这里，我立即停车招呼他上来。此前别人多次主动停车送我一程，轮到我了，我没有理由破坏夏威夷的规矩。小伙子说在此已经等了半小时，没有一辆车通过。他说自己的家就在这附近，今晚要到卡胡卢伊。本来我还想在中途停车瞧瞧或者扎营，为了送他，直接就把车开到了卡胡卢伊，到达时路灯已经亮起来，大约19:00。

NCL豪华邮轮"美国之傲"（Pride of America）号正好停泊在卡胡卢伊港，远远就能望见。有钱人，不妨上游轮潇洒一周。船长280米，吨位为8万–9万吨。NCL的意思是"挪威邮轮公司"，此船为德国制造，在美国注册。此邮轮的航线与价格很容易查得。

晚上在机场附近的甘蔗田边扎营。夜里下起大雨。有点累，睡得颇香。

【上】公路边的罂粟科金杯罂粟。外来种。

【下左】毛依岛的紫葳科蓝花楹。外来种。

【下右】毛依岛37号公路旁豆科南美大豆。外来种。

【上】伞形科茴香。外来种。

【中】博落木的果实。

【下】罂粟科博落木。外来种。

【上左】萝摩科钉头果的花。外来种。

【上右】茄科植物光烟草。外来种。

【下左】菊科翼蓟。外来种。

【下右】血草科袋鼠爪。原产澳洲。

【上】结了果的锯叶筒花。

【下左】山龙眼科门氏筒花。外来种。

【下右】山龙眼科锯叶筒花，也称班克斯木。外来种。

【上左】山龙眼科银树。外来种。

【上右】豆科田菁猪屎豆,花似鸟。外来种。

【右中】毛依岛Kihei的一个工艺品市场出售的木雕。

【右下】毛依岛西北部Ohai山道本土植物恢复区中的鼠李科蛇藤。本土种。

【上】毛依岛西部海岸。

【下】毛依岛西北部海岸。这里半壁上的环岛路十分险峻，车辆交汇时必须十分小心，许多路段只能通过一辆车。

湿地与蔗糖博物馆

2012.04.30 / 星期一

在Kealia海岸湿地公园见到的夏威夷高跷鸻。

5:32从帐篷爬起来，到车里找了点东西填肚子。6:30到港口近距离看"美国之傲"号邮轮，顺便看看附近的植物。7:30驾车向南到湿地公园。7:57到达毛依岛"下脖"处的Kealia海岸木板走廊。早晨，上百米的木板道上只有我一人，木板路上有数十块生态宣传卡通画，内容涉及地质、植物、水鸟、一般生态系统等。在沙滩上拍摄植物、水鸟。夏威夷高跷鸻（*Himantopus mexicanus knudseni*）在浅水中不紧不慢地觅食，此鸟的夏威名为Aeo。等太阳升起，下水游泳。

10:16到距卡胡卢伊南部不远处的蔗糖博物馆参观，门票7美元，现由一日本后裔经营。院子中有许多当年的机器、农具。压榨齿轮、滚轴大得出奇。展品中有糖厂1890年的一份格式化的中文劳动合同。见1906年版的日文《圣经》和一份日文"朝鲜人参保命水"广告。广告落款地址写的是"米国布哇县马哇岛"，相当于"美国夏威夷毛依岛"。与博物馆的日裔女管家简单聊了几句。临走时赠送一小包结晶的蔗糖，微黄，味道很好。

最后一项内容是到普乌内内（Puunene）大道的邮局寄明信片。今天星期一，终于开门了！中午大吃一顿，找个阴凉地方小睡一觉。下午加满油在卡胡卢伊机场还车。交车、取发票用时不过10秒钟。乘飞机16:27降落于檀香山，17:54回到夏威夷大学。

毛依岛小结：第一次尝试租车植物旅行，行程470英里，步行多条山道。住旅馆一晚，在野外睡帐篷三晚。孙中山哥哥的农场、孙中山纪念公园、库拉植物园、蔗糖博物馆等都参观了，剑叶菊、东君殿檀香、多种山龙眼花卉都看到了。西毛依狭窄的山路行车给人留下深刻印象。

【上】停泊在卡胡卢伊港的"美国之傲"号邮轮。

【下左】毛依岛中南部Kealia海岸木板走廊上的宣传画。

【下右】毛依岛蔗糖博物馆院子中存放的当年榨糖设备的部件。

瑞香科荛花。特有种。

五月
MAY
2012

在夏威夷教书的罗锦堂

2012.05.01 / 星期二

查《手册》三位主编的现任职位,各奔他乡矣。

免费得到罗锦堂(1929 –)签名的著作《北曲小令谱》和《南曲小令谱》。两书封面题名均为于右任(也是罗的证婚人)。罗氏曾说:"西方自古擅科技,东亚由来重纲常",以及"戏剧如人生,有贵贱,有荣辱,有喜怒,有哀乐,曲折演出,不外离合悲欢。"罗氏当年博士论文答辩时考官有胡适、梁实秋、郑骞、台静农、戴君仁、李辰冬和苏学林。相传梁实秋先发问:"胡适提倡白话文,你怎么用文言文写?"罗氏应曰:"我也喜欢白话文,只是字数太多。这篇论文已有四十多万字,如用白话文写,恐怕要一百多万字。"(据王长华,罗锦堂:中国文学博士第一人)

北曲小令调名中植物名有小桃红、水仙子、寄生草、干荷叶、落梅风等;南曲小令中有玉芙蓉、桂枝香、梧桐树等。

曲中除了"正格字","衬"字(分定格和不定格两类)无处不有,没有它句子便不生动,不流利。这与诗、词显示出很大的差别。"有了那些衬字,句子就显得活泼有力,与口语极为接近,曲折复杂的情感,也就容易表达出来。如果缺少了那些衬字,无形中意思晦涩不明,味同嚼蜡了。"(《北曲小令谱》,香港环球文化服务社1964年,第11 – 12页)罗先生举关汉卿的一曲《南吕·一枝花·不伏老》来说明这一点:

〔我却是个蒸不烂煮不熟捶不扁炒不爆〕响当〔当〕一粒铜豌豆,〔谁教你子弟每钻入他锄不断砍不下解不开顿不脱〕慢腾〔腾〕千层锦套头。〔我玩的是〕梁园月,〔饮的是〕东京酒,〔赏的是〕洛阳花,〔攀的是〕章台柳。〔我也〕会吟诗,〔会〕篆籀;会弹丝,会品竹;〔我也会〕唱鹧鸪,舞垂手;〔会〕打围,〔会〕蹴踘;〔会〕围棋,〔会〕双陆。

［你便是］落［了］我牙，歪［了］我口；瘸［了］我腿，折［了］我手，［天与我这几般儿］歹症候，［尚兀自］不肯休。［只除是］阎王亲［令］唤，神鬼［自］来勾。［三］魂归地府，［七］魄丧冥幽，［那其间才］不向［这］烟花路儿［上］走。

其中括号内的字为添加的衬字。衬字的字数与正格字的字数几乎相等！

2012.05.02 / 星期三

前往福斯特植物园，已经忘记是第几次了。吉贝（*Ceiba pentandra*）果实成熟开裂，里面的"棉絮"反卷，如脏雪球。贝叶棕（*Corypha umbraculifera*）大叶子掉下几个，叶柄的侧面可是一把好锯，锯几头恶鬼没问题！树高大，在岛北的植物园也见到过。园东侧篱笆边上有大戟科三籽桐（*Reutealis trisperma*）。面包果未成熟却掉了满地。再次观看玉蕊科围裙花树。此时园中大戟科西印度醋栗（*Phyllanthus acidus*）果实挂满枝头，黄色六棱形，地表也掉落许多。品尝一只，还可以。亚洲糖棕（*Borassus flabellifer*）果实像椰子，扁形巴掌大小，去外表皮后似棕色头发。拾两只成熟的象耳豆果实，准备与其他果实、种子放在一起拍摄。

木棉科吉贝。外来种。

棕榈科贝叶棕的叶柄。外来种。

【右中】大戟科西印度醋栗。外来种。

【下左】大戟科三籽桐的果实。外来种。

【下右】棕榈科亚洲糖棕的果实。外来种。

2012.05.03 / 星期四

"花中消遣，酒内忘忧"。后者咱不适应；前者勉强懂一半。"携玉手、并玉肩、同登玉楼"，不切实际。"观玉宇、摄玉蕊，齐赏玉兰"，还算凑合。

热带植物的换叶

2012.05.04 / 星期五

晴。步行到唐吉诃德店购物，单程2.9英里。下午读王力《中国语言学史》，重点读其中的"训诂学"一节。

常绿植物的叶子并非恒绿。与石栗、小叶榕、面包树、塔希提栀子不同，榄仁树、鸡蛋花、雨树、花棋木、印度紫檀，都不是严格意义上的常绿植物，它们在一年当中都有换叶、枝头全秃的时候，只是间隔时间有长有短。其中榄仁树全秃时间极短，新叶会迅速长出。鸡蛋花无叶时间较长。（1）无叶时并不等于果实全成熟，如漆树科西班牙李（*Spondias purpurea*）及木棉科红瓜栗（*Pachira quinata*）（见于福斯特植物园西门外停车场），果实远未成熟时叶已经落尽。新叶始出，果实也在逐渐成熟之中。（2）在夏威夷，同种植物的换叶时间不一，雨树可以相差半个月，花棋木可相差两个月。（3）换叶后同种植物开花时间相差可以很大，比如豆科采木可以相差4个月，从1月初开到5月初。

洛克的视野

2012.05.05 / 星期六

在校园细致比较蜘蛛兰与文殊兰。

查阅沃尔克（Egbert H. Walker, 1899–1991）撰写的洛克讣告（Obituaries: Joseph F. Rock, *Plant Science Bulletin*, 1963, 9（2）: 7-8）。沃尔克认为洛克有广阔的视

野，不为一时之需而做一些小事，而是看准了后全身心做几件大事。"他做事有长远考虑，在夏威夷创建植物标本馆，在遥远的中国收集珍稀的纳西手稿，为美国国家博物馆采集鸟皮，都是这样。他干活儿彻底、不遗余力，富远见卓识。"

沃尔克的评论有独到之处，细想一下的确如此。洛克一生看似杂乱，表面上什么都做，但他的活动有主线，一直做最核心的事情。洛克一生的关键词有三个：夏威夷植物学、在中国的标本采集、纳西学研究。其他的都为此服务。这三者的每一项中，他并非什么都做，而是选择最关键、最有长远意义的事情来做。这正好体现了洛克的"视野"。以夏威夷植物学为例，他重点研究本土树木，而在本土树木中又重点研究最有特色的半边莲亚科各个属、金棕属、铁心木属和檀香属。常人不成功，可能不是不努力，也不是智力不及，而是"视野"屏蔽，常常因小失大，一生瞎忙。

沃尔克提到洛克的第二个特征是his generosity and the extent of his humanity，指的是洛克与当地人超凡的沟通、友好相处的能力。在这一讣告中，沃尔克提到洛克未能实现的一个愿望："Rock's love of the wilderness, the freedom, and the grandeur of the mountains of western China made him once wish to die with his eyes on the Lichiang Snow Range in Yunnan. This he doubtless would have done, with the aid of the Na-ki friends, but for the changes in China which forced him out in 1949."这个说法或变种在中国经常有人提到，这算是英文的一个具体出处吧。

王犀角与银合欢

2012.05.06 / 星期日

读德金纳（O. Degener）的文章"大风子油的历史"（*Honolulu Star-Bulletin*，1938.12.17，12）。

在校园看美洲掌叶树、多年生花生（*Arachis pintoi*）和五叶阔柄豆（*Platymiscium stipulare*）。三者都在开花，后者为乔木，花第一次见，中文名也是新拟的。

制作夏威夷植物果实、种子汇总图03号，6科11种：

01火焰木（*Spathodea campanulata*），紫葳科。
02王犀角（*Stapelia gigantea*），萝藦科。
03银合欢（*Leucaena leucocephala*），豆科。
04金合欢（*Acacia farnesiana*），豆科。
05圆叶猪屎豆（*Crotalaria incana*），豆科。
06黄槐决明（*Senna surattensis*），豆科。
07雨树（*Samanea saman*），豆科。
08采木（*Haematoxylum campechianum*），豆科。
09星苹果（*Chrysophyllum cainito*），山榄科。
10番木瓜（*Carica papaya*），番木瓜科。
11苦瓜（*Momordica charantia*），葫芦科。

【上】夏威夷植物果实与种子汇总图03号，6科11种。　　【下】豆科五叶阔柄豆。外来种。

物的还原和质的量化

2012.05.07 / 星期一

夏威夷植物果实与种子汇总图04号。共5科6种，名称见正文。因为此图中植物种类有限，下一点功夫对比，读者可以做到将它们对应起来。

昨晚思考现代化进程中的"两化"：（1）世界的原子化，通过物的还原完成，产生了一系列物质科学理论和实用技术。（2）世界的比特化，通过质的量化完成，产生了一系列数学和实用技术。实际上后者启动也不晚，在伽利略、笛卡儿那里就全面展开了。前者虽然在古希腊就有想法，到了道尔顿那里才成为科学主流。但前者推进较快，迅速完成。"两化"都深深改变了人们对世界的理解，改变了人类的存在方式，也影响了大自然的进程。"两化"催生并加强了"人工自然"，使人们在物质上和情感上逐渐远离大自然。

上午登瓦黑拉山脊，见彩虹。拍摄植物果实、种子（包括两朵花）汇总图04号，共5科6种：

01榄仁树（*Terminalia catappa*），使君子科。

02水黄皮（*Millettia pinnata*，图中直接显示9个豆荚，3颗种子），豆科。

03栗豆树（*Castanospermum australe*），豆科。

04鹰爪花（*Artabotrys hexapetalus*），番荔枝科。

05书带木（*Clusia rosea*），藤黄科。

06银叶树（*Heritiera littoralis*），梧桐科。

2012.05.08 / 星期二

晴。中午去钻头山南侧海滩晒太阳、游泳。草地上冠红蜡嘴鹀很多。在海岸见棉叶膏桐和苍白牧豆树。这个海滩的西段是天体浴场，虽然并不符合夏威夷法律。

一只僧海豹上岸晒太阳，把脑袋拱到沙子中。

在威基基看夏威夷州鱼，礁石上螃蟹横行。

【上左】钻头山南侧近海的三角帆船。

【下右】僧海豹把头钻进沙子中。

2012.05.09 / 星期三

【下】威基基海滩礁石上的螃蟹。

晴。拍摄木样：楝科澳大利亚红椿、菊科美洲阔苞菊、豆科采木、豆科刺果苏木、樟科阴香、檀香科弗氏檀香。

到图书馆查洛克去世前荣誉学位和讣告。确认洛克获得夏威夷大学名誉科学博士学位的具体时间、地点（Anonymous, UH notes birthday, gives birthday degrees. *Honolulu Advertiser*, 1962.04.13）。当时报纸对洛克的介绍如下：Joseph F. C. Rock, 78, botanist and anthropologist. In 1919, he began a 40 year period of exploration and research in Asia. He has been on the faculty, and in expeditions for the National Geographic Society, Harvard University and the University of California.

洛克去世时当地报纸及时报道：Dr. Joseph F. C. Rock, 79, one of the world's leading naturalists, died yesterday in Honolulu. He was stricken with an apparent heart attack shortly after arising yesterday morning at the home of Mr. and Mrs. A. Lester Marks, 3860 Old Pali Road. 标题中称洛克为"世界杰出的博物学家"（Anonymous, Dr. Joseph Rock, naturalist, dies. *Honolulu Advertiser*, 1962.12.06）。

《华盛顿邮报》也发布了洛克讣告（Anonymous, Obituaries: Explorer Joseph Rock, *The Washington Post*, 1962.12.08），提到他给军方当过顾问（a consultant to the Army Map Service）。此报道突出了探险家的身份。

还有一份文献为俦克写的（J. F. Rock, 1884－1962. *Newsletter of the Hawaiian Botanical Society*, 2（1）, 1963），与《分类学》上刊出的内容一致。

傍晚参观圣约翰楼的植物学实验室。

-- 2012.05.10 / 星期四

晴。上午在图书馆查夏威夷大学20世纪60年代的地图和校园植物分布图。

13:08三架CH-47支奴干直升机呈三角形编队低空缓慢飞过夏威夷大学校园，噪声巨大。

下午在校园观察参薯、红木、花叶木薯和夏威夷木果棉。安德鲁斯户外剧场北侧铁篱笆处薯蓣科参薯的茎自转和公转均右手性，同属的黄独自转右手性，公转左手性。夏威夷木果棉在夏威夷厅东南角有几株，但一直未见开花。

锦葵科夏威夷木果棉。特有种。

马阿库阿山道

2012.05.11 / 星期五

天气晴好，准备到岛北侧的马阿库阿脊（Maakua Ridge）山道登山。8:34在辛克勒环岛乘车时拍摄大花紫薇、红花铁刀木和炮弹树。

A路换乘55路，沿83号公路逆时针行进，11:30在郝乌拉（Hauula）"拉绳"下车。不小心下早了，提前了一站。寻找山道入口，路上遇到一位跑步的女孩，一边走一边聊植物。教她认识了马路边的若干植物，她很高兴，帮我找到山道入口。小路一分为三，今日走左侧一支。先过干枯的小河沟，然后上山脊。白花鬼针、甜百香果、马鞭草、黄果草莓番石榴非常多。都在开花，后者上一批黄果已经成熟，都集中在树梢，要爬树才能摘到。

12:23在（N 21° 35.75', W 157° 55.07'）附近见到积雪草、瓦胡堇花、紫花苞舌兰、多形铁心木、普基阿伟等。

12:27在（N 21° 35.70', W 157° 55.09'）见大戟科宽叶五月茶，嫩叶红色。

12:37在（N 21° 35.65', W 157° 55.11'）见到最漂亮的一种鬼针草属植物：平枝鬼针（*Bidens campylotheca* subsp. *campylotheca*）。没想到这个属的花竟然可以如此美。此植物的特点是半木本，枝平展，管状花发达。

夏威夷柿上寄生了槲寄生科十字圆轴栗寄生（*Korthalsella remyana*），特有种，夏威夷名Hulumoa或Kaumahana。此种茎轴十字分叉，区别于二分叉的圆柱栗寄生（*K.cylindrical*），两者轴都呈圆柱形。夏威夷柿在登险峻的马纳马纳岭时已经见识过，但那次没有发现上面有这种寄生植物。

山脊上夹竹桃科榄果链珠藤常见，果实黑色，茎右手性。铁芒萁、异色山黄麻、夏威夷山菅兰亦常见。

13:03在（N 21°35.56'，W 157°55.18'）见毛叶海桐（*Pittosporum flocculosum*），特有种。叶背面有淡黄色绒毛。

13:18在（N 21°35.44'，W 157°55.22'）见灰绿金毛狗，一种高大的树蕨。与此树蕨合影留念。相机放在地上，遥控拍摄。

14:26见胡椒科羊皮纸状草胡椒（*Peperomia membranacea*），特有种，叶的上表面毛茸茸的。

下山时见桃金娘科多香果满树白花。15:00回到山道入口。15分钟后来到海边，见一群孩子在草地上赛跑，高高低低、大大小小。等公共汽车返回。

【上】夏威夷大学西侧辛克勒环岛的大花紫薇。外来种。

【下左】豆科红花铁刀木的花。外来种。

【下右】红花铁刀木荚果的横断面。

682 / 檀岛花事

【左】马阿库阿脊山道上的菊科平枝鬼针。特有亚种。

【右】平枝鬼针,花的背面。

【上左】蚌壳蕨科灰绿金毛狗。特有种。

【上右】兰科紫花苞舌兰的蒴果,成熟后自动裂开,细小的种子已经飞走。

【下】胡椒科羊皮纸状草胡椒。特有种。

檀寄生科十字圆轴栗寄生。
特有种。

【上】远观毛叶海桐。

【下左】马阿库阿眷山道上的海桐花科毛叶海桐的叶。特有种。

【下右】毛叶海桐的果。

2012.05.12 / 星期六

下午台湾学生吕佩伦博士毕业，帮她拍照。回来时见到8只小的夏威夷鸭（*Anas wyvilliana*），英语为Hawaiian duck，夏威夷语为Koloa或Koloa maoli，濒危物种。据说全球一共有2200只，或许不止这些。夏威夷大学校园就见到成鸭十多只。

2012.05.13 / 星期日

晴。上午补充拍摄夏威夷鸭。然后在水边拍摄满江红（*Azolla pinnata*），满江红科。

返回时观察小刀豆（*Canavalia cathartica*）。还好，多数没有遭虫子，摘十多粒成熟的豆子，很漂亮。

下午到大学路日式彩虹店（Nijiya Market）买青菜、海鱼头，质高价低，比唐人街的还便宜，质量也更佳。大白菜0.79美元1磅，包心生菜0.99美元1磅，有机豆腐1.49美元1盒，有机鸡蛋4.99美元1打（红皮），红皮小洋葱（Sunset Onion）2.99美元1袋（3磅），海鱼头1.2–2.5美元1个。

夏威夷大学中的夏威夷鸭，濒危物种。

2012.05.14 / 星期一

晴。侪克编的洛克文献非常棒，但也有不准确的地方：1911年第四条与1912年第二条应当合并。实际上1911年洛克没有写那一条，是1912年撰写并出版的，为1913年的一部著作做准备。另外，1909年的两条内容似乎一样，后者提到前者，抄录，但没有图（胶片号V51426，A New Hawaiian Shrub, *The Hawaiian Forester and Agriculturist*, 6（12）：503）。

上午在图书馆查洛克观察夏威夷火山的资料。借回来三卷本*The Early Serial Publications of the Hawaiian Volcano Observatory*的第一卷，Darcy Bevens编，夏威夷博物学会、夏威夷国家公园1988年影印。洛克对火山的观察有两处记录，均在第一卷：（1）第55页，1912年1月2日；（2）第73页，1912年2月17日。

博物馆查档案

2012.05.15 / 星期二

到毕晓普博物馆看档案，路上采集辣木种子。博物馆停车场的一位女保安竟然认出我来，非常热情。她大喊botany（植物学）！她以为我又来看植物标本了。看完档案，出楼门又恰巧碰上她，她非要用电瓶车送我到大门口不可。可爱的大姐！

此时毕晓普博物馆的档案暂不对外开放，经图书、档案与出版部主任考克斯（Ron Cox）特批，约好了今天13:00–14:30查阅。档案员莱伯（Tia Reber）已经事先研究过我的申请，熟悉我所提到的相关人物。她先把馆藏洛克文献列表给我瞧。一共分5箱，细目与一份德文文献一致。我圈了几个文件夹。每看完一夹，管理员就送上新的一夹。看材料要戴白手套，翻页用镊子，记录要用专用的铅笔。若要复制，告诉档案员，有专人取走立即照办。复制好后，管理员会在封面上标出文献的明细、出处，附上使用规则。在国内，要看档案，通常不会这般伺候。

其中一个文件夹非常有价值，有意大利著名棕榈科专家贝卡利写给洛克的17封信。很遗憾，因不懂意大利文，只认识其中的植物学名，熟悉他画的金棕属种子小图。这些信基本上是讨论金棕属分类问题的。他俩合作研究此属，1921年出版了专著。如果懂意大利文，研究这些信，会非常有意思。

莱伯事后还向我推荐馆藏的福布斯（Charles N. Forbes）档案，她显然知道福布斯与洛克的关系。

住处植物列表

2012.05.16 / 星期三

快要回国了，想再熟悉一下住处周围的植物。这几天拿相机在附近转，菜园和马诺阿小溪旁的植物也看了。今天坐下来，煮上一壶锡兰红茶，把看到的植物名列出：

01单叶蔓荆（*Vitex rotundifolia*），也叫白背蔓荆，马鞭草科，[Ind.]。

02海滨木巴戟（*Morinda citrifolia*），茜草科，[Pol.]。

03香蕉（*Musa × paradisiaca*），芭蕉科，[Pol.]。

04石栗（*Aleurites moluccana*），大戟科，[Pol.]。

05黄独（*Dioscorea bulbifera*），薯蓣科，[Pol.]。

06朱蕉（*Cordyline fruticosa*），龙舌兰科，[Pol.]。

07番薯（*Ipomoea batatas*），旋花科，[Pol.]。

08落地生根（*Kalanchoë pinnata*），景天科。

09宽叶十万错（*Asystasia gangetica*），爵床科。

10落葵（*Basella rubra*），落葵科。

11落葵薯（*Anredera cordifolia*），也叫藤三七、洋落葵，落葵科。

12罗勒（*Ocimum basilicum*），唇形科。

13海桐（*Pittosporum tobira*），海桐花科。

14小叶榕（*Ficus microcarpa*），桑科。

15琴叶榕（*Ficus lyrata*），桑科。

16肯氏蒲桃（*Syzygium cumini*），桃金娘科。

17多香果（*Pimenta officinalis*），桃金娘科。

18黄果草莓番石榴（*Psidium cattlenium* f. *lucidum*），桃金娘科。

19鳄梨（*Persea americana*），樟科。

20丝瓜（*Luffa cylindrica*），葫芦科。

21塔希提栀子（*Gardenia taitensis*），茜草科。

22龙吐珠（*Clerodendrum thomsonae*），马鞭草科。

23烟火树（*Clerodendrum quadriloculare*），马鞭草科。

24红木（*Bixa orellana*），红木科。

25红花姜（*Alpinia purpurata*），姜科。

26木薯（*Manihot esculenta*），大戟科。

27血桐（*Macaranga tanarius*），大戟科。

28扶桑（*Hibiscus rosa-sinensis*），锦葵科。

29海岸星蕨（*Phymatosorus grossus*），水龙骨科。

30巴西鸢尾（*Neomarica gracilis*），鸢尾科。

31大花倒地铃（*Cardiospermum grandiflorum*），无患子科。

32光叶子花（*Bougainvillea glabra*），也叫宝巾、三角梅，紫茉莉科。

33白鸡蛋花（*Plumeria alba*），夹竹桃科。

34红鸡蛋花（*Pumeria rubra*），夹竹桃科。

35长春花（*Catharanthus roseus*），夹竹桃科。

36芫荽（*Coriandrum sativum*），伞形科。

37香龙血树（*Dracaena fragrans*），龙舌兰科。

38三色龙血树（*Dracaena marginata*），也叫三色铁，龙舌兰科。

39小叶南洋杉（*Araucaria columnaris*），也叫库克杉，南洋杉科。

40软叶刺葵（*Phoenix roebelenii*），棕榈科。

41酒瓶椰（*Hyophore lagenicaulis*），棕榈科。

42圣诞椰（*Veitchia merrillii*），棕榈科。

43射叶椰（*Ptychosperma elegans*），棕榈科。

44竹茎椰（*Chamaedorea erumpens*），棕榈科。

45红花文殊兰（*Crinum amabile*），石蒜科。

46柠檬（*Citrus limon*），芸香科。

47番木瓜（*Carica papaya*），番木瓜科。

48猴面包树（*Adansonia digitata*），木棉科。

49蒺藜草（*Cenchrus echinatus*），禾本科。

50香茅（*Cymbopogon citratus*），禾本科。

51黄金间碧竹（*Bambusa vulgaris* 'Vittata'），禾本科。

52尾稃草（*Urochloa maxima*），禾本科。

53银合欢（*Leucaena leucocephala*），豆科。

54眉豆（*Dolichos labla*），也称扁豆，豆科。

55红花铁刀木（*Cassia grandis*），豆科。

56雨树（*Samanea saman*），豆科。

57采木（*Haematoxylum campechianum*），豆科。

58台湾相思（*Acacia confuse*），豆科。

59凤凰木（*Delonix regia*），豆科。

60木豆（*Cajanus cajan*），豆科。

61三角叶西番莲（*Passiflora suberosa*），西蕃莲科。

62水茄（*Solanum torvum*），茄科。

仍然不够全，但绝大部分都有了。以后有访问学者或学生住在Hale Kuahine想认周围的植物，此列表应当有用。以上种类中只有第1种是夏威夷本土植物（标Ind.者），6种是玻利尼西亚人早期引入的（标Pol.者），剩下的均是近一两百年间引入的。

2012.05.17 / 星期四

拍摄木豆、落葵、水茄、海滨木巴戟、雨树、单叶蔓荆、软叶刺葵等。

2012.05.18 / 星期五

拍摄辣木、单蕊羊蹄甲（*Bauhinia monandra*）、桐棉、金棕属植物的种子。颜色搭配不理想。

2012.05.19 / 星期六

下午在校园北部教堂边拍摄蓝花楹，它开花时间远迟于大岛。

2012.05.20 / 星期日

晴。住处东北角有一株豆科乔木，直径15厘米，高5米，一直没有认出。今天在树下拾到果实，极像雨树的果实，但树干和叶不很像。怀疑果实是由别处带过来的。抬头见树上也有少量果实。终于找到一个铁杆儿，再登上一个台子，打掉一个豆荚。拾起一瞧，与早晨树下拾到的一模一样。剥开豆荚，糖很多，豆子与雨树的一样。用相机再次拍摄羽状复叶细节，回家对照资料。判定，它就是雨树！只不过是年轻的植株，与以前见到的老树不同罢了。在生长的各个时期把植物都准确辨认出来，考验的是博物学功夫。

◦◦ 2012.05.21 / 星期一

晴。又见暗绿绣眼鸟，体长仅10厘米，日本人称它"目白"。平时它在草地上或树枝间，今天看到它停在雨树的粗树干表皮上。1929年为了控制虫害特意引入瓦胡岛，1937年又引入大岛，现在有些泛滥，据说已经威胁其他物种的生存。

妹妹在东北老家去世。患病后她非常坚强，多次做手术。最终还是没能再挺一个月，那时她的女儿就考上大学了。因各种原因妹妹当初未能读高中、上大学，人生的轨迹就是另一番样子了（几个月后其女儿考上了南开大学）。

◦◦ 2012.05.22 / 星期二

电视台经常播一个公益广告"知识改变命运"。我不赞成笼统地这样宣传，因为它暗含的知识定义是狭窄的，不包含地方性知识。不过，我妹妹短暂的一生，却印证了现代性的这条规则。妹妹的智商、情商均比我高。我碰巧读了大学而且是北京大学，随后一切都方便了，机会多多。而她初中毕业后就当了一名纺织女工，"三班倒"，吃饭、睡眠完全无规律。工作十分辛苦，收入却不足我的零头。这合理吗？非常不合理。按现代性的逻辑，却又是合理的，那个广告语就要求人们认这个理。

郝乌拉环形山道

◦◦ 2012.05.23 / 星期三

阴转晴再转阴。本月11日走了南侧的马阿库阿山道，另两条山道没有走，今日要尝试一下。

乘A路在Alakea街第1111号地方法院门口换乘55路到郝乌拉（Hauula），先向西走冲沟。不通，差点喂了蚊子。折回，走北侧的郝乌拉环形山道（Hauula Loop Trail），逆时针环行。路边植物以粗枝木麻黄、小叶南洋杉为主。前者零散，后者队列整齐。细雨阵阵，偶尔晴好。"雨后静观山意思"。

在山顶露土地段见到粉叶蕨（*Pityrogramma calomelanos*），凤尾蕨科，在夏威夷瓦胡岛1908年首次采到标本。

由山顶下山时，从空气中闻到一股特殊香味，像"野草＋木麻黄＋檀香木"的熟悉味道，在拉尼坡山道、马纳纳山道多次闻到过。那些地方都有檀香木（在瓦黑拉脊山道检验多次，阳光照射山坡草径，无芳香气味，也无檀香）。我曾经猜测，是不是有檀香木的地方就有此味道，但觉得没什么道理可讲。今天闻到气味后，下意识地又想起檀香木。"奇迹"出现了！走了不几步，见到一株较高的貌似荛花属的植物。荛花属植物通常不高，而这株有3米以上。正要拍照，却发现不是荛花而是檀香（*Santalum album*），也叫白檀香。应当是人为引进的。此檀香木比较特别，与以前见到的都不同。叶的长宽比较大。叶薄、纸质、舒展，正面绿色有亮光，背面灰白，形态与拉尼坡、马纳纳的不同。花紫红，萼片翻卷，个别黄绿，花筒

小叶南洋杉的果实。果实长在大树顶部，想近距离看到不容易。赶上一株树被大风吹折倒地，杉果摔了满山坡。

较短。

测量不同种类檀香木叶的长宽数据如下（不计叶柄，单位毫米）：

郝乌拉环形山道檀香（白檀香）：75:32，73:26，58:20，84:32，78:28，63:23，31:13，53:19，62:30，80:31。

根据标本补测卡伊纳角的海岸厚叶檀香（叶发白，较厚）：52:31，50:29，45:33，52:38，46:29，37:22，36:22，25:14，51:30，28:18。

根据标本补测马纳纳山道弗氏檀香（叶半卷）：48:14，35:9，65:15，64:17，61:16，56:15，58:17，40:13，34:11，50:14。

实测夏威夷大学雪德商学院前椭圆叶檀香（叶形变化很大，大小差别很大，有的近圆形，有的极狭长，特别是有匙形叶）：41:26，49:28，31:29，45:32，30:20，71:41，53:31，60:29，102:45，70:39。

坐在郝乌拉冲沟附近的枯树干上休息，地表蚊子太厉害。

【上】凤尾蕨科粉叶蕨。外来种。

【下左】郝乌拉环形山道上的檀香，外来种。叶薄、花筒短。从远处看还以为是某种荛花。

【下右】采自郝乌拉环形山道上的檀香标本。

2012.05.24 / 星期四

阴、晴、小雨，变幻莫测。上瓦黑山脊拍摄、锻炼。由日本花园直接上行，无路，在火山石、尾稃草和采木中穿来穿去，多亏今天穿高帮硬底Brahma登山鞋。见萝藦科王犀角（见大花和果实）、藤本植物巴西茉莉。最多的植物是豆科采木（花已经全部开完，果红绿色）、金合欢（绿色豆荚已经鼓起来）、禾本科尾稃草，其次是蛇婆子、尾叶琴木、银桦、银合欢、多香果。

2012.05.25 / 星期五

晴。整理檀香属资料。目前已拍摄到全部种，变种还差一点。

我的学生徐保军和熊姣今日顺利通过博士论文答辩。他们做的都是博物学史，一个研究林奈一个研究约翰·雷，论文的重要性会慢慢显示。

夏威夷植物日记/695

博物致知与科学认知

2012.05.26 / 星期六

普通人认植物,方法、要求与专家是不同的。我们只从博物的角度欣赏植物,尽可能分辨清楚,名实对应。不必背任何东西。有兴趣,就能记住。记不住,说明还不够喜欢。在现实生活中,认出一个人、一株草,不是依靠检索表!这不是在暗示检索表没用。科学认知之外也有可靠的认知。波兰尼讲的个人致知(personal knowing),在辨识植物方面大有作为。不懂一堆术语根本没法玩科学,但修炼博物学可以不懂术语。当然,懂了会更好。

博物学与科学有重叠的部分,但两者毕竟很不同。最简便的说法是,"博物学不是科学",这样可避免一些不必要的争议。

当然也不鼓励将科学与博物学对立起来,尽可能兼容为好。强调博物学与科学的差异,是在为非科学方法开辟空间,反对以狭隘的科学教条挤压"生活世界"的体验。科学之外不是没有东西,而是多极了。

认植物,功夫主要不在于背下来了什么,知道多少名字、特征,而在于见到一种自己不认识的植物时,能想办法查到它的名字。见识多了,对各个"科"的印象就会深刻,检索迅速,猜测能力大增。"科"是家族的意思,"家族相似性"对于辨识植物和哲学思考都是重要的。在网络时代,利用各种工具,在最短时间内解决问题,要反复练习以积累经验,也需要运气。

三籽桐与乔木胡桃桐

2012.05.27 / 星期日

洛克主要在三处谈到檀香木的分类及其贸易：1913年《夏威夷群岛本土树木》涉及檀香科檀香属时；1916年的小册子《夏威夷檀香木》；1917年《中太平洋杂志》上的杂文。其中以第二份最全面。这三者有部分内容相似。参照《手册》可知洛克的分类在现在有多少被认可，不过2010年此属的分类又有些变化。需要写篇博物学史论文来专门谈这件事。

制作夏威夷植物果实、种子汇总图第05号，8科8种：

01 三籽桐（*Reutealis trisperma*），大戟科。

02 大风子（*Hydnocarpus anthelmintica*），大风子科。

03 乔木胡桃桐（*Brexia madagascariensis*），虎耳草科。

04 蓝花楹（*Jacaranda mimosifolia*），紫葳科。

05 象耳豆（*Enterolobium cyclocarpum*），豆科。

06 亚洲糖棕（*Borassus flabellifer*），棕榈科。

07 桃花心木（*Swietenia mahogoni*），楝科。

08 独庐香（*Monodora myristica*），也叫卡拉巴什肉豆蔻，番荔枝科。

夏威夷果实、种子汇总图05号，8科8种。

雨树与西印度椿

2012.05.28 / 星期一

继续读王力和钱穆的书。

钱穆说："讲佛学，应分义解、修行两大部门。其实其他学术思想，都该并重此两部门。"博物学也如此。义解是二阶的，是研究生们要关注的。修行则是一阶的，研究生可修也可不修，当然修一点有好处。如今，学院伦理学，相当程度上已经变了嘴皮子功夫，无关德性。做博物，当行走大地，知行合一。

制作夏威夷植物果实、种子汇总图第06号，5科8种：

01大萼红豆木（*Ormosia macrocalyx*），豆科。

02印度紫檀（*Pterocarpus indicus*），豆科。

03雨树（*Samanea saman*），豆科。

04牛蹄豆（*Pithecellobium dulce*），豆科。

05西印度椿（*Cedrela odorata*），楝科。

06香苹婆（*Sterculia foetida*），梧桐科。

07墨西哥棉（*Gossypium hirsutum*），锦葵科。

08绿檀（*Guajacum officinale*），也叫愈疮木，蒺藜科。

夏威夷果实、种子汇总图06号，5科8种。

2012.05.29 / 星期二

到图书馆借了三本关于檀香木的书,又到其太平洋部翻拍几种檀香属材料,包括一篇历史系的硕士论文。

2012.05.30 / 星期三

小雨。中午步行到莱昂树木园。

经过华人墓园时拍摄椭圆叶檀香的果实,在停车场附近吃到马六甲蒲桃(山苹果)。在雨中欣赏高大漂亮的多枝光萼荷(*Aechmea ramosa*)、木兰科黄兰、龟纹木棉(*Pseudobombax ellipticum*)、锦葵科密花灯笼葵(*Goethea strictiflora*)。

本土植物见美极荛花(*Wikstroemia pulcherrima*),种加词的意义是"最美"。最美不好说,雨中的小花倒有几分怜人。锥序檀香(*Santalum paniculatum*)的叶形与大岛所见差别很大,可能是由湿度、海拔、土壤不同导致的。

回来时在马诺阿溪的一座桥上见到两对番鸭(*Cairina moschata*),相貌古怪,第一次见。返回时在路边拍摄百子莲(*Agapanthus praecox* subsp. *orientalis*),石蒜科,在夏威夷栽种颇广。后来在伊斯坦布尔也见到。

【左】凤梨科多枝光萼荷的花。外来种。

【右】多枝光萼荷的大花序。

【上左】桃金娘科马六甲蒲桃，也叫山苹果。外来种。果实成熟后变红。

【上右】锥序檀香。特有种。

【下】锦葵科密花灯笼葵，也叫歌德木。外来种。

【上】椭圆叶檀香的果实。果仁可食，但果肉不能食。

【下】木棉科龟纹木棉。外来种。

夏威夷植物日记 / 701

波利尼西亚人引入的植物

2012.05.31 / 星期四

波利尼西亚人最早来到夏威夷定居,他们带来了日常生活中必须的植物。这些植物是民族植物学要重点关注的对象。文献上通常记录26种:芋、朱蕉、石栗、椰子、面包树、番薯、参薯、红厚壳、葫芦、姜黄(Curcuma longa)、卡瓦胡椒(Piper methysticum)、橙花破布木(Cordia subcordata)、桐棉、黄槿、马六甲蒲桃、小果野蕉(Musa acuminate)、甘蔗、蒟蒻薯、露兜树、构树、海滨木巴戟、海芋、黄独、五叶薯蓣、变叶竹(Schizostachyum glaucifolium)、酢浆草。其中面包树和葫芦被认为未归化(据《手册》),即它们与玉米类似,要人为栽培。但我发现面包树一定意义上已经归化,在野外它可以通过串根自己进行无性繁殖。

另外记载6种(或属):野葛、切氏曲籽芋(Cyrtosperma chamissonis)、塔希提栗(Inocarpus fagifer)、槟榔、蒌叶(Piper betle)、西谷椰子属植物(Metroxylon spp.)。合计波利尼西亚人共引入32种(属)。

写檀香属分类史。

作为儿童节送给小朋友的小礼物,制作07号夏威夷植物果实、种子汇总图(01、02号见4月17日,03号见5月6日,04号见5月7日,05号见5月27日,06号见5月28日),13科15种:

01橘(Citrus reticulata),芸香科。

02大果假虎刺(Carissa macrocarpa),夹竹桃科。

03荔枝(Litchi chinensis),无患子科。

04瓦胡无患子(Sapindus oahuensis),无患子科。

05洋金凤(Caesalpinia pulcherrima),豆科。

06凤凰木(Delonix regia),豆科。

07圆果杜英(Elaeocarpus angustifolius),杜英科。

08马六甲蒲桃（*Syzygium malaccense*），桃金娘科。
09莲叶桐（*Hernandia nymphaeifolia*），莲叶桐科。
10桐棉（*Thespesia populnea*），锦葵科。
11肉豆蔻（*Myristica fragrans*），肉豆蔻科。
12乔木胡桃桐（*Brexia madagascariensis*），虎耳草科。
13危地马拉核桃（*Juglans guatemalensis*），胡桃科。
14辣木（*Moringa oleifera*），辣木科。
15蒙哥马利斐济杂交椰子（*Veitchia montgomeryana* × *joannis*），棕榈科。

植物果实、种子汇总图07号，13科15种。

清晨6:45 "檀香山现代酒店"附近鸽子在飞翔。

六月 JUNE 2012

檀香属分类学史

·· 2012.06.01 / 星期五

儿童节，孩子们还有机会在野地里玩耍吗？

写檀香属分类史，碰到奇人斯蒂莫曼（Ruth Lani Stemmermann, 1952–1995），她1977年的硕士论文做的是檀香属植物解剖和分类综述。为何如此短命？下周查讣告。夏威夷大学植物学系还设了一项以她的名字命名的奖项。

傍晚用Bush大豆罐头煮鱼头汤。到东西方中心办公室。楼内全封闭，全靠空调，室内空气不好，返回。下小雨，在杰弗逊会堂躲避一会。

·· 2012.06.02 / 星期六

晴。继续写檀香属分类史。中午到日式彩虹店购物：四块有机豆腐6.36美元，两个海鱼头3.36美元，一小袋有机大米21.99美元，两棵大白菜2.72美元，税1.62美元，共计36.05美元。

下午自己修理尼康相机表皮。中国出售的尼康镜头和相机都容易"起皮儿"，即镜头、机身覆盖的橡胶用不了多久就成了宽松裤！我花1.3万元购买的24–70毫米镜头竟然也有这样的低级毛病。问过周围一批用尼康的同事，这是极普遍的现象。起皮儿后如何处理？以前试着用国产的所谓万能胶，但粘不住。到夏威夷后，花1.4美元购买了一支用于粘鞋的廉价胶水，一试，结实得很。我的尼康D200相机有多处都用粘鞋胶固定了。

·· 2012.06.03 / 星期日

晴。喜欢摆谱的利霍利霍（Liholiho）是夏威夷王国的第二代国王，1819年从柯玫哈玫哈大帝那里继承王位，史称柯玫哈玫哈二世。当上国王没多久，就花大价钱（用大量檀香木换的，相当于8万美元）购买了一艘豪华游艇，1824年，他与皇后卡玛玛鲁到英国参观，不幸染上麻疹，夏威夷人对这种病没有抵抗力，结果双双暴毙。

中午徒步到钻头山，再次野外核对洛克说的檀香木（以前已来过三次）。路上品尝夏威夷桃榄，有甜味。

刚到钻头山北部入口，脚就被苍白牧豆树扎了一下（穿透鞋底）。观察并列生长着的两种不同的檀香木。有花有果实，细节照片都拍了，也采集了标本。接下来是仔细比对，鉴定出种或变种。晚上综合了多种材料，特别是根据2010年两篇论文鉴定出结果：椭圆叶檀香（*Santalum ellipticum*）和海岸厚叶檀香（*Santalum ellipticum* var. *littorale*）。

在钻头山的公墓转了转，远远望去，墓园是个花园。亲人经常送来一些鲜花。墓地设计别致，碑石一般与草坪同高，便于墓园割草，也不影响走路。碑石附近通常有插花的装置，里面盛水，这样可保证鲜花能活上几天。许多年前就注意到，英美的许多铜质、石质纪念牌，都平放在草地上。比较起来，我个人看不习惯国内大量的标识牌（包括社区的科普口号牌和

墓园中的墓碑一般与地表的草坪在同一高度。

景区的提示牌）唯恐别人看不到，常常破坏风景。那些高耸的"相信科学，反对迷信"标牌，其实无助于提高公众的科学素养，却以科学的名义恶心民众，破坏社区风景。

【上】武汉著名景区黄鹤楼的一张告示牌，严重破坏景观。让百姓讲道德，立牌子的部门应先讲点道德。这类牌子不是不可以有，但自身应当低调一点。平铺在地表可否？

【下左】瓦胡岛钻头山椭圆叶檀香的树干。这就是广东人特别喜欢的檀香木木材。

【下右】钻头山北部的一个墓园。

708 / 檀岛花事

2012.06.04 / 星期一

免费获得斯诺的《西行漫记》（*Red Star over China*），费正清（John King Fairbank，1907–1991）撰写导言。后来送给了江老师。前面已经提到，当年斯诺与洛克还有交往。

查到纪念斯蒂莫曼的文章（Dieter Mueller-Dombois, R. Lani Stemmermann, 1952–1995, *Newsletter of the Hawaiian Botanical Society*, 1995, 34（02）: 28-33）。她是位优秀的植物学家，因病过早离世。她对檀香属的分类学做出了贡献，后来为了解决一些复杂属的分类问题，自己亲自做栽培实验。

2012.06.05 / 星期二

早晨便开始研究檀香属果实。钻头山的种类核果具项生花托环。环有两种：一种点状，基本看不出环；另一种是距离顶部1/4–1/3处有一浅环。椭圆叶檀香大果、大环；海岸厚叶檀香中等果、点状环。其实《手册》中说的"顶生"还不够精确，应当加上"浅"字，"浅"比"顶"更根本。毛依岛东君殿檀香具半顶生深花托环。

测量檀香木标本叶的长宽比（数字的单位为毫米）。椭圆叶檀香（叶薄，革质或纸质，舒展，绿色，花托大环）：44:22，96:40，89:41，74:33，61:38，57:34，91:46，83:38，52:22，32:12。海岸厚叶檀香（叶厚，肉质，发白，偶尔卷边，花托环点状）：41:23，45:21，50:21，51:26，50:31，42:31，42:21，25:20，43:23，14:7。

上午取6月的支票，见到孔子学院中方院长李期铿教授与美方院长任友梅教授。在走廊免费取走汉学家德范克（John DeFrancis，1911–2009）编写的简体中文–拼音版《毛主席语录》（*Annotated Quotations from Chairman Mao*, New Haven and London: Yale University Press, 1975）。

卢梭的《植物学通信》中译本受到欢迎，出版社准备重印，让我写一篇序，下午完成。

晚上从Dollar公司网站预订一辆Ford Taurus汽车，特意选择这款宽体的，准备接江晓原、刘兵两位教授及上海交通大

斯诺的书《西行漫记》，也叫《红星照耀下的中国》。

学出版社张善涛先生。几位来夏威夷日程安排太紧,只停留一天半的时间。根本没时间到其他岛。如果没有车,在瓦胡岛能看到的东西更少。

2012.06.06 / 星期三

晴。今日高考!我的女儿及妹妹的女儿都参加。她们学得都不错,估计进重点大学没问题。女儿高考,我不在场,总是说不过去。请宝贝原谅。

换6美元硬币用来乘公共汽车。

瓦胡岛租车遇到问题

2012.06.07 / 星期四

早晨推开窗,白云从右向左(从东向西)飘移,云下是挺直、细锥状的地中海柏木(*Cupressus sempervirens*,也叫丝柏,意大利柏。夏威夷的住户普遍栽培,随处可见)。也见小叶榕、库克杉、石栗。石栗浓密的枝叶在小风吹动下,露出后面开红花的三角梅和朱槿。右前方(东侧)Hale Laulima西南侧的酒瓶椰还是老样子;塔希提栀子一直在开花,从我去年8月来时就如此。

15:00在机场接江、刘两位教授。提前租的车遇到麻烦,取车时被告知我的借记卡不能在此岛租车。其他岛可以,为何瓦胡岛不可以?理由很简单,但没有明说出来。怕跑了!因为此岛的檀香山国际机场有直飞中国的飞机!善涛有信用卡,但未带驾照,卡与驾照名字必须一致!只好先到威基基的酒店住下,请酒店帮助联系了一家当地的小公司Paradise Rent-A-Car(808-946-7777)租了车,押金300美元。

16:10入住檀香山现代酒店,住这唯一的好处是亲近大海。晚上在威基基海滩散步,吃烤牛肉。

张学良墓

2012.06.08 / 星期五

晴。早晨在酒店附近拍摄鸡冠刺桐和鸽子。8:00取车上路，准备逆时针环岛观光。从钻头山南边海岸公路向东，到哈纳乌马湾、马卡普乌角，再到岛北的神殿谷和张学良墓。

张学良的墓我也是第一次拜见。墓位于半山坡上，风水甚好，视野开阔，墓口朝向中国。靠山的三面有黑色火山岩垒成的石墙，四角植柏，后墙根还有几株剪过枝的木槿属灌木，四周草地上南美蟛蜞菊贴地开着小黄花，略高一点的是凤梨科植物，远处更高的是棕榈科和南洋杉科的几株大树。晓原教授作诗一首："中土终究是故乡，孤坟寂寞路茫茫。英雄美女魂归后，碧海青山倚夕阳。"

中午到达瓦胡岛北部的神殿谷。所谓神殿，其实是一座日式寺庙。

中午在Haneohe小镇吃回转寿司。13:53在卡哈纳湾游泳。北上、西转、向南，刘、张二人在落日海滩（Sunset Beach）和红河湾海滩（Waimea Bay Beach）下海游泳。我给晓原拍了一张与面包树的合影，然后开车进红河山谷。山谷里有一个很不错的本土植物园，著名环保组织塞拉俱乐部的夏威夷分部在此有活动基地。不过今天没时间进去了，只看了一眼门口的书店。

16:30参观都乐公司的菠萝田及都乐种植园总部，见露兜树、剥桉、朱蕉、三色凤梨（*Ananas bracteatus* var. *tricolor*）、面包树、娄鲁（金棕属植物），还有锦鲤。旅游商品种类很多，但价格远高于檀香山各大超市中的同类商品。稍有趣点、有民族特色的工艺品，价格都吓人。一个稍好点的木碗要上百美元。

17:50才赶到珍珠港。江老师赋诗《访珍珠港》：簪花夷女试新妆，军港珍珠旧战场。炼狱已成歌舞地，山南山北是家乡。

18:40来到东西方中心参观，顺便到我宿舍小憩。

晚上给刘兵教授过生日。刘教授发短脸黑，圈里人称"刘爷"，思想新潮，聪明而好食。

张学良墓。

【上左】都乐公司的三色凤梨。外来种。

【上右】都乐公司总部旅游商品店中的鱼钩饰品。

【下左】日式寺庙前水塘中的锦鲤和黑天鹅。

【下右】十字架下面为张学良墓，墓口朝向中国。

夏威夷植物日记 / 713

2012.06.09 / 星期六

9:00送三人上车回国。在希尔顿酒店旁看到艺术家迪菲特（Kim Duffet）的青铜雕塑"鹰随风舞"（Kaha ka Io me na Makani，英文为The Hawk Soars with the Winds）。雕塑中两女一男在跳呼拉舞，一种古典的夏威夷舞蹈。

故意不乘车，从威基基徒步返回夏威夷大学，中途在Metcalf街拍摄石蒜科网球花（*Scadoxus multiflorus*）。

要了解植物的名字，初学者不宜一开始就碰引进的栽培物种，而是要先认识本土物种。理由有许多，（1）外来种有时说不清来源，定名证据不充分。由于气候等条件的限制，有些引进种从来不开花。初学者知道了名字也无非是死记下而已。（2）本地植物更加重要。（3）本地植物产地明确，容易在野外观察，反复核对。

表现夏威夷呼拉舞的"鹰随风舞"雕塑。

石蒜科网球花。外来种。

鸣而施命谓之名

2012.06.10 / 星期日

城市地铁站命名要掌握一些基本原则，如同城中名字不能重复，站名用字不能太多，要有足够的区分度，要注意历史传承，不能使用歧视语，等等。北京8号线上三个紧挨着的地铁站分别是：森林公园南门、奥林匹克公园、奥体中心，三者两两相关，易混淆。第二个问题是前两个名字用字过多。第三个问题是第三个名字用了不规范的缩写。北京地铁的惠新西街南口、惠新西街北口、东四十条等站名，也不好。读起来别扭，而"东四十条"连报站名的广播员都断句不准。不过，与植物学中的命名相比，北京地铁站名的缺点简直可以忽略不计！在植物命名中，前面提到的所有禁忌，都曾被打破。董仲舒《深察名号》中讲的并非都是错。命名者虽非圣人，也不代表天意，但若有圣人那样的胸怀，多调查多思考，做到既尊重自然又符合规则，给出的名字就愈发合理。站名、植物名都如此。

夏威夷的机场、酒店、旅游点放置许多免费的旅游期刊，多数为月刊。封面通常是头上插花、脖上挂花串的Hapa girl，即混血女孩。美不美？如看植物，喜欢就美，不喜欢就不美。

2012.06.11 / 星期一

红厚壳，也叫海棠木（Kamani），热带的一种重要木材。在夏威夷是外来种，路边常见。晚上到K-Mart购物，买4只Kamani小木碗，菲律宾生产，估计用材也不大可能来自夏威夷。另购一些木质、竹质的小纪念品。它们基本上是在夏威夷设计，在中国或者菲律宾生产。

滥用暴力叫暴徒，滥用智力呢？但缺省配置是，智力即善，因而不存在滥用的问题。

夏威夷大学中的纪念树

2012.06.12 / 星期二

晴。查资料核对夏威夷大学马诺阿校区中的纪念树，有明确记载的共计22种。按中文名、学名、英文俗名、来源、纪念者、标号、位置各项分列如下（其中标号与位置与一份校园植物分布图匹配）。

01.玉蕊科炮弹树（*Couroupita guianensis*），Cannon Ball，法属圭亚那，Thornton Wilder，8，4C。

02.桑科橡皮树（*Ficus elastica*），Indian rubber，热带亚洲，David Starr Jordan，18，4E。

03.桑科小叶榕（*Ficus microcarpa*，原来写作*Ficus retusa*），Chinese banyan，热带亚洲，Carl Sandburg，23，3D。

04.桑科菩提树（*Ficus religiosa*），Pipal，or sacred fig，印度，由本校园第一届毕业班栽种（1911-1912），39，5F。

05.千屈菜科大花紫薇（*Lagerstroemia speciosa*），Queen flower，热带澳洲，Hamlin Garland，49,5F。

06.紫草科红花破布木（*Cordia sebestena*），Kou-haole，热带美洲，Charles Seymour，66，5E。

07.楝科大叶桃花心木（*Swietenia macrophylla*），Honduras mahogany，热带中南美洲，Howard Landis Bevis，75，3D。

08.藤黄科书带木（*Clusia rosea*），Scotch attorney，热带美洲，Daniel L. Marsh，76,4C。

09.山榄科桃叶金叶树（*Chrysophyllum pruniferum*），Australian satinleaf，澳大利亚东部，Harold St. John，84,2D。

10.桑科狭叶白斑橡皮树（*Ficus elastica* 'Doescheri'），India rubber，热带亚洲，J.E. Wallace Sterling，92，4D。

11.棕榈科莫洛凯金棕（*Pritchardia lowreyana*），Lowreys'

Pritchadia，夏威夷莫洛凯岛，teste Rock，113，5F. Rock就指博物学家洛克。问洛克标本馆的托马斯（Michael B. Thomas）博士这条记录中teste（见证、证人）究竟指什么。他回答说：This may mean that Rock provided the specimen and planted or supervised the tree planting. 意思是洛克提供了种子、栽种或者负责此事让别人栽种了这株树。

12.梧桐科香苹婆（*Sterculia foetida*），Skunk tree, or kelumpang，热带非洲及澳洲，Liberty Hyde Bailey，115，4E.

13.豆科铁岛合欢（*Wallaceodendron celebicum*），Banuya，Celebes，菲律宾，Joseph F. Rock，123，4E. 此树是明确纪念洛克的。

14.豆科杂交决明（*Cassia fistula* × *javanica*），Rainbow shower，栽培杂交种，Gregg M. Sinclair，125，D/C.

15.大风子科大风子（*Hydnocarpus anthelmintica*），Chaulmoogra，暹罗、马来西亚、由泰王栽种，131，5F.

16.玉蕊科滨玉蕊（*Barringtonia asiatica*），Hutu，热带印度洋、太平洋，Rufus C. Harris，151，6/7E.

17.山榄科香榄（*Mimusops elengi*），Elengi, or pagoda，印度、马来西亚，Maxwell Lapham，152，7E.

18.马鞭草科柚木（*Tectona grandis*），Teak，印度、印度尼西亚，Harlow Shapley，166，4E.

19.五桠果科五桠果（*Dillenia indica*），Elephant apple，马来西亚、印度，Harold W. Dodds，167，3C.

20.桑科小叶榕（*Ficus microcarpa*），Chinese banyan，热带亚洲、塞内加尔，Zona Gale，171，3E.

21.蜜囊花科蜜瓶花（*Norantea guianensis*），热带美洲，Arthur Hays Sulzberger，172，4C.

22.豆科水黄皮（*Pongamia pinnata*），Ponga，波利尼斯亚、印度，Harry David Gideonse，173，4C.

这些记录还仅限于20世纪80年代以前的，新的材料没有找到。上述纪念树我见过大部分，也有在指定地点没找到的。其中至少两株与洛克有关。

纪念树与"特树"

.... 2012.06.13 / 星期三

【左】夏威夷大学校园中的一株菩提树"特树",外来种。

【右】前述菩提树上的牌子。上面有"特树"标识,下面注明此树1912年5月12日由本校园的首届毕业生所植。

在校园拍摄纪念树。菩提树校园中有两株大树,余者为若干小树苗(不是专门栽的)。最大的那株位于校部夏威夷厅北侧、莉琉欧卡兰妮女王学生服务中心的西南角,算夏威夷的"特树"(exceptional tree)。上面有三张金属牌子:(1)普通的植物标牌,列出植物的学名、俗名、来源。(2)檀香山市政府依法保护的"特树"标牌。(3)校园纪念树牌:上书Planted May 12, 1912 by First Campus Graduating Class。后两张牌子被树枝遮挡,需要用手拨开才能看到。此株菩提树的叶子颇大,经测量,地表最大的一片菩提叶的叶柄140毫米,叶轴215毫米(不算叶柄),最大宽度136毫米。拨开树枝时,在树皮缝里爬出一只锯尾蜥虎(*Hemidactylus garnotii*)。

另一株菩提树在Moore Hall的东北角、东西方路的西侧。1969年6月植,纪念辛克勒(Gregg M. Sinclair),东西

方哲学家大会的共同发起人。此株没有收录到上面提到的22种纪念树列表中。

核对夏威夷厅西南角的一株金棕属植物。据20世纪60年代的一本书《校园树木与植物》，它是洛克见证的莫洛凯金棕（*Pritchardia lowreyana*），但现在的这株树上标牌却写着 P. affinis。比较了果实、花序，我判定现在的标牌是错的，这株的确是莫洛凯金棕！

在夏威夷厅南侧三株希拉伯兰特金棕（*P. hillebrandii*）矮树下拾了许多果实，回到宿舍后测量直径：18个一排长340毫米，平均直径为18.89毫米，比《手册》说的略小。去皮后种子的直径与书中一样11–13毫米，甚至还要大些。

查询檀香山特树保护方面的法律Revised Ordinances of Honolulu 1990，其中第41章第13款为"特树保护条例"，后来又有补充、修订。

法律规定：It is unlawful for any person, corporation, public agency or other entity to remove or otherwise destroy any tree in the City and County of Honolulu which has been designated "exceptional" without approval from the city council, except as provided in Sec. 41–13.9. Any person who violates this section shall be fined not more than $1,000.00.

特树是如何定义的呢？特树指 "a tree or grove of trees with historic or cultural value, or which by reason of its age, rarity, location, size, esthetic quality or endemic status has been designated by the city council as worthy of preservation（Sec. 13–36.2, R.O. 1978（1983 Ed.））。据法律条文，特树是指有历史价值或文化价值的一株树或一组树，从树龄、稀缺性、生长环境、体量、美学特征或特有状态方面考虑，市政府认定它们有保护价值。

希拉伯兰特金棕的果实。特有种。

2012.06.14 / 星期四

晴。上午到图书馆还书并借书。借的书主要是关于太平洋岛屿植物的：W. Arthur Whistler（夏威夷大学毕业的植物学博士，熟悉太平洋的植物）的两部，Isabella Aiona Abbott（民族植物学家），Angela Kay Kepler（博物学家）、Daniel K.H. Au各一部。

下午在Expedia网站预订本月21-26日到考爱岛（Kauai）的机票，160.60美元（21日13时出发，26日16时返回），租车242.49美元。

在博客上发一组植物图片：希拉伯兰特金棕、圆果杜英、炮弹树、多花叶柱藤（*Stigmaphyllon floribundum*）、夏威夷桃榄、菩提树。

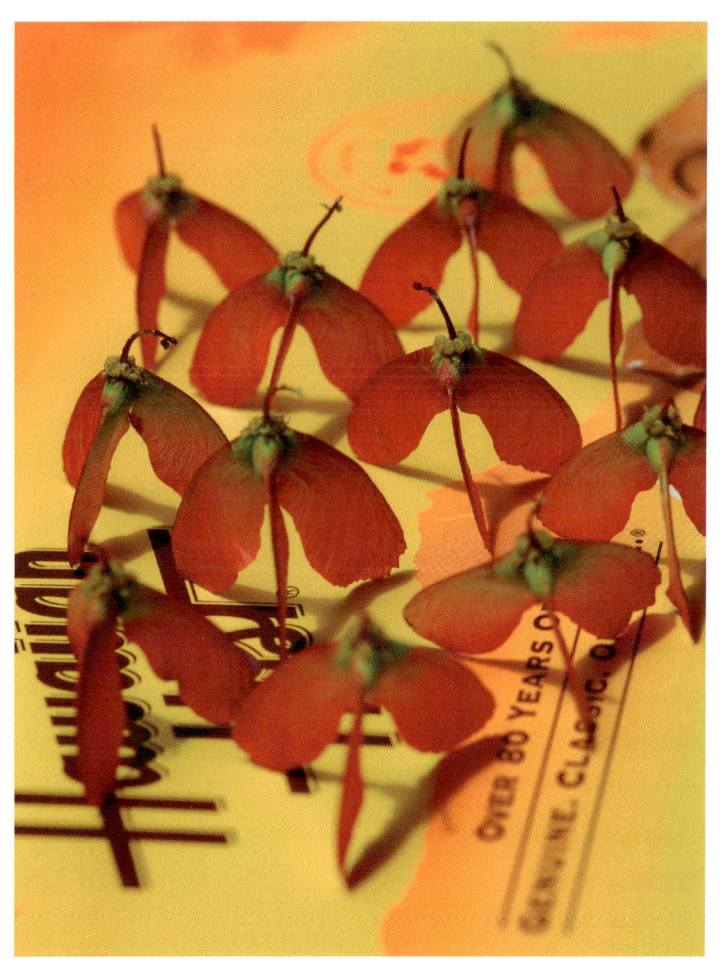

金虎尾科多花叶柱藤的三棱形翅果。外来种。

2012.06.15 / 星期五

科学哲学家曾用"可证伪性"这样一项优良品质，来描述自然科学命题，进而用它来区分科学与伪科学、科学与非科学。但是，作为一个整体，"科学"本身可以被证伪吗？不能。出现A，表明了科学的正确性、必要性，出现非A依然表明了科学的正确性、必要性。这就是当今科学获得的独特地位，符合现代性的逻辑；跟中世纪时的"神学"一样。当然，这不是说两者完全一样，只是就这一逻辑问题而言它们所处的地位一样。

球花豆

2012.06.16 / 星期六

晴转阴、小雨、晴。再次到呼马路西亚植物园，这也许是最后一次了！下55路，马路西南角有一苗木店，进门观看，品种很多，生意兴隆。我若在夏威夷安家，或许会经营苗圃或者种蔬菜！

植物园入口处的两排熊掌棕榈结的种子很小，比大豆粒大一点点，棕黑色。路过高大的球花豆（*Parkia timoriana*）时，在树下见到豆荚、大风刮断的树枝，得以近距离观察羽状复叶、荚果、豆子，还有非常特别的头状花序的花序托。如果单独拿出其花序托，会觉得这东西非常怪异。去年12月8日在莱昂树木园拍摄到高大树木上掉下的其头状花序，单独看也不容易想到它来自豆科植物。把这些放在一起，一切就明显了。对于高大的球花豆，观察其叶、花、果，都不是件容易的事情，树很难爬，只能积累"人品"，等待时机。

离球花豆不远有多头露兜（*Pandanus polycephalus*），它的美丽花序终于呈现出来。它是外来种。在夏威夷此科植物另外常见的两种是露兜树和蔓露兜。

土坡上大叶的文莱五桠果（*Dillenia suffruticosa*）还在开黄花。五桠果科另一种开白花的植物是微凹五桠果（*D. retusa*）。

海芋（*Alocasia macrorrhizos*），也称象耳，坚定地驻守着"平静之园"的湖水四周，佛焰苞花序向下伸展。

露兜树科多头露兜。外来种。

【右上】豆科大乔木球花豆的叶和种子。外来种。

【右中】球花豆的花序柄。

【下左】球花豆的头状花序。

【下右】球花豆头状花序上花的着生方式。

2012.06.17 / 星期日

大风，晴。霸王花再度开放。向北行走，拍摄外来杂草：锐尖叶下珠（*Phyllanthus debilis*），大戟科；刺苋（*Amaranthus spinosus*），苋科；单穗水蜈蚣（*Kyllinga nemoralis*），莎草科。

中国古代的学问虽然侧重人伦，但"国学"当不只限于人文社科方面。吴宓早在1925年清华国学研究院开学典礼时就提到，也要研究古代的自然知识，但并未受重视。说得简明些，并非只靠仁义道德说教就能支撑起一种文明，鸟兽草木、地矿山川、饮食男女等相关学问可能更基本。如今有人提研究"自然国学"，甚好。不只是研究，在实践上还要恢复，应知行合一。《博物人生》里已有提及，但未展开。

瓦胡岛北部的一家苗木店出售的一些多肉植物。

2012.06.18 / 星期一

大风。沿都乐街南、车库北的悬崖边拍摄野草。观察鱼黄草属毛木玫瑰（*Merremia aegyptia*），茎及果实有毛。此处也同时生长着木玫瑰（*M. tuberosa*），无毛，大花大果。两者相比，叶同样掌状深裂，茎右旋；毛木玫瑰的种子黄色稍小，木玫瑰种子黑色较大。一点红属的缨绒菊（*Emilia fosbergii*）成片生长，远远望去也有一番滋味。

陆游仿欧阳修《洛阳牡丹记》而作《天彭牡丹谱》，是中国博物学史的一段佳话。形式上两者的文章均分三部分：花品序第一、花释名第二、风俗记第三。内容上则有衔接，以蜀地彭门山补充中州洛阳。描写生动，亦有相似处。欧阳修在先曾写道："春时，城中无贵贱，皆插花，虽负担者亦然。花开时，士庶竞为游遨，往往于古寺废宅有池台处为市，并张幄帟，笙歌之声相闻。"陆游于后写道："花时，自太守而下，往往即花盛处，张饮帘幕，车马歌咏相属，最盛于清明、寒食。"

【上】菊科缨绒菊。外来种。在瓦胡岛1920年首次采到标本。

【下左】旋花科毛木玫瑰的果实。外来种。

【下右】成熟的毛木玫瑰果实。

2012.06.19 / 星期二

准备考爱岛之行。这个相对古老的岛上有着丰富的本土植物，此行将是我回国前最重要的一次植物考察。细致策划行车路线、扎营地点，估计可能看到的特有植物。此行最重要的目标植物是菊科多轮菊属的韦尔克斯菊！

2012.06.20 / 星期三

到毕晓普博物馆看植物采集家福布斯的档案。在档案中意外找到福布斯绘制的夏威夷6个岛上檀香属植物的分布图。他用扇面的形式来表示，最左侧为考爱岛，最右侧为大岛。相关情况已经写进我的论文《洛克与夏威夷檀香属植物的分类学史》。

出发等车时拍摄了卫矛科福榄的果实。在毕晓普博物馆附近见到正在开花的大花田菁（*Sesbania grandiflora*）。花冠白色，豆荚细长如豇豆；花和嫩豆可食。云南景洪称此植物为"落皆"。其实，厦大校园北部也有一株大树，但没有见到花，一直没法准确鉴定。今天算有意外收获。

【上】卫矛科福榄，也称福木。外来种。乔木。

【下】豆科大花田菁。外来种。小乔木。

考爱岛约会韦尔克斯菊

2012.06.21 / 星期四

考爱岛（Kauai）是夏威夷群岛几个面积较大的海岛中最古老的一个，特有植物非常多。

13:00由檀香山飞往考爱岛的利胡埃（Lihue），14:17取到所租的汽车，雪佛兰Malibu LT，车号KAJ-008。沿570号阿胡基尼（Ahukini）路先到最近的一家沃尔玛采购足够用几天的矿泉水、水果、面包、饼干、卫生纸，装上车，顺时针向岛的西南方向行进，直奔著名的红河谷（Waimea Canyon）。

争取第一天就能看到Iliau，即木本菊科特有种韦尔克斯菊（*Wilkesia gymnoxiphium*）！世界上只有夏威夷有这种植物，在夏威夷也只有考爱岛有，在考爱岛只有红河谷一带才有！可见"红河谷"对我来说有多重要。多轮菊属（*Wilkesia*）由格雷建立，属名用来纪念韦尔克斯（Charles Wilkes, 1798-1877），海军军官，探险家，美国1838-1842年南方诸海探险考察（也称韦尔克斯考察）的指挥官。选择在这个时候到考爱岛，主要考虑了此植物的花期：5月到7月。

沿50号公路中速行驶，15:30到达怀梅阿，即红河。这里是红河的入海口，小镇东侧有俄罗斯堡垒遗迹。按路牌指示，没有直接北转550号路上山，而是直行到凯卡哈（Kekaha）再北转，走新修的寇科伊（Kokee）路上山。这两条上山的路在半山腰合二为一，因此走哪一条都差不多。红河谷基本上南北走向，公路沿山谷西侧边缘上山。

16:15到达韦尔克斯菊自然环道（Iliau Nature Loop Trail）和石栗山道（Kukui Trail）的共同入口。这个位置，行前在地图上已经反复确认过。此时阳光还好，我迅速翻过小土梁，走进环形山道。先看到寇阿、普基阿伟和车桑子，然后立即找到盼了几个月的韦尔克斯菊！从停车到拍下第一张韦尔克斯菊照片总用时不过一分钟。远处是夕阳照耀下的红河谷东坡，近处是相对平缓的西坡。约会韦尔克斯菊的现场十分安静，这里只有我一个人。在第一天天黑前就与目标植物相遇，考爱岛之行至此已经值了！过了一会，我相机上的土制GPS才正常工作，坐标为（N 22° 3.08′，W 159° 39.55′）。16:20拍摄到有花序的植株，坐标（N 22° 3.08′，W 159° 39.52′）。在网站boulter.com/gps/输入上述括号中的坐标信息，从谷歌地图立即可以看到实际位置。

如果没有准备，第一眼见到这种特有的菊科植物，可能误以为是龙舌兰科的某种龙血树。这种多年生、莲座丛状植物一般不分枝，偶尔在基部分枝，最高可达5米。叶轮生，每轮9－15片，叶基下延贴茎，合起来形成1－6厘米的抱茎鞘。叶片长15－50厘米，最宽达2厘米。叶发粘，边缘有丝绒毛。看到一米多长的花序和每朵花上的总苞，几乎人人可以猜测到它是某种菊。花头数百个分布在巨大的花序上。

花序分三级结构。第一级为主结构，在茎上部有6－20轮花梗盘。二级结构为，每盘上有7－15个花梗，花梗有毛，分枝1－2次。三级结构为典型的菊科头状花序，花冠奶油色，长5毫米，末端小裂片长1毫米。此植物自交不相容，无法自花授粉结实。我观察了数十株，包括已经开花许久的，没找到一株结实的。这意味授粉效果不佳，此物种在这一带繁殖也不容易。

环形山道口一株堇菜科灌木大叶夏米索堇菜（*Viola chamissoniana* subsp. *tracheliifolia*），这种特有植物能长到1.8米。坐标（N 22° 3.07′，W 159° 39.57′）。种加词来自诗人、植物学家夏米索（Louis Charles Adalbert von Chamisso，1781－1838）。

此地不能久留，天黑前要继续上山。返回时还可以接着观察。16:29离开，16:36来到峡谷边上的一处观景台，欣赏红河谷河水深切地貌。在裸露的岩壁上见到三只野羊（*Capra hircus*），一黑两棕，坐标（N 22° 4.50′，W 159° 39.84′）。

16:49到达瞭望尼好岛的观景台，坐标（N 22° 6.54′，W 159° 40.17′）。天气好的话，从这里能看到禁岛：尼好岛。现在时候不对，海面看不清。近处，干燥的黄褐色岩石上一株树根裸露的多形铁心木顽强地活着，满树是红花。谷底水分多些，颜色淡黄的是石栗树林。

经过NASA的一个地面站，16：59进入寇科伊州立公园。550号路右前方分出一条马努屋（Halemanu）土路，可通向马努屋谷、山崖（Cliff）山道、峡谷（Canyon）山道、黑管山道等。停好车，沿阴森的马努屋土路下行，两侧树木高耸。入口处坐标（N 22°6.93'，W 159°40.16'），见香蕉西番莲（*Passiflora mollissima*）、柳叶菜科短筒倒挂金钟（*Fuchsia magellanica*）、蔷薇科黑莓（*Rubus argutus*，小叶3或5，花白色，果熟时由红变黑，酸甜）。粉红色的香蕉西番莲在红河谷上部的湿润林间极为常见。夏威夷名Banana poka，果实长纺锤形，原生于南安第斯山区。20世纪初引入夏威夷在户外当篱笆用，后来逸生于考爱岛和大岛，泛滥成灾。于1926年首次采集到标本。考爱岛也有鸡蛋果、甜百香果、龙珠果、三角叶西番莲，但数量不多，与随处可见的香蕉西番莲相比它们可以忽略不计。

行500米左右，来到一处谷地，周围变得稍宽阔，潮湿环境中见玻利维亚倒挂金钟（*Fuchsia boliviana*），花筒细长。醉鱼草、香蕉西番莲、黑莓都很多。突然在黑管山道入口处见到几株李子树。出发前看史密斯（Robert Smith）的书《考爱岛远足》（*Hiking Kauai*），书中讲到走红河谷的山道有李子回报！他说是一种popular Methley plum，不知长什么样。书中还讲李子在5月底到6月上旬成熟（pp.86–87）。路边一侧已没有李子。细心寻找，在隐蔽处找到十多个鲜红的李子。看来史密斯所言不虚。这李子味道相当不错，确切名字是蜜思李（*Prunus salicina* 'Methley'），原产新西兰，为中国李和樱桃李的杂交种。后来在高海拔处也见到一些，属同类，但果实很小。能看到特有植物，又能吃到新鲜的李子，真是高兴。今天高兴的事情还有呢。

沿主山道继续前行，树木又变密变高。17：28在（N 22°6.79'，W 159°39.66'）见到两株半边莲亚科巨形寇科伊樱莲（*Cyanea leptostegia*），高3米以上，夏威夷名Haha lua。叶和花集中的植株顶部。此时还有一些没开完的花，花密集地塞在叶的基部。

天快黑了，不敢再继续前行，迅速返回停车处。驾车沿主路继续上山，18:09到达木屋、红河谷及寇科伊州立公园博物馆，已关门。继续前行，开到最高峰，然后返回到次高峰的一个草地平台。天气阴沉，向北望，顺着一条巨大的山谷，可见岛北的纳帕里（Na Pali）海岸。计划中某一天要到那里看看。从山顶到北部海岸水平距离极近，但没有路，必须向南退到南部海岸，逆时针绕岛近一周才能到达那里。

19:09在大雾和小雨中扎营于哈拉劳（Kalalau）观景台附近树丛边，脑袋探出帐篷就能吃到树下地表生长的智利草莓。顶着小雨，19:17用闪光灯拍摄周围的宽叶柏叶枫的亚种。叶较圆，叶缘有锯齿，与瓦胡岛的略有不同，应当是考爱宽叶柏叶枫（*Cheirodendron platyphyllum* subsp. *kauaiense*）。草地边有蜜思李、绣球、带高跷根的多形铁心木、忍冬、铁芒萁、九节属和那夷菊属植物。19:58拍摄西边天际最后一抹余晖以及蛾眉月。由蛾眉月的月相，可判断今天阴历大约是初三或初四。

雨变大，有些冷。吃了面包和李子。

今下午很幸运，一切顺利。

哲学除了理性论证，也是对自由及其限度的精确把握，更包括对某种生活方式的践行：爱自己认定的真理，过自己喜爱的生活。诱惑实际上无法真正克服、消灭，只能通过调整自己，发现新的美丽与智慧，通过更高层次的追求、移情来抛弃、遗忘原来的诱惑。这样的过程要反复进行，不是一劳永逸的。诱惑并非只是肉体的、物质性的，最危险的诱惑恰好来自理性自身，那类自负的、以堂皇论证装饰的世界改造计划。

钻进睡袋，喜悦中在考爱岛西部的高山上入睡。

考爱岛的菊科韦尔克斯菊。特有种。它只生长在夏威夷的考爱岛。

【上左】多年生木本植物韦尔克斯菊，开完花就会死掉。左侧是茎的剖面，中空。右侧为花序。　【上右】近看韦尔克斯菊。叶集中在茎顶端，也是剑形，但比剑叶菊属植物的叶软许多。　【下】仰视正在开花的韦尔克斯菊。

平视正在开花的韦尔克斯菊。

【上左】在瞭望尼好岛的观景台附近看到的考爱岛红河谷。

【上右】堇菜科大叶夏米索堇菜。特有种。

【下】考爱岛西部山顶扎营处的野生智利草莓。

【上】考爱岛红河谷干燥岩石上树根裸露的一株多形铁心木。 【下】红河谷底部的树林，颜色发黄的为石栗。

【上左】柳叶菜科玻利维亚倒挂金钟。外来种。

【上右】西番莲科香蕉西番莲。外来种。

【下左】蔷薇科蜜思李。外来种。

【下右】香蕉西番莲的果,酸甜。

【上左】半边莲亚科巨形寇科伊樱莲。特有种。

【上右】五加科考爱宽叶柏叶枫，特有亚种。叶缘有锯齿。

【下】巨形寇科伊樱莲的花。

考爱岛高山沼泽地

2012.06.22 / 星期五

5:30在一阵螺号中醒来，拉开帐篷，见一位夏威夷老者面向太阳升起的方向用夏威夷语祷告。他可能是一位祭司。

昨夜山顶下了中雨，草地上、帐篷上全是水珠。

今日天气晴好，将在高地上考察阿拉凯沼泽（Alakai Swamp）。夏威夷的沼泽不在低地，而在高山上！考爱岛东部的高山顶上被认为是全球降雨最多、最潮湿的地方之一。

6:08开车来到公路最高点，这里也是Pihea山道的起点。沿山脊向东北方向行进。北部山谷中风景随着雾气的漂移、升降而瞬息万变，纳帕里海岸时隐时现。路边有大量考爱三叶柏叶枫（*Cheirodendron trigynum* subsp. *helleri*），其叶不圆，叶

五点半晨曦从海面向上穿透云雾映红了东边天际。

缘有锯齿，叶形和大小变化甚大。山道两侧时而出现短叶红猪殃、二羽里白、高株大萼越橘、暗口菝葜、浆果绣球，以及唇形科覆叶苏属（*Phyllostegia*）、芸香科蜜茱萸属和那夷菊属特有植物。半边莲亚科植物也遇到几种，不容易鉴别。

6:52道路分岔，直走上行为Pihea山道，右侧下行通向阿拉凯沼泽。先走远的，右行，等返回时再看另一条山道。下坡过程中那夷菊甚多。

最有特色的植物有两种：紫冠瓜莲（*Clermontia fauriei*）和黄花草海桐（*Scaevola glabra*），均为特有种。紫冠瓜莲有花有果，花筒内部白色、外部紫色。花筒顶部深裂，花柱向上翘起，柱头下弯。但叶长得不美。吃了几只它的果实："小南瓜"。起沙，微甜，饿的时候可充饥。此山道上最丰富的半边莲亚科植物就是它，小苗和大树随处可见。黄花草海桐花筒甚长，金黄色，花柱如意状，它堪称此属最别致的花朵，没想到自己能遇上。

慢走20分钟，下行的小道上开始铺有木板，但部分木板已朽烂，踏上后有碎裂的声音。7:38遇到蹄盖蕨科小叶蹄盖蕨（*Athyrium microphyllum*），近距离观察，孢子囊不规则地连成片，但远距离看排列还是非常规则的。附近还有西曼草胡

【左】考爱岛菊科那夷菊属植物。

【中】考爱岛唇形科覆叶苏属植物，果实黑色。无法鉴定是哪个种。

【右】五加科考爱三叶柏叶枫。特有亚种。

椒（*Peperomia hesperomannii*）和毛毗邻铁角蕨（*Asplenium contiguum* var. *hirtulum*）。

下行约半英里，7:49遇十字路口。直行将到卡外寇伊营地（Kawaikoi Camp），左转通向阿拉凯沼泽山道及基洛哈纳观景台（Kilohana Vista）。选左侧，走木板路，7:51见林中一大树被吹倒。根很浅，基本在一个平面上，跟在丽江云杉坪和长白山所见倒下的大树类似。不过云杉坪树下是砾石而非火山石。穿过树林，下坡，入侵的姜科植物甚多，路边的已经被人为割掉，但地下茎还活着。蜜茱萸属、铁心木属、金毛狗属、越橘属植物很多。8:02在（N 22° 8.81'，W 159° 36.81'）过一条小河，再爬坡，最后来到高山沼泽地。

沼泽地面积很大，地势平坦，中间有架起的木板小道。以前没有它时，普通人根本无法进入这一地带。沼泽地地表积水程度不同，有的地方是水洼，更多的地方完全看不到水，跟普

考爱岛高山上的阿拉凯沼泽地木板路。

通的山地差不多，有草有树。但这样的地方更需要小心。我用脚轻轻踩了一下周边的草垫，会迅速下陷。

沼泽上高株大萼越橘（*Vaccinium calycinum*）、紫冠瓜莲、浆果绣球、雁果、本土蕨类随处可见。

8:37见到漂亮的长叶浆果苣苔（*Cyrtandra longifolia*），花纯白色下垂，叶甚美，摸起来硬朗。

9:12见菊科短毛那夷菊（*Dubautia laxa* subsp. *hirsute*），多分枝，叶较宽，有伏毛。它时常与浆果绣球生长在一起。

9:14终于走到沼泽山道的尽头基洛哈纳观景台，坐标（N 22° 9.38', W 159° 35.62'），这里是绝佳的观景点。考爱岛正北部的哈纳莱伊湾（Hanalei Bay）清晰可见。坐下来观光、赏云，休息半小时。然后在附近潮湿的树林间看五种植物：（1）茜草科本土植物橙珠薄柱草（*Nertera granadensis*）在青苔上匍匐生长，有小红果。比花卉市场所见的种类更野性、自然。（2）聚星草科门氏聚星草非常多，地表和树枝的青苔上均有生长。（3）胡椒科西曼草胡椒，茎和叶的背面红色。（4）考爱堇菜（*Viola kauaensis*），叶近圆形，基部心形，叶柄较长。（5）不整齐叶石杉（*Huperzia erosa*），茎直立。不一会，鞋子全湿透了。地表厚厚的青苔中全是水，脚踏下，水会迅速渗到鞋子里。

返回时注意拍摄紫冠瓜莲和黄花草海桐。在返回时遇到除我外的第一批旅客，他们匆匆赶路，没心情看路边的植物。

10:07亲见本土蜗牛在啃食那夷菊属植物的嫩叶。原来听说这些蜗牛只吸水不吃叶，看来不准确。返回时，阳光驱散云雾，阿拉凯沼泽映射着蓝天，高原的风光美极了。

10:13确认木板路边的一种茜草科灌木为椭圆叶雁果（*Coprosma elliptica*），叶密集，果实黄色，直径6–8毫米，味道怪异。

11:09确认菊科红鞘那夷菊（*Dubautia raillardioides*），特点是叶密生于枝顶，叶基部红紫色。附近有雁果和三叶柏叶枫。

11:13见一大片齿叶越橘丛中有几株高株大萼越橘。旁边有许多茁壮生长的门氏聚星草和夏威夷山菅兰，后者有闪亮的棕黑色果实。

11:29跨过沼泽山道上的那条小溪，这里是此山道的最低点。11:38沿木板路上升时见鳞毛舌蕨（*Elaphoglossum paleaceum*），本土种，叶长达半米，两面密布鳞毛。

11:51见到洛克命名的盖氏海桐（*Pittosporum gayanum*），种加词用来纪念法国植物学家Jaques Etienne Gay（1777–1864）。此特有种叶背面有棕色绒毛。

１２：１８在近山梁处路边见到多株考爱孔果莲（*Trematolobelia kauaiensis*），都是幼苗和小树。从书上和网上见过它的大串红花，那是相当地漂亮。可惜此时它们均无花。2012.01.13在毕晓普博物馆拍摄过它的标本。

12:20快要返回Pihea时，见到一株即将开花的紫纹樱莲（*Cyanea hirtella*），叶狭长挺拔，叶缘有齿，花为长筒形，白色到淡紫色，有紫条纹。一开始误以为是半边莲亚科近深裂樱莲（*C. fissa*），两者叶形相似，从花序形状、生长的海拔、叶脉的颜色等判断，最后否定。

返回到山梁，向东走，继续上升，最终到达Pihea山道顶峰。12:33在（N 22° 9.30′，W 159° 37.01′）见1927年美国地质调查局设立的圆形测标。山顶风景甚好，360度皆是美景。在北坡，牙叶铁仔（*Myrsine denticulata*）时有出现。它的叶细小，比普基阿伟的叶略大。在山顶观景、休息二十多分钟，然后沿山脊朝西，向早晨出发地行走，13:01遇上一队地质学野外实习的大学生，教师指着地表向同学们解释此山脊的成因。1984–1988年我读北京大学地质学本科时，暑期也经常如此实习，去过北京房山、河北涞源、河北石门寨、内蒙古白音诺尔。最后一次实习为做本科论文，通过火车从内蒙古托运回的花岗岩标本就有6箱。后来虽然不继续做地质学了，但那时的地质学野外实习锻炼了吃苦耐劳的精神，也使得自己更会欣赏大自然。有一次在永定河的河滩上画阶地剖面图，地质学系的一位老师说："就你们身边的各种鹅卵石，就能讲一门地质学。"当时体会不深，后来觉得老师的话颇有道理。卵石有着不同的岩性，来自不同的地层或岩体，反映着各自的地质构造。

13:26在山梁上竟然看到开花的金银花（忍冬），茎左旋。

13:33见考爱耳草（*Hedyotis tryblium*），灌木，果实黄色。

13:34在接近早晨停车处见长筒草海桐（*Scaevola procera*），花筒较长，淡黄色，花裂片白色，偶有紫条纹，果实紫黑色。

13:57开车来到游客中心参观,昨天傍晚到达时已经关门。小屋内有十几件动物标本,也出售图书和地图。跟国内同类公园的游客中心相比,这里地方小得多,但博物气氛很浓。

【上】半边莲亚科紫冠瓜莲的花。特有种。

【下左】紫冠瓜莲成熟的小南瓜形果实。

【下右】紫冠瓜莲未开放的花苞。

夏威夷植物日记 / 741

【上左】黄花草海桐的果。

【右上】黄花草海桐的果近景。

【右中】草海桐科黄花草海桐。特有种。

【右下】黄花草海桐的花。

【上】蹄盖蕨科小叶蹄盖蕨叶的背面。特有种。 【下】小叶蹄盖蕨叶的正面。

【上左】胡椒科西曼草胡椒。特有种。

【上右】铁角蕨科毛毗邻铁角蕨。特有种。

【下】杜鹃花科高株大萼越橘。特有种。

【上】苦苣苔科长叶浆果苣苔，木本。特有种。 【下】苦苣苔科长叶浆果苣苔。

【上】菊科短毛那夷菊。特有亚种。画面中上部开花的植物是绣球花科浆果绣球。特有种。

【下】阿拉凯沼泽山道的末端，由此可以看到考爱岛正北部的哈纳莱伊湾。

考爱岛高山上潮湿的林间生长的茜草科橙珠薄柱草。本土种。

考爱堇菜的果实。特有种。

林间生长的聚星草科门氏聚星草。特有种。

林间生长的石杉科不整齐叶石杉。特有种。不整齐叶石杉下面心形叶者为堇菜科考爱堇菜，也是特有种。左下角植物为橙珠薄柱草。

林间生长的胡椒科西曼草胡椒。特有种。

【上】本土蜗牛在啃食那夷菊属植物的嫩叶。

【下】短毛那夷菊的嫩叶。

【上左】菊科短毛那夷菊的花序。特有种。

【上右】菊科红鞘那夷菊。特有种。

【下】舌蕨科鳞毛舌蕨。本土种。

【上】阳光照耀的考爱岛阿拉凯高山沼泽地。

【下】茜草科椭圆叶雁果。特有种。

【上】海桐花科盖氏海桐。特有种。

【下】草海桐科长筒草海桐。特有种。

紫金牛科牙叶铁仔。特有种。

考爱岛半边莲亚科紫纹樱莲。
特有种。

【上左】从上部观察考爱孔果莲的叶子。

【上右】半边莲亚科考爱孔果莲。特有种。

【下】茜草科考爱耳草,灌木。特有种。

梨果檀香

2012.06.22 / 星期五

　　下午走一条向北下坡的阿瓦阿瓦普黑（Awaawapuhi）山道，14:48来到山道口，见香蕉西番莲藤子上坠了一排红花。先上一个小坡然后持续下坡。骄阳烤人，尽可能在树荫下行走。小路边布满了加勒比飞蓬（*Erigeron karvinskianus*），外来种，在日本叫源平小菊。这种多年生的菊科小草用于绿化倒是不错，英国皇家园艺学会（RHS）草本植物委员会还为它颁过奖。它的特点是叶细小，茎匍匐生长，纵横交错，花颜色多变。

　　15:00见到4株红河羽叶五加（*Tetraplasandra waimeae*），果序一回复伞状，果实在本属6个特有种中最大。15:06见大风

菊科加勒比飞蓬。外来种。

子科夏威夷柞木。

下坡时15:17在（N 22°8.77'，W 159°39.57'）遇到绒叶蜜茱萸（*Melicope barbigera*），叶修长，边缘微卷，叶面有白绒毛，叶轴处最明显，花黄色。

15:23见叉枝荛花（*Wikstroemia furcata*）和瓦胡荛花。前者叶大叶柄短，明显区别于其他种。15:26开始遇到多株山榄科夏威夷桃榄，果实稀疏，叶背部铁锈色。豆科寇阿和无患子科车桑子亦常见。

15:38在（N 22°8.90' W 159°39.97'）见到梨果檀香（*Santalum pyrularium*），以前的名字为（*S.freycinetianum var. pyrularium*）。生长于林缘，土壤相对干旱。此种檀香木的名字和指称关系在过去相当长时间里变来变去，到2010年为止，好像又回复到了一百多年前！此特有种的特点是叶长椭圆形、纸质，叶柄

【上】五加科红河羽叶五加。特有种。

【下】大风子科夏威夷柞木。特有种。

和叶脉红色，花裂片内侧为紫红色、红色、粉色、淡黄色，果实个大。果上有环，环的大小变化很大，有的接近果实末端，大部分在果实三分之二处，个别竟然在果实腰部以下。果实常有纵棱，夏威夷其他种均没有。果实成熟后紫黑色，果仁香脆。至此，夏威夷檀香木的主要种类我在野外都见识了。在山道距入口1.5－2.5英里范围内，梨果檀香非常多。三处的铁制里程牌的MILE均错拼为MILF！

15:46在光秃的谷壁上见到数十株韦尔克斯菊，这是在考

爱岛见到的第二个种群。此处土质干旱、贫瘠，韦尔克斯菊长得并不好。

16:16见到两只成熟的西番莲科鸡蛋果，果皮紫黑色，吃了两只，果肉酸甜。

16:26见到一株稍大的韦尔克斯菊，周围有普基阿伟、寇阿、梨果檀香、夏威夷山营兰、叉枝莪花、铁心木属植物等。叉枝莪花正在开花。

进入林地，16:45见龙舌兰科金色剑叶龙血树（*Pleomele aurea*），其嫩叶金黄色，株高6–12米，叉形分枝。远观其叶形像韦尔克斯菊，细看则完全不同。其实区分它们的最简便办法是看叶痕！

返回途中细看了一种三叶柏叶枫，确定仍然是变种考爱三叶柏叶枫，但与在山梁所见种类在叶形上仍有明显差异。此处的叶缘也有锯齿，但叶稍圆些。

18:20再次见到鳞毛舌蕨。

18:32沿550号路上行，把车开到昨晚扎营的地方欣赏落日，这里视线非常好。阳光在海面上方由下至上照射到附近的铁心木属树木上，我平静地欣赏着剪影。

我"很忙"，没时间参与一些事情，几乎不用手机，但我有时间，愿意为自己喜欢的东西"浪费"大把时间，一次又一次。看到了考爱岛这么多特有植物，心满意足，此时更有理由、权利享受这夕阳。

19:40日落完毕。

今天还有一件重要事情要确认，20:00以后才能知道，对应于北京时间23日中午12:00。打开手机，没有信号。开车继续下山，来到木屋附近，仍然没有。从岛北走到岛南，从高山降到红河谷西侧公路的下部，行驶约30千米，接近红河镇时才有信号。20:30国际长途终于打通，女儿晨晨高考分数611分，加上锡伯族加分10分，共621分。妹妹的女儿新宇的分数也查到，也是611分！不久晨晨考取中国人民大学，妹妹的女儿考取南开大学。妹妹若能多活一两个月，她会多高兴！

在附近一个推土工地上扎营。

【上】芸香科绒叶蜜茱萸。特有种。

【下左】绒叶蜜茱萸的嫩尖。　　【下右】绒叶蜜茱萸的果实、种子和叶上的白绒毛。

【上左】瑞香科叉枝莞花。特有种。

【上右】叉枝莞花叶的背面。

【中】山榄科夏威夷桃榄。特有种。

【下】夏威夷桃榄叶的正面。

檀香科梨果檀香。特有种。

【上】梨果檀香叶的正面。

【中】梨果檀香的果实。果上有纵棱,果上环的位置变化很大。

【下左】梨果檀香的果实与花。

【下右】梨果檀香的花序。

【上左】生长在干旱土地上的一株梨果檀香小树。

【上右】从哈拉劳观景台向北看，傍晚的阳光照射到火山岩壁上，时间为18:38。

【下】西番莲科鸡蛋果的果实。外来种。

【上】阿瓦阿瓦普黑山道见到的韦尔克斯菊。

【下】考爱三叶柏叶枫。特有变种。叶形变化很大。

龙舌兰科金色剑叶龙血树 特有种

蔗蟾与库克纪念碑

2012.06.23 / 星期六

5:20起来，天蒙蒙亮，驾车沿550号路上行，上午将考察前天急着上山没有仔细看的内容。5:40来到红河谷瞭望台欣赏清晨峡谷风光，此处海拔3400英尺。

6:13向西下行走一条土路Haeleeele Ridge Road，有几辆狩猎的越野车呼啸驶过，担心被当成猎物中弹，半小时后返回。返回时见金星蕨科华南毛蕨（Cyclosorus parasiticus），外来种，原来所在属为Christella。此种在台湾称密毛毛蕨。

路边亦有茄科苦蘵（Physalis peruviana）和蔷薇科黑莓，两者均已结果。

7:10再次来到韦尔克斯菊生长区，旁边有许多Uki，即毕氏黑莎草（Gahnia beecheyi）。去年10月初第一次见过这个特有种，后来在山道上时常遇到。天空云层很厚，阳光寻着空隙照射下来，光斑在大峡谷的红石上和植物上快速移动。用闪光灯补光拍了几张韦尔克斯菊。这植物通常不分枝，但也有少量分枝的，甚至有长成圆球形的。掰开枯死的茎干，拍摄了中空的茎剖面。

沿大峡谷西缘察看了多处植被，易变画眉草在缺水的沙石坡地上常见。最后试走石栗山道。开始路段树木较多，最高大的是山龙眼科银桦，枯死的大树甚多。松软的沙坡上有细弱的鬼针草属植物，应当是

考爱岛的金星蕨科华南毛蕨。外来种。

狭叶夏威夷鬼针（*Bidens sandvicensis* subsp. *confusa*），特有变种。

听到蜜蜂嗡嗡叫，在一株直径达一米多的枯死银桦树桩中找到一个大蜂窝。蜜蜂给大峡谷增添了别样的生机。

拍摄蜂窝时，突然发现小径红土上的寇阿落叶在动，细瞧有一只癞蛤蟆。经查，这是一只可催情、生发、验孕的癞蛤蟆！名叫蔗蟾（*Bufo marinus*），也叫海蟾蜍、美洲巨蟾蜍，英文名Cane toad。下午在考爱岛的国立植物园又见到一只。1935年有好事者从夏威夷把这东西引入澳大利亚，意在控制那里的害虫，没想到害虫控制效果不佳，而蔗蟾却迅速繁殖起来，达到20多亿只后，澳大利亚遂举国行动试图消灭它。其实，夏威夷原来也没这东西，它原产于中南美洲。

8:15决定不再继续下谷，在返回途中见到果实似苍耳但为圆球形的一种灌木，原来是椴树科半三裂叶刺蒴麻（*Triumfetta semitriloba*）。它原产于美洲，福布斯1910年首次在夏威夷毛依岛采集到标本。这个属的植物我第一次见，觉得有些怪异。可能是少见多怪吧，《中国植物志》记录中国此属有6个种。

9:00下山，在红河镇打听库克纪念碑和库克雕像，几分钟后找到。1778年1月20日库克首次从这红河口登陆考爱岛。碑文习惯性地写道："纪念库克首次发现夏威夷群岛"。这多

清晨阳光照耀着考爱岛红河谷。

少有点搞笑。库克首次发现？在此生活了数百年的波利尼西亚人怎么算？不过，在西方人的话语中，这样讲一点也不觉得害羞。在他们眼中，夏威夷的历史从1778年算起，之前叫史前！就世界范围而言，两年前的1776年美国有了独立宣言，11年后的1789年有了美利坚合众国宪法。

沿50号公路向西北行驶，经过美军太平洋导弹靶场（Pacific Missile Range Facility）路口，这地方属军事设施，咱得离远点。开车再向北，10:11到达考爱岛西北端波利屋（Polihale）州立公园的广阔沙滩。最后一英里为土路，行车时格外小心，生怕轮胎被苍白牧豆树的刺扎破。

沙滩上旋花科巴西马鞍藤被一堆堆黄丝缠住，走近一看是菟丝子科夏威夷菟丝子（*Cuscuta sandwichiana*），特有种。它的叶已退化，茎晶莹剔透，靠寄生在巴西马鞍藤的叶和茎上而存活。当夏威夷菟丝子生长得过猛时，巴西马鞍藤被缠得不见阳光，水分被大量吸走，叶变得枯黄，最终死掉，接着菟丝子自己也被阳光晒死。沙地上一缕缕干草，是它们的尸体。除这两种植物外，沙滩上最多的是外来的菊科大花硬毛金菀（*Heterotheca grandiflora*），在夏威夷1909年首次采集到标本。

11:18返回红河镇。已经好几顿没吃到像样的东西了，在路边的"虾摊"（Shrimp Station）饱餐了一顿奶油蒜香大虾米饭，11美元。一盘有10只大虾，非常实惠。临走还带了一份，留着晚上或者明早吃。来考爱岛，刨冰和煎虾务必要尝尝。

11:42参观几乎为废墟的俄罗斯伊丽莎白堡（Fort Elizabeth），建于1815–1817年。此堡垒共有8个角，坍塌的围墙还清晰可辨。顶着烈日，沿残存的石堆走了一圈，蓖麻和唇形科荆芥叶狮耳花偶尔生长在石缝中。在干旱的红色硬土中有二十几株银胶菊（*Parthenium hysterophorus*），花白色，叶似蒿子。

沿海岸巡视，见完全干枯的假酸浆（*Nicandra physalodes*），叶已落尽，带棱的灯笼形果实挂满了枝头。

12:05离开伊丽莎白堡，向东行，赶往国立热带植物园（NTBG）。植物园差不多位于考爱岛的最南部。由50号公路转530号公路，向南再转Poipu路，接近海岸时沿拉威（Lawai）路向西折回一小段，12:50到达。

【上左】干旱的红河谷西缘上生长的豆科寇阿大树，前方还有一些较小的桃金娘科铁心木属植物。

【上右】韦尔克斯菊。特有种。

【下】韦尔克斯菊茎干中空。

【上左】韦尔克斯菊通常不分枝，但也有少量分枝的。

【上右】清晨逆光下的韦尔克斯菊。这一株在地表有3个分枝。

【下】莎草科毕氏黑莎草，特有种。后面有许多韦尔克斯菊，还有一株车桑子。

【上】易变画眉草。特有种。　【下】红河谷西坡银桦树桩上的蜂窝入口。

【上左】红河谷的狭叶夏威夷鬼针。特有变种。

【上右】在考爱岛红河谷遇到原产于中南美洲的蔗蟾。

【下】考爱岛红河镇的库克纪念碑。

【上】旋花科巴西马鞍藤与寄生于其上的菟丝子科夏威夷菟丝子。前者为本土种，后者为特有种。

【下左】椴树科半三裂叶刺蒴麻。外来种。

【下右】夏威夷菟丝子近摄图。

【上】菊科大花硬毛金莶。外来种。

【下】考爱岛红河入海口处建于19世纪初的俄罗斯伊丽莎白堡，现已为废墟。

【上】菊考爱岛西南部的红河入海口。

【下】茄科假酸浆。外来种。中间穿插着一些糖葫芦状的荆芥叶狮耳花。两者此时皆已干枯。

考爱岛国立热带植物园

2012.06.23 / 星期六

  国立热带植物园大门很窄，路单行，停车场也不大。入口处密集栽种着来自世界各地的热带植物，若干互连的小径把人们引向礼品店和观光候车区。购票后要等着乘半小时一趟的摆渡车行一英里才能到达植物园的真正所在地：漂亮的拉威（Lawai）山谷。

  候车区门口有个小型的本土植物园，其中最有特色的是阿鲁拉（Alula），即木油菜（*Brighamia insignis*），坐标（N 21°53.20'，W 159°29.60'）。在自然界它已经无法传宗接代。原来靠一种蛾子传粉，而那种蛾子灭绝了，它也处于灭绝的边缘。现在植物园暂时成功地保存了这个物种。这里的第二种值得关注的植物是锦葵科隐冠苘麻（*Abutilon eremitopetalum*），坐标（N 21°53.21'，W 159°29.60'），它已经消失三十多年，NTBG的野外调查队1987年意外重新发现了它。如其种加词所描述的，它的花冠隐藏在杯形的花萼里面。

  候车区东侧外来种萝藦科球兰香味很浓，在瓦胡岛所见为白花，这里的则是红花。13:24才上摆渡车，直奔拉威山谷。车子启动的瞬间透过车窗，看到五加科特有种穗序枫，此时正好有花序。半小时后摆渡车停在一个溪水充足、地貌多样的开阔山谷中，这里也叫麦克布莱德花园（McBryde Garden）。

  跳下车见到的第一种植物是无患子科阿开木，即西非荔枝果，在夏威夷大学校园见过面。第二种是构树，虽然学名写法完全一样，但夏威夷的构树与中国以及越南的构树，看起来非常不同。在这里它们通常只有指头粗细，很少有长大的，也极少分枝。第三种是无患子科乔木假山罗（*Harpullia arborea*），它的果实非常漂亮，要比瓦胡岛作行道树的那些好看得多，叶也更浓绿，可能是这里雨水更足的缘故。第四种为大戟科响盒子，

【上】桔梗科半边莲亚科木油菜。特有种。　【下左】木油菜近摄图，它的白花即将开放。　【下右】萝藦科球兰。外来种。

英文名为Sandbox Tree，叶与菩提树的叶有几分相似，此时正在开花。夏威夷大学也有这种树，但在校园里只见过雄花，未见雌花。

迅速找到本土植物区，在西侧山坡上仔细观察起来。特有种甚多：

夹竹桃科夏威夷萝芙木（*Rauvolfia sandwicensis*）。

白花蓟罂粟（*Argemone glauca*），花白色，明显区别于同属另一个种。开黄花的同属植物蓟罂粟在毛伊岛已见过。

紫茉莉科魏氏腺果藤（*Pisonia wagneriana*），叶宽大，近似轮生。

唇形科藿诺草（*Haplostachys haplostachya*），夏威夷名Honohono，极稀少。

红河木槿（*Hibiscus waimeae* subsp. *waimeae*），花白色，叶平整，椭圆形。

木樨科夏威夷无冠木（*Nestegis sandwicensis*），夏威夷名Olopua。

藜科夏威夷藜（*Chenopodium oahuense*），枝叶外形与普通的灰灰菜差不多，但它是小灌木。

特有种还看到夏威夷木果棉、瓦胡无患子、夏威夷岩苋、金棕属等。

另见如下本土种：香鱼骨木、蒺藜科大花蒺藜（*Tribulus cistoides*）、乌面马、蛇藤（*Colubrina asiatica*）等。

趴在地上看植物时，差点与一只大蔗蟾来个亲吻。15:15见一只绿色安乐蜥（*Anolis carolinensis*），英文名Green anole，保护色甚佳，隐藏在背景中很难发现。

植物园下段小桥附近有栗豆树（*Castanospermum australe*）和油棕（*Elaeis guineensis*）。前者正在开花，后者树底下落了大量陈年的果实。

16:24离开植物园，开车欣赏岛南海岸风光。淡黄色礁石上布满了碎石海胆，这种颜色的礁石在夏威夷少见。其实这只是表面现象，礁石里面还是黑色的，外表可能由于生物作用而变色。

沿520号公路北上，转到50号公路向东北行进，再转到弧形的Loho Drive，接近海滨。

18:30来到岛东的里德该特（Lydgate）海岸公园。在这一带海浪冲上来大量无皮的木头,有大有小,相差悬殊。最大的直径达1.2米,长度达20米。经过几天的仔细辨认,证明大部分是锦葵科黄槿（*Hibiscus tiliaceus*）。它们来自何方,还是个谜。

公园北部是威鲁阿（Wailua）河口。在古代,此河口名叫Hauola,"生命之露"的意思,曾是考爱岛的政治与宗教中心,遗址上只残存若干巨石。在1700年代这里是一个祭祀中心,建有一个长方形的祭坛（Heiau）,围墙高1.8米,宽3.4米,称Hikinaakala,"太阳升起"的意思。1819年传统宗教被废弃,1850年左右此地盖起一座房子,旁边开了一个番薯园子,围墙内也栽了椰子。1900年代,大部分巨石被移走用来修路。1962年这里被政府确认为美国历史名胜（National Historic Landmark）。

公园不允许扎营,晚上只好在车里度过。

国立热带植物园中的五加科穗序枫。特有种。

【上】隐冠苘麻，图中有两朵花，只见杯形的花萼，不见花被片。

【下右】锦葵科隐冠苘麻。特有种。

【上】锦葵科红河木槿。特有亚种。

【下】罂粟科白花蓟罂粟。特有种。

【上左】无患子科乔木假山罗。外来种。

【上右】大戟科响盒子的雌花。外来种。

【下】夹竹桃科夏威夷萝芙木。特有种。

紫茉莉科魏氏腺果藤。特有种。

唇形科藋诺草。特有种。

唇形科藿诺草的花。

蒺藜科大花蒺藜。本土种。

鼠李科蛇藤。本土种。

豆科粟豆树。外来种。

【上】淡黄色礁石上布满了碎石海胆。

【下】考爱岛东部里德该特州立公园。海岸有海浪冲来的大量木头，大部分是锦葵科黄槿，木材耐海水泡。它们来自哪里？

谁说夏威夷雁不会飞

2012.06.24 / 星期日

5:37睡醒，东边天空亮起来。6:02太阳跃出水面，阳光和海浪一起从东边涌来。

6:24开车离开海岸公园，向东北方向行驶，过河，走卡帕阿外环路（Kapaa Bypass），参观一所学校的营地。然后经过581号公路进入卡帕阿（Kapaa）镇，这里非常热闹。

6:45到达小镇东北部的Kealia海滩，短暂停留，欣赏一男子清晨在海边冲浪。巨浪偶尔把他掀翻。此地海沙甚好，特别是还有一条很长的海岸小路。决定返回时再详细踏勘。7:15继续北上，准备前往东北角的著名灯塔。

8:23在一处草地上见到三十多只夏威夷雁。观察良久，证实这种鸟确实能像其他雁一样展翅高飞。以前听到这样的传言：它们在夏威夷食物无忧，不用迁徙，时间久了渐渐退化，已经不会飞了！

8:37来到考爱岛东北角的国立野生动物保护地（National Wildlife Refuge）基拉韦厄角（Kilauea Point）的基拉韦厄灯塔。这里有多种海鸟，此时红脚鲣鸟（*Sula sula*）低空来回飞动，英文名Red-footed Booby。它的嘴是蓝色的，而脚是红色的，比较容易辨认。9:20回到基拉韦厄小镇，看了几家教堂。一座很小的美国圣公会教堂显得很别致，立面用黑色的火山石做成，古朴而庄严。

回到56号公路，向西行，9:43沿卡利希瓦伊（Kalihiwai）路向北到达卡利希瓦伊河口。这里非常漂亮，一个人也没有。趟水来到中间的沙洲上，游泳、晒太阳。

开车向北，沿阿尼尼（Anini）路再次到达海边，见到海浪送来的许多外表光洁的木头，均为黄槿，有一个为巨大的树桩。海水中还搁浅了类似的大树桩，远远望去像一条船。拍摄后，继续向西，在卡利希瓦伊公园的阿尼尼海滩下海游泳。

12:03观察一少年海钓。阿尼尼海岸除了有节奏的海浪声外，十分宁静，游人一般不会来这里。躺在黄沙上或坐在黑色火山巨石上，都十分惬意，这真有几分人间天堂的味道。12:30离开海岸，再次回到56号公路，12:47在普林斯维尔（Princeville）南部高地上的哈纳莱伊谷（Hanalei Valley）观景台（公路在此像曲别针一样折回），欣赏夏威夷最出色的水田。这片水田有几千亩，是由狮子俱乐部维护的，其目的是延续夏威夷先民的传统农业。水田种植的绝大部分作物是优质的芋，叶的高度达1.5米。

13:12在一个漂亮的海滩拍摄黄槿。

13:39来到岛北的Limahuli植物园，它是国家热带植物园的一个分园。这附近路非常窄，好不容易找到停车处。植物园入口处特意展示夏威夷先民的坡地水田，田埂用黑色火山石垒起。适应局部地形，每一块梯田面积都不大。山谷中溪水被分成若干水道，非常自然地浇灌各块水田。园中植有番荔枝、过沟菜蕨、芋、朱蕉、桐棉、甘蔗、面包树等。当然也少不了明星植物五加科穗序枫。

一直觉得有点奇怪，算上我，园中只有两个人。半小时后才确认，此园星期二到星期六开放，而今天是星期日！非常抱歉。赶紧离开植物园。

在一处草地上见三十多只夏威夷雁。

【上左】刚起飞的夏威夷雁。

【上右】在蓝天展翅飞翔的夏威夷雁。

【右中】考爱岛东部卡帕阿镇的一家工艺品店。

【右下】考爱岛东北角的基拉韦厄灯塔。

【上一】考爱岛东北部基拉韦厄小镇一座较小的美国圣公会教堂。　【上二】考爱岛东北部卡利希瓦伊湾的河口处。

【上】考爱岛北部阿尼尼路边海滩上的巨大黄槿树桩，不知从何而来。

【下】考爱岛北部哈纳雷谷观景台南侧下部是大片肥沃的水田。田中多为芋，夏威夷先民最重要的一种作物。

纳帕里海岸

2012.06.24 / 星期日

14:20来到卡拉劳（Kalalau）山道的东端入口。此山道是考爱岛西北部唯一的海岸观光线路，全程11英里，道路崎岖起伏，行走此山道需要相当好的体力，还要能抗风吹、耐日晒。雨、风和波浪这三者共同塑造了纳帕里海岸惊险、多样的地貌。欣赏蓝宝石般的海水，在海风吹拂下体验野地跋涉的辛苦和快乐，有一点惊险、一点劳累，却能留下长久的回味。到考爱岛，不走纳帕里海岸的卡拉劳山道，算白来了。

山道长期对外开放，路边外来物种甚多，特别注意到番石榴、龙珠果、杧果、鳄梨、紫花苞舌兰、黄独、五叶薯蓣（茎左手性）、露兜树。本地植物中，铁芒萁、荛花属植物常见。

顺着海岸，沿山坡小道前行，15:17到达一条冲沟的入海口，眼前豁然开朗，好像来到了桃花园。坐在一个大型卵石滩上观赏海岸风光。巨浪有节奏地拍打着岩石，一位身着比基尼的美女遛着狗以剪影的形式呈现在远处的沙滩上。美女紧贴海水，踏着细沙，牵狗来回慢跑，为卡拉劳山道增添了一道美景。小心地接近峭壁，发现石缝中生长着本土蕨类植物鳞毛蕨科刺齿贯众（*Cyrtomium caryotideum*），其生境与北京的独根草差不多。

纳帕里海岸游泳务必小心，这里常见裂流（rip current），人陷入其中，体力会耗尽，出现危险。

考爱岛北部沿海的卡拉劳山道，全长11英里。

沿河谷向南上升，朝Hanakapiai瀑布方向前进。在树上摘到一只完全成熟的大个头番石榴，直径有9厘米！之前数月间遇到的果实，连其一半大都没不到。

卡拉劳山道共分三段，长度分别是2英里、4英里和5英里。我到来的时间不对头，不能走完全程，只欣赏了第一段。从资料上看，后两段很值得考察。留点遗憾，也许此生还有机会再来！

返回时在考爱岛正北方凹陷处哈纳莱伊湾之南的路边，见到一座外墙涂绿的小教堂Waioli Huiia Church，仿佛闯进了童话世界。这是我见到的最特别的教堂。

18：17在哈纳莱伊小镇吃烤牛排和刨冰。18：46停车，再次欣赏考爱岛北部千亩水田。19：16来到早晨发现的一处绝妙海滩扎营。在地上铺了厚厚一层榄仁树的树叶。20：00下起大雨。远处基拉韦厄灯塔的光柱来回扫荡着海面。

独自旅行有一个好处，夜晚总是可以静心思索一些哲学问题：必然、生死、崇高、解放、自由，以及幸福。

《禅与摩托车维修艺术：对价值的探讨》（Zen and the Art of Motorcycle Maintenance: An Inquiry into Values，1974）的作者波西格（Robert M. Pirsig）驾摩托一边行走一边思索科学哲学和心灵哲学问题。这是一部奇书，当年是蒋劲松推荐我读的。此畅销书在出版前曾被拒一百多次，据称此书销售总计近一千万册！波西格的第二部书 Lila: An Inquiry into Morals（1991）曾被普利策奖提名，不知是否有中译本。

【左】卡拉劳山道第一段终点，海滩出现美女遛狗图。

【右】在纳帕里海岸的一个"桃花源"，成年人像孩子一样玩着沙子。

在卡拉劳山道由东向西看考爱岛北部的纳帕里海岸。

考爱岛哈纳莱伊湾之南的一个小教堂。

【上】峭壁上生长的鳞毛蕨科刺齿贯众。本土种。

【下】刺齿贯众叶的背面。

木麻黄的花纹

2012.06.25 / 星期一

　　5:50醒来，朝霞映红了基拉韦厄灯塔方向的天空。6:30返回主路，开车瞧了瞧普林斯维尔高尔夫球场和牧场。

　　7:07第三次站在哈纳莱伊谷观景台欣赏水田风光，太喜欢这里了。这里保存的是夏威夷传统农业，人与大自然无缝地接合在一起。一只半野化的母鸡带着自己的五个小宝宝清晨出来觅食，有时小鸡全部钻到妈妈的翅膀下，从外面只能看到若干只鸡脚。

　　到一家商店购买小礼物，吃完早餐，开车在岛上顺时针行进。

　　8:38来到昨天早晨路过的Kealia海滩，向东北方向沿海岸边的运蔗路（Cane Haul Road）考察，如今这里只允许行人和自行车通行。沿途植物主要有草海桐、蛇藤、凤尾兰、白水木、海马齿、滨豇豆、黄槿、阔苞菊和美洲阔苞菊等。行300米海岸开始出现大量脱皮的黄槿碎木，岸上木麻黄也多起来。9:07见一废弃的码头。海风强烈，"弯木效应"常见。中途有一古迹，是夏威夷先人的墓地，如今只剩下若干巨石。附近有一壮丽的长条形金色海滩，长达数百米。只我一人在上面行走，似乎少了点什么。

　　海蚀崖立面差异风化明显。原石黑色，沿几条节理开始风化，已经风化的部分呈黄褐色。

　　坐在干枯的倒木上休息时，突然发现脱了皮的木麻黄树干表皮呈现出美丽的花纹，越是弯曲分枝处，花纹越美丽。海岸上干枯的木麻黄非常多，接连观察了二十几株，花纹美不胜收。我无权带走任何一段、一片，但拍下了它们的图案。随后的半个月里借助于新鲜的木材，我仔细研究了这种花纹的结构和成因。

　　返回时遇几位女孩岸边观浪，风景如画，美女如花。

【上】昨晚虽然下了大雨，铺在帐篷下面的榄仁树树叶仍然保持完全干燥。

【下】考爱岛的清晨，2012年6月25日5:58。照片右前方为考爱岛东北部的基拉韦厄灯塔。

12:00向卡帕阿小镇西部山脚下行进，在一条小溪处停下来。潮湿地带生长着高大的球花豆，透过树枝能看到远处高山绝壁上撒下的一条条细丝状的瀑布。小河边有桐叶马葵（*Malachra alceifolia*）、银胶菊、蓖麻。13:18回到卡帕阿小镇吃饭。14:50到里德该特海滩，下海游泳。

在海滩上拍摄了丝毛刀豆（*Canavalia sericea*）。叶有绒毛、花紫红色，不同于常见的小刀豆（显盔刀豆）。小刀豆叶无毛、花为粉白色。豆的颜色也不同，丝毛刀豆为绿黄色，而小刀豆为紫褐色。它和旋花科巴西马鞍藤、草海桐、绢毛榅果木等长在黄沙上。

晚上在附近海滩上过夜。这一带不允许扎营，睡在车里不舒服，但也只能如此了。为防止缺氧，车窗要打开一点点。

海蚀地貌。岩石风化后呈黄褐色。

木麻黄树干的花纹。

观浪的女孩，近处植物为草海桐。

【上】卡帕阿小镇西部高山。近处为豆科球花豆,远处白色者为瀑布。

【下】里德该特海滩上的豆科丝毛刀豆。外来种。

2012.06.26 / 星期二

5:10被警察叫醒,被告知不允许把车停在这个海岸公园。附近两辆印度女孩的车也被驱离。警察未讲理由,也不便多问,赶紧开车走人,反正天也快亮了。其实我们停车的地方是免费停车场,驱赶我们的理由可能是,时间不对头。另外,如果外来游客都睡在自己租的汽车上,将影响本地酒店的收入!

5:53开车来到利胡埃机场北部哈纳马乌鲁湾（Hanamaulu Bay）的阿呼基尼（Ahukini）休闲码头，这里是考爱岛之行最后一站。晨风甚猛，走在锈迹斑斑的码头上，身着长衣仍然打哆嗦。5:57太阳挣脱海面，冉冉升起。沿东侧海岸行走数百米，又见"弯木效应"。这里海岸垃圾也非常多。不幸的是，黑背信天翁（*Phoebastria immutabilis*）会把打火机、瓶盖、笔管、气筒、碎布、牙刷、弹壳、纽扣、玩具等垃圾误作食物吞食。这些不可消化的垃圾在海鸟胃中积累到一定程度就会令鸟毙命。机场的几幅照片清楚地展示了这一惨剧。

考爱岛利胡埃机场北部的阿呼基尼休闲码头。

7:15离开海岸，到利胡埃小城参观，感觉冷冷清清。

还车前加油，银行卡付款被拒，只好付现金。

下午乘飞机回到檀香山。

2012.06.27 / 星期三

上午到银行存支票并询问银行卡在考爱岛被拒之事，银行服务员打电话问信用卡公司，回答是多次输入密码不对，于是拒付！我当时密码输入可能有误。

近中午到瓦黑拉脊观察本岛的粗枝木麻黄表皮是否有花纹。结果是，活体与枯树的表皮在分岔、隆起处均有漂亮的花纹。

下午到日式彩虹店购物，再试银行卡，没有任何问题，怪事！回来的路上，突然考虑起"双非原则"的性质来，这与银行卡没任何关系。

我构造的"双非原则"是一种与"换位思考"性质相似的具有批判性的方法论原则。对于白人/黑人、强国/弱国、男人/女人、自由人/奴隶、人/大自然、人/土地，采取换位思考或者对易思考，可以启发人们。理解利奥波德的大地伦理用这种方法论原则很好。类似地，批判性地考察因果推理时，采用"双非原则"，有助于识破假相、避免独断。试想一下，真理一元论者、白人至上论者、科学真理教主是不可能接受"换位思考"的。同样,过分自信者,经常讲"必须地""必然性"的人,也是不接受"双非原则"的。

晚上煮鸡腿牛蒡汤,加了两片刚从瓦黑拉脊山道采来的新鲜多香果叶。

粗枝木麻黄新鲜树干的花纹,仿佛毛线堆积在一起。

丹尼尔发信问能否带他一起走一回夏威夷的山道,他已说了几次。我原以为只是客气一下,看来是真的。我迅速制订了4条可选线路,给出4个时间选项。

回国之前中国研究中心主任还要请客送行,真是不好意思。平时我只顾及跟夏威夷的植物、山水打交道了,很少与人接触。

2012.06.28 / 星期四

小雨。中午再上瓦黑拉脊。这地方我再熟悉不过了,但每次来都有所得。这次竟有意外收获:今天见到三出复叶右手性木质藤本植物巴西茉莉的花和果。花淡黄色至白色,没带相机,采了标本。确认以前(2011.10.08)的判断是正确的。

今天是卢梭诞辰300周年纪念日。卢梭给我们留下了什么?社会契约论,容易为多数人看到,这是现代性的支柱理论之一。而他对大自然的看法则被大大忽视。卢梭有理论,但更感性,甚至过敏。也许正因为如此,他有反思现代性的准备。他推动了现代性,但也提醒人们现代性的种种桎梏。

2012.06.29 / 星期五

翻拍图书Laau Hawaii: Traditional Hawaiian Uses of Plants一书以及从考爱岛带回来的小贝壳。夏威夷语Laau相当于tree。这是一部不错的民族植物学著作。照片因为是黑白的,效果不好。书中的手绘图相当棒。

从考爱岛带到瓦胡岛的小贝壳。这些东西是不能带回国的，只能拍照留念。

2012.06.30 / 星期六

晴。东西方中心门口千屈菜科萼距花（Cuphea hookeriana）已开放，这种矮小的植物在广西、云南的街道绿化中被普遍采用。

上午到威基基购买小礼品，然后下海游泳。一群女学生在沙滩上踢足球，穿袜子但不穿鞋。

与科学史家范发迪先生联系上，先生学问做得好，也愿意助人。先生向我推荐两本书：

Erik Mueggler所著的 The Paper Road: Archive and Experience in the Botanical Exploration of West China and Tibet。

Denise Glover等人编辑的Explorers and Scientists in China's Borderlands, 1880–1950。

后者我已经有了，别人送的。两者都涉及洛克。外国学者更关注洛克在中国做了什么，而我关注他来中国之前做了什么。

威基基海滩踢足球的女学生。

锦葵科门氏苘麻。特有种。

七月
JULY
2012

2012.07.01 / 星期日

晴。为方便7日大家到马纳纳山道旅行，特意制作山道上常见植物PPT文件（有19种，均附图片）。植物分别是：红胶木、白千层、红花桉、果胶桉、松红梅、多形铁心木、巴西乳香、寇阿、积雪草、瓦胡荛花、甜百香果、普基阿伟、石茅、曲荸香茅、硬毛绢木、卷叶弗氏檀香、竹叶兰、长序草海桐、铁芒萁。

2012.07.02 / 星期一

晴。整理通讯录，一年来帮助过我的人甚多。

角被麻和蒟蒻薯

2012.07.03 / 星期二

雨，晴，阴。10:02出发乘A路转55路。在第一法庭等55路时拍摄夏威夷"呆鸟"斑姬地鸠（*Geopelia striata*）。这种外来鸟走起路来不很雅，叫起来很难听，打起架来倒不含糊。14:19到达瓦胡岛西北部的红河山谷（Waimea Valley），门票15美元。最后用一次夏威夷州ID卡，把我算成Kamaaina，门票省5美元。山谷大门附近的沙地停车场边有一株红毛沙梨，果实接近成熟。此果也叫甜槟榔青、加耶杧果。果核毛刺状。

检票口放置了盆栽的半边莲亚科皱籽紫果莲（*Delissea rhytidosperma*），特有种，原产于考爱岛。大部分已结果，果实由绿变红变黑，有少量残花。门内有一盆窄叶樱莲，也仅剩下残花。

沿河谷前进，14:37见荨麻科角被麻（*Neraudia angulata* var. *angulata*），灌木，特有种。标牌有误，误写为无患子科。看来并非只有中国的植物园标牌混乱。

14:40见夏威夷茄（*Solanum sandwicense*），花近白色，花

筋紫色。附近有鼠李科攀缘灌木葡萄叶咀签（*Gouania vitifolia*）。咀签属的属名来自Antoine Gouan（1733–1821）。其叶柄基部偶尔伸出卷须。

14:46见佛焰叶草胡椒（*Peperpmia spathulifolia*），此特有种在野外已灭绝。

15:04见单序榼藤（*Entada monostachya*），来自多米尼加。跟中国广西的过江龙（榼藤）相似，但茎扭曲的程度差一些。附近有水蒲桃（*Syzygium aqueum*）和腰果（*Anacardium occidentale*）。腰果谁都吃过，但见过活体果实的可能不多。

在山谷里面南侧分岔的姜科植物区，见到红蛙姜（*Zingiber newmanii*），花序像红色的松塔。15:28到达北侧分岔的尽头红河瀑布，约20名游客在瀑布下戏水。

返回时在路边树林中找到长叶莲玉蕊（*Gustavia longifolia*），产自秘鲁。花序上爬满了蚂蚁。15:47见半边莲亚科小笠原半边莲（*Lobelia boninensis*），外来种，与夏威夷的特有种颇相似，也为木本。花序顶生，白花素雅，带绿条纹。估计小笠原半边莲是在夏威夷某种半边莲之后演化出来的。

特有种门氏苘麻小花开得相当精神，其花瓣呈M形。

16:04见到波利尼西亚人引入夏威夷的蒟蒻（jǔ ruò）薯科蒟蒻薯（*Tacca leontopetaloides*），夏威夷名Pia。夏威夷大学植物学系的园子里有一株，但长得不好，一直没看到开花。小苞片线形，长达30cm。块茎富含淀粉，但有毒，需经特殊加工后才可食用。这种植物在热带分布广泛，夏威夷先民把它主要用作食物，也药用。

晚上乘55路到瓦希阿瓦，转52路到阿拉莫纳（Ala Mona）商厦，再向北到唐吉诃德店购物。步行返回，21:30到宿舍。

夜里在校园用长焦拍摄满月，但效果不好。

漆树科红毛沙梨。外来种。

【上】桔梗科半边莲亚科皱籽紫果莲。特有种。

【下左】皱籽紫果莲的果实。

【下右】桔梗科半边莲亚科窄叶樱莲的花。特有种。

【上】荨麻科角被麻。特有变种。

【下左】茄科夏威夷茄。特有种。

【下右】鼠李科葡萄叶咀签。特有种。

夏威夷植物日记／809

【上】胡椒科佛焰叶草胡椒。特有种。　　【下左】豆科单序榼藤。外来种。　　【下右】桃金娘科水蒲桃。外来种。

【上】蒟蒻薯科蒟蒻薯，波利尼西亚人引入的植物。　　【下左】蒟蒻薯的花苞。　　【下右】半边莲亚科小笠原半边莲。外来种。

夏威夷植物日记／811

姜科红蛙姜。外来种。

玉蕊科长叶莲玉蕊。外来种。

2012.07.04 / 星期三

晴。校园北部教会学校汽车站的一株红毛沙梨果实已成熟。昨天在"红河山谷"停车场也拍到。它们与4月20日见到的西班牙李是一类东西。

傍晚响起礼炮，据说放焰火了。美国人的节日，不关我的事。

这几日海外媒体频繁报道广东中山、四川什邡的有关事件。矛盾应当化解。

2012.07.05 / 星期四

晴。早晨到Safeway购物忘带优惠卡，多收的钱下次可补回来。

购买两盒饼干和一盒加州树莓（Raspberry），后者味道不错，比北京的山楂叶悬钩子更香、更绵。

微博上看到"朝阳公园约架事件"。

卡马奈基脊山道

2012.07.06 / 星期五

  阴、晴、雨交替。昨晚没睡好，凌晨2:00才睡。6:30出发到卡马奈基脊山道（Kamanaiki Ridge Trail）。

  乘A路换7路，向Kalihi山谷前进，在Kalihi Street和Anuu Place交叉处下车，向北前行几步，东转至Manaiki Place走到头，沿台阶上到山脊。一直向北。起初植物单调，以木麻黄为主，后来本土植物渐多。三种瓜瓦均有，银桦已结出橄榄模样的果实。

  上台阶时见到一种小灌木，非常多，叶缘有锯齿，像山茶科，但摸起来手感不对，太薄，纸质。终于找到花和果，才知道是逸生的金莲木科米奇木。

  8:37在（N 21°21.22'，W 157°51.07'）遇到有点像鼠李科蛇藤的藤本植物。细看，手性不符。此植物为标准的右手性。询问夏威夷植物分类学权威卡尔（Gerald D. Carr）教授，得知是防己科木防己（*Cocculus orbiculatus*），夏威夷名Huehue。本土种，此科在《手册》中仅列此一种，当时的定名为 *C. trilobus*，1995年更正为现在的名字。不过，从叶形看，它与中国的木防己有些差别，与夏威夷其他地方拍摄到的也有差异。在中国野外，木防己我是见过的，此种在异域出现，竟然一时不敢相认！

  中途小雨，转阵雨，阳光偶尔闪现。

  在山道中段的山脊上见到三株百年以上的卷叶弗氏檀香，其中有一株树干恰好横在山道上，坐标为（N 21°21.52'，W 157°50.22'）。多形铁心木和长柄铁心木也常见，这类漂亮的特有种每次遇到都让人欣喜："你是我的诗篇，读你千遍也不厌倦"。紫茎泽兰也有分布，却不成气候，远没有在云南、贵州那般霸道。也许这里入侵的植物种类太多，彼此相互抑制了。右手性的榄果链珠藤在潮湿的山顶部相对多些，有它的地方周围通常少不了铁芒萁。

山脊上有一种植物极像在马纳纳山道上见到的红胶木，叶如桃叶，但为革质。在拍摄的过程中突然发现果实是黑色的核果！咬开一个，果肉非常硬，有苦味。吓了我一跳。红胶木是桃金娘科的，蒴果。难道我犯了一个大错？难道上次鉴定、制作的含红胶木的PPT有错？再一想，没错。继续行走，终于找到花苞，猜测是木樨科植物。回家后瞬间查到。为木樨科特有种夏威夷无冠木。据文献，此木材耐用，曾用于制作扁斧和其他工具的手柄，也用于制作鱼钩。但是它易燃，即使绿枝也能着起火苗。实际上，这种植物6月23日已在考爱岛的国立热带植物园中见过。

１０：３０到达局部顶点（N 21° 21.58'，W 157° 50.02'）。自拍后返回。12:00下到山底。乘7路转1路，在日本店购物。

防己科木防己。本土种。茎右手性。叶形变化较大。

【上】木樨科夏威夷无冠木。特有种。

【下左】夏威夷无冠木的成熟果实。

【下右】夏威夷无冠木的花序。

夏威夷植物日记 / 815

【上】雨后的多形铁心木。特有种。

【下】卡马奈基脊山道上的一株卷叶弗氏檀香。枝干苍老、曲折，估计树龄愈百岁。

雨中告别马纳纳

2012.07.07 / 星期六

　　阴转小雨、中雨。9:50和丹尼尔（寇树文）等5人顶着中雨在马纳纳山道上行进。这是我最后一次来此地，也是第一次与他人一起走此山道。回想一下，差不多每次来都赶上下雨。

　　用军刀为每个人削了一根防滑的手杖，沿途为大家介绍植物。不用特意记，沿途植物分布像电影一样记在脑中。

　　在小亭子处避雨、野餐。因露水太重，不便继续前行，决定返回。10:17放晴。出山道口时，见一住户院中养着一头几百斤重的野猪。

　　乘丹尼尔的车，12:17大家来到太平洋公墓。这是我推荐的参观点，其他人没来过。

中国研究中心丹尼尔在马纳纳山道，此时下着小雨。

登卡阿拉失败

2012.07.08 / 星期日

晴。马上就要离开夏威夷，但瓦胡岛的最高山卡阿拉（Mt. Kaala）还一直没有欣赏。筹划了好久，觉得不能再拖了。

早晨乘A路转40路，再转401路，两个多小时后到达瓦胡岛东北部的怀厄奈（Waianae）山谷。换乘401时竟然犯了两次错误！费了好大劲，才到达山道口C（参见819页右图），它离山谷末端的公共汽车站很远。

上山时（在AB之间），遇到一个大兵端着枪直奔我来，我还以为这条山道不开放呢。大兵大喊："Good morning, Sir!" 估计是山上空军或联邦航空管理局（FAA）的人。

11:21终于来到山道的真正入口C，坐标（N 21° 29.52', W 158° 9.45'）。进入树林，沿一条不算高的火山肋脊向北偏东20度方向攀登。稍不留意，错过了向西、向下的一个分岔路口D（这导致第一次尝试登顶失败，浪费了近一个小时）。

11:56在（N 21° 29.97', W 158° 9.24'）吃到尖齿黑莓（*Rubus argutus*），五出复叶，果实硬而酸，原产北美，夏威夷名Ohelo eleele。附近夏威夷杜英和蔓露兜很多。12:03在（N 21° 29.98', W 158° 9.20'）见铁芒萁丛上攀扶着菝葜科暗口菝葜，叶面泛着油光。12:12见夏威夷山菅兰结出闪亮的蓝色果实。几分钟后发现前面是绝壁（F），根本无法爬。

退回100多米，未加分析，沿枝头所系红绳的引导选择向东的一条道岔EG。沿等高线向东转了近一个小时，来到一处冲沟，向上爬最终仍然是绝壁（G）。这证明我犯了第二次错误。两次错误浪费了大量时间和体力，当我终于摸清正确的道路（DHIJ）时，体力还好，但时间已经不够用，带的水也只剩下三分之一（虽然在沟谷的小溪灌了一瓶，但那水不到万不得已不能喝）。多种条件已经不允许我冒险。13:20见椴树科半三裂叶刺蒴麻。13:35见紫茉莉科魏氏腺果藤和荨麻科白落尾木。14:30决定返回！

这样，我将以失败结束一年来的夏威夷登山活动？

这也正常，凭什么一定成功？

分析出错原因，第一次致命错误是因为自己误读了一本书中的一句话。书中说向西有一条山道，我只把它当成是Waianae Kai环形山道（指DHIMNH）返回时的路线NHD，其实HD是我今天必须走的一段。在D处我没有左转选择直行DE。第一个错误部分决定了第二个错误。结论：经验不足！

当然，也没有白来一趟。最大的收获是采集了几千克逸生的澳洲坚果，即夏威夷果。果壳已经非常硬，但多数未熟透。今天发现，这般熟度的果实其果仁脆而甜，与以前品尝的感觉完全不同。坐在大石头上砸起坚果，吃了十几枚。在决定返回时，还狂吃了一些草莓番石榴。株型较矮，果实甚多，成熟度也恰到好处。这种野果，几乎每次上山都能吃到，但这次吃可能是最后一回了！

卡阿拉不算高，海拔4025英尺，也就1200多米，按理说不算什么（在国内登过2882米的小五台东台，秦岭3000多米的拔仙台也登过）。但在这里得从海拔零米开始走起，水平距离过大，在烈日下行走要消耗许多体力；另外，山道陡坡的上段比较险。

晚上看台湾报纸，得知《天涯芳草》获得吴大猷科普佳作银签奖，据说还有丰厚的奖金。谢谢两岸的评委！

【左】蔷薇科尖齿黑莓。外来种。

【右】卡阿拉山登山路线图。正确的走法是在D点转弯走DHIJKL。我忽略了D，直接到F，无路可走，转走FEG，又无路可行。最终找到关键点D，试走到H，感觉已经来不及登顶，只好返回。

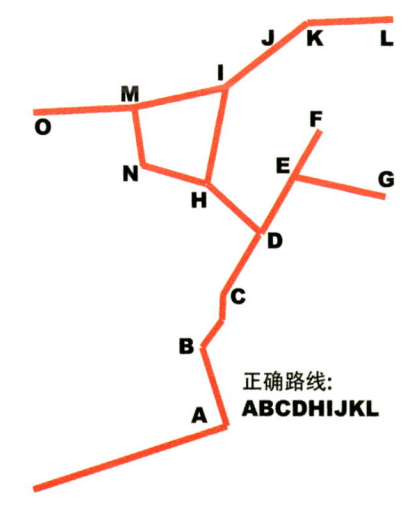

正确路线：ABCDHIJKL

百合科夏威夷山菅兰。本土种。

.... 2012.07.09 / 星期一

上午到沃尔玛购160美元的含澳洲坚果的巧克力，用UPS邮寄，邮费234美元！虽然贵，但没别的办法，东西太多了，只能如此邮寄。

今日好好休整，明天还有一次登山机会。决定早晨4点起床，尽早赶至山道入口。求老天别下大雨，有一段需要借助绳索攀登，下大雨就没办法上了。

我对登山本身没多大兴趣，主要是想看那里山顶沼泽地的本地植物。珠峰在过去60年中约6000人登顶，其中相当一批人是为了登而登。我大概永远不会干那种事。

成功登上瓦胡岛最高峰

2012.07.10 / 星期二

　　阴，小雨，局部大雨，晴，阳光普照，小雨，天气变来变去。

　　4：00起床，4：10出发赶1路头班车。晚点，本来4：45到，结果5：10才到。换C路，很快到401路起点。

　　6：45到汉堡王吃早餐，喝咖啡。一打听，401路的下一班车是7：40。不想再等，步行！从零海拔去山道入口还真够远的。7：55到山谷尽头的土质停车场。开始沿水泥与沥青路面交替的小道上升，经过3个水罐，8：33终于到达山道入口C。为节约时间，并避开烈日或大雨，我一直保持着较快的行进速度（路线参照第819页右图）。

　　下起小雨，脱掉上衣，光着膀子前进。今日上山路线整体上呈S形，攀登部分从S的中部H点开始，目的地是S的右上端点J。OMIJK是一条渐陡的山梁。真正费体力的是HIJK路段。

　　9：18到达S形的左上顶点I，即东西向山梁三根铁柱处，坐标（N 21°30.14'，W 158°9.36'），海拔2700英尺左右（我的登山路线图为：http://t.cn/zWfCQbi，目前在国内要通过代理服务器才能看到）。突然飘起小雨。9：20在IJ段先后见车桑子、蔻阿、铁心木属植物、长序草海桐（有花）、铁芒萁、紫茎泽兰、银桦、尖齿黑莓、耳草属植物、异型冬青（有花）、鱼柳梅属（*Leptospermum*）植物、高株大萼越橘（有花有果）、紫花草海桐（有花）、舒展那夷菊、三叶柏叶枫（小叶3出或5出）、浆果绣球、蜜茱萸属植物、光果海桐、白落尾木、普基阿伟等。

　　山道越来越陡，快到山顶时有一处很难爬（IK之间的J），尤其是下过小雨后。此处坐标为（N 21°30.15'，W 158°9.06'）。全靠两只手死死抓住钢索，脚不能太用力（太滑）。左右两侧都是近90度角的山谷。心理承受力弱或者手部力量不足者，最好别到这来。一旦脱手，从石头上滑下，摔下山谷生存的希望渺茫。虽然有小雨捣乱，还是顺利登顶。10:19到达卡阿拉保护区南口标牌K点，坐标（N 21°30.16′，W 158°8.93′）。此处风云变幻，阴、晴、雨转化在瞬间完成。

KL一段十分平坦，为高山半沼泽潮湿林地，这里降水量颇大，几乎每天都下雨。藓类厚厚地覆盖着地表、包裹着树干。橙珠薄柱草和草胡椒属植物常见。几近水平的木板路在潮湿的山顶向前延伸。用脚试了试厚厚的泥炭藓（*Sphagnum palustre*），会迅速下沉，鞋立即湿透。泥炭藓其实是入侵种，威胁着这里的本土植物。专业人员、志愿者与瓦胡岛军事自然保护区的人员正合作采用多种方法控制泥炭藓，办法之一是用天然植物油和蓝色染料对它喷洒。山顶平坦林地中明星植物是马钱科高山顶罂管花（*Labordia waiolani*，夏威夷名Kamakahala）。花冠金黄色5–7裂，蒴果椭球形。顶罂管花属（*Labordia*）是夏威夷特有属，共16个特有种，而高山顶罂管花生长的海拔最高。另外的特色植物为桔梗科展序孔果莲（*Trematolobelia macrostachys*）、绣球花科浆果绣球、卫矛科夏威夷核子木、五加科宽叶柘叶枫、菊科展序那夷菊、茜草科长叶雁果（*Coprosma longifolia*）。其中展序孔果莲有新果和旧果，可惜花早开过了。此植物叶面和茎上有许多真蛞蝓科卡阿拉蜗牛（*Kaala subrutila*）。此蜗牛所在的属名就来自卡阿拉山，属1840年建立，种1845年建立。

10:56到达卡阿拉保护区北口，坐标（N 21°30.45′，W 158°8.61′）。此时全身已湿透，感觉很冷。山道尽头是美国空军和联邦航空管理局的设施，有很高的铁篱笆围着。山顶由西至东有一条军用车道直达这里。普通人来这里，只有从南坡的险道攀登，穿越卡阿拉保护区这一个渠道。铁丝网周边主要植物为高株大萼越橘、蜜茱萸属植物、尖齿黑莓、杂交火星花等，在南侧见到9株展序孔果莲，长势喜人。

站在卡阿拉山北部边缘欣赏到瓦胡岛北部和南部风光，在这里能真正体会"一览众山小"。晴天只持续了一小会儿，接着是小雨、中雨。

沿军用公路向西步行一小段，见路边有许多地皮菜，为真菌和藻类的结合体，我们东北叫它地甲皮。遇到一位驻地的年轻人，当他得知我是大清早从南坡爬上来的，竖起了大拇指。

下山时从Waianae Kai 环形山道返回（JIMNH），这条路已经很久无人走，有的地方较难辨认。夏威夷柿、夏威夷杜英、寇阿、大叶九节常见。

14:03回到H点。14:30走到CB之间，拍摄咖啡果实。大片野生咖啡长得非常好，红红的果实挂满了枝头。

今天准备充分，下到山底还剩下一瓶水（共带3瓶）和一块电池，饼干和袋装的日本板栗也有剩余。至此，我的夏威夷野外考察划上了句号！大后天将回国。

走出山道口，20分钟后经过土质停车场。不久，听到身后有汽车声音。三个中学生（有一女孩）模样的人开一辆白色SUV，叫喊着经过我时扔出一枚椰子，我躲闪不及，击中左耳根和左脖子。感觉轰隆一声，眼冒金星。幸好是小个干瘪的椰子，如果是成熟的就惨了。如果是火山石块更糟。想报警，再一想算了。孩子可能是搞恶作剧。

攀登瓦胡岛最高山卡阿拉的实际路线，整体上呈S形。S的下半部非常平缓，真正的山道口在S的中部偏上，难点在S的最上一段。

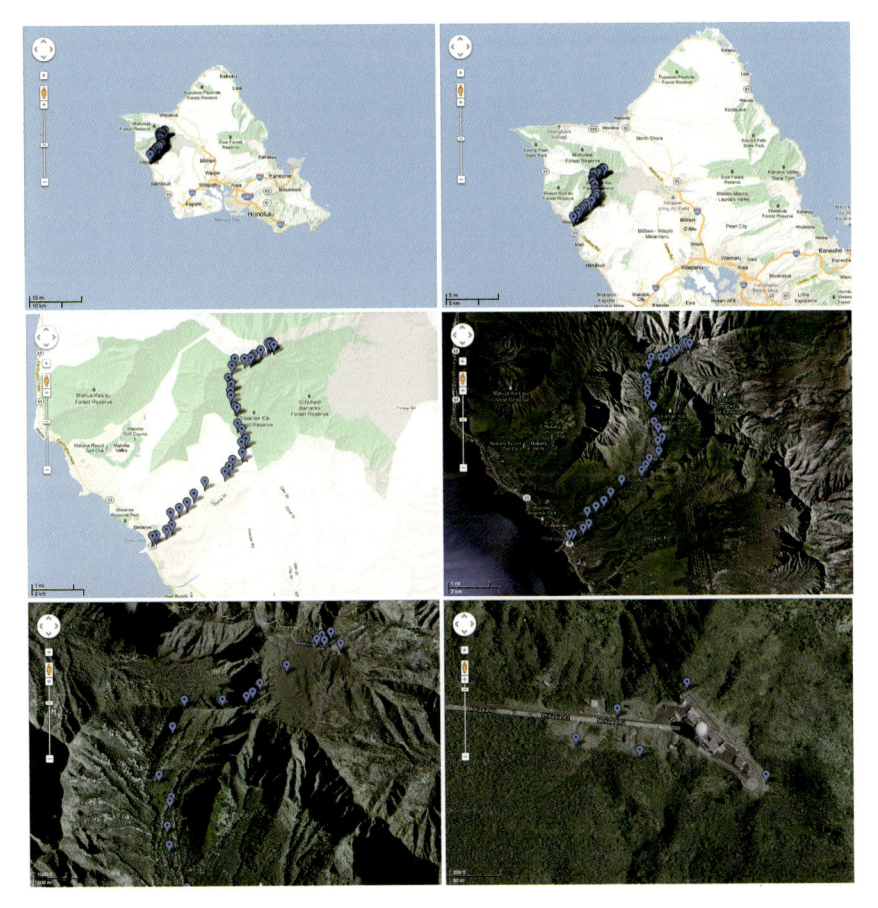

快要登顶卡阿拉山时见到的光果海桐。特有种。

【上】马钱科高山顶髯管花。

【下左】卡阿拉自然保护区南口的标牌,它位于图中的K点。

【下右】卡阿拉山顶部潮湿林地中的马钱科高山顶髯管花。特有种。

夏威夷植物日记/825

【上左】攀登卡阿拉山途中最险的一段（位于IK段的J点）。手劲要大才能顺利借助钢索攀登到岩石上部。如果滑落，将会跌到两侧的深谷，生存的希望不大。

【上右】泥炭藓，外来入侵种。人工喷洒蓝色染料抑制其生长。

【下】茜草科长叶雁果。特有种。至此已经见识此属4个特有种。

下山时在JI段拍摄到施氏耳草。
特有种。

桔梗科半边莲亚科展序扰果莲，特有种。

【上】展序孔果莲果序近景。它的果实与同科桔梗的果实有几分相似。

【下】展序孔果莲的果序。

【上左】展序孔果莲茎上的卡阿拉蜗牛幼体。

【上右】展序孔果莲叶上的卡阿拉蜗牛幼体。

【下】从卡阿拉山顶部返回时向南看到的景色。

【上左】卡阿拉自然保护区北口附近的展序孔果莲。

【上右】卡阿拉自然保护区南口附近的展序孔果莲，此照片中还有：普基阿伟、高株大萼越橘、夏威夷山菅兰、灰绿金毛狗。

【下】卡阿拉山道口下部道路边的野生咖啡。

夏威夷，Mahalo!

2012.07.11 / 星期三

小雨，晴。收拾行李。上午还丹尼尔最后一本书，把田松的书也送他，另外带了些刚采来的澳洲坚果和一份国内带来的星叶草标本。下午到Safeway最后一次购物，顺便退补了上次的4美元。

在新浪博客发出下贴。

马上就要离开夏威夷回国，不知不觉，已经一年了！我的项目与科学史有关，是研究洛克，这使得我有机会名正言顺地踏着洛克的足迹，观察我喜欢的各种植物。

一年来，夏威夷的特色植物，令我乐不思蜀。经常一个人不断地跋涉，在各式各样的山道上走来走去。在这里能看到大量木本桔梗科植物、木本菊科植物，甚至木本堇菜科植物！这里也有世界最丰富的热带入侵物种，在此能感受到植物生态的剧烈变化，能体会到本土物种和地方性知识是多么宝贵、以前多么地被人们忽视。

夏威夷有山有水。山是那样的高（有世界最高峰，指个人可以感受到的从零海拔算起的"相对高度"），水是那样的蓝（它位于太平洋中间）。夏威夷的海水没有一点腥味，这里的海滩不收门票，几百米长的金色沙滩甚至经常只有我一个人在享用。

许多人讲，夏威夷是人间天堂，大量名人富贵定期来夏威夷群岛度假。但是，有人就不会是真正的天堂。一年来我在博客、微博上贴出了关于夏威夷的大量美丽画面。不过，夏威夷大学保卫部门时而发来关于安全性的提醒邮件。我在城市和山区角落里见到了数百名无家可归者，见识过一同参与生态恢复的一位朋友的汽车停在马路边被砸，在海边也发现了废弃物（包括汽车、塑料、成袋子的废电池），昨天走在路上还无故被袭，等等。这些是"天堂"的另一面。但我尽量不写这些。

喜欢恶，会发现满地都是恶；喜欢阳光，到处都有阳光！

我不会忘记：中国研究中心的丹尼尔在我需要的时候，总是热情地提供有效的帮助。毕晓普博物馆的多名馆员毫无怨言地为我查找、准备一份份标本和档案。在福斯特植物园的小房间里，洛克遗嘱执行人、八十多岁的保罗先生身体不佳，但答应与我见面。先生当着我的面打开洛克的一个旅行箱，一件一件地讲述其中的故事。在山路上，多位素不相识的司机主动停下车，甚至调头回来，招呼我上车，载我一程。刚来不久，一次登山后走进一家小店购冷饮，售货员问size，我说big，笑得她前仰后合。她告诉我：应当说Jumbo！一位本地的植物专家在山上热情地告诉我茜草科的一种土咖啡的名字。在一个大热天，我走在钻头山附近的街区拍摄，一对菲律宾裔夫妇递上一大瓶水并从院子里摘了一只新鲜的杧果！这样的事情很多，回忆起来很美好。

夏威夷，Mahalo（谢谢）！2012.07.11晚。

晚上在夏威夷大学校园里散步，看一眼少一眼。今晚转了半个校园，另一半留到明晚转。在西边那株香苹婆树下又拾到漂亮的果壳。

8日采集的澳洲坚果当时还未全成熟。放置几天后，全部自动开裂。细瞧，均沿着唯一的缝合线裂开。此时的果很好看，皮儿是绿的，露出的坚果为棕褐色。现在果仁脆而甜，养分还未转化成脂肪。许多人都吃过澳洲坚果，但我估计极少有人尝过未成熟的果仁！如果你有机会，一定要品尝一下。

山龙眼科澳洲坚果。外来种。7月8日采自登山途中。放置几天后果皮开裂。此时的果仁香脆可口。

2012.07.12 / 星期四

中午刘长江教授在威基基的餐厅Hau Tree Lanai设宴为我送行。Hau意思是*Hibiscus tiliaceus*，即锦葵科黄槿，名副其实。在紧临大海的室外餐桌上，黄槿成了天然遮阳伞。刚坐下，一朵粉红带褐色的大花从树上轻轻落在餐具上。

【上左】在檀香山威基基的黄槿餐厅，刚落坐，头上飘下一朵黄槿花。

【上右】黄槿餐厅就餐时的风景。

【下】贝聿铭设计的东西方中心宿舍楼Hale Kuahine，这一年我一直住在这里。这是在夏威夷拍摄的最后一张照片。

2012.07.13 / 星期五

乘中国东方航空飞机回中国。机票是我爱人2012.03.09从北京方面预订的，3847元人民币。11:10乘MU572从檀香山起飞，脸贴近窗口："哦，再见吧，大海！我永远不会忘记你庄严的容光。"

7月14日16:00到达上海浦东，历时10小时50分钟。在机

834 / 檀岛花事

场70元人民币购一碗面条，就餐处免费上网。

19:35乘MU5197上海起飞，当晚22:00到达北京，明显感受到空气的"变化"。

我为什么要写夏威夷日记《檀岛花事》呢？这是个问题。偶然间看了以夏威夷瓦胡岛迎风海岸为拍摄场景的电影《失忆的露西》（50 First Dates），答案是写日记并非为了保存历史，而是帮助恢复记忆，憧憬新的一天（两者有差异吗？差别大了：一个是实在论的一个是建构论的；一个盯着过去一个着眼未来）。"Good Morning, Lucy!"

我的夏威夷植物日记是由电子草稿整理出来的。纳博科夫的小说《绝望》中说：日记是文学的最低级的形式。小说中赫尔曼还借斯威夫特之口说"published manuscript is comparable to a whore."虽然我想着尽可能忠实记述，但写成文本最终也只能是某种"建构"，呈现的所谓"事实"肯定包含了错误、歪曲。

欢迎读者有机会到夏威夷核实！

在夏威夷有用的几个网址

夏威夷大学：http://www.hawaii.edu
美国国会东西方中心：http://www.eastwestcenter.org
Expedia预订客房、租车：http://www.expedia.com
檀香山国际机场：http://hawaii.gov/hnl
檀香山公共汽车查询：http://www.thebus.org

中美度量衡换算

1英尺（foot，缩写ft.）= 1呎 ≈ 0.3048米，
1码（yard，缩写yd.）≈ 0.914米，
1英里（mile，缩写mi）= 1哩 ≈ 1.609千米，
1英亩（acre，缩写a.）≈ 4047平方米，
1磅（pound，缩写lb.）≈ 0.454千克［指常衡］，
1加仑（gallon，缩写gal.）≈ 3.785升［指液量］。

植物名索引

Abutilon eremitopetalum，777，
Abutilon menziesii，402，406，
Acacia，453，
Acacia confuse，691，
Acacia farnesiana，342，675，
Acacia koa，8，114，252，
Acacia koaia，8，159，161，
Acacia mangium，450，
Acacia mearnsii，471，
Acacia melanoxylon，451，
Adansonia digitata，198，199，202，690，
Adiantum raddianum，204，207，
Aechmea ramosa，699，
Agapanthus praecox subsp. *orientalis*，699，
Agathis robusta，73，
Ahinahina，4，621，
Akulikuli，153，
Alaa，121，
Alahee，230，231，232，
Aleurites moluccana，23，245，689，
Alocasia macrorrhizos，721，
Aloe vera，391，394，
Alpinia purpurata，690，
Alysicarpus vaginalis，136，
Alyxia oliviformis，8，206，496，
Amaranthus spinosus，723，
Amau，222，
Amauii，222，
Amherstia nobilis，395，
Anacardium occidentale，807，
Ananas bracteatus var. *tricolor*，712，713，
Angiopteris evecta，206，
Anigozanthos flavida，658，662，
Annona muricata，346，
Anoectochilus sandvicensis，283，

Anredera cordifolia，689，
Antidesma platyphyllum，499，510，
Antirrhinum orontium，515，518，
Apeape，451，
Aphelandra aurantiaca，117，
Arachis pintoi，674，
Arachis，249，
Araucaria columnaris，69，690，
Ardisia crentata，213，
Ardisia elliptica，303，304，
Argemone glauca，779，
Argemone mexicana，660，
Argyroxiphium，7，458，556，
Argyroxiphium sandwicense subsp. *macrocephalum*，
    621，
Aristolochia durior，42，
Aristolochia ringens，42，
Artabotrys hexapetalus，184，676，
Arthrostemma ciliatum，169，170，
Artocarpus altilis，198，199，
Arundina graminifolia，307，
Asplenium contiguum var. *hirtulum*，738，744，
Astelia menziesiana，457，461，
Aster，483，
Asystasia gangetica，136，386，689，
Athyrium microphyllum，737，743，
Atuna racemosa，193，
Awa，631，
Azolla pinnata，687，
Bambusa vulgaris 'Vittata'，169，690，
Banana poka，728，
Banksia，588，629，
Banksia menziesii，658，663，
Banksia speciosa，658，663，
Barleria repens，162，

Barringtonia asiatica, 349, 717,

Barringtonia edulis, 193, 195,

Basella rubra, 689,

Batrachium pekinense, 334,

Bauhinia monandra, 691,

Beaumontia grandiflora, 346,

Begonia hirtella, 648, 649,

Bertholletia excels, 348,

Bidens, 220, 282,

Bidens asymetrica, 220,

Bidens hawaiensis, 596,

Bidens macrocarpa, 559, 565,

Bidens sandvicensis subsp. *confusa*, 768, 773,

Bidens campylotheca subsp. *campylotheca*, 680, 682, 683,

Bischofia javanica, 206,

Bismarckia nobilis, 71,

Bixa orellana, 45, 690,

Blighia sapida, 126,

Bobea, 8,

Bobea elatior, 558,

Bocconia frutescens, 657, 661,

Boerhavia repens, 153, 154,

Bombax ceiba, 45, 422,

Borassus flabellifer, 671, 672, 697,

Bougainvillea glabra, 690,

Brachychiton acerifolium, 420,

Brexia madagascarienisis, 571, 697, 703,

Brighamia, 8,

Brighamia insignis, 438, 777, 778,

Broussaisia, 8, 498,

Broussaisia arguta, 498, 505,

Brownea macrophylla, 36

Butea monosperma, 379, 385,

Caesalpinia bonduc, 182, 327

Caesalpinia pulcherrima, 702,

Cajanus cajan, 602, 691,

Calliandra emarginata, 478,

Calliandra houstoniana var. *calothyrsa*, 310, 312, 313,

Calliandra surinamensis, 478,

Calophyllum inophyllum, 162,

Calotropis gigantea, 42,

Canavalia cathartica, 687,

Canavalia galeata, 183, 185,

Canavalia sericea, 798, 800,

Canthium odoratum, 230, 231,

Cardamine flexuosa, 536, 537,

Cardiospermum grandiflorum, 249, 690,

Carex wahuensis, 497,

Carica papaya, 675, 690,

Carissa macrocarpa, 80, 702,

Casimiroa edulis, 73,

Cassia, 371,

Cassia × *nealiae*, 24,

Cassia bakeriana, 69, 378,

Cassia fistula × *javanica*, 717,

Cassia fistula, 24,

Cassia grandis, 69, 378, 607, 691,

Cassia javanica, 24,

Cassytha filiformis, 478,

Castanospermum australe, 676, 779, 786,

Casuarina glauca, 130,

Catharanthus roseus, 690,

Cecropia obtusifolia, 130,

Cedrela odorata, 521, 523, 698,

Ceiba pentandra, 379, 384, 671,

Cenchrus calyculatus, 273,

Cenchrus ciliaris, 136, 390,

Cenchrus echinatus, 273, 274, 690,

Centella asiatica, 130, 134,

Cerbera manghas, 71,

Cestrum nocturnum, 535, 536,

Chadsia grevei, 163, 166,

Chamaecrista nictitans subsp. *patellaria* var. *glabrata*, 99,

Chamaedorea erumpens, 690,

Chamaesyce, 282,

Chamaesyce celastroides var. *kaenana*, 608, 613,

Chamaesyce multiformis var. *microphylla*, 487, 488, 495,
Chamaesyce rockii, 408, 409,
Cheirodendron, 8, 413,
Cheirodendron platyphyllum, 456, 569,
Cheirodendron platyphyllum subsp. *kauaiense*, 729, 735,
Cheirodendron platyphyllum subsp. *platyphyllum*, 540, 552, 553,
Cheirodendron trigynum, 456,
Cheirodendron trigynum subsp. *helleri*, 736, 765,
Cheirodendron trigynum subsp. *trigynum*, 540, 569,
Chenopodium oahuense, 609, 779,
Christella, 767,
Chrysophyllum cainito, 675,
Chrysophyllum oliviforme, 88,
Chrysophyllum pruniferum, 716,
Cibotium chamissoi, 220, 221, 456,
Cibotium glaucum, 117, 120, 456,
Cibotium menziesii, 220, 456,
Cinchona, 395,
Cinnamomum burmanii, 69,
Cinnamomum verum, 169, 213, 217,
Cirsium vulgare, 658, 662,
Cissus rotundifolia, 391,
Citharexylum caudatum, 324,
Citrus limon, 690,
Citrus reticulata, 702,
Clematis acerifolia, 334,
Clermontia, 7, 222, 282, 413,
Clermontia fauriei, 737, 741
Clermontia hawaiiensis, 272, 413, 414,
Clermontia kakeana, 222, 223, 224, 225, 253, 264, 268, 538,
Clermontia macrocarpa var. hawaiiensis, 272,
Clermontia oblongifolia, 222, 226, 253, 255, 538,
Clerodendrum chinense, 188,
Clerodendrum quadriloculare, 524, 690,

Clerodendrum thomsonae, 690,
Clerodendrum wallichii, 117,
Clidemia hirta, 111,
Clusia rosea, 39, 676, 716,
Coccoloba uvifera, 52,
Cocculus orbiculatus, 813, 814,
Cocculus trilobus, 813,
Cochlospermum vitifolium, 413,
Coffea arabica, 204,
Colocasia esculenta, 401,
Colubrina asiatica, 402, 659, 664, 779,
Colubrina oppositifolia, 401, 407,
Colvillea racemosa, 243, 244,
Combretum coccineum, 229, 230,
Combretum constrictum, 229, 230,
Conocarpus erectus var. *sericeus*, 136,
Coprosma, 282, 626,
Coprosma elliptica, 739,
Coprosma ernodeoides, 458, 626, 633,
Coprosma longifolia, 822,
Coprosma montana, 627,
Cordia dichotoma, 591,
Cordia sebestena, 316, 716,
Cordia subcordata, 702,
Cordyline fruticosa, 54, 689,
Coriandrum sativum, 690,
Coronopus didymus, 583,
Corypha umbraculifera, 671, 672,
Costus speciosus, 182,
Couroupita guianensis, 37, 716,
Crassocephalum crepidioides, 648, 649,
Crinum amabile, 690,
Crocosmia × *crocosmiiflora*, 450,
Crotalaria agatiflora, 658, 664,
Crotalaria incana, 675,
Cryptostegia madagascariensis, 91,
Cudrania tricuspidata, 334,
Cuphea hookeriana, 803,
Cupressus sempervirens, 710,
Curcuma longa, 702,

Cuscuta campestris, 386,

Cuscuta sandwichiana, 608, 769,

Cyanea, 7, 222, 282, 413,

Cyanea angustifolia, 222, 227,

Cyanea bryanii, 321,

Cyanea fissa, 740,

Cyanea hamatiflora subsp. *hamatiflora*, 651, 656,

Cyanea hirtella, 740, 755

Cyanea koolauensis, 414,

Cyanea leptostegia, 728, 735,

Cyclosorus cyatheoides, 415, 419,

Cyclosorus parasiticus, 206, 767,

Cyclospermum leptophyllum, 599, 600,

Cymbopogon citratus, 690,

Cymbopogon refractus, 526,

Cyrtandra, 282,

Cyrtandra cordifolia, 415, 417,

Cyrtandra longifolia, 739, 745,

Cyrtandra playtyphylla, 459,

Cyrtandra polyantha, 415, 418,

Cyrtomium caryotideum, 793, 796,

Cyrtosperma chamissonis, 702,

Dalbergia, 371,

Dalbergia fusca, 371,

Dalbergia nigra, 371,

Dalbergia odorifera, 371,

Delissea, 8,

Delissea rhytidosperma, 438, 439, 806, 808,

Delonix regia, 691, 702,

Desmodium tortuosum, 188, 601,

Dianella sandwicensis, 8, 496, 502, 594,

Dichorisandra thyrsiflora, 471,

Dicranopteris linearis, 111,

Dillenia indica, 169, 170, 717,

Dillenia philippinensis, 169, 170,

Dillenia retusa, 721,

Dillenia suffruticosa, 721,

Dioscorea alata, 607,

Dioscorea bulbifera, 689,

Dioscorea pentaphylla, 415,

Diospyros, 371,

Diospyros blancoi, 233, 234,

Diospyros discolor, 648,

Diospyros sandcicensis, 402, 406, 496, 501,

Diplazium esculentum, 147, 257, 258,

Diplopterygium pinnatum, 287, 298,

Dissotis rotundifolia, 182,

Dodonaea viscosa, 158,

Dolichos labla, 691,

Dracaena fragrans, 617, 618, 690,

Dracaena marginata, 690,

Dryandra, 629,

Dryandra formosa, 629,

Dubautia, 7, 282, 458, 556,

Dubautia laxa subsp. *hirsute*, 739, 746, 750,

Dubautia laxa subsp. *laxa*, 527, 532, 550, 566,

Dubautia menziesii, 624,

Dubautia raillardioides, 739, 751,

Dubautia scabra subsp. *scabra*, 458, 464,

Dypsis lutescens, 71,

Elaeis guineensis, 779,

Elaeocarpus angustifolius, 76, 702,

Elaeocarpus bifidus, 8, 213, 218, 219,

Elaeodendron orientale, 369,

Elaphoglossum paleaceum, 740, 751,

Emilia fosbergii, 724,

Entada monostachya, 807, 810,

Enterolobium cyclocarpum, 697,

Epidendrum × *obrienianum*, 283, 284,

Eragrostis variabilis, 438, 441,

Erigeron karvinskianus, 757,

Erodium cicutarium, 624, 640,

Erythrina sacleuxii, 163, 166,

Erythrina sandwicensis, 158,

Eucalyptus degulpta, 648,

Eucalyptus ficifolia, 658,

Eucalyptus robusta, 648,

Eugenia uniflora, 256,

Euphorbia rockii, 408,

Eurya, 413

Fagraea berteroana, 44,
Ficus elastica, 716,
Ficus forstenii, 591,
Ficus lyrata, 689,
Ficus microcarpa, 689, 716, 717
Ficus pumila, 84,
Ficus religiosa, 716,
Ficus retusa, 716,
Filicium decipiens, 63,
Fimbristylis cymosa subsp. *umbellato-capitata*, 332, 333,
Flacourtia inermis, 193, 195,
Foeniculum vulgare, 657, 661,
Fragaria chiloensis, 457, 463,
Freycinetia arborea, 130, 134,
Fuchsia boliviana, 728, 734,
Fuchsia magellanica, 728,
Furcraea foetida, 378,
Gahnia beecheyi, 235, 767, 771,
Galphimia gracilis, 84,
Garcia nutans, 147,
Garcinia xanthochymus, 126,
Gardenia taitensis, 69, 690,
Geijera parviflora, 379, 380,
Geranium cuneatum subsp. *tridens*, 628, 641,
Gloriosa superba, 117,
Glycine wightii, 657, 660,
Gnaphalium sandwicensium, 627, 636,
Goethea strictiflora, 699, 700,
Gomphocarpus fruticosus, 473,
Gonocaryum calleryanum, 147, 148,
Gossypium hirsutum, 493, 698,
Gossypium tomentosum, 8, 151, 333,
Gouania vitifolia, 807, 809,
Grammatophyllum speciosum, 169,
Grevillea, 629,
Grevillea banksii, 459, 467,
Guaiacum officinale, 371, 698,
Gunnera petaloïdea, 451, 454,
Gustavia longifolia, 807, 812,

Haematoxylum campechianum, 342, 388, 389, 397, 675, 691,
Haha lua, 728,
Haha, 4,
Hahala, 415,
Hala pepe, 236,
Haplostachys haplostachya, 779, 784, 785,
Hapuu, 4, 117, 220,
Harpullia arborea, 777,
Harpullia pendula, 52,
Hau, 834,
Hedychium coronarium, 535,
Hedychium flavescens, 250, 251,
Hedychium gardnerianum, 250, 251,
Hedyotis, 282,
Hedyotis centranthoides, 457, 463,
Hedyotis terminalis, 253, 254, 533, 544, 545,
Hedyotis tryblium, 740, 756,
Heliconia xanthovillosa, 117,
Heliotropium anomalum, 333,
Heliotropium anomalum var. *argenteum*, 153, 155,
Heliotropium curassavicum, 333,
Heritiera littoralis, 54, 676,
Hernandia nymphaeifolia, 73, 703,
Heterocentron subtriplinervium, 450,
Heterotheca grandiflora, 769, 775,
Hibiscus arnottianus, 470,
Hibiscus brackenridgei, 9, 410,
Hibiscus clayi, 158,
Hibiscus rosa-sinensis, 690,
Hibiscus tiliaceus, 779, 787, 834,
Hibiscus waimeae subsp. *waimeae*, 779, 782,
Hippobroma longiflora, 449, 451,
Hiptage benghalensis, 433,
Hoio, 310,
Honohono, 779,
Huehue, 813,
Huluhulu, 4,
Hulumoa, 284, 680,
Hunnemannia fumariifolia, 657, 660,

Huperzia erosa, 739,
Huperzia filiformis, 263, 266,
Hura crepitans, 73,
Hydnocarpus anthelmintica, 143, 322, 697, 717,
Hylocereus undatus, 48,
Hyphaene, 482,
Hyophore lagenicaulis, 690,
Hyphaene thebaica, 322,
Hypochaeris radicata, 629, 645,
Ihi, 401, 404, 405,
Ilex anomala, 8, 234, 238, 239,
Ilex aquifolium, 235,
Iliahi, 4,
Ilima, 284,
Incarvilla compacta, 380,
Indigofera suffruticosa, 204,
Inocarpus fagifer, 702,
Ipomoea batatas, 689,
Ipomoea cairica, 398, 399,
Ipomoea obscure, 602,
Ipomoea pes-caprae subsp. *brasiliensis*, 515,
Ipomoea tuberosa, 473,
Iwaiwa lau nui, 206,
Ixora macrothyrsa, 69,
Jacaranda mimosifolia, 620, 660, 697,
Jacquemontia ovalifolia subsp. *sandwicensis*, 153, 333,
Jasminum fluminense, 230, 231,
Jatropha gossypiifolia, 516,
Juglans guatemalensis, 703,
Justicia betonica, 99,
Kaawau, 234,
Kaee, 597,
Kaeee, 597,
Kalanchoë pinnata, 95, 689,
Kalanchoë tubiflora, 95,
Kalia, 213, 218, 219,
Kamakahala, 822,
Kanawao, 4,
Kauila, 401,

Kaumahana, 680,
Kaunaoa pehu, 495,
Kawau, 4, 234,
Kigelia africana, 32,
Kikawaio, 415, 419,
Kilau, 286,
Koa, 4, 114,
Koaia, 159, 161,
Kokia, 413
Kokia drynarioides, 8, 391, 392,
Kopiko, 235,
Korthalsella complanata, 235, 284, 288,
Korthalsella cylindrical, 680,
Korthalsella latissima, 284,
Korthalsella remyana, 680, 685,
Kukaenene, 458,
Kukui, 23, 245,
Kului, 163, 571,
Kyllinga nemoralis, 723,
Labordia, 282, 822,
Labordia waiolani, 822, 825,
Lagerstroemia speciosa, 442, 716,
Lama, 402,
Lapalapa, 4, 540,
Latania loddigesii, 71,
Lecythis minor, 348,
Leonotis nepetifolia, 91,
Lepelepe a moa, 220,
Lepidium virginicum, 583,
Lepisorus thunbergianus, 263,
Leptospermum, 821,
Leucadendron, 588, 629,
Leucadendron argenteum, 658, 664,
Leucaena leucocephala, 675, 691,
Leucospermum, 588, 589, 629,
Leucospermum cordifolium, 629, 647,
Lindernia crustacea, 478, 481,
Liparis hawaiensis, 283,
Lipochaeta, 153, 282, 608,
Litchi chinensis, 702,

Livistona chinensis, 379, 381, 382, 383,
Lobelia, 49, 282,
Lobelia boninensis, 807, 811,
Lobelia grayana, 629,
Lophostemon confertus, 305, 306,
Loulu, 4, 188,
Ludwigia octovalvis, 147,
Luffa cylindrica, 689,
Lycium sandwicense, 333,
Lycopodiella cernua, 286,
Lygodium japonicum, 478, 481,
Macadamia, 585, 589, 630,
Macadamia integrifolia, 443, 444,
Macadamia ternifolia, 585,
Macaranga mappa, 309,
Macaranga tanarius, 95, 310, 690,
Machaerina angustifolia, 8, 287,
Maile, 496,
Majidea zanguebarica, 438, 440,
Malachra alceifolia, 798,
Mamaki, 236,
Mamane, 620,
Manihot esculenta, 690,
Manilkara zapota, 88,
Mao hau hele, 410,
Marchantia polymorpha, 338, 339,
Medinilla magnifica, 450, 452,
Melanthera, 608,
Melanthera integrifolia, 333,
Melicope barbigera, 758,
Melicope clusiifolia, 9, 498, 503, 527, 534, 547,
Melicope oahuensis, 498, 507,
Melicope rotundifolia, 558,
Melochia umbellata, 443, 444,
Merremia, 398,
Merremia aegyptia, 398, 591, 724,
Merremia tuberosa, 398, 476, 724,
Metrosideros, 213, 216, 217, 413, 560,
Metrosideros macropus, 8, 287, 532, 533,

Metrosideros polymorphya, 111, 462,
Metrosideros polymorphya var. *glaberrima*, 489, 490,
Metrosideros polymorphya var. *incana*, 283, 284, 285,
Metrosideros rugosa, 286, 293, 294, 548,
Metrosideros tremuloides, 8, 212, 213, 214, 215, 216, 217,
Metroxylon, 702,
Michelia alba, 124,
Michelia foveolata, 88,
Miconia calvescens, 447,
Microlepia strigosa, 353, 355,
Millettia, 371,
Millettia pinnata, 126, 676,
Mimusops elengi, 717,
Momordica charantia, 91, 675,
Monodora myristica, 144, 145, 697,
Montanoa hibiscifolia, 521, 522,
Morinda citrifolia, 69, 689,
Moringa oleifera, 162, 703,
Mucuna gigantea, 261, 387, 597, 598,
Munroidendron racemosum, 8, 574, 575,
Musa × *paradisiaca*, 689,
Musa acuminate, 702,
Musa velutina, 188,
Mussaenda, 117,
Myoporum sandwicense, 8, 137,
Myristica fragrans, 351, 353, 354, 703,
Myrsine, 282,
Myrsine denticulata, 740, 754,
Myrsine lessertiana, 8, 421, 423,
Myrsine sandwicensis, 497, 504,
Naenae, 458,
Naeo, 137,
Naio, 137,
Nania, 213,
Napoleonaea imperialis, 379, 384,
Naupaka kahakai, 50,
Nehe, 153, 157,

Neomarica gracilis, 690,
Nephrolepis multiflora, 206, 208, 521, 524,
Neraudia angulata var. *angulata*, 806, 809,
Nertera granadensis, 739, 747,
Nestegis sandwicensis, 779,
Nicandra physalodes, 769, 776,
Nicotiana glauca, 515, 609, 657, 662,
Norantea guianensis, 346, 717,
Nototrichium, 8,
Nototrichium humile, 163,
Nototrichium sandwicense, 163, 165,
Ochna kirkii, 118,
Ochroma pyramidale, 631,
Ocimum basilicum, 492, 689,
Oenothera stricta, 627,
Ohai, 4,
Ohe, 4,
Ohee, 230, 231, 232,
Ohelo eleele, 818,
Ohelo, 4,
Ohia lehua, 4, 113, 131, 227, 560,
Olea europaea, 368, 369, 370,
Olomea, 263,
Olona, 236,
Olopua, 779,
Opelu, 629,
Ophioderma pendulum subsp. *falcatum*, 338,
Ormosia macrocalyx, 269, 698,
Osteomeles anthyllidifolia, 230, 231,
Ottelia acuminata var. *crispa*, 59,
Pachira aquatica, 82,
Pachira quinata, 673,
Palaa, 206, 209,
Palapalaa, 206, 209,
Pandanus polycephalus, 721,
Pangium edule, 648, 652,
Parinari glaberrima, 193,
Parkia timoriana, 76, 721, 722,
Parnassia wightiana, 60,
Parthenium hysterophorus, 769,
Passiflora foetida, 173,

Passiflora ligularis, 98,
Passiflora mollissima, 728, 734,
Passiflora suberosa, 130, 134, 691,
Passiflora subpeltata, 188,
Pelea, 282, 498,
Peltophorum pterocarpum, 159,
Pennisetum purpureum, 310, 650,
Peperomia, 282,
Peperomia hesperomannii, 738, 744,
Peperomia latifolia, 496,
Peperomia macraeana, 497, 503,
Peperomia membranacea, 681, 684,
Peperomia tetraphylla, 263, 266,
Peperpmia spathulifolia, 807, 810,
Pereskia lychnidiflora, 163, 164,
Perrottetia sandwicensis, 263, 267,
Persea americana, 689,
Petrorhagia velutina, 628, 637,
Phlebodium aureum, 204, 205,
Phoenix roebelenii, 690,
Phyllanthus acidus, 671, 672,
Phyllanthus comptonii, 492,
Phyllanthus debilis, 723,
Phyllostegia, 282, 737,
Phyllostegia grandiflora, 559, 567,
Phymatosorus grossus, 88, 495, 690,
Physalis peruviana, 767,
Phytolacca dioica, 591,
Pia, 807,
Pimenta dioica, 52,
Pimenta officinalis, 52, 689,
Piper auritum, 631, 647,
Piper betle, 702,
Piper methysticum, 631, 647, 702,
Pipturus albidus, 236,
Pisonia umbellifera, 438, 440,
Pisonia wagneriana, 415, 779, 784,
Pithecellobium dulce, 316, 607, 698,
Pittosporum confertiflorum, 159, 590,
Pittosporum flocculosum, 681, 686,

Pittosporum gayanum, 740, 753,
Pittosporum glabratum, 235,
Pittosporum glabrum, 235,
Pittosporum terminalioides, 458,
Pittosporum tobira, 590, 689,
Pittosporum viridiflorum, 591, 592,
Pityrogramma calomelanos, 693,
Plantago lanceolata, 627, 637,
Platanthera holochila, 283,
Platymiscium stipulare, 675,
Plectonia odorata, 230, 231,
Plectranthus prostratus, 95,
Pleomele aurea, 759, 766,
Pleomele halapepe, 236, 242,
Pluchea × *fosbergii*, 136,
Pluchea carolinensis, 416,
Pluchea indica, 607,
Plumbago auriculata, 80,
Plumbago zeylanica, 574,
Plumeria alba, 690,
Pneumatopteris hudsoniana, 492, 493,
Polygala paniculata, 448,
Polygonum capitatum, 478, 482,
Polypodium pellucidum var. *vulcanicum*, 458,
Pongamia pinnata, 717,
Populus tremula, 212,
Portulaca molokiniensis, 401, 404, 405,
Pouteria, 413,
Pouteria sandwicensis, 9, 121, 241,
Pratia nummularia, 5,
Pritchardia affinis, 719,
Pritchardia beccariana, 478, 479,
Pritchardia hardyi, 322,
Pritchardia hillebrandii, 319, 719,
Pritchardia lowreyana, 716, 719,
Pritchardia pacifica, 69,
Pritchardia weissichiana, 322,
Pritchardia, 282, 413,
Prosopis pallida, 91,
Protea, 588, 629,

Protea cynaroides, 629, 644,
Protea magnifica × *neriifolia*, 629, 645,
Prunus salicina 'Methley', 728, 734,
Pseudobombax ellipticum, 490, 699,
Psidium cattlenium f. lucidum, 129, 689,
Psidium cattlenium, 129,
Psidium guajava, 130,
Psilotum nudum, 204, 205,
Psychotria kaduana, 8, 235, 415, 419,
Psychotria mariniana, 234,
Psydrax odorata, 230, 231, 232,
Pteridium aquilinum var. *decompositum*, 286, 295, 458, 620,
Pterocarpus, 371,
Pterocarpus indicus, 30, 371, 698,
Pterocarpus santalinus, 371, 373,
Pteroceltis tatarinowii, 334,
Pterygota alata, 322,
Ptychosperma elegans, 690,
Pukiawe, 284,
Pumeria rubra, 690,
Quisqualis indica, 229,
Raphiolepis umbellata, 192,
Rauvolfia sandwicensis, 779,
Reutealis trisperma, 671, 672, 697,
Reynoldsia, 8,
Reynoldsia sandwicensis, 159,
Rhizophora mangle, 137,
Rhynchelytrum repens, 273, 274,
Rhynchospora sclerioides, 235,
Rivina humilis, 227, 228,
Rodgersia aesculifolia, 451,
Rollandia, 7,
Rollandia angustifolia, 414,
Rondeletia odorata, 412,
Rubus argutus, 728, 818, 819,
Rubus ellipticus, 450, 453,
Rubus rosifolius, 264, 537,
Ruellia brevifolia, 342,
Rumex acetosella, 626,

Sabal texana, 146,
Sadleria, 7,
Sadleria cyatheoides, 222, 549,
Sadleria pallida, 220, 222, 287, 460,
Samanea saman, 675, 698, 691,
Santalum, 212, 413, 514,
Santalum album, 693, 695,
Santalum ellipticum var. *littorale*, 9, 173, 178, 608, 707,
Santalum ellipticum, 9, 517, 707,
Santalum freycinetianum var. *freycinetianum*, 9, 284, 290, 291,
Santalum freycinetianum var. *lanaiense*, 414,
Santalum haleakalae var. *haleakalae*, 628, 642, 643,
Santalum haleakalae var. *lanaiense*, 414,
Santalum haleakalae, 9, 414,
Santalum paniculatum var. *paniculatum*, 459, 468,
Santalum paniculatum, 699, 700,
Santalum pyrularium, 758, 762, 763,
Sapindus oahuensis, 9, 158, 594, 702,
Sapota, 121,
Saraca dives, 394,
Scadoxus multiflorus, 714,
Scaevola gaudichaudiana, 284, 289, 564,
Scaevola glabra, 737, 742,
Scaevola mollis, 8, 526,
Scaevola procera, 740, 753,
Scaevola sericea, 48,
Schefflera actinophylla, 62,
Schiedea, 282,
Schinus terebinthifolius, 130,
Schizostachyum glaucifolium, 702,
Selaginella arbuscula, 220, 221,
Selaginella stellata, 426,
Senecio, 483,
Senna surattensis, 675,
Sesbania grandiflora, 725,
Sesbania tomentosa, 159, 607, 610,
Sesuvium portulacastrum, 153, 333,

Sicyos, 282,
Sida fallax, 284,
Silene struthioloides, 626,
Sisyrinchium acre, 416,
Smilax melastomifolia, 286,
Solandra maxima, 426,
Solanum sandwicense, 806,
Solanum torvum, 691,
Sophora chrysophylla, 620,
Sorghum halepense, 601,
Spathodea campanulata, 675,
Spathoglottis plicata, 111, 556,
Sphagnum palustre, 822, 826,
Sphenomeris chinensis, 648,
Spondias dulcis, 648, 653,
Spondias purpurea, 607, 673,
Stapelia gigantea, 95, 675,
Stemmadenia litoralis, 71,
Stenocarpus, 629,
Stenocarpus sinuatus, 269, 270,
Stenocereus alamosensis, 163, 165,
Stenogyne, 282,
Stenoloma chusanum, 206, 209,
Sterculia foetida, 420, 577, 698, 717,
Stictocardia tiliifolia, 650,
Stigmaphyllon ciliatum, 602,
Stigmaphyllon floribundum, 720,
Strophanthus sarmentosus, 379, 602, 603,
Styphelia tameiameiae, 8, 284,
Swietenia macrophylla, 716,
Swietenia mahogoni, 371, 697,
Syncarpia glomulifera, 648, 652,
Syzygium aqueum, 807, 810,
Syzygium cumini, 183, 303, 689,
Syzygium malaccense, 539, 703,
Syzygium sandwicensis, 235, 421, 542, 543,
Tabebuia heterophylla, 574,
Tabebuia impetiginosa, 365,
Tabernaemontana orientalis, 147,

Tacca leontopetaloides, 807, 811
Tamarindus indica, 365, 367,
Tectaria gaudichaudii, 206, 209, 210, 211, 523,
Tectona grandis, 71, 374, 717,
Terminalia catappa, 676,
Terminalia myriocarpa, 169, 171,
Tetramolopium humile, 627, 635,
Tetraplasandra oahuensis, 8, 498, 508, 509, 527, 530, 531,
Tetraplasandra waimeae, 757,
Thespesia populnea, 158, 703,
Thunbergia fragrans, 183, 601,
Thunbergia laurifolia, 183,
Thunbergia mysorensis, 117,
Tibouchina herbacea, 450,
Tibouchina urvilleana var. *urvilleana*, 450, 452,
Toona ciliate var. *australis*, 379, 521,
Touchardia, 8,
Touchardia latifolia, 236, 240, 241,
Trema orientalis, 91, 94, 188, 190,
Trematolobelia, 8,
Trematolobelia kauaiensis, 409, 740, 756,
Trematolobelia macrostachys, 540, 550, 551, 822, 828, 829,
Tribulus cistoides, 779,
Tridax procumbens, 136,
Triumfetta semitriloba, 768, 774,
Turnera ulmifolia, 252,
Uhi, 497,
Uki, 767,
Ukiuki, 496, 594,
Ulei, 495,
Uluhe lau nui, 287,
Urochloa maxima, 182, 691,
Vaccinium calycinum, 458, 469, 739, 744,
Vaccinium dentatum, 235, 237,
Vaccinium reticulatum, 8, 455,
Vanilla planifolia, 169,
Veitchia merrillii, 602, 690,
Veitchia montgomeryana × *joannis*, 703,

Vernonia, 483,
Vigna marina, 261, 262,
Viola chamissoniana subsp. *tracheliifolia*, 727,
Viola kauaensis, 739, 747,
Vitex rotundifolia, 162, 163, 608, 612, 689,
Vitex trifolia, 515,
Waimea, 236,
Wallaceodendron celebicum, 316, 317, 717,
Waltheria indica, 153,
Wikstroemia, 282, 286, 297, 413, 546,
Wikstroemia furcata, 286, 758, 761,
Wikstroemia oahuensis var. *oahuensis*, 305,
Wikstroemia oahuensis, 235,
Wikstroemia pulcherrima, 699,
Wikstroemia sandwicensis, 458,
Wikstroemia uva-ursi, 9, 590,
Wiliwili, 4,
Wilkesia, 458, 556, 726,
Wilkesia gymnoxiphium, 726,
Wodyetia bifurcata, 69,
Wollastonia, 153,
Wollastonia integrifolia, 153, 157, 607, 610,
Xylosma hawaiiensis, 163,
Zingiber newmanii, 807, 812,

阿开木，5，126，128，602，
阿拉阿果，121，
阿诺特木槿，470，
阿牌草，451，454，
埃及姜饼棕，322，
矮寇阿，8，159，161，
矮株锥序檀香，459，468，
桉，648，
桉树属，283，
暗口荛葜，286，497，503，737，818，
凹叶木地锦，487，488，495，500，
奥河金鱼草，515，518，
澳大利亚红椿，204，379，381，521，522，677，
澳柳，379，515，516，

澳洲坚果，167，183，188，204，443，444，473，521，584，585，586，587，588，602，819，833，
巴尔沙木，631，
巴西黑黄檀，371，
巴西红果，256，
巴西金藤，602，
巴西栗，348，
巴西马鞍藤，515，768，774，798，
巴西茉莉，230，231，695，802，
巴西乳香，130，230，283，459，495，659，806，
巴西鸢尾，690，
霸王花，48，
霸王棕，71，
白苞爵床，99
白背蔓荆，689，
白菜，248，256，
白花百香果，188，250，630，657，
白花丹，574，575，
白花鬼针，136，680，
白花蓟罂粟，779，
白鸡蛋花，690，
白兰，124，
白落尾木，236，250，251，252，819，821，
白千层，204，306，307，327，338，806，
白水木，107，174，176，191，470，597，797，
白檀香，81，693，694，695，
白心胶，648，652，
百子莲，699，
柏氏灰莉，44，
班克斯木，663，
斑被兰，169，
斑鸠菊属，483，
板栗，326，
半边莲属，49，
半三裂叶刺蒴麻，768，774，819，
宝莲灯，450，452，
鲍鱼果，348，
北京水毛茛，334，

北美独行菜，583，589，
贝卡利金棕，478，479，
贝叶棕，671，672，
崩大碗，130，
，235，767，771，
闭鞘姜，182，336，337，648，
蓖麻，443，769，798，
薜荔，84，85，86，87，204，250，356，
扁平栗寄生，235，284，288，
变叶竹，702，
滨豇豆，261，262，797，
滨玉蕊，349，350，379，717，
槟榔，702，
玻利维亚倒挂金钟，728，734，
剥桉，648，712，
菠萝蜜，587，
博落木，657，661，
不整齐叶石杉，739，748，
布氏木槿，9，410，438，515
布氏樱莲，321，322，
采木，232，342，388，389，393，397，398，675，677，691，695，
彩虹花洒树，24，482，
苍白牧豆树，91，121，123，136，570，602，609，
糙叶那夷菊，458，464，465，
草海桐，47，48，49，50，107，151，176，191，261，262，470，607，654，659，797，799，798，
草胡椒属，822，
草莓番石榴，5，129，130，206，230，235，648，819，
叉茎棕属，482，
叉枝莐花，286，758，761，759，
茶茱萸，602，
长柄铁心木，8，287，532，533，539，541，558，
长春花，690，
长钉叶孔果莲，540，550，551，559，
长耳胡椒，631，647

长果鬼针, 559, 565,
长红假杜鹃, 162,
长筒草海桐, 740, 753,
长序草海桐, 284, 289, 540, 550, 558, 564, 806, 821,
长叶车前, 627, 637,
长叶瓜莲, 222, 227, 235, 538, 559,
长叶浆果苣苔, 739, 745,
长叶莲玉蕊, 807, 812,
长叶雁果, 822,
长樱, 280, 281, 310, 312, 313,
车桑子, 158, 283, 659, 726, 758, 771, 821,
赪桐, 443,
橙花破布木, 5, 702,
橙黄姜花, 250, 251,
橙珠薄柱草, 739, 747, 822,
齿朵树, 63,
齿叶越橘, 4, 5, 235, 237, 287, 497, 503, 527, 540, 559, 739,
翅苹婆, 322, 323,
臭荠, 582, 589,
臭味木属, 626,
垂花琴木, 84, 325,
垂茉莉, 117, 119,
垂枝假山罗, 52, 53,
慈姑, 188,
刺齿贯众, 793, 796,
刺果番荔枝, 346, 617,
刺果苏木, 182, 327, 328, 677,
刺茄, 620, 723,
粗毛鳞盖蕨, 353, 355,
粗枝木麻黄, 130, 168, 261, 283, 523, 602,
酢浆草, 702,
大萼红豆木, 269, 698,
大风子, 143, 322, 323, 697, 717,
大果假虎刺, 80, 81, 356, 449, 702,
大花倒地铃, 249, 365, 524, 602, 690,
大花覆叶苏, 559, 567,
大花蒺藜, 779, 786,
大花假虎刺, 80,

大花田菁, 725,
大花犀牛角, 95, 96,
大花硬毛金菀, 769, 775,
大花杂交海神花, 629, 645,
大花紫薇, 442, 680, 681, 716,
大王椰子, 309,
大血桐, 147, 309, 311, 433, 442, 478,
大叶宝冠木, 5, 35, 36, 37,
大叶假含羞草, 99,
大叶九节, 8, 235, 648, 823,
大叶桃花心木, 716,
大叶藤黄, 126, 127, 602,
大叶夏米索堇菜, 727, 732,
大翼豆, 136,
大猪屎豆, 136, 204,
待宵草, 627, 628,
袋鼠爪, 658, 662,
单蕊羊蹄甲, 691,
单穗水蜈蚣, 723,
单序槛藤, 807, 810,
单叶蔓荆, 162, 163, 608, 612, 689, 691,
灯笼芦莉, 342,
灯罩李, 193, 195,
底比斯叉茎棕, 322,
地钱, 338, 339,
地中海柏木, 710,
帝王花, 629, 644,
吊灯树, 32, 33, 34,
吊瓜树, 32,
蝶豆, 602,
丁香, 352,
丁子香, 53, 352,
钉头果, 473, 620, 657, 662,
顶花耳草, 253, 254, 528, 533, 540, 541, 544, 545, 558,
顶髯管花属, 822,
东方狗牙花, 147,
东方紫金牛, 213, 303, 304,
东君殿剑叶菊, 5, 621, 622, 624, 626, 631, 632,

东君殿檀香，9，628，642，643，667，
豆瓣菜，630，
豆瓣绿，263，
独庐香，144，145，697，
杜英，648，
短柄蒂牡花，450，
短毛那夷菊，739，746，750，751，
短筒倒挂金钟，728，
短叶红猪蕨，220，222，287，299，460，737，
对叶蛇藤，401，407，
盾柱木，159，316，
多花浆果苣苔，415，418，
多花叶柱藤，720，
多回蕨，286，295，
多轮菊属，458，556，725，726，
多年生花生，674，
多头露兜，721，
多香果，52，53，62，283，315，342，356，695，689，
多心枫属，8，
多形铁心木，111，112，253，263，354，443，449，462，473，475，540，589，680，729，733，806，816，
多枝光萼荷，699，
鹅绒膜萼花，628，637，
鹅掌柴，450，
萼距花，803，
鳄梨，50，54，112，189，205，473，474，587，689，793，
耳草属，821，
二羽里白，5，287，298，487，737，
发财树，82，83，602，
番荔枝，386，789，
番木瓜，44，433，443，482，587，675，690，
番石榴，54，130，133，204，250，657，793，
番薯，6，689，702，
非对称鬼针，220，264，
非洲菊，54，
非洲抗疟刺桐，163，166，
菲律宾五桠果，169，170，

斐济金棕，69，
翡翠葛，169，433，
粉叶蕨，693，695，
风铃木，327，329，365，366，430，491，
风筝果，433，
凤凰木，252，601，691，702，
凤梨，54，
凤尾兰，797，
佛焰叶草胡椒，807，810，
弗氏檀香，5，424，526，677，694，
伏地层菀木，627，635
扶桑，690，
福榄，369，725，
福木，369，725，
辐叶鹅掌柴，30，62，65，130，147，168，230，235，338，495，
覆叶苏属，737，
盖氏海桐，740，753，
甘蔗，6，472，474，583，702，789，
柑橘，39，44，104，183，515，587，
橄榄，368，
高大黄舣木，558，
高山顶犏管花，822，825，
高氏三叉蕨，206，209，210，211，521，523
高株大萼越橘，458，469，737，739，744，821，822，831，
歌德木，5，700，
革命菜，648，649，
格雷半边莲，629，646，
公主蒂牡花，450，452，
钩瓣常山，379，380
构骨叶冬青，235，
构树，5，648，702，
瓜莲，5，
瓜莲属，7，222，413
瓜瓦，129，813，
观音座莲，206，208，415，
光梗藜藜草，273，
光棍树，174，

光果海桐，235，497，821，824，
光烟草，515，609，657，662，
光叶多形铁心木，489，490，
光叶海桐，235，
光叶子花，690，
广义决明属，371，
广玉兰，54，657，
龟纹木棉，490，699，701，
鬼灯檠，451，
鬼针草属，220，
桂皮，53，352，
桂叶山牵牛，182，
果胶桉，806，
过沟菜蕨，147，188，189，257，258，302，303，304，310，318，356，387，631，789，
过江龙，807，
过猫，147，257，
过山龙，286，
哈拉派派剑叶龙血树，236，242，
哈氏稀毛蕨，492，493，
海岸厚叶檀香，9，173，178，284，517，608，609，611，616，694，709，707，
海岸星蕨，88，495，690，
海岸野草莓，457，
海滨木巴戟，30，69，689，691，702，
海滨腺冠木，71，72，
海金沙，478，481，
海马齿，153，156，333，797，
海杧果，71，
海葡萄，52，328，
海神花属，629，
海棠木，715，
海桐，590，689，
海桐花属，78，
海芋，702，721，
海州常山，118，
含羞草，136，
合樱莲属，7，
核子木属，263，
鹤顶兰，540，556，

黑羹树，648，652，
黑胡椒，379，
黑黄檀，371，
黑荆，471，
黑莓，728，767，
黑木相思，451，453，
黑珍珠，438，440，
红背草胡椒，496，503，
红单药花，117，118，169，
红粉扑花，478，
红瓜栗，673，
红果仔，256，327，
红河木槿，779，782，
红河羽叶五加，757，
红厚壳，162，470，602，702，715，
红花桉，658，806，
红花彩虹花洒树，24，
红花风车子，229，230，
红花姜，690，
红花铁刀木，69，316，378，607，680，681，691，716，
红花文殊兰，690，
红花羊蹄甲，365，
红花银桦，459，467，
红鸡蛋化，690，
红胶木，305，306，540，806，814，
红毛草，273，274，
红毛丹，45，46，
红毛沙梨，806，807，
红木，45，46，690，
红鞘那夷菊，739，751，
红绒球，310，
红薯，68，
红丝棉木，45，229，
红蛙姜，807，812，
红猪蕨，5，222，540，549，
红猪蕨属，7，
猴面包树，34，198，199，200，202，203，377，690，
厚叶石斑木，192，

850 / 槟岛花事

狐尾椰，69，70，71，492，493，602，
胡椒，352，
猢狲树，199，200，202，203，
葫芦，5，702，
花棋木，5，69，378，570，576，577，601，602，673，
华贵璎珞木，394，
华南毛蕨，206，767，
黄独，6，188，189，387，415，491，603，678，689，702，793，
黄瓜，104，274，
黄果草莓番石榴，129，131，132，421，680，689，
黄花草海桐，737，742，
黄花夹竹桃，602，
黄花老鸦嘴，117，118，
黄槐决明，675，
黄金间碧竹，169，690，
黄槿，6，107，147，182，191，204，303，702，779，787，789，792，797，834，
黄兰，699，
黄毛蝎尾蕉，117，119，
黄时钟花，252，328，601，
黄檀属，371，372，
黄舷木属，8，558，
黄椰子，71，
灰金竹，111，220，252，254，338，356，
灰绿金毛狗，4，117，120，456，540，549，681，684，831，
灰叶多形铁心木，283，285，298，305，489，
茴香，657，661，
火龙果，48，104，163，
火轮木，5，269，270，
火轮木属，629，
火山多回蕨，458，620，621，627，
火山亮脉多足蕨，458，
火山越橘，5，8，455，465，466，627，628，638，640，
火星花，450，
火焰木，147，286，380，385，443，473，570，

675，
火烛，450，
藿诺草，779，784，785，
鸡蛋果，728，759，764，
鸡蛋花，57，125，377，473，525，673，
鸡冠刺桐，515，
鸡屎藤＝鸡矢藤，147，182，184，521，
鸡肫草，60，
姬牵牛，136，602，
积雪草，130，134，253，305，680，806，
吉贝，422，671，
蒺藜草，273，274，591，690，
蓟序木，629，
蓟罂粟，660，779，
加勒比飞蓬，757，
加州树莓，812，
嘉兰，117，
假连翘，204，252，
假蒲公英猫儿菊，628，645，
假酸浆，769，776，
尖齿黑莓，818，819，821，822，
剑麻，378，
剑叶菊属，4，7，282，357，380，458，556，667，
姜，104，
姜花，535，
姜黄，5，702，
浆果绣球，4，5，498，505，529，540，558，737，739，821，822，
浆果绣球属，8，498，
降香黄檀，371，
角被麻，806，809，
角蒿，380，
角蒿属，380，
金杯藤，426，478，658，
金杯罂粟，657，660，
金合欢，342，675，695，
金合欢属，453，
金花姜，250，251
金鸡纳树属，395，

金毛狗属，738，
金色剑叶龙血树，759，766，
金水龙骨，204，205
金镶碧玉竹，377，570，
金叶含笑，88，90
金叶槐，620，623，628，640，
金叶树，88，89，
金银花，740，
金英树，84，85，327，
金棕属，4，21，48，104，158，188，247，282，
　　308，309，322，328，377，401，413，
　　674，688，691，712，779，
锦蝶，95，486，
锦鹿丹，169，170，
槿叶阳菊木，521，522，630，
荆芥叶狮耳花，91，93，94，515，769，
九节属，729，
九里香，319，570，
韭菜，334，
酒瓶椰，690，
柏叶枫属，8，413
桔梗，54，192，
橘，702，
矩花形耳草，457，463，
蒟蒻薯，702，807，811，
巨黧豆，261，387，597，598，602，
巨形寇科伊樱莲，728，735，
锯叶筒花，658，663，
锯叶小筒花，645，
聚蚁树，130，133，206，253，286，
卷叶弗氏檀香，9，284，287，290，291，806，
　　813，816，
绢毛梫果木，136，229，591，515，798，
绢木，447，
蕨木患，62，
蕨树，63，568，
咖啡，167，204，471，823，831，
卡科瓜莲，222，223，224，225，253，264，
　　268，538，
卡拉巴什肉豆蔻，697，

卡瓦胡椒，631，647，702，
卡伊纳角海滨木地锦，608，613，616
康普氏叶底珠，492，
考爱耳草，740，756
考爱堇菜，739，747，
考爱孔果莲，409，740，756，
考爱宽叶柏叶枫，729，735，
考爱三叶柏叶枫，736，765
榼藤，807，
克雷木槿，158，159，
肯氏蒲桃，84，183，303，304，689，
垦丁肉棕，349，350，
空心蘪，264，415，536，537，
空心泡，264，537，
孔果莲属，8，
口红椰，21，
寇阿，4，8，114，230，252，265，286，288，
　　292，306，307，427，438，451，521，
　　526，726，758，759，770，806，821，
　　823，
苦瓜，91，104，515，675，
苦蘵，767，
库克杉，50，710，
库劳樱莲，414，
宽叶草胡椒，496，
宽叶浆果苣苔，459，
宽叶柏叶枫，4，5，456，540，552，553，559，
　　569，589，729，822，
宽叶十万错，136，386，689，
宽叶五月茶，499，510，511，680，
宽枝栗寄生，284，540，
昆士兰贝壳杉，73，74，
阔苞菊，607，609，797，
腊肠树，32，
辣木，162，164，473，515，691，703，
莱氏铁仔，8，421，423，458，496，497，
蓝花楹，620，660，691，697，
蓝姜，471，
蓝脉葵，71，
蓝雪花，5，80，252，377，478，570，574，

575,
榄果链珠藤，8，206，235，496，511，680，814，
榄仁树，54，168，229，261，319，426，446，570，673，676，794，
郎德木，412，
类顶花海桐，458，
类树毛蕨，415，419，
棱果蒲桃，256，356，576，
梨果檀香，758，759，762，763，764，
荔枝，702，
栗豆树，676，779，786，
莲叶桐，5，73，75，602，703，
镰刀形瓶尔小草，338，
链荚豆，136，140，
楝，657，
量天尺，48，204，356，
鳞毛舌蕨，740，751，759，
柃木属，413
龙船花，54，515，
龙葵，227，
龙吐珠，690，
龙血树，433，
龙眼果属，629，
龙珠果，173，179，728，793，
蒌叶，702，
露兜树，191，262，303，442，702，712，721，793，
芦荟，391，394，
绿豆，262，
绿花海桐，591，592，
绿檀，5，31，88，340，341，346，371，375，698，
栾树，630，
卵叶小牵牛，659，
罗比梅，193，195，
罗勒，492，689，
罗望子，365，577，
洛氏大戟，408，
洛氏地锦，408，409，
落地生根，95，249，378，689，

落葵，689，691，
落葵薯，689，
马达加斯加桉叶藤，91，92，93，
马兜铃，42，44，602，
马六甲蒲桃，5，539，699，700，702，703，
马樱丹，659，
马鞭草，230，680，
马占相思，450，453，
马醉草，449，451，
玛莉九节，5，234，236，237，286，487，498，
满江红，687，
蔓荆，515，
蔓露兜，130，134，135，169，286，403，721，
杧果，40，41，44，71，433，515，570，587，793，
毛边叶柱藤，602，617，
毛柄秋海棠，648，649，
毛草龙，147，
毛猫耳，629，645，
毛棉，4，8，151，174，333，391，392，
毛木玫瑰，398，591，724，
毛毗邻铁角蕨，738，744，
毛柿，648，
毛叶海桐，681，686，
毛叶肾蕨，206，208，521，524，
眉豆，691，
美极荛花，668，669，699，
美蕊花，478，
美田菁，4，159，607，610，659，
美洲红树，137，138，139，591，
美洲阔苞菊，416，442，677，797，
美洲马兜铃，18，42，43，
美洲掌叶树，674，
门氏金毛狗，220，456，471，
门氏聚星草，457，461，497，502，739，748，
门氏那夷菊，624，625，627，630，
门氏苘麻，402，406，804，805，807，
门氏筒花，658，663，
蒙哥马利斐济杂交椰子，703，

米奇木，5，118，120，
米仔兰，648，
密花灯笼葵，699，700，
密花海桐，159，161，590，
密毛毛蕨，767，
蜜瓶花，5，346，433，617，
蜜瓶花，717，
蜜思李，728，729，734，
蜜茱萸属，571，737，738，821，822，
棉叶膏桐，516，
面包果，32，34，44，198，200，201，587，671，
面包树，5，31，34，198，199，303，274，473，648，673，702，712，789，
魔境，163，165，
莫洛凯金棕，716，719，
莫洛凯马齿苋，401，404，405，
墨西哥棉，493，698，
母草，478，481，
木豆，602，691，
木防己，813，814，
木果棉属，413
木麻黄属，191，230，446，797，799，813，
木馒头，84，
木玫瑰，398，473，476，724，
木棉，45，46，229，422，
木薯，147，188，356，690，
木樨榄，368，369，370，
木油菜，438，777，778，
木油菜属，8，
那夷菊属，7，458，556，737，750，729，737，
南美大豆，657，660，
南美蟛蜞菊，136，191，262，311，327，711，
南美山蚂蝗，188，601，
泥炭藓，822，826，
拟橄榄，369，
拟黄花棯，284，287，333，495，607，
柠檬，690，
牛蒡，615，
牛角瓜，42，346，

牛蹄豆，316，607，698，
牛油果，50，
扭瓣豆，163，166，
欧洲白桦，370，
欧洲白蜡树，370，
欧洲常春藤，370，
欧洲冬青，370，
欧洲椴树，370，
欧洲枸骨，235，
欧洲红豆杉，370，
欧洲苹果，370，
欧洲桤木，370，
欧洲山毛榉，370，
欧洲山杨，212，
欧洲榛子，370，
炮弹树，31，35，37，38，379，680，716，720，
枇杷，657，
平卧马刺花，95，97，
平枝鬼针，680，682，683，
破布木，591，
葡匐黄细心，153，154
菩提树，336，379，381，716，718，720，778，
葡萄，104，
葡萄叶咀签，807，809，
蒲葵，379，381，382，383，602，
普基阿伟，5，8，284，305，455，495，621，627，680，726，759，806，821，831，
槭叶酒瓶树，420，
槭叶苹婆，420，
槭叶铁线莲，334，
棋盘脚，349，350，
恰氏金毛狗，220，221，287，299，456，
千果榄仁，169，171
千里光属，483，
签名树，39，
欠愉大青，147，
乔木胡桃桐，571，697，703，
乔木假山罗，777，783，
切氏曲籽芋，702，
茄参，331，

芹叶牻牛儿苗，624，640，
琴叶榕，26，27，689，
琴叶珊瑚，443，516，
青檀，334，
青叶岩荬，163，571，657，
轻木，631，
清明花，346，
秋枫，206，253，
球花豆，76，147，478，721，722，800，
球花木属，629，
球兰，188，512，513，520，524，777，778，
曲萼香茅，306，526，557，558，806，
全缘卤地菊，333，
全缘李花菊，153，157，607，610，659，
全缘叶珊瑚花，591，
雀喙状蝇子草，626，
荛花属，286，297，413，528，540，546，693，793，
人心果，88，229，
忍冬，729，740，
绒果决明，69，
绒叶蜜茱萸，758，760，
肉豆蔻，53，169，351，352，353，354，703，
软叶刺葵，690，691，
锐尖叶下珠，723，
三角梅，274，570，690，710，
三角叶西番莲，130，134，495，691，728，
三棱剑，48，
三色凤梨，712，713，
三色龙血树，690，
三叶柏叶枫，456，540，554，569，739，759，821，
三指老鹳木，628，641，
三籽桐，671，672，697，
伞花避霜花，438，440，
伞树，62，
伞序马松子，443，444，478，
沙盒树，34，
山茶花，169，
山地雁果，627，628，639，

山凤尾，147，257，
山苹果，54，699，
山牵牛属，182，
山桃草，192，
山楂叶悬钩子，264，
山竹，39，
珊瑚藤，601，
蛇婆子，153，154，342，659，695，
蛇藤，401，659，664，779，786，797，813，
射叶椰，690，
深裂樱莲，740，
参薯，6，607，678，702，
肾茶，601，
肾蕨，204，206，
圣诞椰，21，602，690，
施氏耳草，827，
十字圆轴栗寄生，680，685，
石栗，5，23，30，127，188，245，286，411，415，602，673，689，702，710，733，
石榴，39，
石茅，601，806，
使君子，229，595，
是波叶海菜花，59，
柿，54，
柿属，371，372，
书带木，5，39，40，41，657，676，716，
书带木叶蜜茱萸，9，498，503，527，534，540，547，
舒展那夷菊，527，532，540，550，558，559，566，821，
树商陆，591，
树形卷柏，220，221
数珠珊瑚，227，228，365，601，
水黄皮，126，676，717，
水牛草，136，390，393，590，
水蒲桃，807，810，
水茄，691，
丝柏，710，
丝瓜，689，

丝毛刀豆，798，800，
丝头花属，629，
四棱四瓣草，169，170，
四叶草胡椒，263，266，
松红梅，806，
松叶蕨，204，205，
酸豆，365，367，577，
酸角，365，
穗序枫，8，574，575，777，780，789，
塔希提栗，702，
塔希提栀子，5，69，673，690，
台湾琼楠，147，148
台湾相思，47，50，204，230，283，602，691，
泰国风车子，229，230，
檀香，81，693，694，695，
檀香属，4，117，173，212，282，284，306，380，413，514，515，593，674，699，702，706，709，
檀香紫檀，371，373，
桃，657，
桃花心木，371，376，515，617，697，
桃榄属，413
桃叶金叶树，716，
田菁猪屎豆，658，664，
田野菟丝子，386，
甜百香果，98，305，680，728，806，
甜槟榔青，648，653，806，807，
铁刀木属，371，
铁岛合欢，316，317，717，
铁芒萁，111，112，115，236，285，286，298，415，680，729，793，806，814，818，821，
铁线莲属，184，316，317，
铁心木属，4，117，212，213，227，229，230，235，236，247，266，282，380，413，526，527，528，529，560，674，738，759，821，
桐棉，158，602，691，702，703，789，
桐叶马葵，798，
铜锤玉带草，5，

筒花属，629，
头花蓼，478，482，
头伞飘拂草，332，333，
团扇花麒麟，163，164，
驼脚蕨，478，
椭圆悬钩子，450，453，
椭圆叶檀香，9，427，428，429，438，517，694，699，701，707，708，709，
椭圆叶雁果，739，752，
瓦胡蜜茱萸，498，507，
瓦胡荛花，5，235，305，495，680，758，806，
瓦胡薹草，5，497，506，
瓦胡无患子，9，158，594，602，702，779，
瓦胡羽叶五加，8，498，508，509，527，530，531，540，555，558，
瓦韦，263，
歪脖子果，126，127，
弯曲碎米荠，536，537，
弯子木，413，482，
豌豆，420，
碗花草，183，601，
万年麻，378，473，
王龙船花，69，
王犀角，95，96，97，675，695，
网球花，714，
危地马拉核桃，703，
微凹五桠果，721，
韦尔克斯菊，5，357，725，726，729，730，731，759，765，770，771，
围裙花树，379，384，671，
尾稃草，182，232，329，486，691，695，
尾叶琴木，50，220，230，235，324，325，695，
魏氏腺果藤，415，419，779，784，819，
文莱五桠果，721，
文身庭菖蒲，416，
文殊兰，673，
文头郎，84，
卧地延命草，95，
乌蕨，206，209，648，
乌面马，659，779，

无柄樱莲, 651, 656,
无根藤, 478, 495,
无花果, 657,
无患子, 602,
无忧花, 394,
芜菁, 248, 256, 274,
五色梅, 284,
五桠果, 717,
五叶阔柄豆, 675,
五叶薯蓣, 415, 702, 793,
五爪金龙, 398, 399,
西班牙李, 607, 673,
西非荔枝果, 126, 602,
西非羊角拗, 379, 602, 603,
西谷椰子属, 702,
西红柿, 104,
西曼草胡椒, 737, 739, 744, 749,
西梅, 104,
西印度椿, 698,
西印度醋栗, 671, 672,
希拉伯兰特金棕, 23, 319, 719, 720
锡兰肉桂, 169, 213, 217,
细叶旱芹, 599, 600,
狭叶白斑橡皮树, 716,
狭叶合樱莲, 414,
狭叶剑叶莎, 8, 287, 298, 529, 540, 550,
狭叶夏威夷鬼针, 768, 773,
夏榄, 349, 350,
夏威夷刺桐, 4, 158,
夏威夷杜英, 8, 213, 218, 219, 235, 286, 497, 506, 527, 558, 823,
夏威夷多心枫, 159, 160,
夏威夷枸杞, 333,
夏威夷瓜莲, 272, 413, 414,
夏威夷鬼针, 596, 597, 598,
夏威夷果, 819,
夏威夷核子木, 263, 267, 822,
夏威夷藜, 609, 779,
夏威夷卵叶小牵牛, 153, 156, 333, 591, 608, 609,

夏威夷萝芙木, 779, 783,
夏威夷棉, 4, 151, 391,
夏威夷木果棉, 8, 391, 392, 678, 679, 779,
夏威夷拟檀香, 8, 137, 140, 141, 158, 328, 607,
夏威夷蒲桃, 5, 235, 236, 284, 286, 421, 486, 487, 488, 497, 540, 542, 543,
夏威夷茄, 806, 809,
夏威夷荛花, 458,
夏威夷山菅兰, 8, 496, 497, 502, 594, 680, 739, 759, 818, 820, 831,
夏威夷柿, 402, 406, 438, 496, 497, 501, 680, 823,
夏威夷鼠麴草, 627, 636, 637,
夏威夷桃榄, 9, 121, 123, 241, 720, 758, 761,
夏威夷铁仔, 497, 504, 529, 566,
夏威夷菟丝子, 608, 769, 774,
夏威夷无冠木, 779, 814, 815,
夏威夷岩苋, 163, 571, 779,
夏威夷羽叶五加, 4,
夏威夷栀子, 69,
夏威夷柞木, 163, 166, 758,
夏西木, 147, 148,
仙枝花, 316,
显盔刀豆, 183, 185, 798,
线石杉, 263, 266,
腺叶藤, 650,
香菜, 359,
香椿, 379,
香荚兰, 169,
香蕉, 188, 194, 472, 689,
香蕉西番莲, 728, 734,
香榄, 717,
香龙血树, 617, 618, 690,
香茅, 68, 248, 690,
香苹婆, 420, 427, 576, 577, 833, 698, 717,
香肉果, 5, 73, 74, 356,
香洋椿木, 521, 523,
香鱼骨木, 5, 230, 231, 232, 283, 288, 659,

779,
响盒子，73，777，783，
象草，310，650，
象耳豆，379，438，521，671，697，
橡皮树，716，
小刀豆，687，798，
小果野蕉，702，
小猴钵树，5，229，348，349，356，379，602，
小笠原半边莲，807，811，
小蓬草，230，
小石积，230，231，283，495，596，659，
小酸模，626，634，
小叶黄杨，230，
小叶南洋杉，50，69，111，230，336，486，487，693，690，
小叶榕，26，61，65，84，204，478，673，689，710，716，717，
小叶蹄盖蕨，737，743，
楔叶铁线蕨，204，207，
心叶浆果苣苔，415，417，
心叶银宝树，629，647，
星苹果，615，675，
星叶草，184，
星状卷柏，426，
熊果荛花，9，590，
熊掌棕榈，146，
绣球，729，
血桐，84，95，310，365，690，
牙叶铁仔，740，754，
崖豆藤属，371，
亚刺伯假高粱，601，
亚洲滨枣，402，659，
亚洲糖棕，671，672，697，
烟火树，524，690，
芫荽，690，
岩苋属，8，
盐天芥菜，333，
雁果，458，626，632，633，739，
羊皮纸状草胡椒，681，684，
阳桃，54，365，

洋金凤，702，
腰果，807，
摇叶铁心木，5，8，212，213，214，215，216，217，298，
椰子，5，21，44，107，168，188，247，261，303，309，318，327，330，477，570，702，823，
野葛，702，
野木蓝，204，
野茼蒿，648，649，
夜香树，204，535，253，
异色山黄麻，91，94，188，190，342，433，442，680，
异型冬青，4，8，234，238，239，286，296，487，497，502，540，558，821，
异型天芥菜，333，608，
异叶风铃木，574，
易变画眉草，438，441，495，625，627，767，772，
意大利柏，710，
薏苡，188，415，602，
翼蓟，658，662，
阴香，69，111，220，234，235，325，338，356，677，
银合欢，47，50，53，84，91，204，232，252，390，570，602，675，691，695，
银桦，230，284，695，767，772，821，
银桦属，629，
银剑草属，282，357，458，
银胶菊，769，798，
银树，658，664，
银叶树，54，602，676，
银叶异型天芥菜，153，155，156，175，
隐冠苘麻，777，781，
印度五桠果，169，170，
印度紫檀，5，30，31，316，371，375，572，673，698，
印尼黑果，648，
缨绒菊，724，
樱莲，5，

樱莲属，4，7，222，413
鹰爪花，184，187，676，
硬毛绢木，111，112，235，338，415，806，
硬叶刺子莞，235，
油橄榄，368，
油棕，779，
柚，39，44，54，356，515，
柚木，5，26，71，371，374，648，717，
鱼黄草属，398，
鱼柳梅属，821，
鱼线麻，5，236，240，241，403，415，521，
鱼线麻属，8，
羽芒菊，136，
雨树，27，61，168，379，380，570，673，675，691，692，698，
玉蕊，193，195，
玉叶金花，117，119，
芋，5，188，247，399，401，631，702，789，792，
愈疮木，31，340，341，371，698，
圆果杜英，76，77，78，355，420，602，702，720，
圆叶白粉藤，391，591，
圆叶非洲桧，182，
圆叶蜜茱萸，558，
圆叶猪屎豆，675，
圆柱栗寄生，680，
圆锥花远志，448，473，
源平小菊，757，
约翰逊草，601，
越橘属，738，
杂交决明，717，
杂交树兰，283，284，
杂交火星花，450，822，
杂交阔苞菊，136，
窄叶樱莲，222，226，252，253，255，806，808，
展序孔果莲，822，828，829，830，831，
展序那夷菊，822，

柘树，334，
针垫花属，629，
蜘蛛兰，673，
智利草莓，457，463，729，732，
重瓣臭茉莉，188，
皱叶铁心木，286，293，294，540，548，
皱籽紫果莲，438，439，576，577，806，808，
朱蕉，6，21，54，55，188，303，415，417，631，648，689，702，712，789，
朱槿，377，710，
朱砂根，213，
朱缨花，204，310，312，443，
珠牡花，450，
竹柏，73，74，
竹茎椰，690，
竹叶兰，306，307，462，540，806，
爪哇木棉，379，384，
锥序檀香，699，700，
紫冠瓜莲，737，741，739，
紫果莲属，8，
紫花苞舌兰，111，115，540，556，680，684，793，
紫花草海桐，5，8，526，540，558，821，
紫蕉，188，194，
紫金牛属，303，
紫茎泽兰，813，821，
紫矿，379，385，
紫梅，195，
紫茉莉，602，
紫柿子，5，98，204，233，234，
紫檀属，371，372，
紫菀属，483，
紫纹樱莲，740，755
紫叶李，482，
总状垂花楹，243，244，

图书在版编目（CIP）数据

檀岛花事：夏威夷植物日记：全三册 / 刘华杰著；
—— 北京：中国科学技术出版社，2014.7（2016.11 重印）
ISBN 978-7-5046-6573-7

Ⅰ．①檀… Ⅱ．①刘… Ⅲ．①植物–介绍–夏威夷 Ⅳ．①Q948.571.2

中国版本图书馆CIP数据核字（2014）第056340号

策划编辑	杨虚杰		
责任编辑	胡 怡		
版式设计	刘影子	苏 靓	
封面设计	林海波		
书签绘画	余天一		
营销编辑	赵慧娟		
责任校对	赵丽英	何士如	孟华英
责任印制	李春利	马宇晨	

出版发行	中国科学技术出版社发行部
地　　址	北京市海淀区中关村南大街16号
邮　　编	100081
发行电话	010-62173865
传　　真	010-62179148
投稿电话	010-62176522
网　　址	http://www.cspbooks.com.cn

开　　本	720mm×1000mm 1/16
字　　数	780千字
印　　张	53.75
版　　次	2014年7月第1版
印　　次	2016年11月第3次印刷
印　　刷	北京金彩印刷有限公司
书　　号	ISBN 978-7-5046-6573-7/Q·183
定　　价	258.00元

（凡购买本社图书，如有缺页、破损、倒页、脱页者，本社发行部负责调换）